普通高等教育"十一五"国家级规划教材

高等学校电子信息类精品教材

随机信号分析基础

(第5版)

王永德　王　军　编著

電子工業出版社

Publishing House of Electronics Industry

北京·BEIJING

内容简介

本书为普通高等教育"十一五"国家级规划教材。

本书主要从工程应用的角度讨论随机信号(随机过程)的理论分析和实验研究方法。全书共10章,内容包括:随机信号两种统计特性的描述方法,重点介绍数字特征,如均值、方差、相关函数、相干函数、功率谱密度、高阶谱、谱相关理论和概率密度函数等的表述和实验测定(估计)方法;随机信号通过线性、非线性系统统计特性的变化;在通信、雷达和其他电子系统中常见的一些典型随机信号,如白噪声、窄带随机过程、高斯随机过程、马尔可夫过程等;以及在通信、雷达与模式识别系统中常用到的信号统计检测理论的基础知识。

全书是以连续时间随机信号和离散时间随机信号(随机序列)两条线展开讨论的,内容丰富、概念清楚、系统性强、理论联系实际,反映了本学科的一些新进展。书中安排了大量例题和MATLAB应用程序举例。每章末附有大量的习题供练习。附录B介绍了广泛应用的统计实验模拟方法,即蒙特卡罗模拟方法。书末给出了部分习题解答供参考。

本书可作为高等学校通信、电子信息类专业高年级本科生教材,以及研究生参考用书。也可供通信、电子及相关领域科技人员参考。

图书在版编目(CIP)数据

随机信号分析基础/王永德,王军编著. —5版. —北京:电子工业出版社,2020.3
ISBN 978-7-121-38295-6

Ⅰ. ① 随… Ⅱ. ① 王… ② 王… Ⅲ. ① 随机信号-信号分析-高等学校-教材 Ⅳ. ① TN911.6

中国版本图书馆CIP数据核字(2020)第014135号

责任编辑:韩同平
印　　刷:北京盛通数码印刷有限公司
装　　订:北京盛通数码印刷有限公司
出版发行:电子工业出版社
　　　　　北京市海淀区万寿路173信箱　邮编:100036
开　　本:787×1 092　1/16　印张:15　字数:432千字
版　　次:2003年7月第1版
　　　　　2020年3月第5版
印　　次:2024年7月第6次印刷
定　　价:55.90元

凡所购买电子工业出版社图书有缺损问题,请向购买书店调换。若书店售缺,请与本社发行部联系,联系及邮购电话:(010)88254888,88258888。

质量投诉请发邮件至 zlts@phei.com.cn,盗版侵权举报请发邮件至 dbqq@phei.com.cn。

本书咨询联系方式:010-88254525,hantp@phei.com.cn。

前　言

本书为普通高等教育"十一五"国家级规划教材。

本书集编著者30多年教学经验,并经多次再版、修改补充后完成,是电子信息类专业本科生、研究生学习随机过程(信号)分析基本方法的教学用书。本书的核心内容、基本概念、分析方法和手段对于需要接触随机信号统计分析的其他专业的学生同样也是适用的。

"信号与系统"与"随机信号分析基础"是电子信息类专业的两门主要的专业基础课,前者主要以分析确定性的信号与系统为主要内容,后者则以分析随机信号以及与系统的相互作用为主要内容。

"随机信号分析基础"课程一般在大学本科三年级以后开设,在本课程之前,学生所接触的大多数课程都是建立在因果律或者确定性的基础上的,因而我们的思维方法也往往是这样的,对具体的函数形式、波形、必然结果感兴趣。学生初学这门课程时,往往会感到这门学科不可靠、模糊、难懂。为此,老师在讲授时有必要对本课程的特点与学习方法向学生做一些介绍,必须从它的特点出发,采用不同的学习方法才能对本课程有较好的把握。归纳起来本课程有以下3个特点:

(1) 统计的概念。由于对随机过程(信号)的分析来讲,我们往往不是对一个实验结果(一个实现或一个具体的函数波形)感兴趣,而是关心大量实验结果的某些平均量(统计特性),因而随机过程(信号)的描述方式以及推演方式都应以统计特性为出发点。这样,尽管从个别的实现看不出什么规律性的东西,但从统计的角度却表现出了一定的规律性,即统计规律性。它是本门学科一个最根本的概念,从一开始就必须加以注意。

(2) 模型的概念。本课程重点研究一般化(抽象化)的系统、干扰和信号,往往仅给出它们的系统函数(模型)和数学模型,而不讨论具体的系统,更不会局限于一些具体的电路系统。举出一些具体的电路系统例子,也只是用于说明一般的带普遍性的问题和处理方法。

(3) 物理概念。本课程是电子信息类专业的一门专业基础课,而不是一门数学课。概率论与数理统计、随机过程理论等只是处理本门学科有关问题的一种数学工具,或者说是一种解决问题的手段。因而学习本课程除了注意处理问题的方法,更重要的是对一些数学推演的结果和结论的物理意义应有深入的理解。对一些十分复杂的数学推演的中间步骤不要死记硬背,更不必深究其数学的严密性,而要重点掌握处理问题的思路与方法。这也是将本课程命名为随机信号分析基础的原因,尽管在本书中随机信号与随机过程是同义语。

因而在学习方法上,应重点抓住上述3个特点,学习时既要理论联系实际,又要学会建立数学模型的抽象思维方法。本课程虽属基础理论性课程,但要真正理解、掌握上述3个特点,能够应用其解决实际问题,必须演算大量的习题。因而本书选编了大量的习题,除了每章指定的必做题,其他题也可根据自己的情况加以选做。

另外,利用计算机为工具,对特定随机过程采集的实验数据,或者直接由计算机模拟实际过程产生的数据进行统计分析,是研究随机过程的重要方法。因而在本书中密切结合教材内容,选编了大量基于MATLAB的典型应用程序代码举例和上机操作的习题,相信这些内容对读者更加深入地理解、掌握,以及学会用现代分析手段去分析、研究随机信号,甚至用来解决工程应用中的实际问题是会有所帮助的。

在内容安排上，本书始终以连续随机信号和离散随机信号（随机序列）两条线并行的方式展开讨论。考虑到某些学校的学生先前未学过概率论的相关知识，本书在第1章给出了概括性的介绍。对于已学过概率论的学生，教学时可以跳过此章直接从第2章开始。本教材最基本和核心的内容是第2~5章，以及第7、8章；如果学时受限，教学时可以全部或部分略去其他章节。本教材建议学时数为54~72。

不同于大多数已出版的同类教材，本教材增加了以下一些新内容，供本科课堂教学或自学时选择。其中对随机信号进行实验分析研究和计算机统计实验模拟、现代谱估值的基本方法等新内容，使本书既能成为本科生学习阶段的教材，又可作为研究生阶段深造、乃至工作中的重要参考工具。这些内容对深入理解、掌握随机信号分析的精髓，特别是利用随机信号分析的知识去解决工程实际问题是有帮助的。

（1）鉴于信号统计检测在通信、雷达、模式识别和图像处理等领域中有重要的应用，也是随机信号分析与处理的重要内容，而很多学校在高年级并未开设专门的信号统计检测与估计的课程，因而在本书中专门开辟一章（第10章）介绍信号统计检测理论的基础知识。

（2）功率谱估值是随机信号分析的重要内容之一。本书对此内容进行了充实细化，并单独用一章（第6章）来讨论。在介绍功率谱估值的经典法的基础上，重点增加了现代谱估值的基本方法，如参数谱估值（AR、MA和ARMA模型谱估值）、最大熵谱估值、Pisarenko谱估值等方法的介绍。由于第6章内容有一定的理论深度，本科教学时可按照各个学校和专业的需求进行适当的取舍。

（3）除了对实际工作中记录的随机信号进行实验分析，很多时候我们还需要人为地产生各种分布和功率谱的随机过程以进行统计实验模拟，即蒙特卡罗模拟。蒙特卡罗模拟在科研工作和工程实际中有非常重要的应用，但往往难以找到一本简要介绍此内容的书籍。本书将此内容以附录的形式在书末列出，供广大师生和科技工作者参考。

在本书的修订过程中，四川大学电子信息学院夏秀渝等老师对错漏的订正和新内容的补充提出了宝贵的建议。四川大学研究生徐自励在撰写部分习题解答中做了大量工作。另外，本教材还得到四川大学电子信息学院从事过本课教学工作的师生的宝贵建议和大力支持。在此一并表示感谢。

广大读者通过书面和电子邮件方式对本书也提出了许多宝贵的意见，在此一并表示衷心的感谢，并希望读者继续给予批评和指正。

编著者

目　　录

第1章 概率论简介

本章专为未学过概率论或相关课程的读者而设置，它可以作为学习随机信号分析的基础。对于学过概率论的读者，则跳过它，直接进入第2章。

1.1 概率的基本概念

概率的概念与我们日常生活中某件事出现的机会，或说几率密切相关。把一个事件（结果）的概率同该事件出现的相对频率联系起来，是直观而易于理解的。例如，假定我们做一个实验（如一个骰子的滚动），可能有6种不同的结果$A_1, A_2, \cdots, A_6$。把实验重复N次并记录每一事件出现的次数，分别用$n_1, n_2, \cdots, n_6$表示，则它们出现的相对频率即为$n_1/N, n_2/N, \cdots, n_6/N$。在$N$趋于无穷大的极限情况下，这些比率就趋近于事件出现的真实概率。即

$$\lim_{N\to\infty}\frac{n_i}{N} = P(A_i), i = 1,2,\cdots,6 \tag{1.1.1}$$

因此，概率是在0 ~ 1之间、并包括0和1在内的一个数，实际上，这样的概率不可能绝对准确地求得。

实验的全部可能结果的集合记为实验的样本空间。一个事件可以是样本空间的一个元素，也可以是一些可能结果的集合。两种情况中，事件出现或不出现由实验结果确定。我们用括号来表示事件，例如，$\{A\}$是样本空间的子集，其元素具有A的特性。

对任何事件$\{A\}$，都存在事件$\{非 A\}$，记为$\{\bar{A}\}$事件。事件$\{A 或 \bar{A}\}$为全部可能结果的集合（必然事件）。事件$\{A 与 \bar{A}\}$是没有元素的集合（零事件）。事件$\{A 或 B\}$指的是，或者$\{A\}$出现，或者$\{B\}$出现，或者二者同时出现。事件$\{A 与 B\}$指的是$\{A\}$和$\{B\}$同时出现。以掷骰子为例，假设出现偶数点为事件$\{A\}$，则其元素为$\{2,4,6\}$，而$\{B\}$则为$\{1,3,5\}$。因而上述结论不难理解。相对频率定义的直接结果是，必然事件和零事件的概率各自为1和0。如果事件$\{A\}$和$\{B\}$互不相容（即一个出现了，另一个就不可能出现），则对事件$\{A\}$或$\{B\}$，我们得到概率$P(A 或 B) = P(A) + P(B)$。

假定进行两个实验，其可能结果分别记为$A_i(i = 1,2,\cdots)$和$B_j(j = 1,2,\cdots)$，则定义联合事件为$\{A_i 和 B_j\}$。像单一事件的情况那样，用一个概率与之对应，把这一联合事件的概率表示为$P(A_i, B_j)$。如果这些A_i和B_j是完备的，即不可能有其他的事件，则

$$\begin{cases} \sum_i \sum_j P(A_i, B_j) = 1 \\ \sum_i P(A_i, B_j) = P(B_j), \sum_j P(A_i, B_j) = P(A_i) \end{cases} \tag{1.1.2}$$

1.2 条件概率和统计独立

条件概率所涉及的是一事件在另一事件出现后的知识。在事件$\{A\}$出现后，事件$\{B\}$出现的概率用$P(B|A)$表示，在给定$\{A\}$时$\{B\}$的条件概率定义为

$$P(B \mid A) = P(A,B)/P(A) \tag{1.2.1}$$

这里假定 $P(A) \neq 0$。类似地,在$\{B\}$出现的条件下,$\{A\}$出现的概率为

$$P(A \mid B) = P(A,B)/P(B),\ P(B) \neq 0 \tag{1.2.2}$$

如果实验由互不相容且又完备的结果 $B_i(i = 1,2,\cdots)$ 组成,则 $\sum_i P(B_i \mid A) = 1$。

如果对于两个事件$\{A\}$和$\{B\}$,求得 $P(A \mid B) = P(A)$,则由条件概率的定义可以导出

$$P(A,B) = P(A)P(B) \tag{1.2.3}$$

还可以得到 $P(B \mid A) = P(B)$。式(1.2.3)表明,其中一个事件的出现并未提供另一事件出现概率的任何信息,这样的两个事件称为是统计独立的。

若三个事件$\{A_1\}$、$\{A_2\}$和$\{A_3\}$是统计独立的,则它们必须满足下面的关系:

$$\begin{cases} P(A_1,A_2) = P(A_1)P(A_2) \\ P(A_1,A_3) = P(A_1)P(A_3) \\ P(A_2,A_3) = P(A_2)P(A_3) \\ P(A_1,A_2,A_3) = P(A_1)P(A_2)P(A_3) \end{cases} \tag{1.2.4}$$

若有三个以上事件是独立的,那么一次取二个、三个、四个事件等的概率都必须等于这些单独事件概率的乘积。

1.3 概率分布函数

我们定义随机变量或随机变数为样本空间的实值函数,即实验结果的实值函数。例如掷骰子,出现的点数是随机变量或者随机变数,点数的任意函数也是随机变量。若随机变量的取值数目(样本空间)是有限或者可数无穷的①,即称之为离散随机变量;否则是连续随机变量。

假定一个随机变量可以取6个可能值 x_i 中的任何一个,这里 $x_6 > x_5 > x_4 > x_3 > x_2 > x_1$,则相应的概率记为 $P(x_i)$ 或者 $P(X = x_i)$,如图1.1所示。这样的例子适合于研究随机变量取值小于或等于某值(比如 x_3)的概率,在这种情况下

$$P(X \leqslant x_3) = P(x_1) + P(x_2) + P(x_3)$$

用 $P(X \leqslant x)$ 定义 x 的函数称为随机变量 X 的概率分布函数(也叫分布函数或累积分布函数),图1.1也给出了前例的累积分布函数。结果$\{X \leqslant x\}$就是通常概率意义上的一个事件,所以累积分布函数必须满足前面所讨论的性质,特别是 $P(X < -\infty) = 0$ 和 $P(X < \infty) = 1$。同样,X 落在间隔 $x_i < X \leqslant x_j$ 的概率是

$$P(X \leqslant x_j) - P(X \leqslant x_i) = P(x_i < X \leqslant x_j)$$

通常也把分布函数记为 $F_X(x)$,即有

$$F_X(x) = P(X \leqslant x) \tag{1.3.1}$$

上面的讨论不难外推到两个随机变量(二元分布)或更多随机变量(多元分布)的情况。对于两个随机变量 X 和 Y(它们可以是连续的,也可以是离散的),下面的公式显然成立:

---

① 若一数集能与正整数集合一一对应关系,则该数集是可数的。

在本书中,一般用大写字母表示随机变量,用相应的小写字母表示样本空间的元素。但是用不同的符号来区分它们有时是很烦琐的,所以在以后各章中,如果文中的说明比较清楚就只用一个符号。

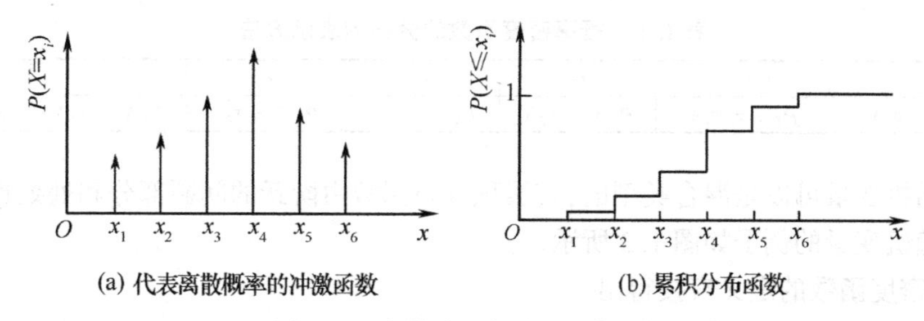

(a) 代表离散概率的冲激函数　　(b) 累积分布函数

图 1.1　离散随机变量的概率函数

$$\begin{cases}P(X\leqslant-\infty,Y\leqslant y)=0,\ P(X\leqslant x,Y\leqslant-\infty)=0,\ P(X\leqslant\infty,Y\leqslant\infty)=1\\ P(X\leqslant x,Y\leqslant\infty)=P(X\leqslant x),\ P(X\leqslant\infty,Y\leqslant y)=P(Y\leqslant y)\end{cases}\tag{1.3.2}$$

1.4　连续随机变量

考虑一个随机变量 X,它具有图 1.2(b) 所示的连续累积分布函数,这是连续随机变量的一个例子,这种随机变量取值的数目是不可数的。例如,样本空间可以是整个实数轴。如果累积分布函数的导数存在,定义这个导数为连续随机变量的概率密度函数(或者简称密度函数)。用 $p(x)$ 表示随机变量 x 的概率密度函数,有

$$p(x)=\frac{\mathrm{d}F_X(x)}{\mathrm{d}x}=\frac{\mathrm{d}P(X\leqslant x)}{\mathrm{d}x}\tag{1.4.1}$$

注意,密度函数的定义必须包括它取值范围的说明。

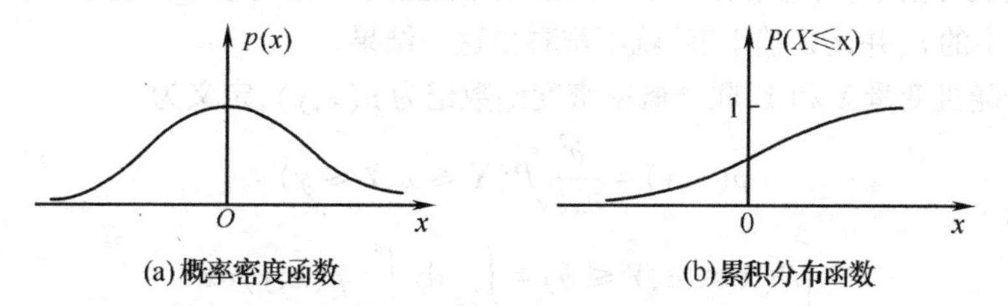

(a) 概率密度函数　　(b) 累积分布函数

图 1.2　连续随机变量的概率函数

如果函数 $P(X\leqslant x)$ 是定积分形式,则可以用微积分中 Leibnitz 法则来求微分。

若 $g(x)=\int_{a(x)}^{b(x)}f(t,x)\mathrm{d}t$,式中 $a(x)$,$b(x)$ 是 x 的可微函数,$f(t,x)$ 和 $\partial f(t,x)/\partial x$ 对 x 和 t 都是连续的,则

$$\frac{\mathrm{d}g(x)}{\mathrm{d}x}=\int_{a(x)}^{b(x)}\frac{\partial f(t,x)}{\partial x}\mathrm{d}t+f[b(x),x]\frac{\partial b(x)}{\partial x}-f[a(x),x]\frac{\partial a(x)}{\partial x}$$

因为累积分布函数是非降的,所以 $p(x)\geqslant0$。图 1.2(a) 为概率密度函数的一个例子。利用 δ 函数(冲激函数) 也可以把离散随机变量的概率密度函数定义为累积分布函数的导数。δ 函数在间断点出现,如图 1.1 所示,其概率密度函数可以表示为

$$p(x)=\sum_{i=1}^{6}P(x)\delta(x-x_i)$$

也可以列成一个表,用所谓分布列的形式表示,见表 1.1。

表 1.1　概率密度函数的分布列表示方法

状态 x_i	x_1	x_2	x_3	x_4	x_5	x_6
概率 $P(X=x_i)$	$P(X=x_1)$	$P(X=x_2)$	$P(X=x_3)$	$P(X=x_4)$	$P(X=x_5)$	$P(X=x_6)$

通常,随机变量可以是混合类型的,其累积分布函数由阶跃的间断部分和处处连续的部分组成,这类随机变量的例子如图 1.3 所示。

从概率密度函数的定义直接得出

$$P(X \leqslant a)=\int_{-\infty}^{a} p(x)\,\mathrm{d}x \tag{1.4.2}$$

$p(x)\,\mathrm{d}x$ 可以解释为随机变量落在 x 和 $x+\mathrm{d}x$ 之间的概率。随机变量落在区间 $a \leqslant X < b$ 的概率为

$$P(a < X \leqslant b)=\int_{a}^{b} p(x)\,\mathrm{d}x \tag{1.4.3}$$

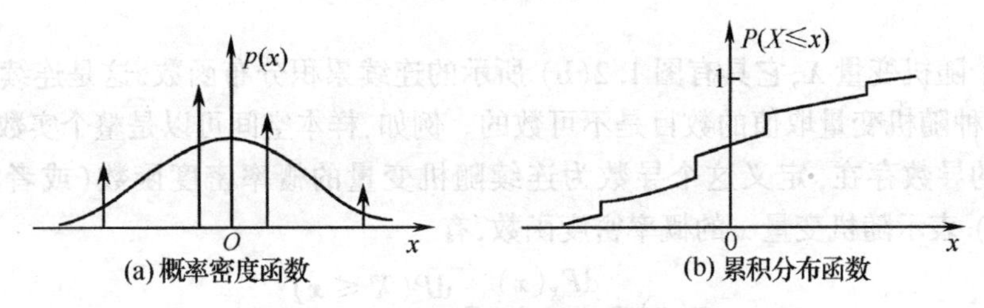

图 1.3　混合随机变量的概率函数

对连续随机变量来说,它落在一个区间的概率随这个区间的减小而趋于零。用 $a+\varepsilon$ 来代替式(1.4.3) 中的 b,并让 ε 趋于零,就不难看出这一结果。

对于两个随机变量 X 和 Y,联合概率密度函数记为 $p(x,y)$,定义为

$$p(x,y)=\frac{\partial^2}{\partial x \partial y} P(X \leqslant x, Y \leqslant y) \tag{1.4.4}$$

由此可得[①]

$$\begin{cases} P(X \leqslant a, Y \leqslant b)=\int_{-\infty}^{b} \mathrm{d}y \int_{-\infty}^{a} p(x,y)\,\mathrm{d}x \\ P(X \leqslant a)=\int_{\infty}^{+\infty} \mathrm{d}y \int_{-\infty}^{a} p(x,y)\,\mathrm{d}x \\ P(Y \leqslant b)=\int_{-\infty}^{+\infty} \mathrm{d}x \int_{-\infty}^{b} p(x,y)\,\mathrm{d}y \end{cases} \tag{1.4.5}$$

同理可证

$$p(x)=\int_{-\infty}^{+\infty} p(x,y)\,\mathrm{d}y \tag{1.4.6}$$

以及

$$p(y)=\int_{-\infty}^{+\infty} p(x,y)\,\mathrm{d}x \tag{1.4.7}$$

用这种方法引出的概率密度函数有时叫做边缘概率密度函数,这也就是由高维概率密度函数求低维概率密度函数通用的方法。

给定随机变量 X 后,变量 Y 的条件概率密度函数定义为

$$p(y \mid x)=p(x,y)/p(x), \qquad p(x) \neq 0 \tag{1.4.8}$$

① 按照普通习惯,用 $p(\cdot)$ 表示 X、Y 各自的概率密度函数,也表示 X、Y 的联合概率密度函数,即使它们有不同的函数形式,但却可用宗量来加以区分。如果这一点在文中不够清楚,则要用脚标来区别不同的函数形式。

于是
$$P(Y \leqslant b \mid x) = \int_{-\infty}^{b} p(y \mid x)\mathrm{d}y \tag{1.4.9}$$
应解释为给定$\{X = x\}$后，$\{Y \leqslant b\}$的概率。条件概率密度函数的定义可以扩展到给定一组随机变量$\{X_j, j = 1,\cdots,m\}$的情况下另一组随机变量$\{Y_i, i = 1,2,\cdots,n\}$的联合概率。这样
$$p(y_1,\cdots,y_n \mid x_1,\cdots,x_m) = \frac{p(y_1,\cdots,y_n,x_1,\cdots,x_m)}{p(x_1,\cdots,x_m)} \tag{1.4.10}$$

统计独立的条件同样可以用概率密度函数来表述：对$x,y,\cdots,z$的所有取值，当满足
$$p(x,y,\cdots,z) = p(x)p(y)\cdots p(z) \tag{1.4.11}$$
而且也只有满足这个条件时，随机变量$X,Y,\cdots,Z$才是统计独立的。

1.5　随机变量的函数

一个或多个随机变量的函数，经常在随机信号分析、检测理论以及同概率论和统计数学有关的其他学科中出现。一个随机变量的函数$Y = g(X)$是这样表述的：观察由实验得到的实数x，然后完成由$y = g(x)$定义的算术运算。典型例子如图1.4所示。这也可以推广到多个随机变量函数的情形。例如$Y = g(X,Z)$，即可由观察一对实数值x和z并完成$y = g(x,z)$的函数映射来表述，求和$y = x + z$便是一例。

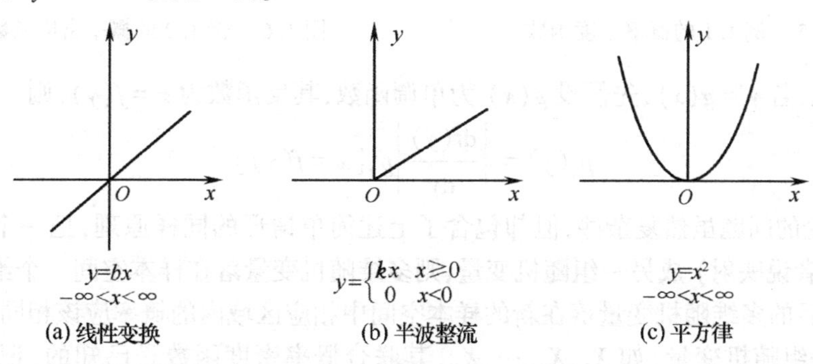

图1.4　随机变量的函数

为了说明求随机变量函数统计量的直接方法，考察图1.4(a)的情形，这只是一个按比例变化的线性函数$y = bx$。假定X的概率密度函数已知，求Y的密度函数。

由于$\{Y \leqslant y\}$的概率等于$\{X \leqslant y/b\}$的概率，即有$P_Y(Y \leqslant y) = P_X(X \leqslant y/b)$。由概率密度函数的定义直接得到
$$p_Y(y) = \frac{\mathrm{d}}{\mathrm{d}y}P_X(X \leqslant y/b)$$
由于分布函数是非降的，所以导数不能为负，应用Leibnitz法则可以证明
$$p_Y(y) = \frac{1}{|b|}p_X(x = y/b)$$
式中，$|\cdot|$表示绝对值。Y的取值范围是X的取值范围乘以b。

例1.1　若上述情况下X的概率密度函数是指数的（换句话说，X按指数规律分布），即$p_X(x) = \mathrm{e}^{-x}(x \geqslant 0)$，则可以直接得出
$$p_Y(y) = \frac{1}{|b|}\mathrm{e}^{-y/b}, \begin{cases} 若\ b > 0, & 则\ y > 0 \\ 若\ b < 0, & 则\ y \leqslant 0 \end{cases}$$

X 的概率密度函数以及 $b=2$ 时 Y 的概率密度函数如图 1.5 所示。

例 1.2 设概率密度函数 $p_X(x)$ 和前例相同,求 $Y=X+a$ 时 Y 的概率密度函数。

解:应用直接方法。

$$P_Y(Y\leqslant y)=P_X[X\leqslant(y-a)]$$

因为
$$p_Y(y)=\frac{\mathrm{d}}{\mathrm{d}y}P_Y(Y\leqslant y)=\frac{\mathrm{d}}{\mathrm{d}y}P_X[X\leqslant(y-a)]$$

所以
$$p_Y(y)=p_X(x=y-a)=\mathrm{e}^{-(y-a)},\quad y>a$$

其示意图如图 1.6 所示。

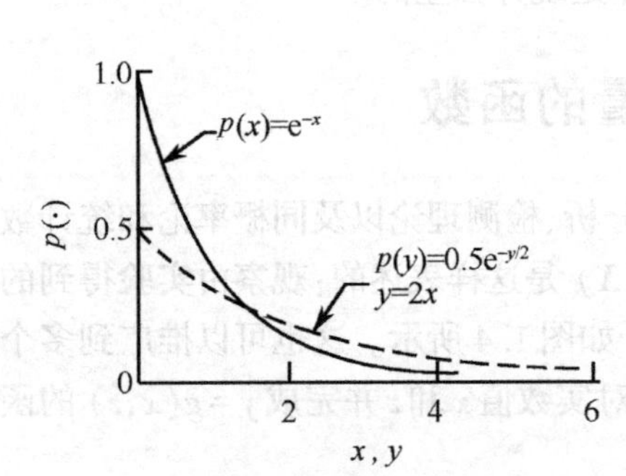

图 1.5 例 1.1 的概率密度函数

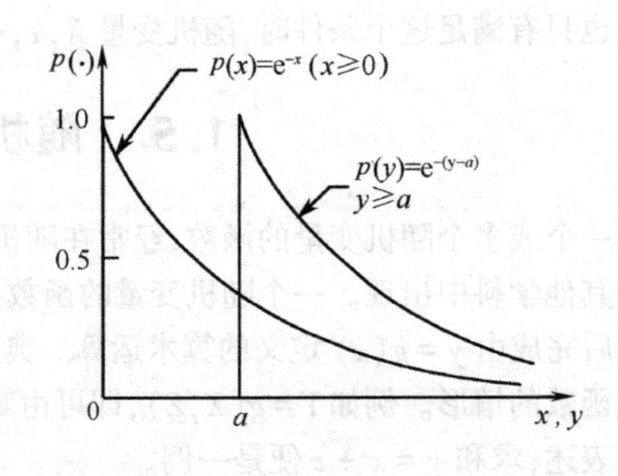

图 1.6 例 1.2 的概率密度函数

一般情况,若 $y=g(x)$,先假设 $g(x)$ 为单调函数,其反函数为 $x=f(y)$,则

$$p_Y(y)=\left|\frac{\mathrm{d}f(y)}{\mathrm{d}y}\right|p_X[x=f(y)] \tag{1.5.1}$$

下面讨论的问题虽然复杂些,但却包含了上述简单情形的同样原理,把一个或多个随机变量变换(或者说映射)成另一组随机变量,则多维随机变量落在样本空间一个给定区域内的概率,与变换后的多维随机变量落在新的样本空间中相应区域内的概率应该相同。

假定有一组随机变量,如 $X_1,X_2,\cdots,X_N$,其联合概率密度函数是已知的,记为 $p_X(x_1,x_2,\cdots,x_N)$,想求一组新的随机变量 $Y_1,Y_2\cdots Y_N$ 的联合概率密度函数 $p_Y(y_1,y_2,\cdots,y_N)$,Y 同 X 的函数关系为

$$\begin{cases}Y_1=g_1(X_1,X_2,\cdots,X_N)\\ \vdots\\ Y_N=g_N(X_1,X_2,\cdots,X_N)\end{cases} \tag{1.5.2}$$

例如,对 $N=2$ 的简单情况

$$Y_1=X_1+X_2,\qquad Y_2=X_1-X_2$$

暂时假定新变量 Y_i 的个数 N 等于旧变量 X_i 的个数,新随机变量为旧随机变量的单值连续函数,具有处处连续的偏导数,而且旧变量也可以表示为新变量的单值连续函数(反函数),即

$$\begin{cases}X_1=f_1(Y_1,Y_2,\cdots,Y_N)\\ \vdots\\ X_N=f_N(Y_1,Y_2,\cdots,Y_N)\end{cases} \tag{1.5.3}$$

用前面的例子,反函数为

$$X_1=\frac{1}{2}(Y_1+Y_2),X_2=\frac{1}{2}(Y_1-Y_2)$$

因此,$X_i(i=1,2,\cdots,N)$ 样本空间中的每一个点,对应于而且只对应于 $Y_i(i=1,2,\cdots,N)$ 样本空间中的一个点,即旧变量和新变量之间有一一对应的映射关系。

假定一个特殊样点集包含在 X 域的范围 A 内,由于$\{X_i\}$ 和$\{Y_i\}$ 之间的函数关系,所以范围 A 映射成 Y 域内的范围 B,正如图 1.7 所示的那样,则样点 $x_1,x_2,\cdots,x_N$ 落入 A 的概率与样点 $y_1,y_2,\cdots y_N$,落入 B 的概率相同。图中 $\boldsymbol{x}$ 和 $\boldsymbol{y}$ 分别表示多维变量 $x_1,x_2,\cdots,x_N$ 和 $y_1,y_2,\cdots,y_N$。所以

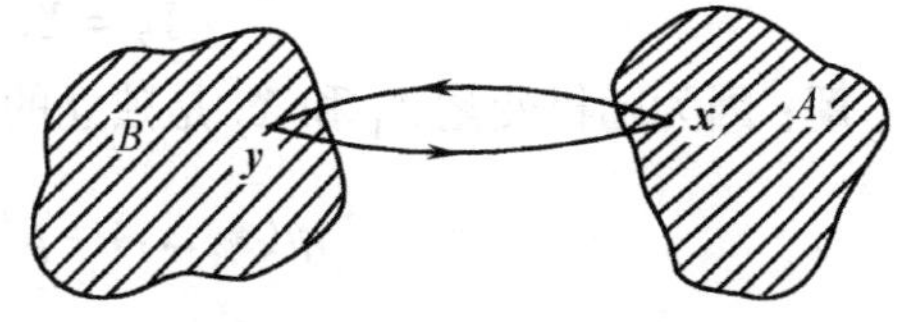

图 1.7　空间 A 一一对应地映射成空间 B 的说明

$$\underbrace{\int\cdots\int}_{A} p_X(x_1,x_2,\cdots,x_N)\mathrm{d}x_1\mathrm{d}x_2\cdots\mathrm{d}x_N=\underbrace{\int\cdots\int}_{B} p_Y(y_1,y_2,\cdots,y_N)\mathrm{d}y_1\mathrm{d}y_2\cdots\mathrm{d}y_N \tag{1.5.4}$$

式中,$p_X(x_1,x_2,\cdots,x_N)$ 是 $X_i(i=1,2,\cdots,N)$ 的联合概率密度函数,是已知的;$p_Y(y_1,y_2,\cdots,y_N)$ 是 Y_i 的联合概率密度函数,是待求的。

在等式左端积分中采用多元函数积分中变换变量的标准方法,得到

$$\begin{aligned}&\underbrace{\int\cdots\int}_{A} p_X(x_1,x_2,\cdots,x_N)\mathrm{d}x_1\mathrm{d}x_2\cdots\mathrm{d}x_N\\ =&\underbrace{\int\cdots\int}_{B} p_X\{(x_1=f_1(y_1,y_2,\cdots,y_N),\cdots,x_N=f_N(y_1,y_2,\cdots,y_N))\}\,|\boldsymbol{J}|\,\mathrm{d}y_1\mathrm{d}y_2\cdots\mathrm{d}y_N\end{aligned}$$

式中,$|\boldsymbol{J}|$ 是变换的雅可比(Jacobian) 行列式的绝对值。雅可比行列式是矩阵 $\boldsymbol{J}$ 的行列式,定义为

$$\boldsymbol{J}=\begin{bmatrix}\dfrac{\partial f_1}{\partial y_1} & \cdots & \dfrac{\partial f_N}{\partial y_1}\\ \vdots & & \vdots\\ \dfrac{\partial f_1}{\partial y_N} & \cdots & \dfrac{\partial f_N}{\partial y_N}\end{bmatrix} \tag{1.5.5}$$

因为假定积分限顺序是增加的,所以使用雅可比式的绝对值。对于前面的例子

$$\boldsymbol{J}=\begin{bmatrix}\dfrac{1}{2} & \dfrac{1}{2}\\ \dfrac{1}{2} & -\dfrac{1}{2}\end{bmatrix}$$

可得 $|\boldsymbol{J}|=1/2$。

将这个积分与式(1.5.4) 的积分相比较,我们可以看出新旧联合概率密度函数有下述关系:

$$p_Y(y_1,y_2,\cdots,y_N)=p_X\{[x_1=f_1(y_1,y_2,\cdots,y_N),\cdots,x_N=f_N(y_1,y_2,\cdots,y_N)]\}\,|\boldsymbol{J}| \tag{1.5.6}$$

这个公式连同 y_i 的定义域,完全确定了它的密度函数,显然一维情况的雅可比式的绝对值是 $|\mathrm{d}x/\mathrm{d}y|$。

例 1.3　假定独立随机变量 X_1 和 X_2 按正态(高斯) 分布,其概率密度函数为①

$$p(x_1)=\frac{1}{\sqrt{2\pi}}\mathrm{e}^{-x_1^2/2},\quad p(x_2)=\frac{1}{\sqrt{2\pi}}\mathrm{e}^{-x_2^2/2}$$

---

① 指数函数 e^x,也写做 $\exp[x]$,本书两种表示均用到。

求 Y_1 和 Y_2 的概率密度函数,这里

$$Y_1 = X_1 + X_2 = g_1(X_1, X_2)$$
$$Y_2 = X_1 - X_2 = g_2(X_1, X_2)$$

解: 因为随机变量 X_1 和 X_2 是独立的,所以 X_1 和 X_2 的联合概率密度函数是

$$p(x_1, x_2) = p(x_1)p(x_2) = \frac{1}{2\pi}\mathrm{e}^{-(x_1^2+x_2^2)/2}$$

反变换是
$$X_1 = \frac{1}{2}(Y_1 + Y_2) = f_1(Y_1, Y_2)$$

$$X_2 = \frac{1}{2}(Y_1 - Y_2) = f_2(Y_1, Y_2)$$

雅可比行列式为
$$\begin{vmatrix} \dfrac{\partial f_1}{\partial Y_1} & \dfrac{\partial f_2}{\partial Y_1} \\ \dfrac{\partial f_1}{\partial Y_2} & \dfrac{\partial f_2}{\partial Y_2} \end{vmatrix} = \begin{vmatrix} \dfrac{1}{2} & \dfrac{1}{2} \\ \dfrac{1}{2} & -\dfrac{1}{2} \end{vmatrix} = -\frac{1}{2}$$

所以 $|J| = 1/2$,且

$$p(y_1, y_2) = \frac{1}{4\pi}\mathrm{e}^{-(y_1^2+y_2^2)/4} = \frac{1}{\sqrt{4\pi}}\mathrm{e}^{-y_1^2/4}\,\frac{1}{\sqrt{4\pi}}\mathrm{e}^{-y_2^2/4}$$

可见,在这种情况下,Y_1 和 Y_2 是统计独立的高斯随机变量。

前面涉及的是新旧随机变量数目相同的情况。当新随机变量数目少于旧随机变量数目时可以类似地处理。这里用一个实例来说明。

例 1.4 给定两个随机变量 X_1 和 X_2,其联合概率密度函数为 $p_X(x_1, x_2)$。求新随机变量 Y 的概率密度函数 $p_Y(y)$,这里

$$Y = X_1 + X_2 = g(X_1, X_2)$$
$$p_X(x_1, x_2) = \frac{1}{2\pi}\mathrm{e}^{-(x_1^2+x_2^2)/2}$$

解: 为了使用上面的结果,改写上面的变换为

$$Y_1 = X_1 + X_2 = g_1(X_1, X_2)$$
$$Y_2 = X_2 = g_2(X_1, X_2)$$

以保持新旧变量数目相同。可得其反变换为

$$X_1 = Y_1 - Y_2 = f_1(Y_1, Y_2)$$
$$X_2 = Y_2 = f_2(Y_1, Y_2)$$

雅可比行列式为
$$J = \begin{vmatrix} \dfrac{\partial f_1}{\partial Y_1} & \dfrac{\partial f_2}{\partial Y_1} \\ \dfrac{\partial f_1}{\partial Y_2} & \dfrac{\partial f_2}{\partial Y_2} \end{vmatrix} = \begin{vmatrix} 1 & 0 \\ -1 & 1 \end{vmatrix} = 1$$

Y_1和 Y_2 的联合概率密度函数为

$$p_Y(y_1, y_2) = p_X(x_1 = y_1 - y_2, x_2 = y_2)\,|J| = \frac{1}{2\pi}\mathrm{e}^{-(y_1^2-2y_1y_2+2y_2^2)/2}$$

然后,通过求边缘分布的方法即可得 Y_1,也就是 Y 的概率密度函数,即

$$p_Y(y_1)=p_Y(y)=\int_{-\infty}^{+\infty}p_Y(y_1,y_2)\mathrm{d}y_2=\int_{-\infty}^{+\infty}\frac{1}{2\pi}\mathrm{e}^{-(y_1^2-2y_1y_2+2y_2^2)/2}\mathrm{d}y_2=\frac{1}{2\pi^{1/2}}\mathrm{e}^{-y^2/4}$$

以上讨论均假设新旧随机变量的函数关系是单值对应的情况,当它们的函数关系不是单值的时候,需要特别注意。例如,图 1.4(c) 所示平方律器件的输出由 $y=x^2$ 给出,这里 X 是输入。若 $p_X(x)$ 已知(假定 $-\infty<x<+\infty$),需要求 Y 的概率密度函数。显然,对于 $Y<0,p_Y(y)=0$。对于 $Y>0$,有

$$\begin{aligned}P(Y\leqslant y)&=P(-y^{1/2}\leqslant X\leqslant y^{1/2})\\&=P(X\leqslant y^{1/2})-P(X<-y^{1/2})\\&=\int_{-\infty}^{y^{1/2}}p_X(x)\mathrm{d}x-\int_{-\infty}^{-y^{1/2}}p_X(x)\mathrm{d}x\end{aligned}$$

由于

$$p_Y(y)=\frac{\mathrm{d}}{\mathrm{d}y}P(Y\leqslant y)$$

因而得到

$$p_Y(y)=\frac{p_X(x=y^{1/2})+p_X(x=-y^{1/2})}{2y^{1/2}} \tag{1.5.7}$$

例 1.5 给定

$$p(x)=\frac{1}{\sqrt{2\pi}}\mathrm{e}^{-x^2/2},\ -\infty>x>+\infty$$

求 $p_Y(y)$,其中 $Y=X^2$。

解: 从式(1.5.7) 直接得到

$$p_Y(y)=\begin{cases}\dfrac{\mathrm{e}^{-y/2}/\sqrt{2\pi}+\mathrm{e}^{-y/2}/\sqrt{2\pi}}{2y^{1/2}}, & y\geqslant 0\\ 0, & y<0\end{cases}$$

即

$$p_Y(y)=\begin{cases}\mathrm{e}^{-y/2}/\sqrt{2\pi y}, & y\geqslant 0\\ 0, & y<0\end{cases}$$

轻率地用雅可比方法而不考虑 x 与 y 是二对一的映射关系,答案就会相差二倍,并且是错误的。

1.6 统 计 平 均

对于概率为 $P(x_i)(i=1,2,\cdots,N)$ 的离散随机变量 X,我们定义 X 的统计平均(也叫期望值,均值,集平均值)为

$$E[X]=\sum_{i=1}^{N}x_iP(x_i) \tag{1.6.1}$$

式中,$E[\ ]$ 表示求期望值或统计平均值。它是随机变量可能取值的加权求和,权重就是各个值的出现概率。

这一定义可以推广到 X 的函数的统计平均。例如,若 $Y=g(X)$,则

$$E[Y]=\sum_{i=1}^{N}y_iP(y_i) \tag{1.6.2}$$

它等效于

$$E[g(X)]=\sum_{i=1}^{N}g(x_i)P(x_i) \tag{1.6.3}$$

对于连续随机变量,相应的平均值用积分计算。例如,若 X 是概率密度函数为 $p(x)(-\infty$

$< x < +\infty$ 的连续随机变量,则 X 的期望值定义为

$$E[X] = \int_{-\infty}^{+\infty} xp(x)\,dx \tag{1.6.4}$$

一般说来,只要积分存在,函数 $g(X)$ 的统计平均就是

$$E[Y] = \int_{-\infty}^{+\infty} g(x)p(x)\,dx \tag{1.6.5}$$

特别重要的是 X^n 的期望值,叫做 X 的 n 阶矩,定义为

$$E[X^n] = \int_{-\infty}^{+\infty} x^n p(x)\,dx \tag{1.6.6}$$

显然,一阶矩 $E[X] = m$,就是均值。上述定义也称为 n 阶原点矩。同样重要的可以定义 n 阶中心矩,即

$$E[(X - m)^n] = \int_{-\infty}^{+\infty} (x - m)^n p(x)\,dx \tag{1.6.7}$$

一阶中心矩为零。二阶中心矩特别重要,一般用 $\sigma^2 = E[(X - m)^2]$ 表示,称为方差,它给出随机变量围绕均值分散程度的量度。方差的平方根叫做 X 的标准离差。图 1.8 画出了均值和方差示意图的两个例子。

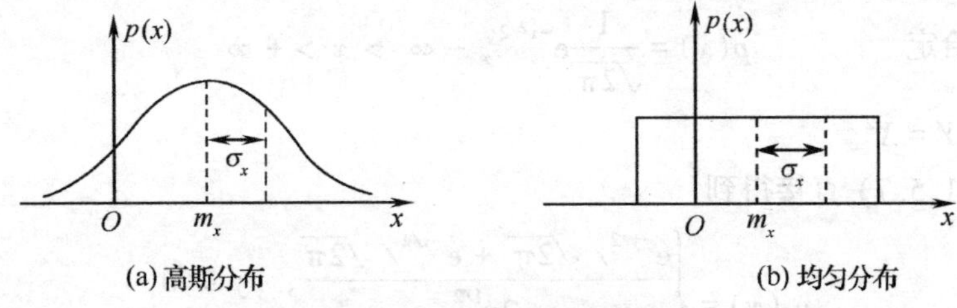

图 1.8　均值和方差的例子

两个或者更多随机变量的情形,可做类似讨论。例如,考察两个连续随机变量 X 和 Y,其联合密度函数为 $p(x,y)$。这些变量的函数 $g(X,Y)$ 的期望值定义为

$$E[g(X,Y)] = \int_{-\infty}^{+\infty}\int_{-\infty}^{+\infty} g(x,y)p(x,y)\,dx\,dy \tag{1.6.8}$$

应当特别指出,随机变量 X 和 Y 的第 $(n + k)$ 阶联合矩(或者交叉矩、混合矩)是

$$E[X^n Y^k] = \int_{-\infty}^{+\infty}\int_{-\infty}^{+\infty} x^n y^k p(x,y)\,dx\,dy \tag{1.6.9}$$

对应的联合中心矩是

$$\mu_{nk} = E[(X - m_X)^n (Y - m_Y)^k] \tag{1.6.10}$$

式中,m_X 和 m_Y 分别为 X 和 Y 的均值。特别重要的联合矩是

$$\sigma_{XY} = E[(X - m_X)(Y - m_Y)] \tag{1.6.11}$$

称为随机变量 X 和 Y 的协方差。

X 和 Y 的归一化协方差定义为

$$\rho_{XY} = \frac{E[(X - m_X)(Y - m_Y)]}{\{E[(X - m_X)^2]E[(Y - m_Y)^2]\}^{1/2}} = \frac{\sigma_{XY}}{\sigma_X \sigma_Y} \tag{1.6.12}$$

式中,σ_X 和 σ_Y 分别为 X 和 Y 的标准离差。ρ_{XY} 还称为相关系数。可以证明 $|\rho_{XY}| \leqslant 1$。

如果

$$E[XY] = E[X]E[Y] \tag{1.6.13}$$

就说随机变量 X 和 Y 是不相关的。假如这些变量是不相关的,则容易证明,它们的归一化协方差或者相关系数为零。注意,若两个随机变量统计独立,则它们是不相关的。然而,除了特殊情况,反过来则不成立。如果

$$E[XY]=0 \tag{1.6.14}$$

则称随机变量 X 和 Y 是正交的。

1.7 特征函数

在求独立随机变量之和的概率密度函数时,特征函数是很有用的,它也可以用来求随机变量的矩。随机变量 X 的特征函数定义为

$$C(\mathrm{j}u)=\int_{-\infty}^{+\infty}p(x)\mathrm{e}^{\mathrm{j}ux}\mathrm{d}x \tag{1.7.1}$$

即 $C(\mathrm{j}u)$ 是概率密度函数的傅里叶变换(实际上它与通常傅里叶正变换在指数因子上差一个符号,也可以看成通常傅里叶正变换的复共轭)。一个类似的函数叫做矩的母函数,定义为概率密度函数的拉普拉斯变换。下面将看到,特征函数也可以等价地定义为随机变量的某个函数的统计平均,即

$$C(\mathrm{j}u)=\int_{-\infty}^{+\infty}\mathrm{e}^{\mathrm{j}ux}p(x)\mathrm{d}x=E[\mathrm{e}^{\mathrm{j}uX}] \tag{1.7.2}$$

由于

$$\left|\int_{-\infty}^{+\infty}p(x)\mathrm{e}^{\mathrm{j}ux}\mathrm{d}x\right|\leqslant\int_{-\infty}^{+\infty}p(x)\mathrm{d}x=1 \tag{1.7.3}$$

所以特征函数必然存在。对于离散随机变量 X,特征函数为

$$C(\mathrm{j}u)=\sum_i\mathrm{e}^{\mathrm{j}ux_i}P(x_i) \tag{1.7.4}$$

用傅里叶反变换公式可以由特征函数求出密度函数,即

$$p(x)=\frac{1}{2\pi}\int_{-\infty}^{+\infty}C(\mathrm{j}u)\mathrm{e}^{-\mathrm{j}ux}\mathrm{d}u \tag{1.7.5}$$

例 1.6 求标准正态分布 $N(0,1)$ 的特征函数。

解: 由定义式(1.7.1)知

$$\begin{aligned}C_X(u)&=\int_{-\infty}^{+\infty}\frac{1}{\sqrt{2\pi}}\mathrm{e}^{-\frac{x^2}{2}}\mathrm{e}^{\mathrm{j}ux}\mathrm{d}x\\&=\int_{-\infty}^{+\infty}\frac{1}{\sqrt{2\pi}}\mathrm{e}^{-\frac{1}{2}[x^2-2x\mathrm{j}u+(\mathrm{j}u)^2]-\frac{u^2}{2}}\mathrm{d}x\\&=\mathrm{e}^{-\frac{u^2}{2}}\int_{-\infty}^{+\infty}\frac{1}{\sqrt{2\pi}}\mathrm{e}^{-\frac{(x-\mathrm{j}u)^2}{2}}\mathrm{d}x\end{aligned}$$

令 $\eta=x-\mathrm{j}u$, 有 $\mathrm{d}\eta=\mathrm{d}x$,则上式为

$$C_X(u)=\mathrm{e}^{-\frac{u^2}{2}}\int_{-\infty}^{+\infty}\frac{1}{\sqrt{2\pi}}\mathrm{e}^{-\frac{\eta^2}{2}}\mathrm{d}\eta=\mathrm{e}^{-\frac{u^2}{2}}$$

类似单变数特征函数的定义,联合概率密度函数 $p(x,y)$ 的联合特征函数定义为它的二维傅里叶变换

$$C(\mathrm{j}u,\mathrm{j}v)=\int_{-\infty}^{+\infty}\int_{-\infty}^{+\infty}p(x,y)\mathrm{e}^{\mathrm{j}ux}\mathrm{e}^{\mathrm{j}vy}\mathrm{d}x\mathrm{d}y \tag{1.7.6}$$

反变换公式是 $$p(x,y)=\frac{1}{4\pi^2}\int_{-\infty}^{+\infty}\int_{-\infty}^{+\infty}C(\mathrm{j}u,\mathrm{j}v)\mathrm{e}^{-\mathrm{j}ux}\mathrm{e}^{-\mathrm{j}vy}\mathrm{d}u\mathrm{d}v \tag{1.7.7}$$

上述定义可以推广到多元变量的情形。

下面将简要地讨论一下特征函数的性质。我们将会发现,正是由于特征函数具有以下一些可贵的性质才使得它成为概率统计计算中的一个重要的数学工具。

性质 1 两两相互独立的随机变量之和的特征函数等于各个随机变量的特征函数之积,即若 $Y=\sum_{K=1}^{N}X_K$,式中 $X_1,X_2,\cdots,X_N$ 为 N 个两两相互独立的随机变量,则

$$C_Y(u)=\prod_{K=1}^{N}C_{X_K}(u) \tag{1.7.8}$$

证明:由式(1.7.2) 知

$$C_Y(u)=E[\mathrm{e}^{\mathrm{j}uY}]=E[\mathrm{e}^{\mathrm{j}u\sum_{K=1}^{N}X_K}]=E\left[\prod_{K=1}^{N}\mathrm{e}^{\mathrm{j}uX_K}\right]$$

由于 X_k 两两统计独立,必然互不相关,即有

$$C_Y(u)=\prod_{K=1}^{N}E[\mathrm{e}^{\mathrm{j}uX_K}]=\prod_{K=1}^{N}C_{X_K}(u)$$

得证。

利用这条性质,可直接由反演公式(1.7.5) 求得 Y 的概率密度。

性质 2 求矩公式 $$E[X^n]=(-\mathrm{j})^n\frac{\mathrm{d}^nC_X(u)}{(\mathrm{d}u)^n}\bigg|_{u=0} \tag{1.7.9}$$

即随机变量 X 的 n 阶原点矩,可由其特征函数的 n 阶导数求得。注意到数学上求微商往往比求积分容易,可见与标准求期望值的定义式相比这个公式十分有用。

证明:由定义 $$C_X(u)=\int_{-\infty}^{+\infty}p_X(x)\mathrm{e}^{\mathrm{j}ux}\mathrm{d}x$$

有 $$\frac{\mathrm{d}C_X(u)}{\mathrm{d}u}=\mathrm{j}\int_{-\infty}^{+\infty}xp_X(x)\mathrm{e}^{\mathrm{j}ux}\mathrm{d}x$$

或 $$\frac{\mathrm{d}C_X(u)}{\mathrm{d}u}\bigg|_{u=0}=\mathrm{j}\int_{-\infty}^{+\infty}xp_X(x)\mathrm{d}x=\mathrm{j}E[x]$$

继续对上式求导,可得 n 阶矩公式(1.7.9)。

例 1.7 求 $N(0,\sigma^2)$ 分布的随机变量的均值与方差

解: 类似例 1.6 可求得的特征函数为

$$C_X(u)=\exp\left(-\frac{\sigma^2u^2}{2}\right)$$

$$E[X]=-\mathrm{j}\frac{\mathrm{d}C_X(u)}{\mathrm{d}u}\bigg|_{u=0}=(-\mathrm{j})(-u\sigma^2)\exp\left(-\frac{\sigma^2u^2}{2}\right)\bigg|_{u=0}=0$$

方差 $$D[X]=E[X^2]-E^2[X]=E[X^2]=(-\mathrm{j})^2\frac{\mathrm{d}^2C_X(u)}{(\mathrm{d}u)^2}\bigg|_{u=0}$$

$$=\left[\sigma^2\exp\left(-\frac{\sigma^2u^2}{2}\right)-\sigma^4u^2\exp\left(-\frac{\sigma^2u^2}{2}\right)\right]_{u=0}=\sigma^2$$

作为练习,读者可用此法求解 X 的 n 阶矩为

$$E[X^n] = \begin{cases} 0, & n\text{ 为奇数} \\ 1 \times 3 \times 5 \times \cdots \times (n-1)\sigma^n = (n-1)!!\ \sigma^n, & n\text{ 为偶数} \end{cases}$$

性质3　级数展开式。将特征函数在原点用泰勒级数展开,可得

$$C_X(u) = \sum_{n=0}^{\infty} \frac{\mathrm{d}^n C(u)}{(\mathrm{d}u)^n}\bigg|_{u=0} \frac{u^n}{n!} = \sum_{n=0}^{\infty} E[X^n] \frac{(\mathrm{j}u)^n}{n!} \tag{1.7.10}$$

由于 $C_X(u)$ 与 $p_X(x)$ 之间有一一对应的关系,此式说明随机变量的概率密度函数可由它的各阶矩唯一地确定。此式也表明了随机变量(可推广至随机过程)两种统计特性描述方法的内在联系。即一般情况下,仅当随机变量的所有各阶矩均已知时,才能求得它的概率密度函数;反过来,如果密度函数已知,则理论上各阶矩均可求得。

例 1.8　用特征函数的方法求 $Z = X + Y$ 的概率密度函数。设 X 和 Y 统计独立,以及

$$p(x) = \frac{1}{(2\pi)^{1/2}} \mathrm{e}^{-x^2/2}, \quad -\infty < x < +\infty$$

$$p(y) = \frac{1}{(2\pi)^{1/2}} \mathrm{e}^{-y^2/2}, \quad -\infty < y < +\infty$$

解:由例 1.7,它们的特征函数分别为

$$C_X(\mathrm{j}u) = \mathrm{e}^{-u^2/2}, \quad C_Y(\mathrm{j}u) = \mathrm{e}^{-u^2/2}$$

所以 Z 的特征函数为

$$C_Z(\mathrm{j}u) = C_X(\mathrm{j}u) C_Y(\mathrm{j}u) = \mathrm{e}^{-u^2}$$

因而

$$p(z) = \frac{1}{2\pi} \int_{-\infty}^{+\infty} \mathrm{e}^{-u^2} \mathrm{e}^{-\mathrm{j}uz} \mathrm{d}u = \frac{1}{2\sqrt{\pi}} \mathrm{e}^{-z^2/4}$$

与例 1.4 的结果相同。

习　题

1.1　考虑一个掷钱币实验,正面概率为 p,反面概率为 $q = 1 - p$。

(1) 证明在 N 次独立实验中正面正好出现 i 次的概率由二项式分布给出为

$$\binom{N}{i} p^i q^{N-i}, \quad 0 \leqslant i \leqslant N$$

(2) 证明 i 的均值和方差分别为 Np 和 Npq。

(3) 证明特征函数 $E[\mathrm{e}^{\mathrm{j}ui}]$ 等于 $(p\mathrm{e}^{\mathrm{j}u} + q)^N$。

(4) 利用特征函数求 i 的一、二阶矩。

1.2　泊松(Poisson)分布为

$$P(k) = \frac{\mathrm{e}^{-\lambda} \lambda^k}{k!} \qquad k\text{ 为整数}, k \geqslant 0$$

(1) 证明均值和方差等于 λ。

(2) 证明特征函数为 $\exp[\lambda(\mathrm{e}^{\mathrm{j}u} - 1)]$。

1.3　指数概率密度函数为

$$p(x) = \frac{1}{\sigma} \exp\left[-\left(\frac{x - \alpha}{\sigma}\right)\right], \quad x \geqslant \alpha, \sigma > 0$$

(1) 证明 x 的均值和方差分别为 $\alpha + \sigma$ 和 σ^2。

(2) 证明特征函数为

$$C(\mathrm{j}u) = \frac{\mathrm{e}^{\mathrm{j}u\alpha}}{1 - \mathrm{j}u\sigma}$$

1.4 具有零均值的均匀概率密度函数可以表示成

$$p(x) = \begin{cases} 1/2\alpha, & -\alpha \leqslant x < \alpha \\ 0, & 其他 \end{cases}$$

证明 x 的方差为 $\alpha^2/3$，特征函数为

$$C(\mathrm{j}u) = \frac{1}{\alpha u}\sin u\alpha$$

1.5 均值和方差分别为 μ 和 σ^2 的高斯(也叫正态)概率密度函数为

$$p(x) = \frac{1}{(2\pi)^{1/2}\sigma}\exp\left[-\frac{(x-\mu)^2}{2\sigma^2}\right], \quad -\infty < x < +\infty$$

(1) 证明特征函数为

$$C(\mathrm{j}u) = \exp\left(\mathrm{j}\mu u - \frac{u^2\sigma^2}{2}\right)$$

(2) 通过 $\int_{-\infty}^{+\infty}\mathrm{e}^{-\alpha x^2}\mathrm{d}x$ 对 α 连续求微分，证明高斯随机变量的偶阶中心矩为

$$E[X^m] = 1 \times 3 \times 5 \times \cdots \times (m-1)\sigma^m, \quad m\ 为偶数$$

奇阶中心矩为零。

1.6 设 Y 为均值和方差分别为 μ 和 σ_x^2 的高斯随机变量，若 $Y = \ln X$，则称 X 服从对数正态分布。

(1) 对数正态分布的概率密度函数为

$$p(x) = \frac{1}{(2\pi)^{1/2}\sigma_X}\exp\frac{(\ln x - \mu)^2}{-2\sigma_X^2}, \quad x \geqslant 0$$

(2) 证明 X 的一阶矩和二阶矩分别为

$$E[X] = \exp\left(\mu + \frac{\sigma_X^2}{2}\right), \quad E[X^2] = \exp(2\mu + 2\sigma_X^2)$$

1.7 一个量化器，即模拟－数字转换器的特性如题 1.7 图所示。输入记为 X，它通常是一个连续变量。输出 Y 为离散变量。

(1) 用输入的概率密度函数 $p(x)$ 写出输出概率密度函数的表达式。

(2) 假定 $p(x) = \exp(-x)(x \geqslant 0)$。$Y$ 的两个统计独立样本之和的概率密度函数是什么？

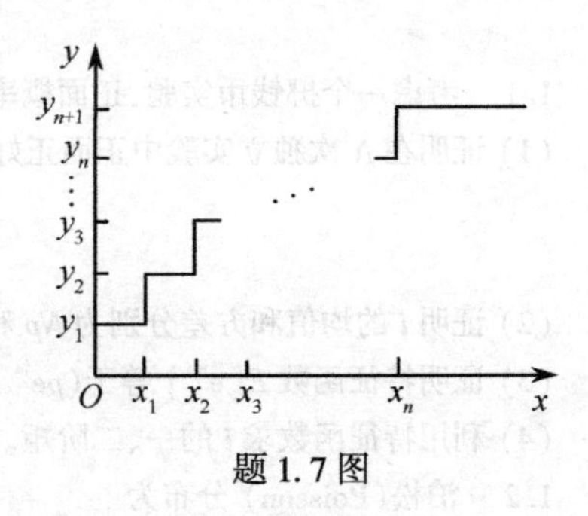

题 1.7 图

1.8 假定随机变量 $X_1, X_2, \cdots, X_n$ 统计独立，并有均值 μ_i 和方差 σ_i^2

(1) 定义样本平均为 $\overline{X} = \frac{1}{n}\sum_{i=1}^{n}x_i$，证明它的均值和方差分别为 $\frac{1}{n}\sum_{i=1}^{n}\mu_i$ 和 $\frac{1}{n^2}\sum_{i=1}^{n}\sigma_i^2$。

(2) 假定各 X_i 为同样分布的高斯变量，均值皆为零。$\overline{X}$ 的概率密度函数是什么？ $\overline{X}$ 是高斯随机变量吗？

(3) 假定各 X_i 为同样分布的指数随机变量，即

$$p(x) = \frac{1}{\sigma}\exp\left[-\left(\frac{x-\alpha}{\sigma}\right)\right], \quad x \geqslant \alpha, \sigma > 0$$

$\overline{X}$ 是指数分布吗？

1.9 假定上题中各随机变量不统计独立。定义

$$\sigma^2_{|i-j|} \triangleq E[(X_i-\mu_i)(X_j-\mu_j)]$$

证明样本平均的方差可以表示为

$$\frac{\sigma_0^2}{n}+\frac{2}{n}\sum_{i=1}^{n-1}\left(1-\frac{i}{n}\right)\sigma_i^2$$

1.10　导出两个连续随机变量之积 $Z = XY(x,y \geqslant \varepsilon > 0)$ 的概率密度函数表达式。

1.11　假定随机变量X和Y统计独立,并有零均值和方差σ^2。设X和Y按高斯分布。做变换$R = +(X^2+Y^2)^{1/2}$和$\theta = \arctan Y/X$,求R和θ的联合概率密度函数,以及R和θ的概率密度函数。(注意:逆变换为$X = R\cos\theta$和$Y = R\sin\theta$)。

1.12　将n个统计独立而且分布相同的随机变量表示为$X_1,X_2,\cdots,X_n$,其概率密度函数和分布函数分别为$p(x)$和$F(x)$。定义一个随机变量Y,它是各X_i中最大的,即$Y = \max\{X_1,X_2,\cdots,X_n\}$,证明$Y$的概率密度函数为

$$p(y) = nF^{n-1}(y)p(y)$$

若$p(x) = \mathrm{e}^{-x}(x \geqslant 0)$,其结果如何?

1.13　假定对随机变量W和X有

$$E[W] = E[X] = 0,\quad E[WX] = \rho$$

它们的方差均为σ^2。考虑变换

$$Y = aW,\ Z = bW + cX$$

式中a,b和c为常数。求使$E[Y^2] = E[Z^2] = 1$和$E[YZ] = 0$的a、b、c。

1.14　假定离散随机变量S、N、R的可能取值为

$$s_i, i = 1,\cdots,U;\quad n_i, i = 1,\cdots,V;\quad r_i, i = 1,\cdots,W$$

(1) 证明

$$P(s_i/r_j) = \frac{P(r_j/s_i)P(s_i)}{\sum_{i=1}^{U}P(r_j/s_i)P(s_i)}$$

称为贝叶斯(Bayes)定理。

(2) 进一步假定$R = S + N$,以及$P(s_1 = 1) = P(s_2 = -1) = 1/2$,和$P(n_1 = 1) = P(n_2 = -1) = 1/2$。对$i,j$的所有取值求$P(s_i \mid r_j)$。(这个题目可以构成检测或估值问题,即仅仅知道$R$希望推测$S$的值。在$R$已知的条件下,求出$S$取每个值的概率是有用的)

1.15　对于连续随机变量W和X,证明

$$p(w/x) = \frac{p(x \mid w)p(w)}{\int p(x \mid w)p(w)\mathrm{d}w}$$

这是以概率密度函数表示的贝叶斯定理(参看习题1.14)。

1.16　对于连续随机变量Y,证明

$$\int_{-\infty}^{+\infty} p(y \mid x)\mathrm{d}y = 1$$

1.17　对于连续随机变量W,X和Y,证明

$$p(w \mid x,y)p(x \mid y) = p(w,x \mid y)$$

1.18　假定随机变量W,X,Y和Z有$p(w,x \mid y,z) = p(w \mid y)p(x \mid z)$, 证明

(1)$p(w \mid y,z) = p(w \mid y)$ 或 $p(x \mid y,z) = p(x \mid z)$

(2)$p(w,z \mid y) = p(w \mid y)p(z \mid y)$ 或 $p(x,z \mid y) = p(x \mid z)p(z \mid y)$

(3)$p(z \mid y,w) = p(z \mid y)$ 或 $p(y \mid z,x) = p(y \mid z)$

第2章　随机信号概论

在本章我们先来熟悉、理解随机信号(或在数学上称为随机过程,本书中这两个术语是等价的)的基本概念。首先我们可能会想,什么是随机信号？随机信号有什么用？随机信号如何携带信息？等等。术语"随机"是指"不可预知"或"不确定"的意思。随机过程是与确定性过程相对立的一个概念。从信息论的观点,对接收者来讲只有信号表现出某种不可预测性才可能蕴涵信息。因为如果在信号被收到之前接收者已准确地预测它的一切,则这种信号是毫无用处的。类似地,若接收者能从信号的过去准确地预测它的将来,将来的部分信号即成为多余的信号。再如我们要测量某个物理量,总是希望得到一些"新"的结果,即这个结果是我们利用以往的知识或以往的测量不能准确预知的。上述论述并不是说随机信号都是完全不可预测的。由于产生该信号的系统或传输媒质的限制,一般随机信号往往表现出部分可预测性,比如在事件发生以前我们可以知道它的取值范围$(-a,a)$,或者某一具体时刻取某个值的可能性(概率)及起伏速率的上限等。

除了有用信号表现出不确定性,我们在测量或接收一个信号时往往还受到噪声(这里指一切干扰信号和扰动的总称)的污染。这里需要注意的是,信号的不可预测性是指它们运载信息的能力,而噪声的不可预知性则有损于上述能力。虽然信号与噪声都是不可预知的,或说都是随机过程,但是它们在统计特性上仍然存在差别,因而我们可以在某种程度上将它们分离,并从中尽可能地恢复出感兴趣的信息。这也正是我们要研究随机信号的统计特性及其与系统相互作用的目的之一。

2.1　随机过程的概念及分类

2.1.1　随机过程的概念

统计数学研究的对象是随机变量。随机变量的特点是:在每次实验的结果中,以一定的概率取某个事先未知,但为确定的数值。在通信和电子信息技术中,常常涉及在实验过程中随着时间而改变的随机变量。例如,接收机的噪声电压就是随时间而随机变化的。我们把这种随时间而变化的随机变量,称为随机过程或随机信号。一般来说,实验过程中随机变量也有可能随其他某个参量变化,例如,研究大气层中的空气温度时,可把它看做随高度而变化的随机变量,这时的参变量是高度;一幅图像信号亮度是随x,y变化的随机变量等。通常把这种随某个参量而变化的随机变量称为随机函数,而把以时间t作为参变量的随机函数称做随机过程或随机信号。实际研究的随机过程中,随机变量有可能是一维的,也有可能是多维的,本书主要讨论一维随机变量随时间变化所构成的随机过程。

下面换一个角度来介绍随机过程的概念。假如对接收的输出噪声电压(电流)进行"单次"观察,可得到如图2.1中所示的某一条起伏波形$x_1(t)$,实际上,在实验结果中出现的噪声电压具体波形也可能是$x_2(t)$或$x_3(t)$,… 具体波形的形状事先不能确知,但必为所有可能的波形中的某一个,而所有这些可能的波形$x_1(t),x_2(t),\cdots,x_n(t),\cdots$的集合(或总体)构成了随机过程的样本函数或称为实现。在一次实验结果中，随机过程必出现某一个样本函数，但究竟出现哪一个则带有随机性。这就是说，在实验前不能确知出现哪一个样本函数，但经过大量的实验和观察会发现它具有某种统计规律性。因此，随机过程既是时间 t 的函数，又是随机实验可能结果 ξ 的函数，可记为 $X(t, \xi)$。

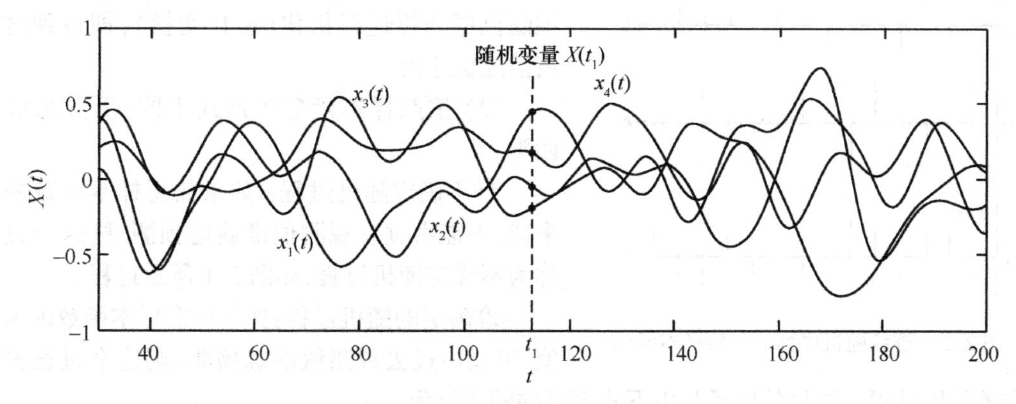

图 2.1　噪声电压的起伏波形

类似于随机变量的定义，可给出随机过程的定义：设 E 是随机实验，它的样本空间是 $S=\{\xi\}$，若对每个 $\xi \in \{S\}$，总有一个确定的时间函数 $X(t,\xi)$，$t \in T$ 与它相对应。这样对于所有的 $\xi \in \{S\}$，就可得到一族时间 t 的函数，称为随机过程。族中的每一个函数称为这个随机过程的样本函数。

对于一个特定的实验结果 ξ_i，则 $X(t,\xi_i)$ 是一个确定的时间函数，对于一个特定的时间 t_i，$X(t_i,\xi)$ 取决于 ξ 是一个随机变量。根据这一点，我们也可把随机过程看成依赖于时间 t 的一族随机变量。

通常为了简便，在书写时省去符号 ξ，将随机过程简记为 $X(t)$，而将它的每一个实现记为 $x_i(t)$。根据以上讨论，可列出 $X(t)$ 在四种不同情况下的意义：

① 当 t, ξ 都是可变量时，$X(t)$ 是一个时间函数族；

② 当 t 是可变量，ξ 固定时，$X(t)$ 是一个确定的时间函数；

③ 当 t 固定，ξ 是可变量时，$X(t)$ 是一个随机变量；

④ 当 t 固定，ξ 固定时，$X(t)$ 是一个确定值。

2.1.2　随机过程的分类

随机过程类型很多，分类方法也有多种，这里给出以下三种。

(1) 按照时间和状态（一般称随机过程 $X(t_i)$ 在 $t=t_i$ 的可能取值为它的状态）是连续的还是离散的来分类，可分成以下四类。

① 连续型随机过程：对于任意时刻的 $t \in T$，$X(t)$ 都是连续型随机变量，也就是时间和状态都是连续的情况。例如我们前面曾提到过的接收机输出噪声电压就属于这类随机过程。自然界许多真实存在的随机过程大多数属于连续随机过程。

② 离散型随机过程：对任意时刻的 $t \in T$，$X(t)$ 都是离散型随机变量，也就是时间连续，状态离散的情况。例如由硬限幅电路输出的随机过程，由于它在任一时刻，只可能取正或负的两个固定离散值，所以是离散型的随机过程。

③ 连续随机序列：随机过程 $X(t)$ 在任一离散时刻的状态是连续型随机变量，也就是时间离散，状态连续的情况，它实际上可以通过对连续型随机过程等间隔采样得到，这样的序列也称为

时间序列。例如在时间域 $\{0, t_s, 2t_s, 3t_s, \cdots\}$ 上对接收机输出噪声电压过程 $X(t)$ 进行采样,就可得到一个连续随机序列 $X_0, X_1, X_2, \cdots, X_k$,其中 $X_k = X(kt_s)$,图 2.2 示出了它的一族样本函数。

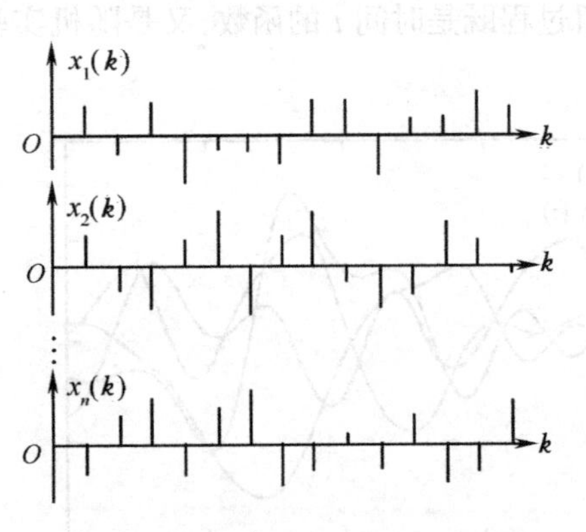

图 2.2　连续随机序列的一族样本函数

④ 离散型随机序列:相应于时间和状态都是离散的情况。为了适应数字信号处理的需要,对连续型随机序列再进行量化(A/D 变换),即得到这种离散随机序列。

(2) 按照样本函数的形式不同,可分为以下两类。

① 不确定随机过程:如果任意样本函数的未来值,不能由过去观测值准确地预测,则这个过程称为不确定随机过程,如图 2.1 所示过程。

② 确定的随机过程:如果任意样本函数的未来值,可以由过去观测值准确预测,则这个过程称为确定的随机过程。常见的例子是由下式定义的随机过程

$$X(t) = A\sin(\omega t + \Phi) \tag{2.1.1}$$

式中,A、ω 或 Φ(或者全部)是随机变量。对于该过程的任一个样本函数,这些随机变量都是取一个具体值,因此若对以前任意段时间的样本函数值已知,就可以准确预测样本函数的未来值。

(3) 按照随机过程的统计特性,分布函数(或概率密度函数)的不同进行分类。

这是一种更加本质的分类方法,按这种分类方法,比较重要的有平稳随机过程、高斯过程、白噪声、独立增量过程、独立随机过程和马尔可夫(Markov)过程等。平稳随机过程是本章重点研究的对象,其他几种将在以后的章节中详细介绍。

2.2　随机过程的统计特性

由上节讨论可知,随机过程是一族时间函数,在一次具体实验中函数族中哪一个函数(样本或称实现)出现是服从某种概率分布的。因而对随机信号我们不能采用通常的对确定性信号的表述方法,而必须用概率统计,即统计特性的描述方法。统计特性的描述方法分为两大类,一种是多维概率密度函数或分布函数的描述方法,这是一种全面、完整的描述方法;另一种就是只关心其平均特性,即仅用几个数字特征的宏观、概括的描述方法。这正是研究随机信号和确定性信号方法最大的区别。

当用某种仪器来记录 $X(t)$ 的变化过程时,一般不可能也没有必要连续记下全过程,而只需记下 $X(t)$ 在确定时刻 $t_1, t_2, \cdots, t_n$ 的值。前面已指出,在确定时刻 t,随机过程变成通常的随机变量,于是仪器的记录结果是 n 维随机变量 $X(t_1), X(t_2), \cdots, X(t_n)$。显然,仪器的记录速度相当高时,也就是记录时间间隔 $\Delta t = t_i - t_{i-1}$ 相当小(亦即 n 足够大)时,多维随机变量 $X(t_1), X(t_2), \cdots, X(t_n)$ 就可以足够完整地表示出随机过程 $X(t)$。这样,在一定的近似程度上,可以通过研究多维随机变量来代替对随机过程的研究。而且 n 的值越大,这种代替就越精确。当 $n \to \infty$ 时,随机过程的概念可作为多维随机变量的概念在维数无穷多(不可列)情况下的自然推广。图 2.3 绘出了随机过程

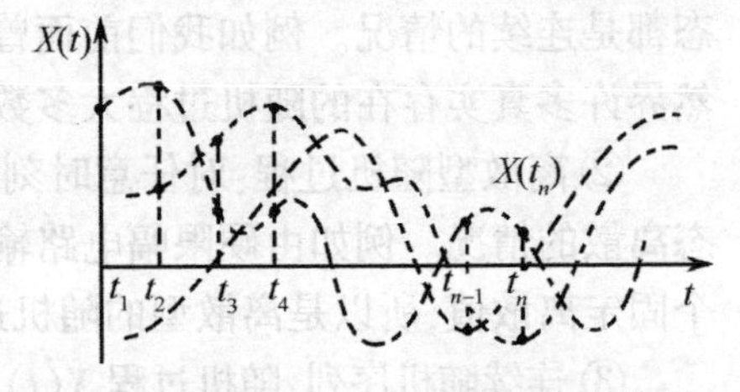

图 2.3　随机过程 $X(t)$ 数据采集示意图

数据采集的示意图。

根据对随机过程的上述理解，以及第 1 章对随机变量所做的研究，可以给出描述随机过程统计特性的概率分布函数和概率密度函数。

随机过程 $X(t)$，对于每一个固定的 $t_1 \in T$，$X(t_1)$ 是一个随机变量，它的分布函数记为

$$F_X(x_1,t_1) = P\{X(t_1) \leqslant x_1\} \tag{2.2.1}$$

它是 x_1 和 t_1 的二元函数，$F_X(x_1,t_1)$ 为随机过程 $X(t)$ 的一维分布函数。

同随机变量一样，假设 $F_X(x_1,t_1)$ 对 x 的偏导数存在（实际上，引入 δ 函数的概念，可以不受此限制，离散随机过程也可以定义概率密度函数），则有

$$p_X(x_1,t_1) = \frac{\partial F_X(x_1,t_1)}{\partial x_1} \tag{2.2.2}$$

式中，$p_X(x_1,t_1)$ 为随机过程 $X(t)$ 的一维概率密度函数。显然 $p_X(x_1,t_1)$ 也是时间 t_1 和状态 x_1 的函数，有时也把它表示为 $p_X(x,t)$。一般而言，对应不同时刻 t 的 $p_X(x,t)$ 是不相同的。

很明显，随机过程的一维分布函数和一维概率密度函数具有普通随机变量的分布函数和概率密度函数的各种性质，其差别在于前者不仅是 x 的函数而且还是 t 的函数。

一维分布函数和一维概率密度函数仅给出了随机过程最简单的概率分布特性，它们只能描述随机过程在各个孤立时刻的统计特性，而不能反映随机过程在不同时刻的状态之间的联系。

为了描述随机过程 $X(t)$ 在任意两个时刻 t_1 和 t_2 的状态之间的统计关系，可以引入二维随机变量 $\{X(t_1),X(t_2)\}$ 的分布函数，并记为

$$F_X(x_1,x_2;t_1,t_2) = P\{X(t_1) \leqslant x_1, X(t_2) \leqslant x_2\} \tag{2.2.3}$$

称式(2.2.3)为随机过程 $X(t)$ 的二维分布函数。若 $F_X(x_1,x_2;t_1,t_2)$ 对 x_1,x_2 的二阶偏导数存在，则有

$$p_X(x_1,x_2;t_1,t_2) = \frac{\partial^2 F_X(x_1,x_2;t_1,t_2)}{\partial x_1 \partial x_2} \tag{2.2.4}$$

称式(2.2.4)为随机过程 $X(t)$ 的二维概率密度函数。

随机过程的二维分布律比一维分布律包含了更多的信息，但它仍不能完整地反映出随机过程的全部统计特性。用同样的方法，可以引入随机过程 $X(t)$ 的 n 维分布函数和 n 维概率密度函数

$$\begin{aligned} &F_X(x_1,x_2,\cdots,x_n;t_1,t_2,\cdots,t_n) \\ &= P\{X(t_1) \leqslant x_1, X(t_2) \leqslant x_2, \cdots, X(t_n) \leqslant x_n\} \end{aligned} \tag{2.2.5}$$

$$p_X(x_1,x_2,\cdots,x_n;t_1,t_2,\cdots,t_n) = \frac{\partial^n F_X(x_1,x_2,\cdots,x_n;t_1,t_2,\cdots,t_n)}{\partial x_1 \partial x_2 \cdots \partial x_n} \tag{2.2.6}$$

显然，n 越大，随机过程的 n 维分布律描述随机过程的特性也越趋完善。从理论上说，可以无限地增大 n（或者说减小时间间隔），使得 n 维分布律更加全面地反映出 $X(t)$ 的统计特性。但在实际上，n 越大分析处理会变得越复杂。

还需指出，实际中还常会遇到需要同时研究两个或两个以上随机过程的情况。下面仍用上述方法，引入两个随机过程 $X(t)$ 和 $Y(t)$ 的联合分布函数与联合概率密度函数

$$\begin{aligned} &F_{X,Y}(x_1,\cdots,x_n,y_1,\cdots,y_m;t_1,\cdots,t_n,t_1',\cdots,t_m') \\ &= P\{X(t_1) \leqslant x_1,\cdots,X(t_n) \leqslant x_n, Y(t_1') \leqslant y_1,\cdots,Y(t_m') \leqslant y_m\} \end{aligned} \tag{2.2.7}$$

$$\begin{aligned} &p_{X,Y}(x_1,\cdots,x_n,y_1,\cdots,y_m;t_1,\cdots,t_n,t_1',\cdots,t_m') \\ &= \frac{\partial^{n+m} F_{X,Y}(x_1,\cdots,x_n,y_1,\cdots,y_m;t_1,\cdots,t_n,t_1',\cdots,t_m')}{\partial x_1 \cdots \partial x_n \partial y_1 \cdots \partial y_m} \end{aligned} \tag{2.2.8}$$

若两个随机过程 $X(t)$ 和 $Y(t)$ 相互独立，则对任意的 n 和 m 有

$$\begin{aligned}&p_{X,Y}(x_1,\cdots,x_n,y_1,\cdots,y_m;t_1,\cdots,t_n,t_1',\cdots,t_m')\\&=p_X(x_1,\cdots,x_n;t_1,\cdots,t_n)p_Y(y_1,\cdots,y_m;t_1',\cdots,t_m')\end{aligned}\tag{2.2.9}$$

显然，若两个随机过程的 $n+m$ 维概率分布给定，则这两个随机过程的全部统计特性也就确定了。

2.2.1 随机过程的数字特征

虽然随机过程的多维分布律能够比较全面地描述整个过程的统计特性，但是一般分析处理非常复杂。此外，在许多实际应用中，往往研究几个常用的统计平均量，即数字特征就能满足要求。这样，在实际应用中对随机过程统计特性的研究，常常仅限于讨论几个重要的数字特征。

随机变量常用到的数字特征是数学期望、方差、相关系数等。相应地，随机过程常用到的数字特征是数学期望、方差、相关函数等。它们是由随机变量的数字特征推广而来的，但是一般不再是确定的数值，而是确定的时间函数。因此也常把它们称为随机过程的数字特征，或称为矩函数、示性函数等。

1. 数学期望

对应于固定时刻 t，随机过程为一个随机变量，因此可以按通常定义随机变量一样的方法定义随机过程的数学期望，只不过这个数学期望在一般情况下依赖于 t，且是 t 的确定函数，称此函数为随机过程的数学期望，用 $m_X(t)$ 或 $E[X(t)]$ 表示，即

$$m_X(t)=E[X(t)]=\int_{-\infty}^{+\infty}xp_X(x;t)\mathrm{d}x\tag{2.2.10}$$

式中，$p_X(x;t)$ 是 $X(t)$ 的一维概率密度函数。显然，$m_X(t)$ 是一个随机过程各个实现的平均函数，随机过程就在它的附近起伏变化，如图 2.4 所示。图中细线表示随机过程的各个样本函数，粗线表示它的数学期望。如果讨论的随机过程是接收机输出端的噪声电压，这时数学期望 $m_X(t)$ 就是此噪声电压的瞬时统计平均。

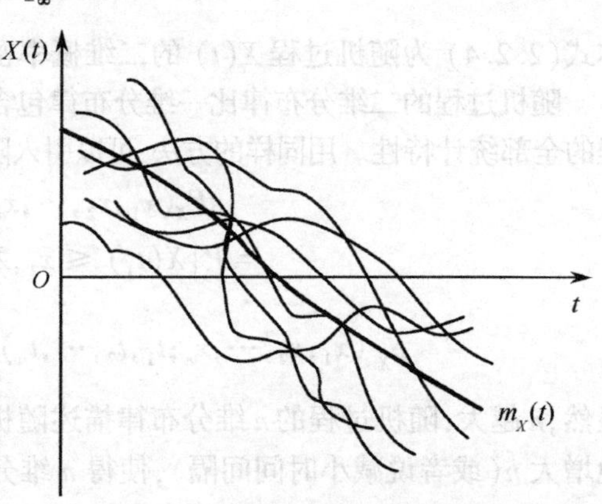

图 2.4 随机过程的数学期望

顺便指出，这里 $m_X(t)$ 是随机过程 $X(t)$ 的所有样本函数在时刻 t 的函数值的均值，讲的是统计平均（又称集合平均），注意应与下面将要引入的时间平均概念相区别。

2. 均方值与方差

我们把随机变量 $X(t)$（这是随机过程对应于某个固定 t 值的情况）的二阶原点矩记为 $\Psi_X^2(t)$。

$$\Psi_X^2(t)=E[X^2(t)]=\int_{-\infty}^{+\infty}x^2p_X(x;t)\mathrm{d}x\tag{2.1.11}$$

称式(2.1.11) 为随机过程 $X(t)$ 的均方值，而二阶中心矩记为 $\sigma_X^2(t)$ 或 $D[X(t)]$，有

$$\sigma_X^2(t) = D[X(t)] = E[\{X(t) - m(t)\}^2] = E[X^2(t) - m^2(t)] \tag{2.1.12}$$

称式(2.1.12)为随机过程$X(t)$的方差。$\sigma_X^2(t)$也是t的确定函数，它描述了随机过程诸样本函数围绕数学期望$m_X(t)$的分散程度。若$X(t)$表示噪声电压,那么均方值就表示消耗在单位电阻上的瞬时功率的统计平均值,而方差$\sigma_X^2(t)$则表示瞬时交流功率的统计平均值。

由于$\sigma_X^2(t)$是非负函数,它的平方根称为随机过程的标准离差或标准差,即

$$\sigma_X(t) = \sqrt{\sigma_X^2(t)} = \sqrt{D[X(t)]} \tag{2.2.13}$$

在实际应用中,往往用它作为描术随机过程散布程度的指标。

3. 自相关函数

数学期望和方差是描述随机过程在各个孤立时刻的重要数字特征。它们反映不出整个随机过程不同时刻之间的内在联系,这一点可以通过图2.5所示的两个随机过程$X(t)$和$Y(t)$来说明。从直观上看,它们具有大致相同的数学期望和方差,但两者的细微结构却有着非常明显的差别。其中$X(t)$随时间变化缓慢,这个过程在两个不同时刻的状态之间有着较强的相关性。而$Y(t)$的变化要急剧得多,其不同时刻的状态之间的相关性显然要弱得多。

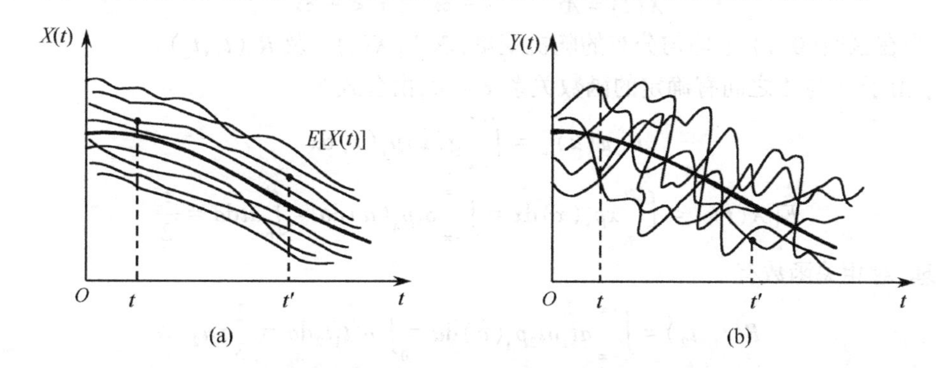

图2.5 具有相同的数学期望和方差的两个随机过程$X(t)$和$Y(t)$

相关的直观概念是建立在对这个名词的通俗使用上,例如,“一个人所饮的酒精量和他每年发生的汽车事故之间存在有正的相关”;“丈夫和妻子的身高是相关的”,等等。这些说法并不意味着每一个驾驶员喝酒喝多了就必然发生事故;每个高的男人一定有高的妻子。“相关”是指对这些实验事件的大量随机选择进行平均后所存在的关系。

与此类似,两个随机过程之间的相关性概念定义基于统计平均(通过求期望值运算)的依存性。自相关函数(简称相关函数)就是用来描述随机过程任意两个不同时刻状态之间相关性的重要数字特征。它的定义是

$$R_X(t_1,t_2) = E[X(t_1)X(t_2)] = \int_{-\infty}^{+\infty}\int_{-\infty}^{+\infty} x_1 x_2 p_X(x_1,x_2;t_1,t_2)\mathrm{d}x_1\mathrm{d}x_2 \tag{2.2.14}$$

实际上它就是随机过程$X(t)$在两个不同时刻t_1,t_2的状态$X(t_1),X(t_2)$之间的混合原点矩,它反映了$X(t)$在两个不同时刻的状态之间的统计关联程度。若取$t_1=t_2=t$,则有

$$R_X(t_1,t_2) = R_X(t,t) = E[X(t)X(t)] = E[X^2(t)\}$$

此时自相关函数即退化为均方值。

例 2.1 一个随机过程由图2.6所示的四条样本函数组成,而且每条样本函数出现的概率相等。求$R_X(t_1,t_2)$。

解：由题意可知随机过程 $X(t)$ 在 t_1 和 t_2 两个时刻为两个等概取值的离散随机变量，并可由已知条件得到

$$R_X(t_1,t_2) = \sum\sum x_1 x_2 P(x_1,x_2)$$

$$= (1\times5 + 2\times4 + 6\times2 + 3\times1)\frac{1}{4} = 7$$

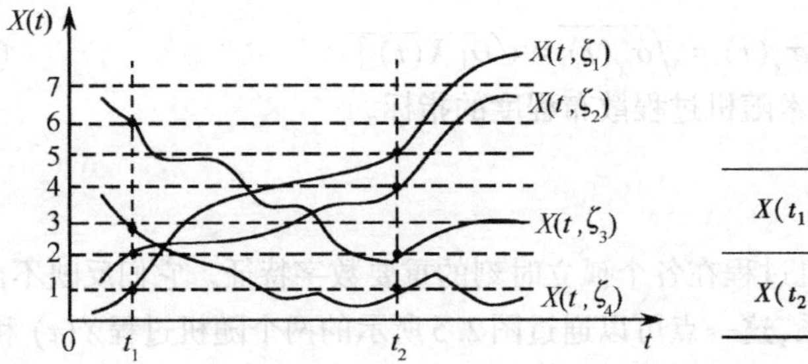

	ζ_1	ζ_2	ζ_3	ζ_4
$X(t_1)$	1	2	6	3
$X(t_2)$	5	4	2	1

图 2.6　例 2.1 附图

例 2.2　若随机过程 $X(t)$ 为

$$X(t) = At, \qquad -\infty < t < +\infty$$

式中，A 为在区间(0,1)上均匀分布的随机变量，求 $E[X(t)]$ 及 $R_X(t_1,t_2)$。

解：由于 X 与 A 之间有确定的函数关系 $x = at$，由公式

$$E[g(x)] = \int_{-\infty}^{+\infty} g(x)p_X(x)\mathrm{d}x$$

则

$$E[X(t)] = \int_{-\infty}^{+\infty} xp_X(x)\mathrm{d}x = \int_{-\infty}^{+\infty} atp_A(a)\mathrm{d}a = \int_0^1 at\mathrm{d}a = \frac{t}{2}$$

同理，对相关函数有

$$R(t_1,t_2) = \int_{-\infty}^{+\infty} at_1at_2p_A(a)\mathrm{d}a = \int_0^1 a^2t_1t_2\mathrm{d}a = \frac{1}{3}t_1t_2$$

有时也可用任意两个不同时刻、两个随机变量的中心矩来定义相关函数，记为 $C_X(t_1,t_2)$，即

$$C_X(t_1,t_2) = E[\{X(t_1) - m_X(t_1)\}\{X(t_2) - m_X(t_2)\}]$$

$$= \int_{-\infty}^{+\infty}\int_{-\infty}^{+\infty}[x_1 - m_X(t_1)][x_2 - m_X(t_2)]p_X(x_1,x_2;t_1,t_2)\mathrm{d}x_1\mathrm{d}x_2 \tag{2.2.15}$$

为了与 $R_X(t_1,t_2)$ 相区别，我们把 $C_X(t_1,t_2)$ 称为协方差函数或中心化自相关函数。两者有下列关系

$$C_X(t_1,t_2) = E[\{X(t_1) - m_X(t_1)\}\{X(t_2) - m_X(t_2)\}]$$

$$= R_X(t_1,t_2) - m_X(t_1)m_X(t_2) \tag{2.2.16}$$

实际上，$C_X(t_1,t_2)$ 与 $R_X(t_1,t_2)$ 对 $X(t)$ 所描述的统计特征是一致的。若取 $t_1 = t_2 = t$，则 $C_X(t_1,t_2)$ 退化为方差。

$$C_X(t_1,t_2) = E[\{X(t) - m_X(t)\}^2] = D[X(t)] = \sigma_X^2 \tag{2.2.17}$$

即此时的协方差函数就是方差。

综上所述，作为随机过程的最基本特征，实际只是数学期望和相关函数。统计数学中把仅研究这两个数字特征的理论称为相关理论。

4. 互相关函数

自相关函数是描述一个随机过程本身内在联系的数字特征。而互相关函数则是描述两个

随机过程之间统计关联特性的数字特征。它采用了研究多个随机过程问题中经常使用的矩函数。两个随机过程 $X(t)$ 和 $Y(t)$ 的互相关函数定义为

$$R_{XY}(t_1,t_2)=E[X(t_1)Y(t_2)]=\int_{-\infty}^{+\infty}\int_{\infty}^{+\infty}xyp_{X,Y}(x,y;t_1,t_2)\mathrm{d}x\mathrm{d}y \tag{2.2.18}$$

定义中心化互相关函数为(又可称做互协方差函数)

$$C_{XY}(t_1,t_2)=E[\{X(t_1)-m_X(t_1)\}\{Y(t_2)-m_Y(t_2)\}] \tag{2.2.19}$$

式中 $m_X(t)$ 和 $m_Y(t)$ 分别为 $X(t)$ 和 $Y(t)$ 的数学期望。它亦可写成

$$C_{XY}(t_1,t_2)=R_{XY}(t_1,t_2)-m_X(t_1)m_Y(t_2) \tag{2.2.20}$$

5. 统计独立、不相关和正交

为了进一步明确两个随机过程之间的相互关系,下面讨论关于两个随机过程之间的相互统计独立、不相关和正交的概念。

(1) 随机过程 $X(t)$ 和 $Y(t)$ 互相统计独立

如果对任意的 $t_1,t_2,\cdots,t_n;t_1',t_2',\cdots,t_m'$,有

$$\begin{aligned}&p_{XY}(x_1,x_2,\cdots,x_n,y_1,y_2,\cdots,y_m;t_1,t_2,\cdots,t_n,t_1',t_2',\cdots,t_m')\\&=p_X(x_1,x_2,\cdots,x_n;t_1,t_2,\cdots,t_n)p_Y(y_1,y_2,\cdots,y_m;t_1',t_2',\cdots,t_m')\end{aligned}$$

则称 $X(t)$ 和 $Y(t)$ 之间是互相统计独立的。

对二维概率密度函数,则有

$$p_{XY}(x,y;t_1,t_2)=p_X(x;t_1)p_Y(y;t_2)$$

于是互相关函数

$$\begin{aligned}R_{XY}(t_1,t_2)&=E[X(t_1)Y(t_2)]=\int_{-\infty}^{+\infty}xp_X(x;t)\mathrm{d}x\int_{-\infty}^{+\infty}yp_Y(y;t)\mathrm{d}y\\&=E[X(t_1)]E[Y(t_2)]=m_X(t_1)m_Y(t_2)\end{aligned} \tag{2.2.21}$$

互协方差函数(中心化互相关函数)

$$\begin{aligned}C_{XY}(t_1,t_2)&=E[\{X(t_1)-m_X(t_1)\}\{Y(t_2)-m_Y(t_2)\}]\\&=E[\{X(t_1)-m_X(t_1)\}]E[\{Y(t_2)-m_Y(t_2)\}]=0\end{aligned} \tag{2.2.22}$$

(2) 如果两个过程 $X(t)$ 和 $Y(t)$ 的互协方差函数为零,即

$$C_{XY}(t_1,t_2)=0$$

或 $$R_{XY}(t_1,t_2)=E[X(t_1)Y(t_2)]=E[X(t_1)]E[Y(t_2)]=m_X(t_1)m_Y(t_2) \tag{2.2.23}$$

则称 $X(t)$ 和 $Y(t)$ 之间互不相关。由式(2.2.22)与式(2.2.23)知,如果两个过程互相独立,则必不相关,反之则不一定。

(3) 若两个过程 $X(t)$ 和 $Y(t)$ 之间的互相关函数等于零,即对任意 t_1,t_2 有

$$R_{XY}(t_1,t_2)=E[X(t_1)Y(t_2)]=0 \tag{2.2.24}$$

则称该两过程之间正交,而且正交也不一定不相关,除非它们是零均值的。

2.2.2 随机过程的特征函数

类似于在第1章介绍的随机变量的特征函数。将随机过程看成带参变量 t 的随机变量,则不难得到随机过程的特征函数。由于特征函数和密度函数是一对傅里叶变换对,两者有一一对应的关系,因而随机过程的多维特征函数和多维概率分布一样,也能比较全面地描述随机过程的统计特性。

对某一固定时刻 t,随机变量 $X(t)$ 的特征函数为

$$\Phi_X(u,t)=\int_{-\infty}^{+\infty}p_X(x;t)\mathrm{e}^{\mathrm{j}ux}\mathrm{d}x=E[\exp(\mathrm{j}uX(t)] \tag{2.2.25}$$

称式(2.2.25)为随机过程 $X(t)$ 的一维特征函数,它是 u 和 t 的函数。n 维特征函数为

$$\begin{aligned}\Phi_X(u_1,\cdots,u_n;t_1,\cdots,t_n)&=E[\exp\{\mathrm{j}u_1X(t_1)+\cdots+\mathrm{j}u_nX(t_n)\}]\\&=\int_{-\infty}^{+\infty}\cdots\int_{-\infty}^{+\infty}\exp\{\mathrm{j}(u_1x_1+\cdots+u_nx_n)\}\cdot\\&\qquad p_X(x_1,\cdots,x_n;t_1,\cdots,t_n)\mathrm{d}x_1\cdots\mathrm{d}x_n\end{aligned} \tag{2.2.26}$$

根据反变换公式,由随机过程 $X(t)$ 的 n 维特征函数可以得到它的 n 维概率密度函数

$$\begin{aligned}p_X(x_1,\cdots,x_n;t_1,\cdots,t_n)=\left(\frac{1}{2\pi}\right)^n\int_{-\infty}^{+\infty}\cdots\int_{-\infty}^{+\infty}\Phi_X(u_1,\cdots,u_n;t_1,\cdots,t_n)\cdot\\\exp\{-\mathrm{j}(u_1x_1+\cdots+u_nx_n)\}\mathrm{d}u_1\cdots\mathrm{d}u_n\end{aligned} \tag{2.2.27}$$

根据特征函数与随机变量各阶矩的关系式,由随机过程的二维特征函数可求出随机过程的自相关函数

$$R_X(t_1,t_2)=(-\mathrm{j})^2\left.\frac{\partial^2\Phi_X(u_1,u_2;t_1,t_2)}{\partial u_1\partial u_2}\right|_{u_1=0,u_2=0} \tag{2.2.28}$$

2.3 随机序列及其统计特性

将连续随机过程 $X(t)$ 以 t_s 为间隔进行等间隔抽样(记录),即得随机序列,表示为

$$X_j=X(t)\delta(t-jt_s),\quad j=-\infty,\cdots,-1,0,1,\cdots,\infty \tag{2.3.1}$$

对于固定的 j,X_j 为随机变量。一个 N 点的随机序列可以看成一个 N 维的随机向量,即

$$\boldsymbol{X}=[X_0\quad X_1\quad\cdots\quad X_{N-1}]^{\mathrm{T}}=\begin{bmatrix}X_0\\X_1\\\vdots\\X_{N-1}\end{bmatrix} \tag{2.3.2}$$

式中,T 表示求转置,即 $\boldsymbol{X}$ 为一个列向量。虽然一般情况下 N 应为无穷大,但从实际分析与处理的角度考虑,取 N 为有限值是方便的。在这种情况下对 X_j 的统计特性的描述,除了可以采用类似于式(2.2.5)与式(2.2.6)的 N 维分布函数与 N 维概率密度函数的全面描述方法外,用数字特征的描述方法可以引入均值向量、自相关矩阵与协方差矩阵的概念。定义均值向量为

$$\boldsymbol{M}_X=E[\boldsymbol{X}]=\begin{bmatrix}m_{X_0}\\m_{X_1}\\\vdots\\m_{X_{N-1}}\end{bmatrix}=[m_{X_0}\quad m_{X_1}\quad\cdots\quad m_{X_{N-1}}]^{\mathrm{T}} \tag{2.3.3}$$

自相关矩阵 $$\boldsymbol{R}_X=E[\boldsymbol{X}\boldsymbol{X}^{\mathrm{T}}]=\begin{bmatrix}r_{00}&r_{01}&\cdots&r_{0,N-1}\\r_{10}&r_{11}&\cdots&r_{1,N-1}\\\vdots&\vdots&&\vdots\\r_{N-1,0}&r_{N-1,1}&\cdots&r_{N-1,N-1}\end{bmatrix} \tag{2.3.4}$$

矩阵元素为
$$r_{ij}=E[X_iX_j]=R(it_s,jt_s) \tag{2.3.5}$$
即 X_i 与 X_j 的相关函数。若将矩阵元素改换成协方差，即
$$c_{ij}=E[(X_i-m_{X_i})(X_j-m_{X_j})] \tag{2.3.6}$$
则得到协方差矩阵
$$\boldsymbol{C}_X=E[(\boldsymbol{X}-\boldsymbol{M}_X)(\boldsymbol{X}-\boldsymbol{M}_X)^{\mathrm{T}}]=\begin{bmatrix} c_{00} & c_{01} & \cdots & c_{0,N-1} \\ c_{10} & c_{11} & \cdots & c_{1,N-1} \\ \vdots & \vdots & \ddots & \vdots \\ c_{N-1,0} & c_{N-1,1} & \cdots & c_{N-1,N-1} \end{bmatrix} \tag{2.3.7}$$
容易证明，协方差矩阵与自相关矩阵之间有如下关系，即
$$\boldsymbol{C}_X=\boldsymbol{R}_X-\boldsymbol{M}_X\boldsymbol{M}_X^{\mathrm{T}} \tag{2.3.8}$$
若随机序列的均值为零，则协方差矩阵与自相关矩阵是一致的。

对一般随机序列来讲，自相关矩阵有以下两个性质。

性质 1　对称性，即
$$\boldsymbol{R}_X=\boldsymbol{R}_X^{\mathrm{T}} \tag{2.3.9}$$
证明：由式(2.3.5) 知
$$r_{ij}=E[X_iX_j]=E[X_jX_i]=r_{ji}$$
即证。

性质 2　半正定性，即对任意 N 维(非随机) 向量 $\boldsymbol{F}$，下式成立
$$\boldsymbol{F}^{\mathrm{T}}\boldsymbol{R}_X\boldsymbol{F}\geqslant 0 \tag{2.3.10}$$
证明：设
$$\boldsymbol{F}=[f_0\ \ f_1\ \ \cdots\ \ f_{N-1}]^{\mathrm{T}}$$
由于下列不等式恒成立，即
$$E\left[\left(\sum_{i=0}^{N-1}f_iX_i\right)^2\right]\geqslant 0$$
得
$$\sum_{i=0}^{N-1}\sum_{j=0}^{N-1}f_iE[X_iX_j]f_j\geqslant 0$$
$$\sum_{i=0}^{N-1}\sum_{j=0}^{N-1}f_ir_{ij}f_j\geqslant 0$$
即证。

作为思考题，请读者证明协方差阵同样具有上述两个性质。以后我们将证明，除了上述两个性质，若 X_j 为平稳随机序列，其自相关矩阵与协方差矩阵还是 Toeplitz 矩阵。

自相关矩阵(协方差矩阵) 的上述三个性质在随机信号分析与处理中具有十分重要的意义。

例 2.3　求在[0,1) 区间均匀分布的独立随机序列的均值向量，自相关矩阵与协方差矩阵，设 $N=3$。

解：由题意得知，X_j 的一维概率密度函数为
$$p_{X_j}(x)=\begin{cases}1, & 0\leqslant x<1\\ 0, & \text{其他}\end{cases}$$
则均值
$$m_{X_j}=E[X_j]=\int_{-\infty}^{+\infty}xp_{X_j}(x)\,\mathrm{d}x=\frac{1}{2}$$

自相关函数 $$r_{ij}=E[X_iX_j]=\int_{-\infty}^{+\infty}\int_{-\infty}^{+\infty}x_i\,x_j\,p_X(x_i,\,x_j)\,\mathrm{d}x_i\mathrm{d}x_j$$

若 $i=j$,则 $$r_{ij}=E[X_i^2]=\int_{-\infty}^{\infty}x^2p_{X_i}(x)\,\mathrm{d}x=\frac{1}{3}$$

若 $i\neq j$, 因为 $p_X(x_i,x_j)=p_{X_i}(x_i)p_{X_j}(x_j)$,则

$$r_{ij}=E[X_iX_j]=\int_{-\infty}^{+\infty}x_ip_{X_i}(x_i)\,\mathrm{d}x_i\int_{-\infty}^{+\infty}x_jp_{X_j}(x_j)\,\mathrm{d}x_j=\frac{1}{4}$$

于是均值向量与自相关矩阵分别为

$$\boldsymbol{M}_X=[1/2\quad 1/2\quad 1/2]\qquad \boldsymbol{R}_X=\begin{bmatrix}1/3 & 1/4 & 1/4\\ 1/4 & 1/3 & 1/4\\ 1/4 & 1/4 & 1/3\end{bmatrix}$$

再由式(2.3.7)知,协方差矩阵为

$$\boldsymbol{C}_X=\begin{bmatrix}1/12 & 0 & 0\\ 0 & 1/12 & 0\\ 0 & 0 & 1/12\end{bmatrix}$$

可以证明任何独立随机序列(其实只要不相关即可)的协方差矩阵均为对角矩阵。且对角元素为该随机序列的方差。

均匀分布的独立随机序列在随机信号的理论分析与实验研究中具有十分重要的价值。原因是:一方面在计算机上容易产生十分近似于具有上述统计特性的随机序列(称为伪随机序列),比如在PC上进入MATLAB软件环境,采用函数rand、randn、normr和random即可生成满足各种需要的近似的独立随机序列。例如,在命令窗键入

```
rand(5,1);
```

即可得到5个点的伪随机向量

```
ans =
    0.1568
    0.4164
    0.0940
    0.4499
    0.8692
```

另一方面以这种随机序列为基础,几乎其他各种具有不同的概率密度函数或自相关函数(功率谱密度)的随机序列均可被产生(模拟)出来。例如,我们希望得到一个近似高斯分布的随机变量,则可调用下列MATLAB代码

```
g = 0
j = 1: 12;
g = g + rand;
```

则g为近似高斯分布的随机变量。这段代码的意思是将12个独立、均匀分布随机变量加起来,由中心极限定理保证它近似服从高斯分布。且容易计算出随机变量G的方差为1,均值为6。将这段代码稍加改写,即可产生出具有任意均值与方差的独立高斯随机序列,这留做习题供读者练习。当然,也可以直接调用MATLAB函数randn生成均值为0,方差为1的标准正态(高斯)分布的随机序列。例如,在命令窗键入

```
randn(5,1)
```

即可得

```
ans =
    0.7160
    1.5986
   -2.0647
   -0.4736
    0.1762
```

习　题

2.1　由下式定义的两电平二进制过程

$$X(t) = A \text{ or } -A,\ (n-1)T < t < nT$$

式中电平 A 或 $-A$ 以等概率独立出现，T 为正常数，以及 $n = 0,\ \pm 1,\ \pm 2,\ \pm 3,\cdots$

(1) 画出一个样本函数的草图。

(2) 它属于哪一类随机过程？

(3) 求一、二维概率密度函数。

2.2　设有离散随机过程 $X(t) = C$，式中，C 为随机变量，可能取值为 1,2,3，其出现概率分别为 0.6,0.3 和 0.1。

(1) 它是确定性随机过程吗？

(2) 求任意时刻 $X(t)$ 的一维概率密度函数。

2.3　已知随机过程 $X(t) = X\cos(\omega_0 t)$，ω_0 是常数，X 是归一化高斯随机变量，求 $X(t)$ 的一维概率密度函数。

2.4　利用投掷一枚硬币的实验定义随机过程为

$$X(t) = \begin{cases} \cos\pi t, & \text{出现正面} \\ 2t, & \text{出现反面} \end{cases}$$

假设出现“正面”和“反面”的概率各为 1/2，试确定 $X(t)$ 的一维分布函数 $F_X(x;1/2)$，$F_X(x;1)$ 以及二维分布函数 $F_X(x_1,x_2;1/2,1)$。

2.5　随机过程 $X(t)$ 由四条样本函数曲线组成，如图 2.6 所示，出现的概率分别为 $p(\xi_1) = 1/8$，$p(\xi_2) = 1/4$，$p(\xi_3) = 3/8$，$p(\xi_4) = 1/4$，求 $E[X(t_1)]$，$E[X(t_2)]$，$E[X(t_1)X(t_2)]$ 及联合概率密度函数 $p_X(x_1,x_2;t_1,t_2)$。

2.6　随机过程 $X(t)$ 由如题 2.6 图所示的三条样本函数曲线组成，并以等概率出现，试求 $E[X(2)]$，$E[X(6)]$，$E[X(2)X(6)]$，$F_X(x;2)$，$F_X(x;6)$，$F_X(x_1,x_2;2,6)$。

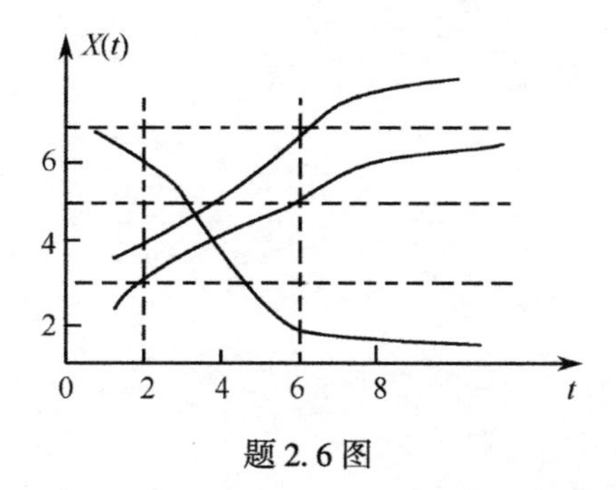

题 2.6 图

2.7　随机过程 $X(t)$ 由三条样本函数曲线组成：

$$X(t,\xi_1) = 1; \quad X(t,\xi_2) = \sin t; \quad X(t,\xi_3) = \cos t$$

并以等概率出现，求 $E[X(t)]$ 和 $R_X(t_1,t_2)$。

2.8　已知随机过程 $X(t)$ 的均值为 $m_X(t)$，协方差函数为 $C_X(t_1,t_2)$，又知 $f(t)$ 是确定的时间函数。试求随机过程 $Y(t) = X(t) + f(t)$ 的均值和协方差。

2.9　随机过程为　$X(t) = A\cos(\omega_0 t) + B\sin(\omega_0 t)$

式中，ω_0 为常数，A 和 B 是两个相互独立的高斯变量，而且

$$E[A] = E[B] = 0, \quad E[A^2] = E[B^2] = \sigma^2$$

试求 $X(t)$ 的均值和自相关函数。

2.10　随机过程为　$X(t) = a\cos(\omega_0 t + \Phi)$

式中，a,ω_0 为常数，Φ 为 $(0,2\pi)$ 上均匀分布的随机变量。求 $X(t)$ 的均值、方差和自相关函数。

2.11　随机过程为　$X(t) = A\cos(\omega_0 t + \Phi)$

式中，ω_0 为常数，A 和 Φ 是两个统计独立的均匀分布的随机变量。概率密度函数分别为

$$p_A(a) = 1, \quad 0 \leqslant a < 1; \qquad p_\Phi(\varphi) = \frac{1}{2\pi}, \quad 0 \leqslant \varphi < 2\pi$$

求 $X(t)$ 的均值及自相关函数。

2.12　若随机过程 $X(t)$ 的导数存在，求证：

$$E\left[X(t)\,\frac{\mathrm{d}X(t)}{\mathrm{d}t}\right] = \frac{\mathrm{d}R_X(t,t)}{\mathrm{d}t}$$

第3章　平稳随机过程

本章将以较大的篇幅讨论在实际应用中重要而基本的一类随机过程,即平稳随机过程。对平稳随机过程,前人已建立了一套完整的理论分析和实验研究方法。在自然界和实际应用中遇到的许多随机过程都可以看成平稳随机过程,或者近似于平稳随机过程,而另外一些则可以看成局部(短时)的平稳随机过程,它们都可以采用平稳随机过程的分析方法和处理手段。因而本章和下一章是整个随机信号分析的基础。

3.1　平稳随机过程及其数字特征

3.1.1　平稳随机过程的基本概念

1. 严平稳随机过程及其数字特征

一个随机过程 $X(t)$,如果它的 n 维概率密度函数(或 n 维分布函数)$p_X(x_1,x_2,\cdots,x_n;t_1,t_2,\cdots,t_n)$ 不随时间起点选择的不同而改变,就是说对于任何的 n 和 τ,$X(t)$ 的 n 维概率密度函数满足

$$p_X(x_1,x_2,\cdots,x_n;t_1,t_2,\cdots,t_n)=p_X(x_1,x_2,\cdots,x_n;t_1+\tau,t_2+\tau,\cdots,t_n+\tau) \tag{3.1.1}$$

则称 $X(t)$ 是平稳随机过程。

式(3.1.1)说明,平稳随机过程的统计特性与所选取的时间起点无关。或者说,整个过程的统计特性不随时间的推移而变化。例如,今天九点测得某个平稳过程的统计特性和八点所测得同一过程的统计特性是相同的。

在实际应用中,严格按式(3.1.1)来判定一个被研究过程的平稳性是很不容易的。但一般来说,若产生随机过程的主要物理条件在时间进程中不变化,那么此过程就可以认为是平稳的。在电子工程的实际应用中所遇到的过程,有很多都可以认为是平稳随机过程。例如,一个工作在稳定状态下的接收机,其内部噪声就可以认为是平稳随机过程。但当刚接上电源,该接收机还工作在过渡过程状态下或环境温度未达到恒定时,此时的内部噪声则是非平稳随机过程。另外,有些非平稳过程,在一定的时间范围内可以作为平稳过程来处理。实际上,在很多问题的研究中往往并不需要在所有时间都平稳,只要在我们观测的有限时间内过程平稳就行了。

将随机过程划分为平稳和非平稳的有着重要的实际意义。因为过程若为平稳的,可使问题的分析变得简单。例如测量电阻热噪声的统计特性,由于它是平稳过程,因而在任何时间进行测试都能得到相同的结果。

平稳随机过程的 n 维概率密度函数不随时间平移而变化的特性,反映在其一、二维概率密度函数及数字特征上具有以下性质:

(1) 若 $X(t)$ 为平稳过程,则它的一维概率密度与时间无关。

利用式(3.1.1)并令 $n=1,\tau'=-t$,有

$$p_X(x_1;t_1)=p_X(x_1;t_1+\tau')=p_X(x_1;0)=p_X(x) \tag{3.1.2}$$

则

$$E[X(t)]=\int_{-\infty}^{+\infty}x_1p_X(x)\mathrm{d}x=m_X \tag{3.1.3}$$

即 $X(t)$ 的均值显然也与时间无关,或说均值为常数,记做 m_X,它不再是 t 的函数。

同样,$X(t)$ 的均方值和方差也应是常数,分别记为 Ψ_X^2 和 σ_X^2。

$$E[X^2(t)] = \int_{-\infty}^{+\infty} x_1^2 p_X(x_1)\,\mathrm{d}x_1 = \Psi_X^2 \tag{3.1.4}$$

$$D[X(t)] = \int_{-\infty}^{+\infty} (x_1 - m_X)^2 p_X(x_1)\,\mathrm{d}x_1 = \sigma_X^2 \tag{3.1.5}$$

于是,平稳随机过程的所有样本函数曲线都在水平直线 $m_X(t) = m_X$(常数)周围波动,偏离度(分散度)由 σ_X^2 的大小确定。图 3.1 给出了两个平稳过程的典型例子。

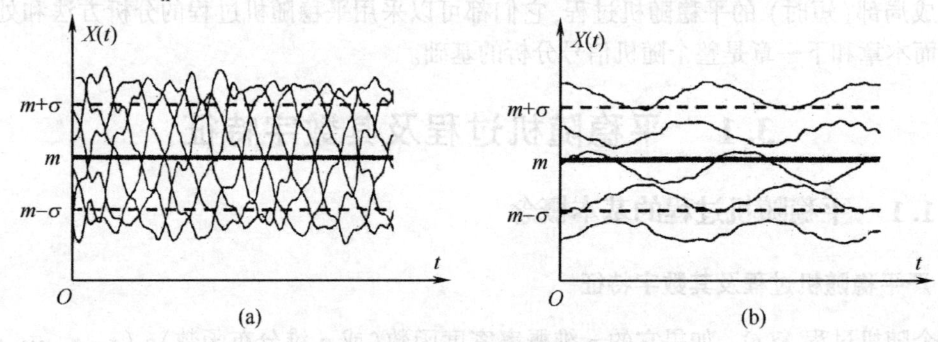

图 3.1　平稳过程的典型例子

(2) 平稳过程 $X(t)$ 的二维概率密度函数只与 t_1、t_2 的时间间隔有关,而与时间起点 t_1 无关。

因为
$$p_X(x_1,x_2;t_1,t_2) = p_X(x_1,x_2;t_1+\tau',t_2+\tau')$$

令 $\tau' = -t_1$,则

$$p_X(x_1,x_2;t_1,t_2) = p_X(x_1,x_2;0,t_2-t_1) = p(x_1,x_2;\tau) \tag{3.1.6}$$

即二维概率密度函数仅依赖于时间差 $\tau = t_2 - t_1$,而与时间的个别值 t_1, t_2 无关。因此平稳过程 $X(t)$ 的自相关函数仅是单变量 τ 的函数,即

$$\begin{aligned} R_X(t_1,t_2) &= \int_{-\infty}^{+\infty}\int_{-\infty}^{+\infty} x_1 x_2 p(x_1,x_2;t_2-t_1)\,\mathrm{d}x_1\mathrm{d}x_2 \\ &= \int_{-\infty}^{+\infty}\int_{-\infty}^{+\infty} x_1 x_2 p(x_1,x_2;\tau)\,\mathrm{d}x_1\mathrm{d}x_2 = R_X(\tau) \end{aligned} \tag{3.1.7}$$

显然有
$$C_X(t_1,t_2) = R_X(t_1,t_2) - m_X(t_1)m_X(t_2) = R_X(\tau) - m_X m_X$$

即
$$C_X(\tau) = R_X(\tau) - m_X^2 \tag{3.1.8}$$

当 $\tau = 0$ 时,有

$$C_X(0) = R_X(0) - m_X^2 = \sigma_X^2 \tag{3.1.9}$$

顺便指出,当两个随机过程的联合概率分布不随时间平移而变化并与时间起点无关时,则称这两个随机过程是联合平稳的,或平稳相依的。

2. 宽平稳随机过程

要判定一个随机过程是否为平稳随机过程,需要知道它的多维概率密度函数族,并且判定条件式(3.1.1)是否对一切 n 成立,但这是十分困难的。因而工程应用上,根据实际需要往往只在相关理论的范围内考虑平稳过程问题。如上章所述,所谓相关理论是指只限于研究随机过程一、二阶矩的理论。换言之,相关理论主要研究随机过程的数学期望、相关函数以及下一

章将要讨论的功率谱密度等。

随机过程的一、二阶矩函数虽然不能像多维概率分布那样全面地描述随机过程的统计特性,但它们在一定程度上相当有效地描述了随机过程的一些重要特征。以通信、电子技术应用为例,若平稳过程 $X(t)$ 表示噪声电压(或电流),那么一、二阶矩函数可以给出噪声平均功率的直流分量、交流分量、功率的频率分布、总平均功率等重要参数。对很多实际工程技术应用而言,往往获得这些参数,就能解决问题了。此外,工程技术应用中经常遇到的最重要的随机过程是高斯过程。对这类随机过程,以后章节中将证明,只要给定数学期望和相关函数,它的多维概率密度函数就完全确定了。

下面给出只在相关理论范围内考虑的平稳随机过程定义。若随机过程满足

$$\begin{cases} E[X(t)] = m_X; \\ R_X(t_1,t_2) = E[X(t_1)X(t_2)] = R_X(\tau), \tau = t_2 - t_1; \\ E[X^2(t)] < \infty \text{①}。\end{cases} \tag{3.1.10}$$

则称 $X(t)$ 为宽平稳过程(或称广义平稳过程)。而前面按式(3.1.1)定义的平稳过程称为严平稳过程(或称狭义平稳过程),在相关理论中通常把时间差 $\tau = t_2 - t_1$ 称为时滞。

由于宽平稳随机过程的定义只涉及与一、二维概率密度函数有关的数字特征,所以,一个严平稳过程只要均方值有界,就是广义平稳的,但反之则不一定。不过以后将证明,有一重要的例外,这就是高斯过程。因为它的概率密度函数可由均值和自相关函数完全确定,所以若均值与自相关函数不随时间平移而变化,则概率密度函数也不随时间的平移而变化,于是,一个广义平稳的高斯过程也必定是严平稳的。

当同时考虑两个平稳过程 $X(t)$ 和 $Y(t)$ 时,若它们的互相关函数仅是单变量 τ 的函数,即

$$R_{XY}(t_1,t_2) = E[X(t_1)Y(t_2)] = R_{XY}(\tau), \quad \tau = t_2 - t_1 \tag{3.1.11}$$

则称 $X(t)$ 和 $Y(t)$ 宽平稳相依,或称这两个随机过程是联合宽平稳的。

顺便指出,在本书以后的内容中,凡是提到“平稳过程”一词时,除特别指明外,通常都是指宽平稳过程。

例 3.1 设随机过程 $X(t) = a\cos(\omega_0 t + \Phi)$

式中 a,ω_0 为常数,Φ 是在区间$(0,2\pi)$上均匀分布的随机变量,这种信号通常称为随相正弦波。求证 $X(t)$ 是宽平稳的②。

证明:

$$E[X(t)] = \int_0^{2\pi} a\cos(\omega_0 t + \varphi)\frac{1}{2\pi}\mathrm{d}\varphi = 0$$

$$\begin{aligned} R(t,t+\tau) &= E[a\cos(\omega_0 t + \Phi)a\cos(\omega_0(t+\tau) + \Phi)] \\ &= \frac{a^2}{2}E[(\cos(\omega_0\tau) + \cos(2\omega_0 t + \omega_0\tau + 2\Phi))] \\ &= \frac{a^2}{2}\cos(\omega_0\tau) \end{aligned}$$

$$E[X^2(t)] = \frac{a^2}{2} < \infty$$

可见,$X(t)$ 的均值为 0。自相关函数仅与 τ 有关,故 $X(t)$ 是宽平稳过程。

---

① 一般实际存在的物理过程这一条件是满足的。

② 当全书随机过程的随机变量用大写字母表示时,相应的小写字母表示积分变量,如 Φ 与 φ,A 与 a 等。

例 3.2 设随机过程

$$X(t)=Yt$$

式中，Y 是随机变量。讨论 $X(t)$ 的平稳性。

解：

$$E[X(t)]=E[Yt]=E[Y]t=m_Y t$$

$$R_X(t_1,t_2)=E[(Yt_1)(Yt_2)]=t_1t_2E[Y^2]=t_1t_2\Psi_Y^2$$

可见，该随机过程的均值与时间有关，自相关函数也与时间 t_1,t_2 的值均有关，所以不是平稳过程。

例 3.3 设有状态连续、时间离散的随机过程 $X(t)=\sin 2\pi At$，式中 t 只能取整数，即 $t=1,2,\cdots A$ 是在(0,1) 上均匀分布的随机变量。试讨论 $X(t)$ 的平稳性。

解：(1) 可以证明 $X(t)$ 是宽平稳的。

$$E[X(t)]=E[\sin(2\pi At)]=\int_{-\infty}^{+\infty}\sin 2\pi at p_A(a)\mathrm{d}a=\int_0^1\sin 2\pi at\mathrm{d}a=0$$

$$\begin{aligned}R_X(t_1,t_2)&=E[X(t_1)X(t_2)]=\int_0^1\sin 2\pi at_1\sin 2\pi at_2\mathrm{d}a\\&=\frac{1}{2}\int_0^1[\cos 2\pi(t_2-t_1)a-\cos 2\pi(t_2+t_1)a]\mathrm{d}a\\&=\begin{cases}0.5, & t_1=t_2\\0, & t_1\neq t_2\end{cases}\end{aligned}$$

所以，$X(t)$ 是宽平稳的。

(2) 讨论 $X(t)$ 是否是严平稳的。

令 $t=t_1$ 过程的状态为

$$x=\sin 2\pi t_1a_1=\sin(\pi-2\pi t_1a_1)$$

这表明，过程的一维变量 x 与 a 是双值关系，于是可求得过程的一维概率密度函数为

$$p_X(x;t)=p(a_1)\left|\frac{\mathrm{d}a_1}{\mathrm{d}x}\right|+p(a_2)\left|\frac{\mathrm{d}a_2}{\mathrm{d}x}\right|=\frac{1}{\pi t\sqrt{1-x^2}}$$

可见，$X(t)$ 的一维概率密度函数与时间 t 有关，因此 $X(t)$ 只是宽平稳的，不是严平稳过程。

3.1.2 各态历经(遍历)随机过程

在上面的讨论中，每当谈到随机过程时，就意味着所涉及的是大量的样本函数的集合。要得到随机过程的统计特性，就需要观察大量的样本函数。例如，数学期望、方差、相关函数等，都是对大量样本函数在特定时刻的取值利用统计方法求平均而得到的数字特征。这种平均称为统计平均或集平均。显然，取统计平均所需要的实验工作量很大，处理方法也很复杂。这就使人们联想到，根据平稳过程统计特性与计时起点无关这个特点，能否找到更简单的方法代替上述方法呢？辛钦(Хинчин) 证明：在具备一定的补充条件下由平稳随机过程的任一个样本函数取时间平均(观察时间足够长)，从概率意义上趋近于该过程的统计平均(集平均)。对于这样的随机过程，我们说它具备各态历经性或遍历性。随机过程的各态历经性，可以理解为随机过程的各样本函数都同样地经历了随机过程的各种可能状态。因此从随机过程的任何一个样本函数都可以得到随机过程的全部统计信息，任何一个样本函数的特性都可以充分地代表整个随机过程的特性。例如，在稳定状态下工作的一个噪声二极管，在较长时间 T 内观察它的电压，我们将 T 分成 K 等份(这个 K 应相当大)，测量每个时间分点上的电压值，得到 K 个电压值，这 K 个电压值的算术平均值近似等于电压的时间平均值。又假设另有 K 个完全相同的二

极管,工作在完全相同的条件下,我们任意选择某一个固定时刻,测得这些二极管在该时刻的电压,并求出其统计平均值,由于工作状态是稳定的,我们找不出有什么物理上的原因时,会使得在一个管子上所得到的时间平均值比在 K 个管子上(某一个时刻)所得到的统计平均值来得大或小。也就是说,从概率意义上看,电压关于时间的平均值与电压的统计平均值应该相等,这就是各态历经性。图 3.2 示出了具有各态历经性的随机过程的诸样本函数集合。从图中可以大致看到,$X(t)$ 的每一个样本函数都围绕着同一个数学期望值上下波动,而且每个样本函数的时间平均值都是相等的。在这些样本函数中任取一个,并延长实验时间 T,当 T 足够大时,这个样本函数可以很好地代表整个随机过程的统计特性。由这个样本函数所求得的时间平均值近似地(从概率意义上说) 等于过程的数学期望值。由它所求得的时间相关函数近似地(从概率意义上说) 等于过程的相关函数。

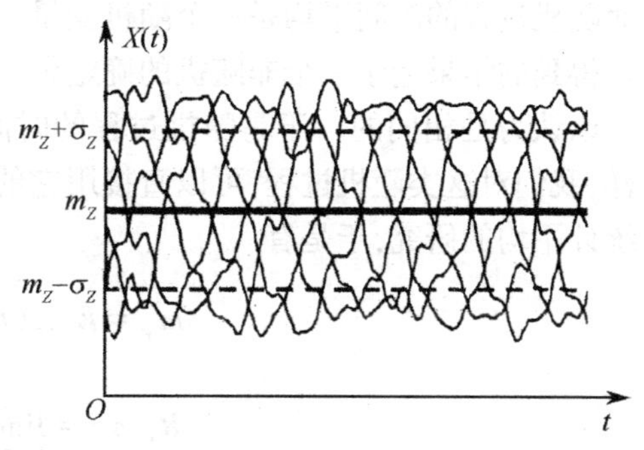

图 3.2　具有各态历经性的随机过程

按照严格的意义,随机过程的各态历经性是指它的"各种时间平均值(时间足够大) 以概率 1 收敛于相应的集平均值,见附录 A。并称这个过程为各态历经过程。工程上通常只在相关理论的范围内考虑各态历经过程,称之为宽(广义) 各态历经过程。下面首先引入随机过程的时间平均概念,然后给出宽(广义) 各态历经过程的定义。

把随机过程 $X(t)$ 任一样本函数 $x(t)$ 沿整个时间轴的如下两种时间平均

$$\overline{x(t)} = \lim_{T\to\infty} \frac{1}{2T}\int_{-\infty}^{+\infty} x(t)\,\mathrm{d}t \tag{3.1.12}$$

$$\overline{x(t)x(t+\tau)} = \lim_{T\to\infty} \frac{1}{2T}\int_{-\infty}^{+\infty} x(t)x(t+\tau)\,\mathrm{d}t \tag{3.1.13}$$

分别称做 $X(t)$ 的时间均值和时间自相关函数。一般情况下它们都是随机变量,这里,以"$\overline{}$"表示求时间平均。

定义　设 $X(t)$ 是一个平稳过程。

(1) 若

$$\overline{x(t)} = E[X(t)] = m_X \tag{3.1.14}$$

以概率 1 成立,则称随机过程 $X(t)$ 的均值具有各态历经性。

(2) 若

$$\overline{x(t)x(t+\tau)} = E[X(t)X(t+\tau)] = R_X(\tau) \tag{3.1.15}$$

以概率 1 成立,则称 $X(t)$ 的自相关函数具有各态历经性。

若仅当 $\tau = 0$ 时上式成立, 则称 $X(t)$ 的均方值具有各态历经性。

(3) 若

$$F(x) = P\{X(t) \leqslant x\} = \lim_{T\to\infty} \frac{1}{2T}\int_{-T}^{T} U[x - x(t)]\,\mathrm{d}t \tag{3.1.16}$$

以概率 1 成立,则称 $X(t)$ 的分布函数具有各态历经性。式中 $U[\ ]$ 为步函数,定义为

$$U[x - x(t)] = \begin{cases} 1, & x(t) \leqslant x \\ 0, & x(t) > x \end{cases}$$

(4) 若 $X(t)$ 的均值和自相关函数都具有各态历经性,则称 $X(t)$ 是宽各态历经过程。以后章节中,除非特别指出,提到各态历经皆指宽各态历经。

下面对各态历经过程做进一步的讨论。

由随机过程积分的概念可知,对一般随机过程而言,各个样本函数的积分值是不同的,因而随机过程的时间平均是一个随机变量。但对各态历经过程而言,由上述定义可知,求时间平均得到的结果趋于一个非随机的确定量。这就表明各态历经过程各样本函数的时间平均实际可以认为是相同的。于是随机过程的时间平均也就可以由样本函数的时间平均来表示。这样,我们对这类随机过程,可以直接用它的任一个样本函数的时间平均来代替对整个随机过程统计平均的研究,于是有

$$m_X = E[X(t)] = \lim_{T\to\infty}\frac{1}{2T}\int_{-T}^{T} x(t)\,\mathrm{d}t \tag{3.1.17}$$

$$R_X(\tau) = \lim_{T\to\infty}\frac{1}{2T}\int_{-T}^{T} x(t)x(t+\tau)\,\mathrm{d}t \tag{3.1.18}$$

$$F(x) = \lim_{T\to\infty}\frac{1}{2T}\int_{-T}^{T} U[x - x(t)]\,\mathrm{d}t \tag{3.1.19}$$

实际上这也正是我们引出各态历经概念的重要目的。这些性质给许多实际问题的解决带来很大方便。例如,测量接收机的噪声,用一般的方法,就需要在同一条件下对数量极多的相同接收机同时进行测量和记录,然后用统计方法计算出所需的数学期望、相关函数等数字特征;若利用随机过程的各态历经性,则只要用一部接收机,在环境条件不变的情况下,对其输出噪声做长时间的记录,然后用求时间平均的方法,即可求得数学期望和相关函数等数字特征。当然,由于实际中对随机过程的观察时间总是有限的,因而在用式(3.1.17)和式(3.1.18)取时间平均时,只能用有限的时间代替无限长的时间,这会给结果带来一定的误差。这就是统计估值理论要解决的基本问题。

由以上讨论可见,随机过程的各态历经性具有重要的实际意义。

例 3.4 讨论例3.1所给出的随机过程

$$X(t) = a\cos(\omega_0 t + \Phi)$$

是否是各态历经过程。

解:

$$\overline{x(t)} = \lim_{T\to\infty}\frac{1}{2T}\int_{-T}^{T} a\cos(\omega_0 t + \varphi)\,\mathrm{d}t = \lim_{T\to\infty}\frac{a\cos\varphi\sin(\omega_0 T)}{\omega_0 T} = 0$$

$$\overline{x(t)x(t+\tau)} = \lim_{T\to\infty}\frac{1}{2T}\int_{-T}^{T} a^2\cos(\omega_0 t + \varphi)\cos(\omega_0 t + \omega_0\tau + \varphi)\,\mathrm{d}t$$

$$= \frac{a^2}{2}\cos(\omega_0\tau)$$

对照例3.1的结果可得

$$\overline{x(t)} = E[X(t)] = 0$$

$$\overline{x(t)x(t+\tau)} = E[X(t)X(t+\tau)] = \frac{a^2}{2}\cos(\omega_0\tau)$$

所以 $X(t)$ 是宽各态历经过程。

例 3.5 讨论随机过程 $X(t) = Y$ 的各态历经性(见图3.3),式中 Y 是方差不为零的随机变量。

解: 首先可以明显地知道 $X(t)$ 是平稳的,因为

$$E[X(t)] = E[Y]$$

$$E[X(t)X(t+\tau)] = E[Y^2]$$

但 $X(t)$ 不具备各态历经条件,因为

$$\overline{x(t)} = \lim_{T\to 0} \frac{1}{2T}\int_{-T}^{T} y\mathrm{d}t = y$$

即$\overline{x(t)}$是随机变量，时间均值随Y的样本选择不同而变化，且$\overline{x(t)} \neq E[X(t)]$，故$X(t)$不是各态历经过程。可见并不是任何平稳过程都是各态历经的。

同理，图 3.4 也是一个平稳过程、但非各态历经过程的例子，试问为什么？

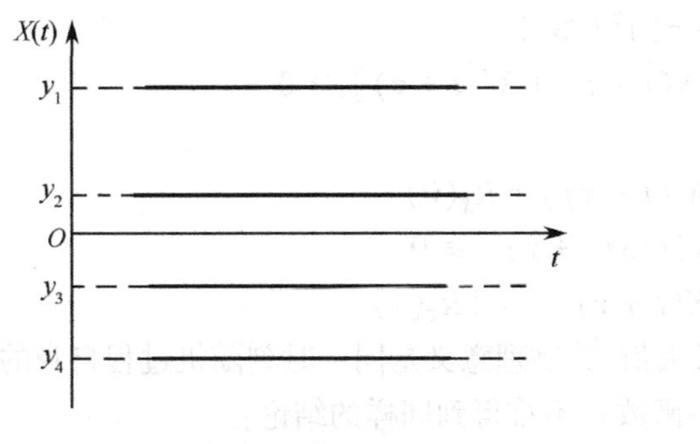

图 3.3 随机过程 $X(t) = Y$

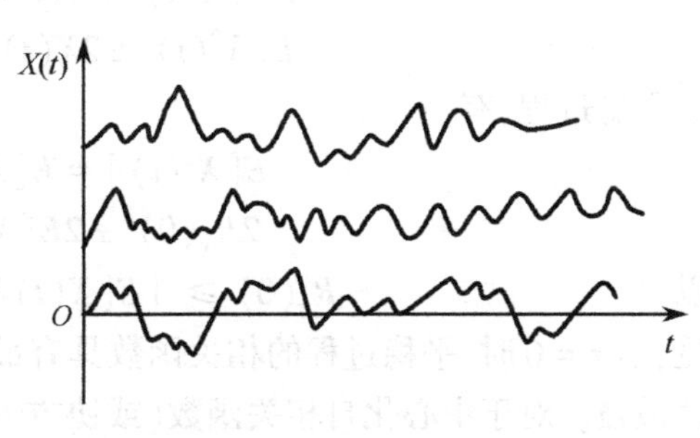

图 3.4 非各态历经的平稳过程

(3) 如果我们研究两个随机过程$X(t)$，$Y(t)$，当它们各自都是各态历经的，并且时间互相关函数与统计互相关函数以概率为 1 相等时，即满足

$$\overline{x(t)y(t+\tau)} = E[X(t)Y(t+\tau)] = R_{XY}(\tau)$$

则称这两个随机过程联合各态历经。

(4) 在电子工程应用中，若各态历经过程$X(t)$代表噪声电压或电流，则其一、二阶矩函数有着明确的物理意义。从式(3.1.17)可见，噪声电压（或电流）的均值实际就是它的直流分量，此外由式(3.1.18)，并令$\tau = 0$，则有

$$R_X(0) = \lim_{T\to\infty} \frac{1}{2T}\int_{-T}^{T} x^2(t)\mathrm{d}t \tag{3.1.20}$$

可见，$R_X(0)$代表噪声电压（或电流）消耗在1Ω电阻上的总平均功率。$R_X(0)=m_X^2+\sigma_X^2$，式中，m_X^2为直流功率，而方差

$$\sigma_X^2 = \lim_{T\to\infty} \frac{1}{2T}\int_{-T}^{T} \{x(t)-m_X\}^2\mathrm{d}t \tag{3.1.21}$$

代表噪声电压（或电流）消耗在 1Ω 电阻上的交流平均功率，标准离差σ_X则代表噪声电压（或电流）的有效值。以上各个量都易于用实验测得，本章 3.4 节将讨论它们的测试方法。

3.2 平稳过程相关函数的性质

在 2.1 节中已经指出，随机过程的基本数字特征是数学期望和相关函数。对平稳过程而言，由于它的数学期望是常数，经中心化处理（隔直）后为零，所以基本数字特征实际就是相关函数。此外，相关函数不仅提供随机过程各随机变量（状态）间关联特性的信息，而且也是求取随机过程的功率谱密度以及从噪声中提取有用信息的重要工具。为此，下面专门研究一下平稳过程相关函数的性质。

3.2.1 平稳过程的自相关函数的性质

性质 1 $R_X(\tau)$是偶函数，即满足

$$R_X(\tau)=R_X(-\tau) \tag{3.2.1}$$

证：

$$R_X(\tau)=E[X(t)X(t+\tau)]$$
$$=E[X(t+\tau)X(t)]=R_X(-\tau)$$

性质 2

$$R_X(0)\geqslant |R_X(\tau)| \tag{3.2.2}$$

证：任何正的随机函数的数学期望恒为非负值，即

$$E[(X(t)\ \pm X(t+\tau))^2]\geqslant 0$$
$$E[X^2(t)\ \pm 2X(t)X(t+\tau)\ +X^2(t+\tau)]\geqslant 0$$

对于平稳过程，有

$$E[X^2(t)]=E[X^2(t+\tau)]=R_X(0)$$

则

$$2R_X(0)\ \pm 2E[X(t)X(t+\tau)]\geqslant 0$$

所以

$$R_X(0)\geqslant |E[X(t)X(t+\tau)]|=|R_X(\tau)|$$

可见，当 $\tau=0$ 时，平稳过程的相关函数具有最大值，其物理意义是同一时刻随机过程自身的相关性最强。对于中心化自相关函数（或协方差函数），不难得到同样的结论：

$$C_X(0)\geqslant |C_X(\tau)| \quad 或 \quad |C_X(\tau)|\leqslant \sigma_X^2 \tag{3.2.3}$$

（注意，这里并不排除 $\tau\neq 0$ 时，也有可能出现同样的最大值，例如下面讨论的周期过程情况）。

性质 3　周期平稳过程的自相关函数必是周期函数，且与过程的周期相同。

若平稳过程 $X(t)$ 满足条件 $X(t)=X(t+T)$，则称它为周期平稳过程，其中 T 为过程周期。

证：

$$R_X(\tau+T)=E[X(t)X(t+\tau+T)]$$
$$=E[X(t)X(t+\tau)]$$
$$=R_X(\tau) \tag{3.2.4}$$

例 3.6　设随机过程为

$$X(t)=a\cos(\omega_0 t+\Phi)+N(t)$$

式中，a、ω_0 为常数，Φ 为 $(0,2\pi)$ 上均匀分布的随机变量，$N(t)$ 为一般平稳过程，对于所有 t 而言，Φ 与 $N(t)$ 皆统计独立。于是很容易就可求出其相关函数为

$$R_X(\tau)=\frac{a^2}{2}\cos\omega_0\tau+R_N(\tau)$$

可见，相关函数也含有与随机过程 $X(t)$ 的周期分量具有相同周期的周期分量。

性质 4

$$R_X(0)=E[X^2(t)]$$

即平稳过程的均方值可以由自相关函数令 $\tau=0$ 得到。$R_X(0)$ 代表了平稳过程的“总平均功率”。

性质 5　不包含任何周期分量的非周期平稳过程（这种过程被称做满足强混条件）满足

$$\lim_{\tau\to\infty}R_X(\tau)=R_X(\infty)=m_X^2 \tag{3.2.5}$$

这是因为，从物理意义上讲，当 τ 增大时 $X(t)$ 与 $X(t+\tau)$ 之间相关性会减弱，在 $\tau\to\infty$ 的极限情况下，两者相互独立，于是有

$$\lim_{\tau\to\infty}R_X(\tau)=\lim_{\tau\to\infty}E[X(t)X(t+\tau)]=\lim_{\tau\to\infty}E[X(t)]E[X(t+\tau)]=m_X^2$$

故有

$$R_X(\infty)=m_X^2$$

对于中心化自相关函数，则有

$$\lim_{\tau\to\infty}C_X(\tau)=C_X(\infty)=0 \tag{3.2.6}$$

性质 6　若平稳过程含有平均分量（均值）为 m_X，则自相关函数将含有固定分量 m_X^2。即

$$R_X(\tau) = C_X(\tau) + m_X^2 \tag{3.2.7}$$

而且在满足性质 5 的条件下有

$$\sigma_X^2 = R_X(0) - R_X(\infty) \tag{3.2.8}$$

证：$$C_X(\tau) = E[\{X(t) - m_X\}\{X(t+\tau) - m_X\}] = R_X(\tau) + m_X^2$$

故有

$$R_X(\tau) = C_X(\tau) + m_X^2$$

考虑到非周期平稳过程，有 $R_X(\infty) = m_X^2$，并且 $\tau = 0$ 时，得

$$C_X(0) = \sigma_X^2 = R_X(0) - m_X^2 = R_X(0) - R_X(\infty) \tag{3.2.9}$$

例 3.7 平稳过程 $X(t)$ 的自相关函数为

$$R_X(\tau) = 100\mathrm{e}^{-10|\tau|} + 100\cos(10\tau) + 100$$

求 $X(t)$ 的均值、均方值和方差。

解：$$R_X(\tau) = \{100\cos 10\tau\} + \{100\mathrm{e}^{-10|\tau|} + 100\} = R_{X_1}(\tau) + R_{X_2}(\tau)$$

式中，$R_{X_1}(\tau)$ 为该平稳过程周期分量的相关函数，是随相正弦波，该分量的均值为零。于是由性质 6 可得非周期分量

$$R_X(\infty) = m_X^2 = 100$$

故有

$$m_X = m_{X_2} = \pm 10$$

均方值为

$$E[X^2(t)] = R_X(0) = 300$$

方差为

$$\sigma_X^2 = R_X(0) - m_X^2 = 200$$

例 3.8 已知平稳过程 $X(t)$ 的相关函数为

$$R_X(\tau) = 25 + \frac{4}{1 + 6\tau^2}$$

求 $X(t)$ 的均值和方差。

解：利用性质 5 得

$$m_X^2 = R_X(\infty) = 25, \quad m_X = \pm 5$$

利用性质 6 得

$$\sigma_X^2 = R_X(0) - m_X^2 = 29 - 25 = 4$$

性质 7 自相关函数必须满足

$$\int_{-\infty}^{+\infty} R_X(\tau)\mathrm{e}^{-\mathrm{j}\omega\tau}\mathrm{d}\tau \geqslant 0$$

并对所有的 ω 都成立。

这就是说，自相关函数的傅里叶变换在整个频率轴上是非负值的（理由详见下一章对功率谱密度的讨论）。这一条件限制了自相关函数曲线图形不能有任意形状，不能出现平顶、垂直边或在幅度上的任何不连续。

根据以上讨论，我们可以画出平稳过程的 $R_X(\tau)$ 及 $C_X(\tau)$ 的典型曲线，如图 3.5(a) 及图 3.5(b) 所示。

性质 8 一个函数能成为自相关函数的充要条件是，必须满足半正定性，即对任意函数 $f(t)$，有

$$\int_{-\infty}^{+\infty}\int_{-\infty}^{+\infty} f(t_1)R_X(t_2 - t_1)f(t_2)\mathrm{d}t_1\mathrm{d}t_2 \geqslant 0 \tag{3.2.10}$$

证明留给读者。

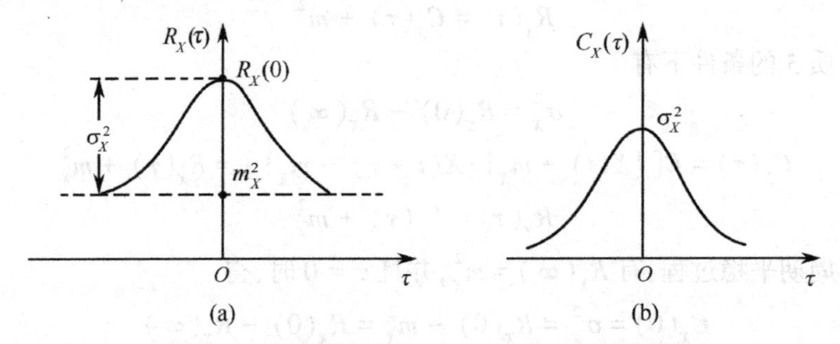

图 3.5　平稳过程的 $R_X(\tau)$ 和 $C_X(\tau)$ 的典型曲线

3.2.2　平稳相依过程互相关函数的性质

性质 1　$$R_{XY}(0)=R_{YX}(0)$$

$R_{XY}(0)$ 表示随机过程在同一时刻的相关性。

性质 2　$$R_{XY}(\tau)=R_{YX}(-\tau) \tag{3.2.11}$$

因为　$$R_{XY}(\tau)=E[X(t)Y(t+\tau)]=E[Y(t+\tau)X(t)]=R_{YX}(-\tau)$$

可见互相关函数既不是奇函数也不是偶函数。

性质 3　$$|R_{XY}(\tau)|^2\leqslant R_X(0)R_Y(0) \tag{3.2.12}$$

$$|C_{XY}(\tau)|^2\leqslant C_X(0)C_Y(0)=\sigma_X^2\sigma_Y^2 \tag{3.2.13}$$

这一性质可以通过展开下列不等式得到证明①。

$$E[\{Y(t+\tau)+\lambda X(t)\}^2]\geqslant 0$$

得　$$R_Y(0)+2\lambda R_{XY}(\tau)+\lambda^2 R_X(0)\geqslant 0$$

式中，λ 是任意实数。

性质 4　$$|R_{XY}(\tau)|\leqslant\frac{1}{2}\{R_X(0)+R_Y(0)\} \tag{3.2.14}$$

这一性质可利用前面证明式(3.2.12)的方法进行证明。同理有

$$|C_{XY}(\tau)|\leqslant\frac{1}{2}\{C_X(0)+C_Y(0)\}=\frac{1}{2}(\sigma_X^2+\sigma_Y^2)$$

例 3.9　通过平稳过程 $X(t)$ 和 $Y(t)$ 的下列运算：

$$E\left[\left(\frac{X(t)}{\sqrt{E[X^2(t)]}}\pm\frac{Y(t+\tau)}{\sqrt{E[Y^2(t+\tau)]}}\right)^2\right]$$

证明式(3.2.12)。

证：由于 $X(t)$ 和 $Y(t)$ 每一个实现都是时间的实函数，而实函数的平方是非负值的，故有

$$E\left[\left(\frac{X(t)}{\sqrt{E[X^2(t)]}}\pm\frac{Y(t+\tau)}{\sqrt{E[Y^2(t+\tau)]}}\right)^2\right]\geqslant 0$$

展开后可得　$$\frac{E[X^2(t)]}{E[X^2(t)]}\pm 2\frac{E[X(t)Y(t+\tau)]}{\sqrt{E[X^2(t)]E[Y^2(t+\tau)]}}+\frac{E[Y^2(t+\tau)]}{E[Y^2(t+\tau)]}\geqslant 0$$

$$|R_{XY}(\tau)|\leqslant\sqrt{E[X^2(t)]E[Y^2(t+\tau)]}$$

---

① 二次方程 $ax^2+bx+c\geqslant 0$，必须满足判别式 $b^2-4ac\leqslant 0$，于是可得式(3.2.12)与式(3.2.13)。

$$|R_{XY}(\tau)|^2 \leqslant R_X(0)R_Y(0)$$

以上对平稳过程自相关函数和互相关函数的主要性质进行了讨论,在实际应用中为了更方便地分析比较随机过程的相关性,还引入了相关系数和相关时间的概念。

(1) 相关系数

为了表征随机过程在两个不同时刻的状态之间的统计关联程度,还经常引用相关系数 $\rho_X(\tau)$,它的定义为:

$$\rho_X(\tau)=\frac{C_X(\tau)}{\sigma_X^2}=\frac{R_X(\tau)-R_X(\infty)}{R_X(0)-R_X(\infty)} \tag{3.2.15}$$

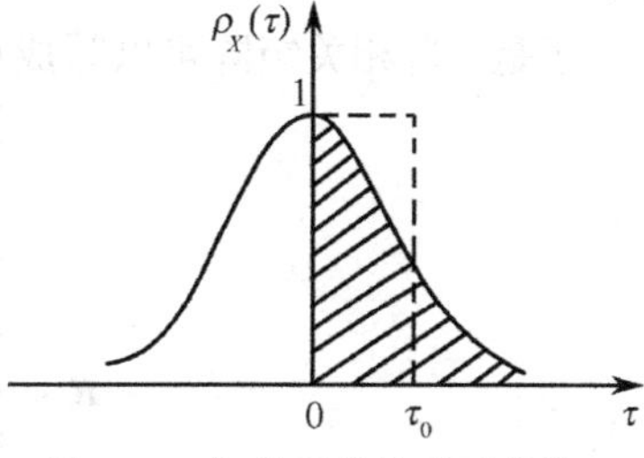

图 3.6　相关系数的典型曲线

实际上 $\rho_X(\tau)$ 可称为归一化自相关函数,它与过程功率无关,便于比较不同随机过程的相关性。显然,$\rho_X(\tau)$ 具有与 $C_X(\tau)$ 相同的特点,并且 $\rho_X(0)=1$。图3.6给出 $\rho_X(\tau)$ 的典型曲线。

(2) 相关时间

我们还经常用相关系数来定义相关时间 τ_0。前面曾指出,对很多随机过程而言,当 $\tau\to\infty$ 时随机变量 $X(t)$ 和 $X(t+\tau)$ 互不相关。实际上,工程应用中,当 τ 为某值时,$\rho_X(\tau)$ 就已经很小了,或者说 $X(t)$ 和 $X(t+\tau)$ 的关联性已经很弱。因此,常定义出某个时间 τ_0,当 $\tau>\tau_0$ 时,就可以认为 $X(t)$ 与 $X(t+\tau)$ 实际上已经不相关,这个时间 τ_0 就称为相关时间。例如,经常取

$$|\rho_X(\tau_0)|=0.05 \tag{3.2.16}$$

也就是取对应于 $|\rho_X(\tau)|=0.05$ 的那个时间为相关时间 τ_0。有时也用图 3.6 中的矩形(高为 $\rho_X(0)=1$,底为 τ_0 的矩形)面积等于阴影面积($\rho_X(\tau)$ 积分的一半)来定义 τ_0,即

$$\tau_0=\int_0^\infty \rho(\tau)\mathrm{d}\tau \tag{3.2.17}$$

τ_0 越小,就意味着 $\rho_X(\tau)$ 随 τ 的增加降落得越快,也就说明随机过程随时间变化越剧烈。反之,τ_0 大则说明随机过程随时间变化越缓慢。

(3) 互相关系数

与单个平稳随机过程的相关系数相似,定义 $X(t)$ 和 $Y(t)$ 的互相关系数为

$$\rho_{XY}(\tau)=\frac{R_{XY}(\tau)}{\sqrt{R_X(0)R_Y(0)}}=\frac{R_{XY}(\tau)}{\sigma_X\sigma_Y} \tag{3.2.18}$$

易证,互相关系数也满足 $|\rho_{XY}|\leqslant 1$。

3.3　平稳随机序列的自相关矩阵与协方差矩阵

3.3.1　Toeplitz 矩阵

在 2.3 节定义了随机序列的自相关矩阵(式 2.3.4))与协方差矩阵(式 2.3.7),并讨论了它们的对称性与半正定性。若随机序列是平稳的,则可以证明上述两个矩阵还是 Toeplitz 矩阵,即矩阵的每一条对角线上的元素是相同的,用数学语言描述就是(以下我们以自相关矩阵为例,对协方差矩阵是一样的) 矩阵元素满足

$$r_{i,j} = r_{i\pm\Delta, j\pm\Delta} \quad i = 0,1,\cdots,N-1; j = 0,1,\cdots,N-1$$
$$i \leqslant |\Delta| \leqslant N-1; j \leqslant |\Delta| \leqslant N-1$$

证明:由于 X_j 为平稳序列,则有

$$r_{i,j} = r_{j-i}$$
$$r_{i\pm\Delta, j\pm\Delta} = r_{(j\pm\Delta)-(i\pm\Delta)} = r_{j-i}$$

即证。

于是,自相关矩阵可以写成如下形式

$$\boldsymbol{R} = \begin{bmatrix} r_0 & r_1 & r_2 & \cdot & \cdot & \cdot & r_{N-1} \\ r_1 & r_0 & r_1 & r_2 & \cdot & \cdot & \cdot \\ r_2 & r_1 & r_0 & r_1 & \cdot & \cdot & \cdot \\ \cdot & r_2 & r_1 & \cdot & \cdot & \cdot & \cdot \\ \cdot & \cdot & \cdot & \cdot & \cdot & \cdot & r_2 \\ \cdot & \cdot & \cdot & \cdot & \cdot & \cdot & r_1 \\ r_{N-1} & \cdot & \cdot & \cdot & r_2 & r_1 & r_0 \end{bmatrix} \tag{3.3.1}$$

即 Toeplitz 矩阵形式。因而,对于平稳随机序列的自相关矩阵,只需知道它的第一列或第一行元素,则整个矩阵便唯一确定了。矩阵的 Toeplitz 性在数字信号处理的快速算法中特别有用。

3.3.2 自相关矩阵的正则形式

式(3.3.1) 所示的自相关矩阵在随机信号分析与信号处理中会经常遇到。当矩阵的维数 N 较大时,往往使得某些问题的求解复杂化。因而如果能将其对角化会使问题的求解更方便。一种有用的方法是将矩阵进行特征分解,将它表示成正则形式的对角化方法。设 $\boldsymbol{R}$ 满足下列方程

$$\boldsymbol{R}\boldsymbol{Q}_i = \lambda \boldsymbol{Q}_i \tag{3.3.2}$$

式中,λ 为标量,称为 $\boldsymbol{R}$ 的特征值;$\boldsymbol{Q}_i$ 为一列向量,称为 $\boldsymbol{R}$ 的特征向量。根据线性代数的知识,特征值与特征向量满足下列方程

$$(\boldsymbol{R} - \lambda \boldsymbol{I})\boldsymbol{Q}_i = \boldsymbol{0} \tag{3.3.3}$$

由此式得到非零解的特征向量,则下式必须满足,即

$$|\boldsymbol{R} - \lambda \boldsymbol{I}| = \boldsymbol{0} \tag{3.3.4}$$

此式称为 $\boldsymbol{R}$ 的特征方程,此方程的根即为 $\boldsymbol{R}$ 的特征值。对 $N \times N$ 方阵 $\boldsymbol{R}$,这是一个 N 次方程,因而有 N 个根,记为 $\lambda_0, \lambda_1, \cdots, \lambda_{N-1}$。这 N 个根可以不是彼此不同的。对每个特征值 λ_i 都可由式(3.3.3) 求出与之相对应的特征向量 $\boldsymbol{Q}_i$,即有

$$\boldsymbol{R}\boldsymbol{Q}_i = \lambda_i \boldsymbol{Q}_i, \quad i = 0,1,\cdots,N-1 \tag{3.3.5}$$

将式(3.3.5) 写成下列形式

$$\boldsymbol{R}[\boldsymbol{Q}_0\boldsymbol{Q}_1\cdots\boldsymbol{Q}_{N-1}] = [\boldsymbol{Q}_0\boldsymbol{Q}_1\cdots\boldsymbol{Q}_{N-1}]\begin{bmatrix} \lambda_0 & & & \\ & \lambda_1 & & \\ & & \ddots & \\ & & & \lambda_{N-1} \end{bmatrix}$$

也可写成
$$\boldsymbol{RQ} = \boldsymbol{Q\Lambda} \tag{3.3.6}$$
式中
$$\boldsymbol{Q} = [\boldsymbol{Q}_0\boldsymbol{Q}_1\cdots\boldsymbol{Q}_{N-1}] \tag{3.3.7}$$
称为 $\boldsymbol{R}$ 的特征向量矩阵，而
$$\boldsymbol{\Lambda} = \begin{bmatrix} \lambda_0 & & & \\ & \lambda_1 & & \\ & & \ddots & \\ & & & \lambda_{N-1} \end{bmatrix} \tag{3.3.8}$$
则称为 $\boldsymbol{R}$ 的特征值矩阵，由于 $\boldsymbol{Q}$ 总是可逆的，则式(3.3.6) 改写为
$$\boldsymbol{R} = \boldsymbol{Q\Lambda Q}^{-1} \tag{3.3.9}$$
式(3.3.9) 即为自相关矩阵 $\boldsymbol{R}$ 的正则形式。

3.4 随机过程统计特性的实验研究方法

用实验手段研究随机过程的统计特性(或称统计分析) 是随机信号分析的重要方法。我们在实际问题中遇到的各种随机过程，比如地球物理学中记录的地震波，医学上的脑电波，太阳黑子运动，雷达接收机输出，长江水流量随时间变化等，都可以看成随机过程的某个实现。要从理论上导出这些过程的统计特性(比如均值，方差，相关函数，密度函数) 等是十分困难的，甚至是不可能的。借助于统计实验的分析方法，找出(估计出) 它们的统计特性，已成为研究随机过程的一种十分重要且必不可少的手段。

统计实验分析的理论基础是随机过程的各态历经性假设，即通过一个具体的实现来求出总体(整个随机过程) 的有关统计参量。

统计实验分析的第一步是将随机过程 $X(t)$ 某个实现转化成能直接输入计算机的时间序列。一般是经过一个抽样和量化过程，得到一个基本上代表原过程的随机序列。
$$X_j: X_0, X_1, \cdots, X_{N-1} \qquad X_j = X(j\Delta t) \tag{3.4.1}$$
上述过程一般说来可能会损失一些原过程所蕴涵的信息量，但只要抽样间隔 t_s 足够小(满足后面将要讨论的随机过程的抽样定理，见 4.6 节)，量化电平足够多，则这种损失可以做得充分小。当然在实际应用中还要与设备量、运算量等进行折中考虑。

统计分析的基本目的是从时间序列式(3.4.1) 出发，找出它所代表的随机过程 $X(t)$(总体) 的统计特性。在具体分析时由于许多实际因素的限制，能够收集的样本数 N 总是有限的。从有限个样本出发找出总体的统计特性，在统计学中称为估值问题。这是一个内容十分广泛的课题，作为基础课程这里仅研究其基本统计特性，即均值、方差、相关函数、功率谱密度(留待下章) 及密度函数的估计问题。

3.4.1 均值估计

设 $X_0, X_1, \cdots, X_{N-1}$ 是统计独立的高斯随机变量，这种情况称 X_j 为独立高斯随机序列。设其未知均值为 m_X，则以 m_X 为条件的多维概率密度函数(称为似然函数) 为
$$p(X/m_X) = \prod_{i=0}^{N-1}\left(\frac{1}{2\pi\sigma_X^2}\right)^{\frac{1}{2}} \exp\left[-\frac{(x_i - m_X)^2}{2\sigma_X^2}\right] \tag{3.4.2}$$

由实验手段测得 $x_0, x_1, \cdots, x_{N-1}$ 时，一般采用最大似然估值（在无任何关于均值的先验知识、且采用均匀代价函数时，这种估值是最优估值），即求使似然函数最大的 m_X 值作为估值 $\hat{m}_X$。由于对数函数的单调性，用似然函数的对数，比直接用似然函数本身会使计算简化，即求

$$\ln p(X/m_X) = K - \sum_{i=0}^{N-1} \frac{(x_i - m_X)^2}{2\sigma_X^2} \tag{3.4.3}$$

的最大值，可由

$$\frac{\partial \ln p(X/m_X)}{\partial m_X} = 0$$

得到。由于式(3.4.3) 中 K 是一个与 m_X 无关的量，于是得到

$$\hat{m}_X = \frac{1}{N}\sum_{i=0}^{N-1} x_i \tag{3.4.4}$$

此式说明，可用 N 个观测值的算术平均作为均值 m_X 的估值。现在来检验一下这种估值方法或估计量的好坏。评价一种方法的好坏，首先得约定一个标准，对估计量来讲最重要的标准就是有偏与无偏性以及估计量方差。现以上述均值估计为例来说明这两种标准的含义。

1. 有偏估计与无偏估计

由于估计量依赖于观测结果，或说是观测结果的函数，因此取另外一组观测值时，估计量的数值就要改变，因而估计量本身是随机变量，于是它也存在均值和方差。首先讨论它的均值即数学期望。

若估计量的数学期望等于真值，则称该估计量为无偏估计量，反之则称为有偏估计量。例如，式(3.4.4) 的均值估计量是一个无偏估计量。因为

$$E[\hat{m}_X] = \frac{1}{N}\sum_{i=0}^{N-1} E[x_i] = E[x_i] = m_X$$

一个估计量为无偏估计量尚不足以说明该估计量是一个好的估计量，一般还得考察估计量的方差，即该估计量围绕均值的分散程度。

2. 估计量的方差

一般来讲当样本数 N 一定时，方差小的无偏估计量就是比较好的估计量。若 $N \to \infty$ 时，估计量的方差趋于零，则称该估计量为一致估计量。

例 3.10 式(3.4.4) 的均值估计量为一致估计量。

证：首先求 $\hat{m}_X$ 的方差，由式(3.4.4) 知

$$\begin{aligned} E[\hat{m}_X^2] &= \frac{1}{N^2}\sum_{i=0}^{N-1}\sum_{j=0}^{N-1} E[x_i x_j] = \frac{1}{N^2}\left[\sum_{i=0}^{N-1} E[x_i^2] + \sum_{i=0}^{N-1}\sum_{j=0, j\neq i}^{N-1} E[x_i]E[x_j]\right] \\ &= \frac{1}{N}E[x_i^2] + \frac{N-1}{N}m_X^2 \end{aligned} \tag{3.4.5}$$

方差为

$$\mathrm{Var}[\hat{m}_X] = E[\hat{m}_X^2] - E^2[\hat{m}_X] = \frac{1}{N}\{E[x_i^2] - m_X^2\} = \frac{1}{N}\sigma_X^2$$

则有

$$\lim_{N\to\infty} \mathrm{Var}[\hat{m}_X] = 0$$

3. 采用 MATLAB 编程工具估计均值

调用 MATLAB 函数 a = mean(x)，可直接估算均值。

当 x 为(由 X 的样本值组成,下同)一个向量时,调用该函数其结果为 X 的均值估计;当 x 为一矩阵时,其结果为一行向量,a 的各元素是矩阵每列元素的平均值,即得到一个均值向量估计。

例 3.11 估计下列四个随机变量 X_1, X_2, X_3, X_4 的均值,假设它们取得的四个样本值分别由下列矩阵的 4 列给出

$$\begin{matrix} 1 & 2 & 3 & 4 \\ 5 & 6 & 7 & 8 \\ 2 & 4 & 7 & 8 \\ 4 & 5 & 7 & 6 \end{matrix}$$

解: 在 MATLAB 主命令窗采用下面两条指令即可求解。

```
>> x = [1 2 3 4;5 6 7 8;2 4 7 8;4 5 7 6];
>> a = mean(x)
a =
      3.0000    4.2500    6.0000    6.5000
```

3.4.2 方差与协方差估计

仍然假定待估计的随机序列为独立高斯随机序列,则可以证明,方差的最大似然估值为

$$\hat{\sigma}_X^2 = \frac{1}{N}\sum_{i=0}^{N-1}(x_i - m_X)^2 \tag{3.4.6}$$

采用这个估计量需要知道均值 m_X。若均值和方差均为待估计量,则可将均值估计值代入,以求得 σ_X^2 的最大似然估值。

$$\hat{\sigma}_X^2 = \frac{1}{N}\sum_{i=0}^{N-1}(x_i - \hat{m}_X)^2 \tag{3.4.7}$$

式中,$\hat{m}_X$ 由式(3.4.4)给出。以下研究这个估计量的性质。

1. $\hat{\sigma}_X^2$ 是有偏估计量

因为
$$\begin{aligned} E[\hat{\sigma}_X^2] &= \frac{1}{N}\sum_{i=0}^{N-1}\{E[x_i^2] + E[\hat{m}_X^2] - 2E[x_i\hat{m}_X]\} \\ &= \frac{1}{N}\sum_{i=0}^{N-1}E[x_i^2] + \frac{1}{N^2}\sum_{i=0}^{N-1}\sum_{j=0}^{N-1}E[x_ix_j] - \frac{2}{N^2}\sum_{i=0}^{N-1}\sum_{j=0}^{N-1}E[x_ix_j] \\ &= \frac{1}{N}\sum_{i=0}^{N-1}E[x_i^2] - \frac{1}{N^2}\sum_{i=0}^{N-1}\sum_{j=0}^{N-1}E[x_ix_j] \end{aligned}$$

由式(3.4.5)得
$$E[\hat{\sigma}_X^2] = \frac{N-1}{N}E[x_i^2] - \frac{N-1}{N}m_X^2 = \frac{N-1}{N}\sigma_X^2$$

说明 $\hat{\sigma}_X^2$ 为有偏估计量。但当 $N \to \infty$ 时,$E[\hat{\sigma}_X^2] = \sigma_X^2$,则称 $\hat{\sigma}_X^2$ 为渐近无偏的。

2. $\hat{\sigma}_X^2$ 为一致估计量

需要证明当 $N \to \infty$ 时,$\hat{\sigma}_X^2$ 的方差趋于零。为简化计算,设 $m_X = 0$ 为已知,则式(3.4.6)为

$$V = \hat{\sigma}_X^2 = \frac{1}{N}\sum_{i=0}^{N-1} x_i^2$$

V的方差为$E[V^2] - E^2[V]$,先计算

$$E[V^2] = \frac{1}{N^2}\sum_{i=0}^{N-1}\sum_{j=0}^{N-1}\{E[x_i^2 x_j^2]\}$$

$$= \frac{1}{N^2}\{NE[x_i^4] + N(N-1)(E[x_i^2])^2\}$$

$$= \frac{1}{N}\{E[x_i^4] + (N-1)(E[x_i^2])^2\}$$

因为 $$E[V] = E[x_i^2]$$

所以 $$\mathrm{Var}[\hat{\sigma}_x^2] = E[V^2] - \{E[x_i^2]\}^2 = \frac{1}{N}\{E[x_i^4] - (E[x_i^2])^2\}$$

即有 $$N \to \infty,\quad \mathrm{Var}[\hat{\sigma}_X^2] \to 0$$

有以下两点说明:

① 当估计量$\hat{\alpha}$为有偏估计量时,一般称偏差值$\beta = E[\hat{\alpha}] - \alpha$为偏倚。显然,无偏估计量的偏倚为零。因而一般情况下,认为偏倚与方差$\mathrm{Var}[\hat{\alpha}] = \sigma_{\hat{\alpha}}^2 = E[(\hat{\alpha} - E[\hat{\alpha}])^2]$两者均小的估计量为好估计量。为方便起见,可以定义均方误差,即估计量与真值的均方差

$$E[(\hat{\alpha} - \alpha)^2] = E[\{(\hat{\alpha} - E[\hat{\alpha}]) + (E[\hat{\alpha}] - \alpha)\}^2] = \sigma_{\hat{\alpha}}^2 + \beta^2 \tag{3.4.8}$$

则可以认为,均方差小的估计量为好估计量。

② 以上由关于X_j为高斯分布的假设导出了均值与方差的最大似然估计量。当不知道X_j的概率密度函数形式,或不是高斯分布时,也常用式(3.4.4)与式(3.4.7)的估计方法。此时均值估计量仍为无偏、一致估计量,而方差估计量仍为渐近无偏一致估计量。但对有限样本来讲它们不再是最大似然估计,从而不能保证是最佳的了。

对于两个随机变量X,Y,我们可以采用

$$\hat{C}_{XY} = \frac{1}{N}\sum_{i=0}^{N-1}(x_i - m_X)(y_i - m_Y)$$

作为其协方差估值。

3. 采用MATLAB编程工具估计方差和协方差

(1) 调用MATLAB函数y = cov(x)。当x为一向量时,调用该函数其结果为X的方差;当x为一矩阵时,其结果为该矩阵的列与列之间的协方差矩阵。此时diag(cov(x))是该矩阵每一列向量的方差。

(2) z = cov(x,y) 为两个等长度向量的互协方差矩阵。

例3.12 估计例3.11所示四个随机变量X_1,X_2,X_3,X_4的方差和协方差。

解: 当赋值后,在MATLAB主命令窗采用下面一条指令即可求解。

```
>> y = cov(x)
y =
    3.3333    3.0000    2.6667    2.0000
    3.0000    2.9167    3.0000    2.5000
    2.6667    3.0000    4.0000    3.3333
    2.0000    2.5000    3.3333    3.6667
```

注意:y 矩阵中的元素即为四个随机变量 X_1,X_2,X_3,X_4 的方差和协方差估计。

3.4.3 自相关函数的估计

对于零均值平稳序列

$$X_j,\quad j=-\infty,\cdots,-1,0,1,\cdots,+\infty$$

按定义,自相关函数为

$$R(k)=E[X_jX_{j+k}] \tag{3.4.9}$$

在许多实际问题中我们仅能获得它的一个样本函数,而且仅有有限个数据,即式(3.4.1)。由上节讨论知其方差估计量,也即是自相关零滞后估计量,即

$$\hat{R}_X(0)=\hat{\sigma}_X^2=\frac{1}{N}\sum_{i=0}^{N-1}x_i^2=\frac{x_0^2+x_1^2+\cdots+x_{N-1}^2}{N} \tag{3.4.10}$$

当原过程为独立高斯过程时,该估计量为最大似然估计量。当诸 X_i 独立,但非高斯变量时,$\hat{\sigma}_X^2$ 为渐近无偏一致估计量。当诸 X_i 之间不独立时,往往也采用这样的估计量,其基本考虑是对于非常大的 N,求和号下大多数样元之间可认为是统计独立的。当然,严格说来这个估值已不再是最佳的,甚至可能不再是渐近无偏一致估计量了。

将对 $R_X(0)$ 的估计方法推广至非零滞后自相关函数 $R_X(k)$ 的估值

$$\begin{aligned}\hat{R}_X(k)&=\frac{x_0x_{|k|}+x_1x_{|k|+1}+\cdots+x_{N-1-|k|}x_{N-1}}{N}\\&=\frac{1}{N}\sum_{i=0}^{N-|k|-1}x_ix_{i+|k|},\quad k=0,1,\cdots,N-1\end{aligned} \tag{3.4.11}$$

注意不同于方差估值,求和的项数一般小于 N,特别是当 k 很大时,参加求和的乘积项将非常少。图 3.7 示出了 $N=4,k=2$ 的情况。而且,当 $k\geqslant N$ 时,得不到相应的样本乘积对,因而稍带一点主观性,令 $k\geqslant N$ 时自相关函数为零,即

$$\hat{R}_K(k)=0,\ |k|\geqslant N \tag{3.4.12}$$

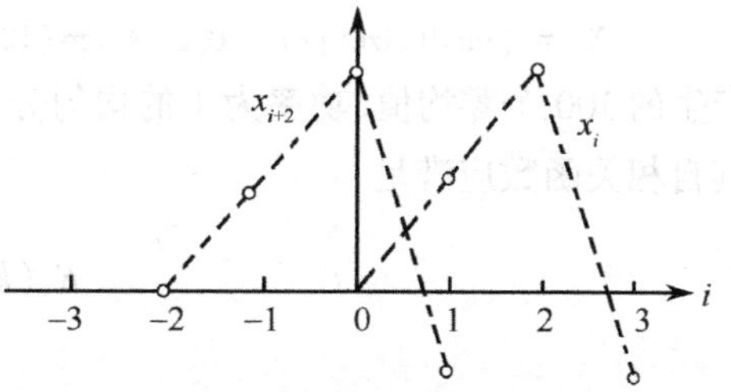

图 3.7 自相关估值示意图

将式(3.4.11)与式(3.4.12))结合起来作为相关函数的估值,或称 $\hat{R}_X(k)$ 为样本自相关函数(时间平均自相关函数)。

现在简要讨论一下这个估计量的性质。

性质 1 $\hat{R}_X(k)$ 是渐近无偏的。

因为

$$E[\hat{R}_X(k)]=\frac{1}{N}\sum_{i=0}^{N-|k|-1}E[X_iX_{i+|k|}]=\left(1-\frac{|k|}{N}\right)R_X(k)$$

说明这个估计量是有偏的。但是当 $N\to\infty$ 时,由于 $|k|/N$(对有限值 k)$\to 0$,它又是渐近无偏的。不同于上节讨论的均值和方差估计,它们是点估计,这里是相关函数估计,因而偏倚一般也是 k 的函数,如图 3.8 所示。

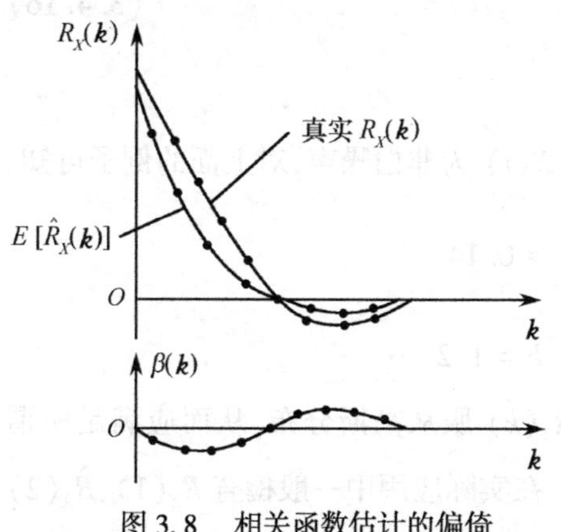

图 3.8 相关函数估计的偏倚

实际上,若不是用 N 而是用实际求和的项数 $N-|k|$ 去除和式,也可以得到一个无偏估计量,即

$$\hat{R}_X'(k)=\frac{1}{N-|k|}\sum_{i=0}^{N-|k|-1}x_i x_{i+|k|},\quad k=0,1,\cdots,N-1 \tag{3.4.13}$$

对于大的 N,小的 k 值这两种估值差别不大。但最近的研究表明,由 $\hat{R}_X'(k)$ 导出的功率谱密度可能在某些频率上产生一个负的功率谱值而且不常用。因而在实际应用中常常使用式(3.4.11)导出的有偏估计量。

性质 2 $\hat{R}_X(k)$ 是一致估计量。

即需要证明,当 $N\to\infty$ 时,$\hat{R}_X(k)$ 的方差趋于零。一般情况下这一结论的证明是比较复杂的。当原过程为高斯过程时可以导出下列方差的近似公式

$$\mathrm{Var}[\hat{R}_X(k)]\approx\frac{2}{N}\sum_{r=0}^{N-|k|-1}\left(1-\frac{|k|+r}{N}\right)\{R_X^2(r)+R_X(r+k)R_X(r-k)\} \tag{3.4.14}$$

可以证明此式对一般非高斯过程也是近似成立的。因为当 $r\to\pm\infty$ 时,$R_k(r)\to 0$,即和号下仅有有限项存在,则

$$\lim_{N\to\infty}\mathrm{Var}[\hat{R}_X(k)]=0$$

现在利用这个结论来讨论一下如何判定一个过程是否为白噪声。在检验由计算机产生的随机数的质量时就会出现这个问题。

假设产生的伪随机数为 X_j,比如由下列 MATLAB 程序:

```
j = 1:100;
Xj = (rand(size(j)) - 0.5) * sqrt(12)
```

产生的 100 个零均值、功率为 1 的均匀分布的随机数,现对它进行检验。如果 X_j 为白噪声,则其自相关函数应满足

$$R_X(k)=\begin{cases}1, & k=0\\ 0, & k\neq 0\end{cases}$$

由式(3.4.14)知 $$\mathrm{Var}[\hat{R}_X^2(k)]\approx\frac{2}{N}R_X^2(0) \tag{3.4.15}$$

标准差 $$\sigma_{\hat{R}_x}=\sqrt{\frac{2}{N}}R_X(0) \tag{3.4.16}$$

现在由式(3.4.11)计算 $\hat{R}_X(1),\hat{R}_X(2)\cdots$。

如果 $\hat{R}_X(1)\gg\sigma_{\hat{R}_X},\hat{R}_X(2)\gg\sigma_{\hat{R}_X},\cdots$ 则可以判定 $X(i)$ 为非白噪声,对上面的例子可知

$$N=100,\quad \sigma_{\hat{R}_X}=\sqrt{\frac{2}{100}}\approx 0.14$$

若 $$\hat{R}_X(k)>3\times 0.14=0.42,\quad k=1,2,\cdots$$

则可判为非白噪声,反之则认为是白噪声。这里假设 $\hat{R}_X(k)$ 服从高斯分布,从而应满足所谓 3σ 原理,即 $\hat{R}_X(1)>3\sigma_{\hat{R}_X}$ 可认为是不可能事件得出的。在实际应用中一般检查 $\hat{R}_X(1),\hat{R}_X(2)$ 就可以了。

最后再对式(3.4.11)的有偏估计量与式(3.4.13)的无偏估计量加以讨论。对无偏估计量 $\hat{R}_X'(k)$,当 k 接近于 N 时,仅有几对乘积项平均来估计 $R_X(k)$,因而估计量的方差非常大。但对 $\hat{R}_X(k)$ 却不是这样,因为 N 比较大时,对接近 N 的 k 来说,$\hat{R}_X(k)$ 权重较小,因而对整体影响较弱。实际应用中,当由估计自相关函数出发估计功率谱密度时(详见第6章)常常采用有偏估计量。

下面介绍采用 MATLAB 编程工具估计相关函数。

(1) 采用 c = xcorr(a,b) 估计相关函数。当 a 和 b 是长度为 $M(M>1)$ 的向量时,结果是长度为 $2M-1$ 的互相关序列。

(2) 采用 c = xcorr(a) 估计向量 a 的自相关函数。

(3) 采用 c = xcorr(…,scaleopt),参数 scaleopt 用来指定相关函数估计所采用的方式。即用 biased 表示有偏方式(式(3.4.11));unbiased 表示无偏方式(式(3.4.13));coeff 表示对估计出的相关函数序列进行归一化处理,即让零滞后的相关函数值为1(式(3.2.15));none 表示未进行归一化处理,也是默认方式。

例 3.13 用不同方式估计随机信号的相关函数的比较。

```
>> a = [1 2 6 3 9 8 4];
>> rx = xcorr(a', 'none' );
>> brx = xcorr(a', 'biased' );
>> urx = xcorr(a', 'unbiased' );
>> crx = xcorr(a', 'coeff' );
rx =
4.0000  16.0000  49.0000  81.0000  126.0000  163.0000  211.0000  163.0000
126.0000  81.0000  49.0000  16.0000  4.0000
brx =
0.5714  2.2857  7.0000  11.5714  18.0000  23.2857  30.1429  23.2857  18.0000
11.5714  7.0000  2.2857  0.5714
urx =
4.0000  8.0000  16.3333  20.2500  25.2000  27.1667  30.1429  27.1667  25.2000
20.2500  16.3333  8.0000  4.0000
crx =
0.0190  0.0758  0.2322  0.3839  0.5972  0.7725  1.0000  0.7725  0.5972  0.3839
0.2322  0.0758  0.0190
```

3.4.4 密度函数估计

在随机信号分析与处理的应用中,除了对它的均值、方差、协方差和自相关函数感兴趣外,有时还需要知道它更为详细的统计特性,如它的分布规律,即密度函数。多维密度的估计十分复杂,这里仅讨论一种最简单的一维密度函数的估计方法,这种方法称为直方图法。这种方法的合理性是建立在所谓分布函数的各态历经性的基础上的,见式(3.1.19)。

给定随机序列的一段实现 $x_0,x_1,\cdots,x_{N-1}$,可以按下列步骤来计算这组数据的经验分布或直方图。

(1) 首先求出其位置参量

极小值 $$a = \min\{x_0, x_1, \cdots, x_{n-1}\} \tag{3.4.17}$$

极大值 $$b = \max\{x_0, x_1, \cdots, x_{n-1}\} \tag{3.4.18}$$

(2) 将 x 的取值区间$[a,b)$ 分成 K 个互不相交的分区间,如取分点为

$$a_0 < a_1 < \cdots < a_k < \cdots < a_K$$

且使 $$a_0 \leqslant a;\ a_K > b$$

则子区间为 $$[a_{k-1}, a_k),\quad k = 1,2,\cdots,K$$

(3) 计算实验数据的经验频率。首先求出落入每个子区间$[a_{k-1}, a_k)$ 的数据点的个数 N_k,$k = 1,2,\cdots,K$, 即计算满足不等式

$$a_{k-1} \leqslant x_n < a_k,\quad n = 1,2,\cdots,K \tag{3.4.19}$$

的实验数据的点数。N_k 称为经验频数,则经验频率为

$$f = \frac{N_k}{N},\quad k = 1,2,\cdots,K \tag{3.4.20}$$

显然,$0 \leqslant f_k \leqslant 1$,且 $\sum_{k=1}^{K} f_k = 1$。当 N 充分大时,f_k 可以近似表示随机变量 X 在区间$[a_{k-1}, a_k)$ 上取值的概率。则密度函数在$[a_{k-1}, a_k)$ 上的估值 $\hat{p}(x)$ 为 $x \in [a_{k-1}, a_k)$,即

$$\hat{p}(x) = \frac{f_k}{a_k - a_{k-1}}, k = 1,2,\cdots,K \tag{3.4.21}$$

将这个函数用图形绘出则有如图 3.9 所示形状的直方图。

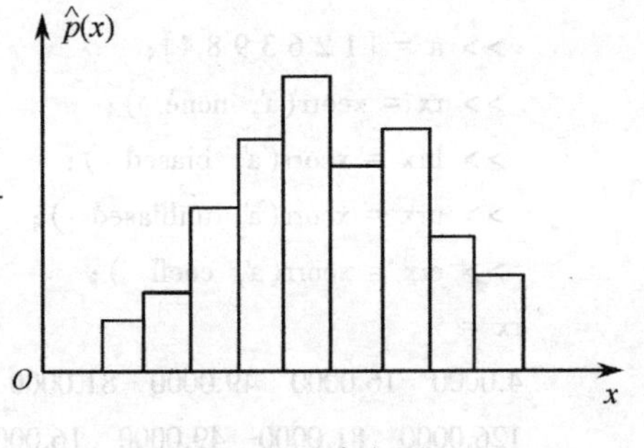

图 3.9 直方图

在实际估计时,对取值区间$[a_{k-1}, a_k)$,$k = 1,2,\cdots,K$,不同的分法得到不同用途的经验频率 f_k 和直方图,常用的有下列两种分法。

① 等距直方图,取区间间隔

$$\Delta = (b - a)/K \tag{3.4.22}$$

令 $$a_0 = a,\quad a_k = a_{k-1} + \Delta,\quad k = 1,2,\cdots,K-1$$

$$a_K = b + 1 \tag{3.4.23}$$

② 等概直方图,若大体已知实验数据的总体分布形式, 则可选取分点 a_k 使

$$P_k = P\{a_{k-1} \leqslant \eta < a_k\} = F_X(a_k) - F_X(a_{k-1}) = \frac{1}{K},\quad k = 1,2,\cdots,K \tag{3.4.24}$$

按这种方式将取值区间$[a,b)$ 分成一些互不相交的等概区间。显然,若总体在$[a,b)$ 区间均匀分布,则等距直方图和等概直方图是一样的。若大体已知总体服从正态分布,则可首先用估计的均值和方差对实验数据进行标准化处理,即令

$$y_N = \frac{x_N - \hat{m}_X}{\hat{\sigma}_X} \tag{3.4.25}$$

取 $K = 20$ 时的正态等概($P_k = 1/20 = 0.05$) 直方图分界点如表 3.1 所示。

表 3.1　直方图分界点

k	a_k	k	a_k	k	a_k	k	a_k
1	-1.64500	6	-0.52440	11	0.12567	16	0.84163
2	-1.28160	7	-0.38533	12	0.25335	17	1.03650
3	-1.03650	8	-0.25335	13	0.38533	18	1.28160
4	-0.84163	9	-0.12567	14	0.52440	19	1.64500
5	-0.67450	10	0	15	0	20	$\max\{10^6,(b+1-\hat{m}_X)/\hat{\sigma}_x\}$

在密度函数估计中通常先采用等距直方图初步观察实际数据的分布图形,进行分布的粗略分类,再采用等概直方图进行分布的拟合检验。

一种最常用的检验方式为χ^2分布检验:由正态总体在$[a_{k-1},a_k)$上取值的理论概率P_k $(k=1,2,\cdots,K)$与实测频率f_k构造的统计量

$$\chi^2 = N\sum_{k=1}^{K}\frac{(f_k-P_k)^2}{P_k} \tag{3.4.26}$$

的渐近分布是$K-1$个自由度的χ^2分布,若采用均值与方差的估计值$\hat{m}_X$,$\hat{\sigma}_X^2$代替计算P_k的真值,则自由度减少两个,即只有$K-3$个自由度。

对于给定的自由度(ν)和显着水平(α)(显着水平 = 1 - 置信度,例如95%的置信度,其显着水平$\alpha=0.05$)的χ^2分布可查表得其值,记为$\chi^2_{\nu,\alpha}$。若由式(3.4.26)计算的值

$$\chi^2 < \chi^2_{\nu,\alpha} \tag{3.4.27}$$

则称以$(1-\alpha)$的置信度承认实验数据服从正态总体,反之则加以拒绝。

在直方图构造过程中,分类区间组数K取多大才合理是值得研究的。显然,K既与实验数据的取法、样本数N的大小有关,又与实验数据总体X_j的分布有关。一般情况要求组数$K>5$,每组中的经验频数$N_k=Nf_k\geqslant 10$。对于正态总体,K与样本量之间有下列近似的最优关系

$$K = 1.87(N-1)^{2/5} \tag{3.4.28}$$

由此可得表3.2所示的N-K对照表。

表 3.2　N-K对照表

N	200	500	1 000	2 000	5 000	10 000	50 000
K	16	22	30	39	56	74	142

3.5　相关函数的计算举例

本节主要介绍二元随机过程的相关函数计算,这类信号在数字通信和控制系统中是经常遇到的,因为这些系统往往采用对连续信号周期性瞬时抽样,并将抽样幅度变换成二进制数的方法进行工作。下面分三种情况讨论这类信号的相关函数。

1. 二元随机信号的样本函数如图3.10所示,它是离散、平稳、零均值的,并且幅度仅有$\pm a$两个值的随机过程,幅度变化只在时间间隔T上产生,并且变号与不变号是等概发生的。跳变时间t_0是在时间间隔T上均匀分布的随机变量,此外,还假设$x(t)$落在不同时间间隔内的

值是相互独立的。下面主要用推断方法求出其自相关函数。

(1) 当 $|\tau| > T$ 时，t_1 和 $t_1+\tau$ 必定落在两个不同的时间间隔上，故 x_1 和 x_2 是独立的，于是有

$$R_X(\tau) = E[x_1x_2] = E[x_1]E[x_2] = 0$$

式中，$x_1 = x(t_1)$，$x_2 = x(t_1+\tau) = x(t_2)$。

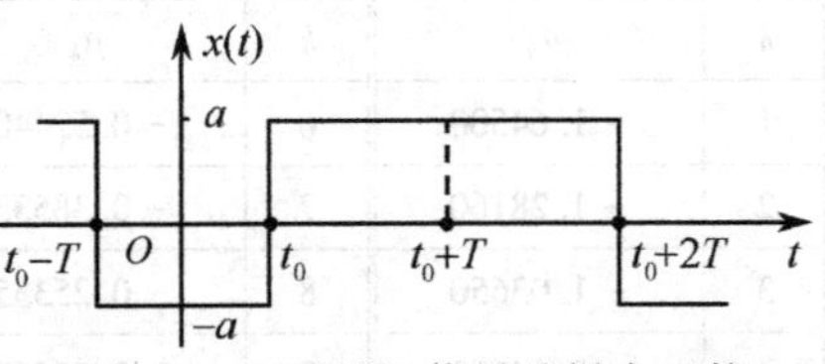

图 3.10　二元随机信号的样本函数

(2) 当 $|\tau| < T$ 时，t_1 和 $t_1+\tau$ 是否能落在同一个时间间隔内有两种可能性，它取决于跳变点 t_0 的位置。由于 t_0 可以等概地在 T 上的任意位置出现，于是它们落入同一时间间隔的概率与 T 和 $|\tau|$ 的差值成比例。现分两种情况加以讨论：

① $\tau \geqslant 0$ 时，要落入同一间隔必须满足

$$t_0 \leqslant t_1 \leqslant t_1+\tau < t_0+T, \quad 或\ t_1+\tau-T < t_0 \leqslant t_1（见图 3.11(a)）$$

于是有

$$\begin{aligned}P\{t_1 与 t_1+\tau 在同一时间间隔内\} &= P\{(t_1+\tau-T) < t_0 \leqslant t_1\} \\ &= P\{t_0 \leqslant t_1\} - P\{t_0 \leqslant (t_1+\tau-T)\} \\ &= \int_{-\infty}^{t_1} p(t_0)\,\mathrm{d}t_0 - \int_{-\infty}^{t_1+\tau-T} p(t_0)\,\mathrm{d}t\end{aligned}$$

由于 t_0 在间隔 T 上均匀分布，故 $P(t_0) = 1/T$。于是

$$P\{t_1 与 t_1+\tau 在同一时间间隔内\} = \frac{1}{T}[t_1 - (t_1+\tau-T)] = \frac{T-\tau}{T}$$

② $\tau < 0$ 时，要落入同一时间间隔必须满足

$$t_0 \leqslant t_1+\tau \leqslant t_1 < t_0+T, \quad 即\quad t_1-T < t_0 \leqslant t_1+\tau（见图 3.11(b)）$$

于是有

$$\begin{aligned}P\{t_1 与 t_1+\tau 在同一时间间隔内\} &= P\{(t_1-T) < t_0 \leqslant (t_1+\tau)\} \\ &= \frac{1}{T}[(t_1+\tau) - (t_1-T)] = \frac{T+\tau}{T}\end{aligned}$$

归纳上面两种情况，可得

$$P\{t_1 与 t_1+\tau 在同一时间间隔内\} = \frac{T-|\tau|}{T}$$

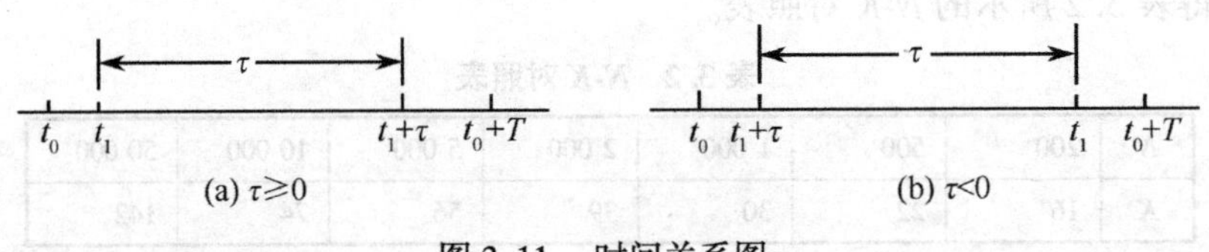

图 3.11　时间关系图

考虑到它们落在同一时间间隔内时，x_1 与 x_2 的乘积总是 a^2，而不在同一时间间隔内时，数学期望的乘积为零。故有

$$R_X(\tau) = \begin{cases} a^2\left[\dfrac{T-|\tau|}{T}\right] = a^2\left[1-\dfrac{|\tau|}{T}\right], & 0 \leqslant |\tau| \leqslant T \\ 0, & |\tau| \geqslant T \end{cases}$$

即得如图 3.12 所示的三角形相关函数。

2. 如果上述情况中，随机过程的均值不为零，例如幅度值为 0 和 a 时，过程的均值为 $a/2$，均方值为 $a^2/2$，其相关函数如图 3.13 所示。这个结果可从式(3.2.7) 得到。

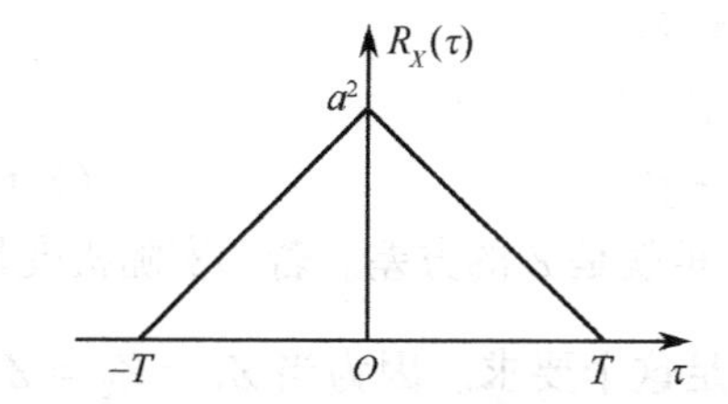

图 3.12 零均值二元过程的相关函数

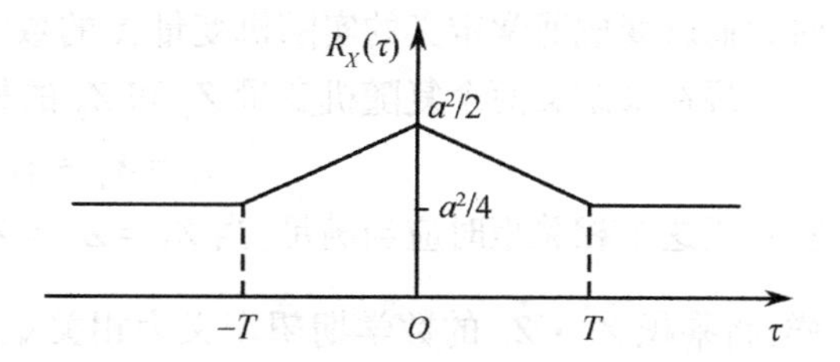

图 3.13 非零均值二元过程的相关函数

3. 特别需要指出,并非所有的二元随机信号都具有上面所述的三角形相关函数。当二元过程的幅度变化(开关)不是在等间隔时刻上发生,而是随机发生时,相关函数就不再保持为三角形了。若变化发生时刻是等概率出现时,将得到指数律的相关函数,随机电报信号就是这类信号的一种。这类信号的有关问题将在第9章的泊松过程中进行详细讨论。

3.6 复随机过程

类似于对普通确定性信号的研究,有时把随机过程表示成复数形式会更方便。由于随机过程就是随时间变化的随机变量,所以先从复随机变量开始讨论。

3.6.1 复随机变量

定义复随机变量 Z 为

$$Z = X + \mathrm{j}Y \tag{3.6.1}$$

式中的 X 和 Y 都是我们已经熟悉的实随机变量。复随机变量 Z 的统计特性可以用 X 和 Y 的联合概率分布完整地描述。

下面把普通实随机变量的数学期望、方差和相关矩等概念推广到复随机变量的情况。首先这种推广必须遵循的原则是:在特殊情况下,即当 $Y=0$ 时(此时,Z 成为实随机变量),它们应等于实随机变量的数学期望、方差和相关矩。

定义复随机变量 Z 的数学期望 m_Z 为

$$m_Z = E[Z] = E[X] + \mathrm{j}E[Y] = m_X + \mathrm{j}m_Y \tag{3.6.2}$$

定义复随机变量 Z 的方差 D_Z 为

$$D_Z = D[Z] = E[\,|\dot{Z}|^2\,] \tag{3.6.3}$$

式中,$\dot{Z} = Z - m_Z$。下面求 D_Z 与 D_X, D_Y 的关系

$$\begin{gathered}\dot{Z} = Z - m_Z = (X + \mathrm{j}Y) - (m_X + \mathrm{j}m_Y) = \dot{X} + \mathrm{j}\dot{Y} \\ D_Z = E[\,|\dot{Z}|^2\,] = E[\dot{X}^2 + \dot{Y}^2] = E[\dot{X}^2] + E[\dot{Y}^2] = D_X + D_Y\end{gathered} \tag{3.6.4}$$

即复随机变量的方差等于它的实部和虚部的方差之和,并由上述定义可见,复随机变量的方差也是非负的实数。

应当注意,在定义复随机变量 Z 的方差时,不是求中心化随机变量 $\dot{Z}$ 平方的数学期望,而是求 $\dot{Z}$ 的模平方$[\,|\dot{Z}|^2\,]$的数学期望。

以上给出的数学期望和方差的定义,显然能够满足前面提出的要求,即 $Y=0$ 时,$Z=X$,此

时它们就变成通常定义的实随机变量 X 的数学期望和方差。

现在来定义两个复随机变量 Z_1 和 Z_2 的相关矩,其中

$$Z_1 = X_1 + jY_1, Z_2 = X_2 + jY_2 \tag{3.6.5}$$

在定义这个相关矩时应当满足:当 $Z_1 = Z_2 = Z$ 时,相关矩就是 Z 的方差。若和实随机变量一样,将乘积 $\dot{Z}_1 \cdot \dot{Z}_2$ 的数学期望定义为相关矩就不能满足这个要求。因为当 $Z_1 = Z_2 = Z$ 时,$E[\dot{Z}_1 \cdot \dot{Z}_2]$ 为复变量不可能等于实数 D_Z。因此在这里相关矩被定义为

$$C_{Z_1Z_2} = E[\dot{Z}_1^* \dot{Z}_2] \tag{3.6.6}$$

式中,* 表示复共扼,即 $\dot{Z}_j^* = \dot{X}_1 - j\dot{Y}_1$。显然,当 $Z_1 = Z_2 = Z$ 时,有

$$C_{Z_1Z_2} = E[\dot{X}^2] + E[\dot{Y}^2] = D_Z$$

还可以把式(3.6.6)写成下列形式

$$\begin{aligned} C_{Z_1Z_2} &= E[\dot{Z}_1^* \dot{Z}_2] = E[(\dot{X}_1 - j\dot{Y}_1)(\dot{X}_2 + j\dot{Y}_2)] \\ &= C_{X_1X_2} + C_{Y_1Y_2} + j(C_{X_1Y_2} - C_{Y_1X_2}) \end{aligned} \tag{3.6.7}$$

式中,$C_{X_1X_2}, C_{Y_1Y_2}, C_{X_1Y_2}, C_{Y_1X_2}$ 分别是(X_1,X_2),(Y_1,Y_2),(X_1,Y_2),(Y_1,X_2) 的相关矩。

下面再简述一下两个复随机变量的独立、不相关及正交等概念。

对于两个复随机变量而言,要涉及到 X_1,Y_1,X_2,Y_2 是四个随机变量的联合概率密度,若满足

$$p_{X_1,Y_1,X_2,Y_2}(x_1,y_1,x_2,y_2) = p_{X_1,Y_1}(x_1,y_1)p_{X_2,Y_2}(x_2,y_2) \tag{3.6.8}$$

则称 Z_1 和 Z_2 相互统计独立。

若满足

$$C_{Z_1Z_2} = E[(Z_1 - m_{Z_1})^*(Z_2 - m_{Z_2})] = 0 \tag{3.6.9}$$

或

$$R_{Z_1Z_2} = E[Z_1^* Z_2] = E[Z_1^*]E[Z_2] \tag{3.6.10}$$

则称 Z_1 与 Z_2 不相关。

若满足

$$R_{Z_1Z_2} = E[Z_1^* Z_2] = 0 \tag{3.6.11}$$

则称 Z_1 与 Z_2 正交。

3.6.2 复随机过程

把上面对复随机变量的讨论加以引申,就可以得到复随机过程及其矩函数的表达式。定义复随机过程为

$$Z(t) = X(t) + jY(t) \tag{3.6.12}$$

式中,$X(t)$,$Y(t)$ 皆为实随机过程。复过程 $Z(t)$ 的统计特性可由 $X(t)$ 和 $Y(t)$ 的 $2n$ 维联合概率分布(密度)完整地描述,其概率密度函数为

$$p_{X,Y}(x_1,\cdots,x_n,y_1,\cdots,y_n;t_1,\cdots,t_n,t_1',\cdots,t_n')$$

定义复随机过程的数学期望为

$$m_Z(t) = E[Z(t)] = m_X(t) + jm_Y(t) \tag{3.6.13}$$

定义复随机过程的方差为

$$D_Z(t) = E[|\dot{Z}(t)|^2] \tag{3.6.14}$$

式中 $$\dot{Z}(t)=Z(t)-m_Z(t)=\dot{X}(t)+\mathrm{j}\dot{Y}(t)$$

$$\dot{X}(t)=X(t)-m_X(t),\quad \dot{Y}(t)=Y(t)-m_Y(t)$$

由式(3.6.14)可见,复随机过程的方差是实的和非负的。类似于式(3.6.4),可得

$$D_Z(t)=D_X(t)+D_Y(t) \tag{3.6.15}$$

定义复随机过程的自相关函数为

$$R_Z(t,t+\tau)=E[Z^*(t)Z(t+\tau)] \tag{3.6.16}$$

式中,* 表示复共轭。

中心化自相关函数,即协方差函数定义为

$$\begin{aligned}C_Z(t,t+\tau)&=E[(Z(t)-m_Z(t))^*(Z(t+\tau)-m_Z(t+\tau))]\\&=E[\dot{Z}^*(t)\dot{Z}(t+\tau)]\end{aligned} \tag{3.6.17}$$

当 $\tau=0$ 时,中心化自相关函数就是方差,即

$$C_Z(t,t)=D_Z(t) \tag{3.6.18}$$

如果 $Z(t)$ 是平稳过程,则有

$$m_Z=m_X+\mathrm{j}m_Y \tag{3.6.19}$$

$$R_Z(t,t+\tau)=R_Z(\tau) \tag{3.6.20}$$

$$C_Z(t,t+\tau)=C_Z(\tau) \tag{3.6.21}$$

若 $Z(t)$ 满足式(3.6.19)和式(3.6.20),则称 $Z(t)$ 是宽平稳的复随机过程。

同理,对于两个复随机过程 $Z_1(t),Z_2(t)$,定义它们的互相关函数和互协方差为

$$R_{Z_1Z_2}(t,t+\tau)=E[Z_1^*(t)Z_2(t+\tau)] \tag{3.6.22}$$

$$C_{Z_1Z_2}(t,t+\tau)=E[\dot{Z}_1^*(t)\dot{Z}_2(t+\tau)] \tag{3.6.23}$$

若 $Z_1(t),Z_2(t)$ 联合平稳,则

$$R_{Z_1Z_2}(t,t+\tau)=R_{Z_1Z_2}(\tau) \tag{3.6.24}$$

$$C_{Z_1Z_2}(t,t+\tau)=C_{Z_1Z_2}(\tau) \tag{3.6.25}$$

若 $$C_{Z_1Z_2}(t,t+\tau)=0 \tag{3.6.26}$$

则称 $Z_1(t)$ 与 $Z_2(t)$ 互不相关。

若 $$R_{Z_1Z_2}(t,t+\tau)=0 \tag{3.6.27}$$

则称 $Z_1(t)$ 与 $Z_2(t)$ 为正交过程。

例 3.14 随机过程 $X(t)$ 由 N 个复数信号之和构成,即

$$X(t)=\sum_{k=1}^{N}A_k\mathrm{e}^{\mathrm{j}(\omega_0t+\Phi_k)}$$

式中,ω_0 为角频率(常数);A_k 为第 k 个信号的幅度,是随机变量;Φ_k 是在 $(0,2\pi)$ 上均匀分布的随机相位。现假设对所有变量 A_k 和 $\Phi_k(k=1,2,\cdots,N)$ 都是统计独立的。求 $X(t)$ 的自相关函数。

解:

$$\begin{aligned}R_X(t,t+\tau)&=E[X^*(t)X(t+\tau)]\\&=E\left[\sum_{l=1}^{N}A_l\mathrm{e}^{-\mathrm{j}(\omega_0t+\Phi_l)}\sum_{k=1}^{N}A_k\mathrm{e}^{\mathrm{j}(\omega_0t+\omega_0\tau+\Phi_k)}\right]\\&=\sum_{k=1}^{N}\sum_{l=1}^{N}\mathrm{e}^{\mathrm{j}\omega_0\tau}E[A_kA_l\mathrm{e}^{\mathrm{j}(\Phi_k-\Phi_j)}]\\&=R_X(\tau)\end{aligned}$$

因为 A_k 和 Φ_k 统计独立，所以

$$R_X(\tau) = \mathrm{e}^{\mathrm{j}\omega_0\tau}\sum_{k=1}^{N}\sum_{l=1}^{N}E[A_kA_l]E[\mathrm{e}^{\mathrm{j}(\Phi_k-\Phi_l)}]$$

由于 $E[\exp\{\mathrm{j}(\Phi_k-\Phi_l)\}] = E[\cos(\Phi_k-\Phi_l)+\mathrm{j}\sin(\Phi_k-\Phi_l)]$

$$=\int_0^{2\pi}\int_0^{2\pi}\frac{1}{(2\pi)^2}[\cos(\Phi_k-\Phi_l)+\mathrm{j}\sin(\Phi_k-\Phi_l)]\mathrm{d}\Phi_k\mathrm{d}\Phi_l$$

$$=\begin{cases}0, k\neq l\\1, k=l\end{cases}$$

于是有

$$R_X(\tau) = \mathrm{e}^{\mathrm{j}\omega_0\tau}\sum_{k=1}^{N}E[A_k^2]$$

3.7 高斯随机过程

以上各节讨论了平稳随机过程的一般统计特性，并着重研究了相关函数的性质。本节将介绍在实际应用中遇到最多的一种随机过程，即高斯随机过程（简称高斯过程）或正态过程，并讨论其性质。

在概率论中讨论过多维高斯随机变量，这里将把这些概念推广到随机过程的情况。假如把多维情况下的每个随机变量 Y_i 理解为在时刻 t_i 取得的随机过程的抽样，这样就可用多维高斯变量来定义高斯过程。也就是，若对于任何有限时刻 $t_i(i=1,2,\cdots,n)$，随机变量 $Y_i=Y(t_i)$ 集合的任意 n 维概率分布是高斯的，那么这个随机过程就称为高斯过程。

假如给定的随机过程是实的，于是由多维高斯变量的联合概率密度函数，可得高斯过程的 n 维概率密度函数

$$p_Y(y_1,\cdots,y_n;t_1,\cdots,t_n)$$
$$=\frac{1}{(2\pi)^{n/2}|\boldsymbol{C}|^{1/2}}\exp\left[-\frac{1}{2|\boldsymbol{C}|}\sum_{i=1}^{n}\sum_{k=1}^{n}|\boldsymbol{C}|_{ik}(y_i-m_{Y_i})(y_k-m_{Y_k})\right] \tag{3.7.1}$$

式中，$y_i=y(t_i)$，$m_{Y_i}=E[Y(t_i)]$，$|\boldsymbol{C}|$ 是由元素

$$C_{ik}=E[(Y_i-m_{Y_i})(Y_k-m_{Y_k})] \tag{3.7.2}$$

组成协方差矩阵的行列式

$$|\boldsymbol{C}| = \begin{vmatrix} C_{11} & C_{12} & \cdots & C_{1n}\\ C_{21} & C_{22} & \cdots & C_{2n}\\ \vdots & & \ddots & \vdots\\ C_{n1} & C_{n2} & \cdots & C_{nn}\end{vmatrix} \tag{3.7.3}$$

$$C_{ik}=C_{ki},\quad C_{ii}=\sigma_X^2 \tag{3.7.4}$$

式中，$|\boldsymbol{C}|_{ik}$ 是行列式 $|\boldsymbol{C}|$ 中元素 C_{ik} 的代数余子式。

同理，由多维高斯变量的联合特征函数可以得到高斯过程的多维特征函数

$$\Phi_Y(\nu_1,\nu_2,\cdots,\nu_n;t_1,\cdots,t_n)=\exp\left(\mathrm{j}\sum_{i-1}^{n}\nu_i m_{Y_i}-\frac{1}{2}\sum_{i=1}^{n}\sum_{k=1}^{n}C_{ik}\nu_i\nu_k\right) \tag{3.7.5}$$

当抽样的时间间隔 $t_s\to 0$ 时，有

$$\Phi_Y[\nu(t)] = \exp\left\{ j\int_{-\infty}^{+\infty} m_Y(t)\nu(t)\mathrm{d}t - \frac{1}{2}\int_{-\infty}^{+\infty}\int_{-\infty}^{+\infty} C(t_1,t_2)\nu(t_1)\nu(t_2)\mathrm{d}t_1\mathrm{d}t_2 \right\} \tag{3.7.6}$$

高斯过程的多维概率密度函数和多维特征函数同样也可以写成矩阵形式的表达式

$$p_Y(\boldsymbol{y}) = \frac{1}{(2\pi)^{n/2}|\boldsymbol{C}|^{1/2}}\exp\left[-\frac{(\boldsymbol{y}-\boldsymbol{m})^{\mathrm{T}}\boldsymbol{C}^{-1}(\boldsymbol{y}-\boldsymbol{m})}{2}\right] \tag{3.7.7}$$

$$\Phi_Y(\boldsymbol{v}) = \exp(j\boldsymbol{m}^{\mathrm{T}}\boldsymbol{v} - \boldsymbol{v}^{\mathrm{T}}\boldsymbol{C}\boldsymbol{v}/2) \tag{3.7.8}$$

式中,$\boldsymbol{y} = [y_1,y_2,\cdots,y_n]^{\mathrm{T}}$;$\boldsymbol{v} = [\nu_1,\nu_2,\cdots,\nu_n]^{\mathrm{T}}$;$\boldsymbol{m} = [m_{Y_1},m_{Y_2},m_{Y_n}]^{\mathrm{T}}$。

例 3.14 一个零均值高斯过程,其协方差为

$$C(t,s) = \mathrm{e}^{-|s-t|}$$

求在时刻 $t_1 = 0, t_2 = 1, t_3 = 2$ 抽样的三维概率密度函数。

解: 由式(3.7.7)有

$$p_Y(\boldsymbol{y}) = \frac{1}{(2\pi)^{n/2}|\boldsymbol{C}|^{1/2}}\exp\left[-\frac{\boldsymbol{y}^{\mathrm{T}}\boldsymbol{C}^{-1}\boldsymbol{y}}{2}\right]$$

又由式(2.3.7)可得协方差矩阵为

$$\boldsymbol{C} = \begin{bmatrix} 1 & \mathrm{e}^{-1} & \mathrm{e}^{-2} \\ \mathrm{e}^{-1} & 1 & \mathrm{e}^{-1} \\ \mathrm{e}^{-2} & \mathrm{e}^{-1} & 1 \end{bmatrix}$$

代入后即得 $p_Y(\boldsymbol{y})$ 的三维概率密度函数。

如果给定的是复随机过程,则对于 n 个复随机变量

$$Y_i = Y(t_i) = \xi_i + j\eta_i, \quad i = 1,\cdots,n \tag{3.7.9}$$

的联合概率密度函数,应是 $2n$ 维的高斯联合概率密度函数。这里 ξ_i 和 η_i 都是实随机变量。

下面给出高斯过程的一些重要特性。

性质 1 高斯过程两种统计特性的描述方法是等价的。

由概率论可见,高斯过程的 n 维概率密度函数可由各个时刻相应的随机变量的均值集合

$$m_{Y_i} = E[Y(t_i)], \quad i = 1,2,\cdots,n$$

与协方差函数集合

$$C_Y(t_i,t_k) = E[(Y_i - m_{Y_i})(Y_k - m_{Y_k})], \quad i,k = 1,2,\cdots,n$$

完全确定。

性质 2 高斯过程严平稳和宽平稳是等价的。

若高斯过程的所有均值 m_{Y_i} 及方差 $\sigma_{Y_i}^2$ 是常数,即 $m_{Y_i} = m_Y, \sigma_{Y_i}^2 = \sigma^2$,而协方差函数 $C_Y(t_i,t_k)$ 仅与时间差 $t_k - t_i$ 有关。此时,当所有点 $t_1,t_2,\cdots,t_n$ 沿时间轴移动一个常量时,高斯过程的 n 维概率密度函数不变,即高斯过程严平稳。这表明对高斯过程而言,由于它完全被均值集合和协方差函数集合所确定,故当它满足宽平稳条件时,也必然是严平稳的。

平稳高斯过程的一、二维概率密度函数为

$$p(y) = \frac{1}{\sigma\sqrt{2\pi}}\mathrm{e}^{-\frac{(y-m_Y)^2}{2\sigma^2}} \tag{3.7.10}$$

$$p(y_1,y_2;\tau) = \frac{1}{2\pi\sigma^2\sqrt{1-\rho^2(\tau)}}\cdot$$

$$\exp\left[-\frac{(y_1-m_Y)^2 - 2\rho(\tau)(y_1-m_Y)(y_2-m_Y) + (y_2-m_Y)^2}{2\sigma^2[1-\rho^2(\tau)]}\right] \tag{3.7.11}$$

式中,$\rho(\tau)=C_Y(\tau)/\sigma_Y^2$。

性质3　高斯过程不相关与统计独立是等价的。

若平稳高斯过程在n个不同时刻$t_1,t_2,\cdots,t_n$的状态,是n个两两互不相关的随机变量,也就是对任意两个不同时刻t_i,t_k的状态(随机变量)Y_i和Y_k满足

$$C_{ik}=E[(Y_i-m_Y)(Y_k-m_Y)]=0$$

则式(3.7.1)成为

$$p_Y(y_1,\cdots,y_n;t_1,\cdots,t_n)=\frac{1}{(2\pi)^{n/2}\sigma^n}\exp\left[-\frac{1}{2\sigma^2}\sum_{i=1}^{n}(y_i-m_Y)^2\right]$$

$$=\prod_{i=1}^{n}\frac{1}{\sigma\sqrt{2\pi}}\exp\left[-\frac{(y_i-m_Y)^2}{2\sigma^2}\right]=p_Y(y_1)p_Y(y_2)\cdots p_Y(y_n)\tag{3.7.12}$$

由式(3.7.12)可见,在$C_{ik}=0(i\neq k)$的条件下,n维高斯概率密度等于一维高斯概率密度的连乘积(不难理解,不管是平稳的还是非平稳的情况,这个结果都是可以得到的)。于是可以得到结论:对高斯过程而言,不相关和统计独立是等价的。

此结论还可推广到多个高斯过程中。若两个高斯过程互不相关,则这两个高斯过程也是相互统计独立的。

性质4　平稳高斯过程与确定信号之和仍为高斯过程。

在抗干扰接收和其他一些实际问题中,我们常会遇到噪声与信号叠加在一起的混合信号问题。现设混合信号$Z(t)=Y(t)+S(t)$,讨论其混合概率分布。

由于$S(t)$为确定信号,故其概率密度函数可表示为$\delta[s-S(t)]$。这样利用分布律卷积公式可得混合信号的一维概率密度函数为

$$p_Z(z;t)=\int_{-\infty}^{+\infty}p_Y(y;t)\delta[z-S(t)-y]\mathrm{d}y$$

$$=p_Y[z-S(t);t]\tag{3.7.13}$$

式中,$p_Y(y;t)$为噪声的一维概率密度函数。这样,当它为高斯分布时,混合信号的一维分布也是高斯的。

同理可得混合信号$Z(t)$的二维概率密度函数为

$$p_Z(z_1,z_2;t_1,t_2)=p_Y[z_1-S(t_1),z_2-S(t_2);t_1,t_2]\tag{3.7.14}$$

以此类推可得混合信号$Z(t)$的n维概率密度函数。于是当$Y(t)$为一个高斯过程时,只要将式(3.7.1)的指数项中每一对$(y_i-m_{Y_i})$用$[z_i-S(t_i)-m_{Y_i}]$代替,即可得到混合信号的n维概率密度函数。这条性质在信号检测与估值理论中非常有用。

还须指出,对于平稳高斯过程与确定信号之和的分布而言,仍可得到高斯分布,但是一般情况下混合信号不再是平稳的了。不过,若平稳高斯过程与一个随相正弦信号相加,则混合信号不再服从高斯分布,但至少还是宽平稳的随机过程。

高斯过程在自然界和工程技术领域有着十分广泛的应用。电子设备中出现的许多现象,都往往与高斯分布或派生高斯分布有关。例如最常见的电阻热噪声、散弹噪声等。此外,大气和宇宙噪声以及许多积极干扰和消极干扰(如云雨杂波、地物杂波等)也都是或近似为高斯随机过程。

最后,再做一点说明,在本节的某些问题讨论中,提到了“实”随机过程,主要是为了与“复”随机过程相对照。一般情况下除非特别指明,以后章节提到“随机过程”都是指“实”随机过程。

习　题

3.1　若平稳随机过程 $X(t)$ 的导数存在,求证

(1) 导数的自相关函数为 $-\dfrac{d^2R_X(\tau)}{d\tau^2}$。

(2) $E\left[X(t)\dfrac{dX(t+\tau)}{dt}\right]=\dfrac{dR_X(\tau)}{d\tau}$。

3.2　随机过程

$$X(t)=A\cos(\omega_0 t+\Phi)$$

式中,A 具有瑞利分布,其概率密度函数为

$$p_A(a)=\frac{a}{\sigma^2}e^{-\frac{a^2}{2\sigma^2}},\quad a>0$$

Φ 在 $(0,2\pi)$ 上均匀分布,Φ 与 A 是两个相互独立的随机变量,ω_0 为常数。试问 $X(t)$ 是否为平稳过程。

3.3　设 $S(t)$ 是一个周期为 T 的函数,随机变量 Φ 在 $(0,T)$ 上均匀分布,称 $X(t)=S(t+\Phi)$ 为随相周期过程,试讨论其平稳性(宽)及其各态历经性(宽)。

3.4　设 $X(t)$ 是一个随相周期过程,题 3.4 图表示它的一个样本函数,周期 T、幅度 a 都是常数,t_0 是 $(0,T)$ 上均匀分布的随机变量,求 $E[X(t)]$。

3.5　随机过程

$$X(t)=A\cos(\omega_0 t+\Phi)$$

式中,A 和 Φ 为统计独立的随机变量,Φ 在 $(0,2\pi)$ 上均匀分布,样本函数如题 3.5 图所示,讨论该随机过程是否具有各态历经性。

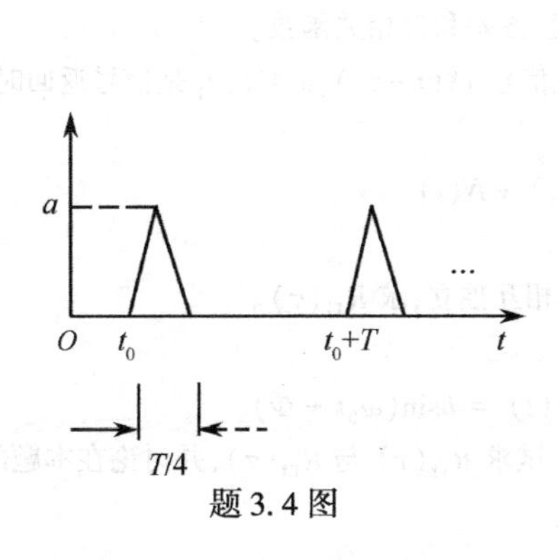

题 3.4 图

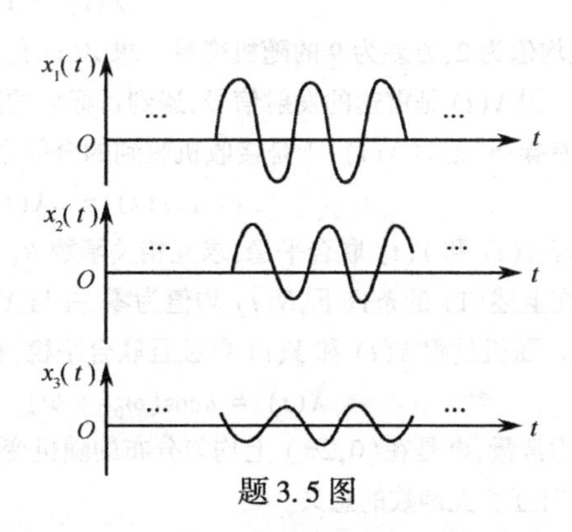

题 3.5 图

3.6　随机过程 $X(t)=A\cos(\omega_0 t+\Phi)$,其中 A 可以是,亦可以不是随机变量,Φ 是在 $(0,2\pi)$ 上均匀分布的随机变量。求:

(1) 时间自相关函数及集自相关函数。

(2) A 具备什么条件两种自相关函数才能相等。

3.7　随机过程

$$X(t)=A\sin t+B\cos t$$

式中,A 和 B 为零均值随机变量。求证 $X(t)$ 是均值各态历经的,而均方值无各态历经性。

3.8　设 $X(t)$ 与 $Y(t)$ 是统计独立的平稳过程。求证由它们的乘积构成的随机过程 $Z(t)=X(t)Y(t)$ 也是平稳的。

3.9　设随机过程 $X(t)$ 和 $Y(t)$ 单独和联合平稳,求:

(1) $Z(t)=X(t)+Y(t)$ 的自相关函数。

(2) $X(t)$ 与 $Y(t)$ 相互独立时的结果。

(3) $X(t)$ 与 $Y(t)$ 相互独立且均值为零时的结果。

3.10　平稳过程 $X(t)$ 的自相关函数为

$$R_X(\tau) = 4e^{-|\tau|}\cos\pi\tau + \cos3\pi\tau$$

(1) 求 $E[X^2(t)]$ 和 σ^2。

(2) 若将正弦分量看做信号,其他分量看做噪声,求信噪比。

3.11　指出题3.11图中函数曲线能否是正确的自相关函数曲线,为什么?

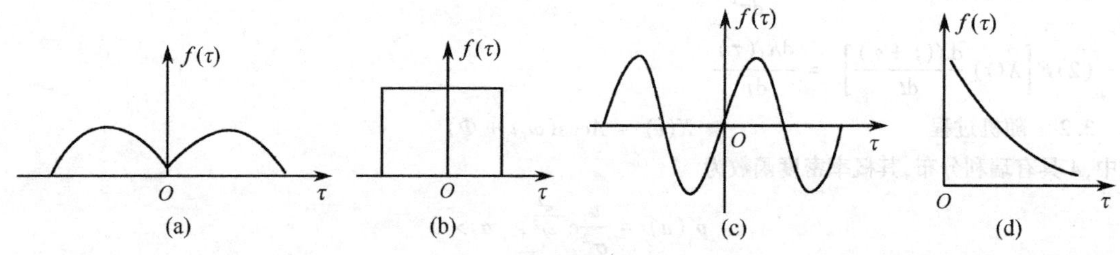

题3.11图

3.12　随机过程　　$X(t) = A\cos(\omega t + \Phi)$

式中,A、ω、Φ 是统计独立的随机变量,其中 A 的均值为2,方差为4,Φ 在 $(-\pi,\pi)$ 上均匀分布,ω 在 $(-5,5)$ 上均匀分布。试求随机过程 $X(t)$ 是否平稳?是否有各态历经性?并求出其自相关函数。

3.13　设随机过程 $X(t)$ 和 $Y(t)$ 平稳,且相互独立,它们的自相关函数分别为

$$R_X(\tau) = 2e^{-2|\tau|}\cos\omega_0\tau \qquad R_Y(\tau) = 9 + e^{-3|\tau^2|}$$

又设第三个随机过程为

$$Z(t) = VX(t)Y(t)$$

式中,V 是均值为2,方差为9的随机变量。求 $Z(t)$ 的均值、方差和自相关函数。

3.14　设 $X(t)$ 是雷达的发射信号,遇到目标后的回波信号 $aX(t-\tau_1)$,$a \ll 1$,τ_1 是信号返回时间,回波信号必然伴有噪声,记为 $N(t)$,于是接收机收到的全信号为

$$Y(t) = aX(t-\tau_1) + N(t)$$

(1) 若 $X(t)$ 和 $Y(t)$ 联合平稳,求互相关函数 $R_{XY}(\tau)$。

(2) 在上述(1)的条件下,$N(t)$ 均值为零,并与 $X(t)$ 相互独立,求 $R_{XY}(\tau)$。

3.15　随机过程 $X(t)$ 和 $Y(t)$ 单独且联合平稳,有

$$X(t) = a\cos(\omega_0 t + \Phi) \qquad Y(t) = b\sin(\omega_0 t + \Phi)$$

式中 a,b 为常量,Φ 是在 $(0,2\pi)$ 上均匀分布的随机变量。试求 $R_{XY}(\tau)$ 与 $R_{YX}(\tau)$,并讨论在本题的具体情况下,$\tau = 0$ 时互相关函数的意义。

3.16　随机过程 $X(t)$ 和 $Y(t)$ 都不是平稳过程,且:

$$X(t) = A(t)\cos t, \quad Y(t) = B(t)\sin t$$

式中,$A(t)$ 和 $B(t)$ 为相互独立、平稳、零均值随机过程,并有相同的自相关函数。求证:$X(t)$ 与 $Y(t)$ 之和,即 $Z(t) = X(t) + Y(t)$ 是宽平稳的随机过程。

3.17　题3.17图为随机过程 $X(t)$ 的样本函数,它在 $t_0 + nt_a$ 时刻具有宽度为 b 的矩形脉冲,脉冲幅度以等概率取 $\pm a$,t_0 是在周期 t_a 上均匀分布的随机变量,而且 t_0 与幅度皆统计独立。求 $R_X(\tau)$ 及均方值 $E[X^2(t)]$。

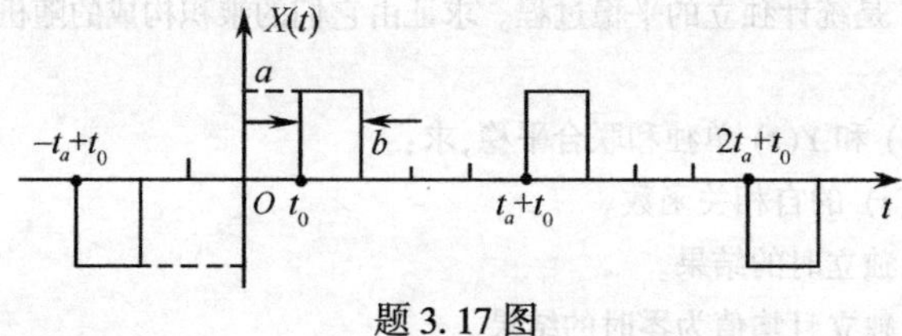

题3.17图

3.18　设复随机过程
$$Z(t) = e^{j(\omega_0 t+\Phi)}$$
式中，Φ 是在 $(0,2\pi)$ 上均匀分布的随机变量。求 $E[Z^*(t)Z(t+\tau)]$ 和 $E[Z(t)Z(t+\tau)]$。

3.19　设复随机过程
$$Z(t) = \sum_{i=1}^{n} A_i e^{j\omega_i t}$$
式中，$A_i(i=1,2,\cdots,n)$ 为 n 个实随机变量，$\omega_j(j=1,2,\cdots,n)$ 为 n 个实数。求证 A_i 与 A_j 间应满足什么条件可使 $Z(t)$ 为复平稳过程。

3.20　设 $X(t)$ 是零均值平稳高斯过程。若随机过程 $Y(t)=X^2(t)$。求证：
$$R_Y(\tau) = R_X^2(0) + 2R_X^2(\tau)$$

3.21　设 $U(t)$ 是电阻热噪声产生的电压随机过程，并具有平稳高斯分布。若 $RC=10^{-3}\text{s}$，$C=3\times1.38\times10^{-9}\text{F}$，$T=300\text{K}$（电阻 R 的热力学温度），并知热噪声电压的自相关函数为
$$R_U(\tau) = \frac{kT}{C}e^{-a|\tau|},\quad a=\frac{1}{RC}$$
式中，$k=1.38\times10^{-23}\text{J/K}$，为玻尔兹曼常数。求热噪声电压的均值、方差以及在时刻 t_1 热噪声电压超过 10^{-6}V 的概率。

3.22　编写一个产生独立高斯随机序列的上机运行程序，用 100 个点数据估计它的均值、方差并与理论设定值相比较。

3.23　利用题 3.22 产生的独立高斯随机序列，检验它是否为白序列。

3.24　由题 3.22 产生的高斯序列 200 个样本绘出其直方图，并做 χ^2 检验。

3.25　用 RAND 随机函数调用 200 个随机数，由
$$\hat{m}_X = \frac{1}{N}\sum_{n=1}^{N} x_n,\ \hat{\sigma}_X^2 = \frac{1}{N}\sum_{n=1}^{N}(x_n - \hat{m}_X)^2$$
估计该过程的均值和方差时，全部数据需要通过计算机两次计算，往往占用机时过多。为使数据只通过计算机一次计算便可同时估计出均值和方差来，可以采用下述递推算法：
$$m_X(0) = 0$$
$$m_X(k) = m_X(k-1) + 1/k\{x_k - m_X(k-1)\}$$
$$\sigma_X^2(0) = 0$$
$$\sigma_X^2(k) = \frac{k-1}{k}\sigma_X^2(k-1) + \frac{1}{k}\{x_k - m_X(k-1)\}^2$$
式中，$m_X(k-1)$ 和 $\sigma_X^2(k-1)$ 分别是用 $x_1,\cdots,x_{k-1}$ 算出的均值估计和方差估计。

(1) 证明上述递推公式的正确性。

(2) 用 MATLAB 语言写一个程序，计算 $m_X(200)$ 和 $\sigma_X^2(200)$ 并与理论设计值相比较。

第4章 随机信号的功率谱密度

在信号与系统、信号处理、通信理论以及其他许多领域的理论与实际应用问题中,广泛用到傅里叶变换这一工具。一方面由于确定信号的频谱、线性系统的频率响应等具有鲜明的物理意义,另一方面在时域上计算确定信号通过线性系统须采用运算量大的卷积积分,转换到频域上分析时,可变换成简单的乘积运算,从而使运算量大为减少。因此傅里叶变换是确定信号分析的重要工具。

从频域分析方法的重要性和有效性考虑,自然会提出这样的问题:随机信号能否进行傅里叶变换?随机信号是否也存在某种谱特性?回答是肯定的。傅里叶变换及频域分析方法,对随机信号而言,同样是重要而有效的。不过,在随机信号的情况下,必须进行某种处理后,才能应用傅里叶变换这个工具。因为一般随机信号的样本函数不满足傅里叶变换(简称傅氏变换)的绝对可积条件,即

$$\int_{-\infty}^{+\infty} |x(t)| \mathrm{d}t \to \infty$$

本章将指出,对随机过程的频域分析只能研究其功率谱密度,并在此意义下讨论其频率结构、带宽以及与系统的相互作用等问题。

4.1 功率谱密度

先简单复习一下确定时间信号的频谱、能谱密度及能量的概念,然后再引入随机过程的功率谱密度。

如果一个确定信号是$s(t)$, $-\infty < t < +\infty$,满足狄氏条件,且绝对可积,即满足

$$\int_{-\infty}^{+\infty} |s(t)| \mathrm{d}t < \infty \tag{4.1.1}$$

或等价条件

$$\int_{-\infty}^{+\infty} |s(t)|^2 \mathrm{d}t < \infty \tag{4.1.2}$$

则$s(t)$的傅里叶变换存在,或说具有频谱

$$S(\omega) = \int_{-\infty}^{+\infty} s(t) \mathrm{e}^{-\mathrm{j}\omega t} \mathrm{d}t \tag{4.1.3}$$

若以$s(t)$代表电流或电压,式(4.1.2)表明,要求$s(t)$的总能量必须有限。$S(\omega)$一般是个复函数,且$S^*(\omega)=S(-\omega)$($*$表示复共扼),在$S(\omega)$与$s(t)$之间满足巴塞伐尔(Parseval)公式

$$\int_{-\infty}^{+\infty} s^2(t) \mathrm{d}t = \frac{1}{2\pi}\int_{-\infty}^{+\infty} |S(\omega)|^2 \mathrm{d}\omega \tag{4.1.4}$$

等式左边表示$s(t)$在$(-\infty,\infty)$上的总能量。等式右边则表明信号的总能量也可以通过在频域将每单位频带内的能量(即能谱密度$|S(\omega)|^2$)在整个频率范围内积分得到。因此巴塞伐尔公式可理解为总能量的谱表示式。

然而,工程技术上有许多重要的时间函数总能量是无限的,不能满足傅里叶变换的条

件，正弦函数就是一例。我们要研究的随机过程，一般情况其样本函数也是这样的时间函数。因为随机过程的持续时间是无限的，所以其总能量也是无限的。显然，这类时间函数的频谱不存在。

那么，随机过程如何运用傅里叶变换呢？下面就来解决个问题。

一个随机过程的样本函数，尽管它的总能量是无限的，但其平均功率却是有限值，即

$$W_\xi = \lim_{T\to\infty}\frac{1}{2T}\int_{-T}^{T}|x(t)|^2\mathrm{d}t < \infty \tag{4.1.5}$$

若 $x(t)$ 为随机过程 $X(t)$ 的样本函数，$X(t)$ 代表噪声电流或电压，则 W_ξ 表示 $x(t)$ 消耗在 1Ω 电阻上的平均功率。这样，对随机过程的样本函数而言，研究它的频谱没有意义，研究其平均功率随频率的分布则有意义。

首先把随机过程 $X(t)$ 的样本函数 $x(t)$ 任意截取一段，长度为 $2T$，记为 $x_T(t)$，并称 $x_T(t)$ 为 $x(t)$ 的截断函数，如图 4.1 所示。

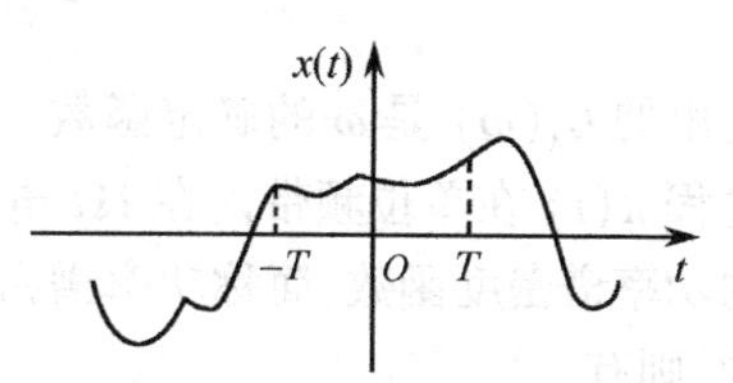

图 4.1　$x(t)$ 及其截断函数

$$x_T(t) = \begin{cases} x(t), & |t| \leqslant T \\ 0, & |t| > T \end{cases}$$

对于有限持续时间的 $x_T(t)$ 而言，傅里叶变换是存在的，于是有

$$X_T(\omega) = \int_{-\infty}^{+\infty} x_T(t)\mathrm{e}^{-\mathrm{j}\omega t}\mathrm{d}t = \int_{-T}^{T} x_T(t)\mathrm{e}^{-\mathrm{j}\omega t}\mathrm{d}t \tag{4.1.6}$$

$$x_T(t) = \frac{1}{2\pi}\int_{-\infty}^{+\infty} X_T(\omega)\mathrm{e}^{\mathrm{j}\omega t}\mathrm{d}\omega \tag{4.1.7}$$

$X_T(\omega)$ 即为 $x_T(t)$ 的频谱函数。

由于 $x(t)$ 是随机过程 $X(t)$ 的一个样本函数，取哪一个样本函数取决于实验结果 ξ，且是随机的。因此 $x_T(t)$ 和 $X_T(\omega)$ 也都是实验结果 ξ 的随机函数。这样，它们最好分别写成 $x_T(t,\xi)$ 和 $X_T(\omega,\xi)$。

现将式(4.1.7) 代入式(4.1.5)，并考虑到讨论的是实随机过程，$x(t)$ 是实函数，可得

$$\begin{aligned}
W_\xi &= \lim_{T\to\infty}\frac{1}{2T}\int_{-T}^{T}|x_T(t,\xi)|^2\mathrm{d}t \\
&= \lim_{T\to\infty}\frac{1}{2T}\int_{-T}^{T}x_T(t,\xi)\left[\frac{1}{2\pi}\int_{-\infty}^{+\infty}X_T(\omega,\xi)\mathrm{e}^{\mathrm{j}\omega t}\mathrm{d}\omega\right]\mathrm{d}t \\
&= \lim_{T\to\infty}\frac{1}{2T}\int_{-T}^{T}\frac{1}{2\pi}X_T(\omega,\xi)\left[\int_{-T}^{T}x_T(t,\xi)\mathrm{e}^{\mathrm{j}\omega t}\mathrm{d}t\right]\mathrm{d}\omega \\
&= \lim_{T\to\infty}\frac{1}{2T}\int_{-\infty}^{+\infty}\frac{1}{2\pi}|X_T(\omega,\xi)|^2\mathrm{d}\omega \\
&= \frac{1}{2\pi}\int_{-\infty}^{+\infty}\lim_{T\to\infty}\frac{1}{2T}|X_T(\omega,\xi)|^2\mathrm{d}\omega
\end{aligned} \tag{4.1.8}$$

式中，W_ξ 是某个样本函数的平均功率。

我们知道，所谓信号的功率谱密度函数是指这样的频率函数：① 当在整个频率范围内对它进行积分以后，就给出了信号的总功率；② 它描述了信号功率在各个不同频率上分布的情

况。式(4.1.8)的被积函数$\lim\limits_{T\to\infty}\frac{1}{2T}|X_T(\omega,\xi)|^2$正具备了上述特性。它代表了随机过程的某一个样本函数$x(t,\xi)$在单位频带内、消耗在1Ω电阻上的平均功率。因此可称它为样本函数的功率谱密度函数,记为$G_X(\omega,\xi)$。

$$G_X(\omega,\xi)=\lim_{T\to\infty}\frac{1}{2T}|X_T(\omega,\xi)|^2 \tag{4.1.9}$$

如果对所有的ξ(实验结果)取统计平均,得

$$\begin{aligned}G_X(\omega)&=E[G_X(\omega,\xi)]=E\left[\lim_{T\to\infty}\frac{1}{2T}|X_T(\omega,\xi)|^2\right]\\&=\lim_{T\to\infty}\frac{1}{2T}E[|X_T(\omega,\xi)|^2]\end{aligned} \tag{4.1.10}$$

这里的$G_X(\omega)$是ω的确定函数,不再具有随机性。$G_X(\omega)$的物理意义非常明显:它表示随机过程$X(t)$在单位频带内在1Ω电阻上消耗的平均功率。因而$G_X(\omega)$被称之为随机过程$X(t)$的功率谱密度函数,简称功率谱密度。若将整个式(4.1.8)对所有的ξ(实验结果)取统计平均,则有

$$\begin{aligned}W=E[W_\xi]&=\lim_{T\to\infty}\frac{1}{2T}\int_{-T}^{T}E[|x(t,\xi)|^2]\mathrm{d}t\\&=\lim_{T\to\infty}\frac{1}{2T}\int_{-T}^{T}E[|X(t)|^2]\mathrm{d}t\\&=\frac{1}{2\pi}\int_{-\infty}^{+\infty}\lim_{T\to\infty}\frac{1}{2T}E[|X_T(\omega,\xi)|^2]\mathrm{d}\omega\\&=\frac{1}{2\pi}\int_{-\infty}^{+\infty}G_X(\omega)\mathrm{d}\omega\end{aligned} \tag{4.1.11}$$

这里W是随机过程$X(t)$的平均功率。由此可见,随机过程的平均功率可以由它的均方值的时间平均得到,也可以由它的功率谱密度在整个频率域上积分得到。

若$X(t)$为平稳过程,则均方值为常数,于是式(4.1.11)可写成

$$W=E[W_\xi]=E[X^2(t)]=\frac{1}{2\pi}\int_{-\infty}^{+\infty}\lim_{T\to\infty}\frac{1}{2T}E[|X_T(\omega,\xi)|^2]\mathrm{d}\omega \tag{4.1.12}$$

或

$$W=E[X^2(t)]=R_X(0)=\frac{1}{2\pi}\int_{-\infty}^{+\infty}G_X(\omega)\mathrm{d}\omega \tag{4.1.13}$$

该式说明平稳过程的平均功率等于该过程的均方值,它可以由随机过程的功率谱密度在全频域上的积分得到。

若$X(t)$为各态历经过程,则有

$$G_X(\omega)=\lim_{T\to\infty}\frac{1}{2T}|X_T(\omega,\xi)|^2 \tag{4.1.14}$$

此时,样本函数的功率谱密度和随机过程的功率谱密度以概率1相等。

功率谱密度$G_X(\omega)$是从频率角度描述$X(t)$统计规律的最主要的数字特征。但须指出,$G_X(\omega)$仅仅表示了$X(t)$的平均功率按频率分布的情况,没有包含过程$X(t)$的任何相位信息。

例 4.1 随机过程 $X(t)=a\cos(\omega_0 t+\Phi)$

式中,a, ω_0是常数,Φ是在$(0,\pi/2)$上均匀分布的随机变量,求$X(t)$的平均功率W。

解：

$$
\begin{aligned}
E[X^2(t)] &= E[a^2\cos^2(\omega_0 t + \Phi)] \\
&= E\left[\frac{a^2}{2} + \frac{a^2}{2}\cos(2\omega_0 t + 2\Phi)\right] \\
&= \frac{a^2}{2} + \frac{a^2}{2}\int_0^{\pi/2} \frac{2}{\pi}\cos(2\omega_0 t + 2\varphi)\,\mathrm{d}\varphi \\
&= \frac{a^2}{2} - \frac{a^2}{\pi}\sin(2\omega_0 t)
\end{aligned}
$$

显然这个过程不是平稳过程。所以必须做一次时间平均。其平均功率为

$$
\begin{aligned}
W &= \lim_{T\to\infty}\frac{1}{2T}\int_{-T}^{T} E[X^2(t)]\,\mathrm{d}t \\
&= \lim_{T\to\infty}\frac{1}{2T}\int_{-T}^{T}\left[\frac{a^2}{2} - \frac{a^2}{\pi}\sin(2\omega_0 t)\right]\mathrm{d}t \\
&= \frac{a^2}{2}
\end{aligned}
$$

4.2　功率谱密度与自相关函数之间的关系

通过前面的讨论可知相关函数是从时间角度描述过程统计特性的最主要数字特征的；而功率谱密度则是从频率角度描述过程统计特性的数字特征的。两者描述的对象是一个，它们之间必然有一定的关系。下面将证明平稳过程在一定的条件下，自相关函数 $R_X(\tau)$ 和功率谱密度 $G_X(\omega)$ 构成傅里叶变换对。

从式(4.1.10) 出发，并考虑到

$$
X_T(\omega,\xi) = \int_{-\infty}^{+\infty} x_T(t,\xi)\mathrm{e}^{-\mathrm{j}\omega t}\mathrm{d}t = \int_{-T}^{T} x_T(t,\xi)\mathrm{e}^{-\mathrm{j}\omega t}\mathrm{d}t
$$

$$
|X_T(\omega,\xi)|^2 = X_T(\omega,\xi)X_T(-\omega,\xi)
$$

于是式(4.1.10) 可写成

$$
\begin{aligned}
G_X(\omega) &= \lim_{T\to\infty} E\left[\frac{1}{2T}\int_{-T}^{T} x_T(t_1,\xi)\mathrm{e}^{\mathrm{j}\omega t_1}\mathrm{d}t_1\int_{-T}^{T} x_T(t_2,\xi)\mathrm{e}^{-\mathrm{j}\omega t_2}\mathrm{d}t_2\right] \\
&= \lim_{T\to\infty}\frac{1}{2T}\int_{-T}^{T}\int_{-T}^{T} E[X_T(t_1)X_T(t_2)]\mathrm{e}^{-\mathrm{j}\omega(t_2-t_1)}\mathrm{d}t_1\mathrm{d}t_2
\end{aligned}
\tag{4.2.1}
$$

现交换积分次序，并引入下面相关函数的表示

$$
R_{X_T}(t_1,t_2) = E[X_T(t_1)X_T(t_2)],\quad -T < (t_1,t_2) < T \tag{4.2.2}
$$

注意，有上述时间限制，式(4.2.2) 与 $X(t)$ 的相关函数是一样的。则将式(4.2.1) 改写为

$$
G_X(\omega) = \lim_{T\to\infty}\frac{1}{2T}\int_{-T}^{T}\int_{-T}^{T} R_X(t_1,t_2)\mathrm{e}^{-\mathrm{j}\omega(t_2-t_1)}\mathrm{d}t_1\mathrm{d}t_2 \tag{4.2.3}
$$

做积分变量替换

$$
t = t_1,\quad \mathrm{d}t = \mathrm{d}t_1
$$

$$
\tau = t_2 - t_1 = t_2 - t,\quad \mathrm{d}\tau = \mathrm{d}t_2
$$

式(4.2.3) 改写为　$G_X(\omega) = \lim\limits_{T\to\infty}\dfrac{1}{2T}\displaystyle\int_{-T-t}^{T-t}\int_{-T}^{T} R_X(t,t+\tau)\mathrm{d}t\mathrm{e}^{-\mathrm{j}\omega\tau}\mathrm{d}\tau$

下面将极限符号写入，则得

$$G_X(\omega)=\int_{-\infty}^{+\infty}\left\{\lim_{T\to\infty}\frac{1}{2T}\int_{-T}^{T}R_X(t,t+\tau)\mathrm{d}t\right\}\mathrm{e}^{-\mathrm{j}\omega\tau}\mathrm{d}\tau \tag{4.2.4}$$

大括号里的量可以看成非平稳过程自相关函数的时间平均，即

$$\bar{R}_X(\tau)=\lim_{T\to\infty}\frac{1}{2T}\int_{-T}^{T}R_X(t,t+\tau)\mathrm{d}t \tag{4.2.5}$$

式(4.2.4) 改写为

$$G_X(\omega)=\int_{-\infty}^{\infty}\bar{R}_X(\tau)\mathrm{e}^{-\mathrm{j}\omega\tau}\mathrm{d}\tau \tag{4.2.6}$$

即时间平均自相关函数与功率谱密度为傅里叶变换对。现假设 $X(t)$ 为平稳过程，则时间平均自相关函数等于集合平均自相关函数，式(4.2.6) 为

$$G_X(\omega)=\int_{-\infty}^{+\infty}R_X(\tau)\mathrm{e}^{-\mathrm{j}\omega\tau}\mathrm{d}\tau \tag{4.2.7}$$

可见，平稳过程的功率谱密度就是其自相关函数的傅里叶变换。若进行傅里叶反变换，则有

$$R_X(\tau)=\frac{1}{2\pi}\int_{-\infty}^{+\infty}G(\omega)\mathrm{e}^{\mathrm{j}\omega\tau}\mathrm{d}\omega \tag{4.2.8}$$

式(4.2.7) 和式(4.2.8)）给出了平稳过程统计特性频域描述（功率谱密度）和时域描述（相关函数）之间的重要关系式。这对关系式在实际中有着广泛的应用价值。由于关系式是由美国学者维纳（Wiener）和苏联学者辛钦（Хинчин）得出的，因此也常被称做维纳 - 辛钦定理或维纳 - 辛钦公式。

式(4.2.8) 中，当 $\tau=0$ 时，则可得到式(4.1.13)。实际上当满足 $\int_{-\omega}^{+\infty}G(\omega)\mathrm{d}\omega<\infty$，或者说，平均功率有限时，式(4.2.8) 才能够成立。这个条件在实际应用中通常是满足的。

由于平稳随机过程的自相关函数 $R_X(\tau)$ 是 τ 的偶函数，即 $R_X(\tau)=R_X(-\tau)$；从式(4.1.10) 知，$G_X(\omega)$ 也是 ω 的偶函数。于是式(4.2.7) 与式(4.2.8) 又可写成

$$G_X(\omega)=2\int_0^{\infty}R_X(\tau)\cos\omega\tau\mathrm{d}\tau \tag{4.2.9}$$

$$R_X(\tau)=\frac{1}{\pi}\int_0^{\infty}G(\omega)\cos\omega\tau\mathrm{d}\omega \tag{4.2.10}$$

根据以上讨论，$G_X(\omega)$ 应分布在 $-\infty\sim+\infty$ 的频率范围内，而实际上负频率（即 $\omega<0$）并不存在。在公式中采用频率区间从负到正，纯粹只有数学上的意义和为了运算方便。有时也采用另一种功率谱密度，即“单边”谱密度，也称做“物理”功率谱密度，记为 $F_X(\omega)$。$F_X(\omega)$ 只分布在 $\omega\geqslant0$ 的频率范围内，$F_X(\omega)$ 与 $G_X(\omega)$ 的关系是

$$F_X(\omega)=\begin{cases}2G_X(\omega), & \omega\geqslant0\\ 0, & \omega<0\end{cases} \tag{4.2.11}$$

此时，随机过程消耗在 1Ω 电阻上的平均功率可写成

$$W=R_X(0)=\frac{1}{2\pi}\int_{-\infty}^{+\infty}G_X(\omega)\mathrm{d}\omega=\frac{1}{2\pi}\int_0^{\infty}2G_X(\omega)\mathrm{d}\omega$$

$$=\frac{1}{2\pi}\int_0^{\infty}F_X(\omega)\mathrm{d}\omega \tag{4.2.12}$$

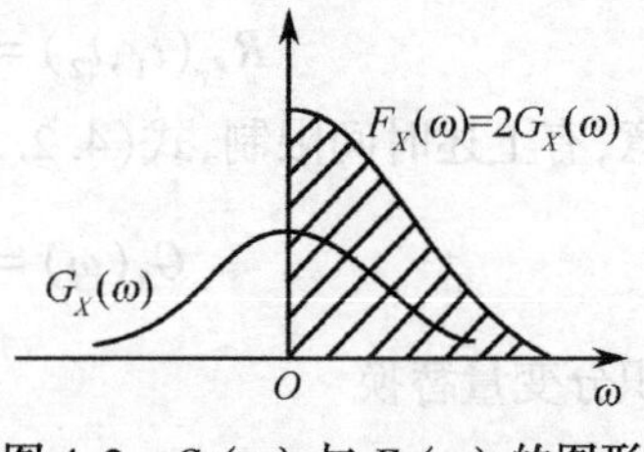

图 4.2　$G_X(\omega)$ 与 $F_X(\omega)$ 的图形

即随机过程消耗在 1Ω 电阻上的平均功率 W 等于正频率范围内 $F_X(\omega)$ 对频率的积分，见图 4.2。

还应当指出，以上所讨论的功率谱密度都属于连续的情况，这意味着相应的随机过程不能

含有直流成分或周期性成分（这也正是式（4.2.7）的傅里叶变换，要求 $R_X(\tau)$ 绝对可积的条件）。这是因为功率谱密度是指“单位带宽上的平均功率”，而任何直流分量和周期性分量，在频域上都表现为频率轴上某点的零带宽内的有限平均功率，都会在频域的相应位置上产生离散谱线。而且在零带宽上的有限功率等效于无限的功率谱密度。于是当平稳过程包含有直流成分时，其功率谱密度在零频率上应是无限的，而在其他频率上是有限的。换言之，该过程的功率谱密度函数曲线将在 $\omega=0$ 处存在一个 δ 函数。同理，若平稳过程含有某个周期成分，则其功率谱密度函数曲线将在相应的离散频率点上存在 δ 函数。类似信号与系统相关的讨论那样，若借助于 δ 函数，维纳－辛钦公式就可推广应用到这种含有直流或周期性成分的平稳过程中来。具体而言：

① 如果所遇的问题中，平稳过程有非零均值，这时正常意义下的傅里叶变换不存在，但非零均值可用频域原点处的 δ 函数表示。该 δ 函数的权重即为直流分量的功率。

② 当平稳过程含有对应于离散频率的周期分量时，该成分就在频域的相应频率上产生 δ 函数。

δ 函数的基本而重要的性质是筛选特性。即对任一连续函数 $f(t)$ 有

$$\int_{-\infty}^{\infty}\delta(t)f(t-\tau)\mathrm{d}t=f(\tau) \tag{4.2.13}$$

由此可写出下列重要的傅里叶变换对

$$\frac{1}{2\pi}\int_{-\infty}^{+\infty}\mathrm{e}^{-\mathrm{j}\omega\tau}\mathrm{d}\tau=\delta(\omega)\Leftrightarrow\frac{1}{2\pi}=\frac{1}{2\pi}\int_{-\infty}^{+\infty}\delta(\omega)\mathrm{e}^{\mathrm{j}\omega\tau}\mathrm{d}\omega \tag{4.2.14}$$

$$\int_{-\infty}^{\infty}\delta(\tau)\mathrm{e}^{-\mathrm{j}\omega\tau}\mathrm{d}\tau=1\Leftrightarrow\delta(\tau)=\frac{1}{2\pi}\int_{-\infty}^{\infty}\mathrm{e}^{\mathrm{j}\omega t}\mathrm{d}\omega \tag{4.2.15}$$

例 4.2 若随机过程 $X(t)$ 的自相关函数为

$$R_X(\tau)=\frac{1}{2}\cos\omega_0\tau$$

求功率谱密度。

解：

$$\begin{aligned}G_X(\omega)&=\int_{-\infty}^{+\infty}\frac{1}{2}\cos\omega_0\tau\mathrm{e}^{-\mathrm{j}\omega\tau}\mathrm{d}\tau\\&=\frac{1}{2}\int_{-\infty}^{+\infty}\frac{1}{2}(\mathrm{e}^{\mathrm{j}\omega_0\tau}+\mathrm{e}^{-\mathrm{j}\omega_0\tau})\mathrm{e}^{-\mathrm{j}\omega\tau}\mathrm{d}\tau\\&=\frac{1}{4}\int_{-\infty}^{+\infty}\mathrm{e}^{-\mathrm{j}(\omega-\omega_0)\tau}\mathrm{d}\tau+\frac{1}{4}\int_{-\infty}^{+\infty}\mathrm{e}^{-\mathrm{j}(\omega+\omega_0)\tau}\mathrm{d}\tau\\&=\frac{\pi}{2}\{\delta(\omega-\omega_0)+\delta(\omega+\omega_0)\}\end{aligned}$$

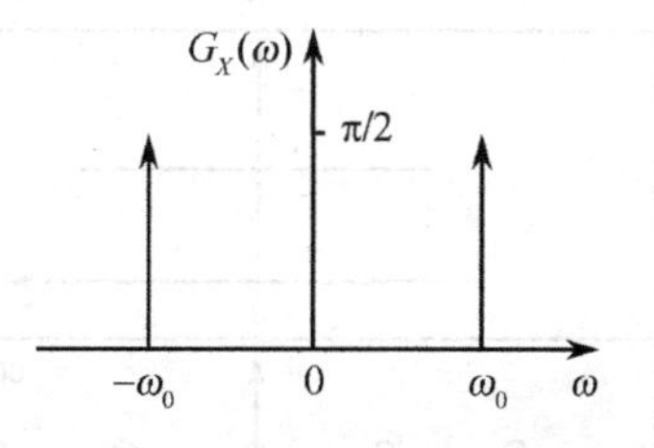

图 4.3　例 4.2 的 $G_X(\omega)$ 图形

$G_X(\omega)$ 的图形示于图 4.3。

例 4.3 若随机过程 $X(t)$ 的自相关函数为

$$R_X(\tau)=\begin{cases}1-|\tau|, & |\tau|\leqslant 1\\0, & |\tau|>1\end{cases}$$

求功率谱密度。

解：

$$G_X(\omega)=\int_{-1}^{1}(1-|\tau|)\mathrm{e}^{-\mathrm{j}\omega\tau}\mathrm{d}\tau=2\int_{0}^{1}(1-\tau)\cos\omega\tau\mathrm{d}\tau=\frac{\sin^2\left(\frac{\omega}{2}\right)^2}{\left(\frac{\omega}{2}\right)^2}$$

表 4.1 列出了 7 个常见的平稳过程的自相关函数及其对应的功率谱密度。

表 4.1　常见的平稳过程的自相关函数及其对应的功率谱密度

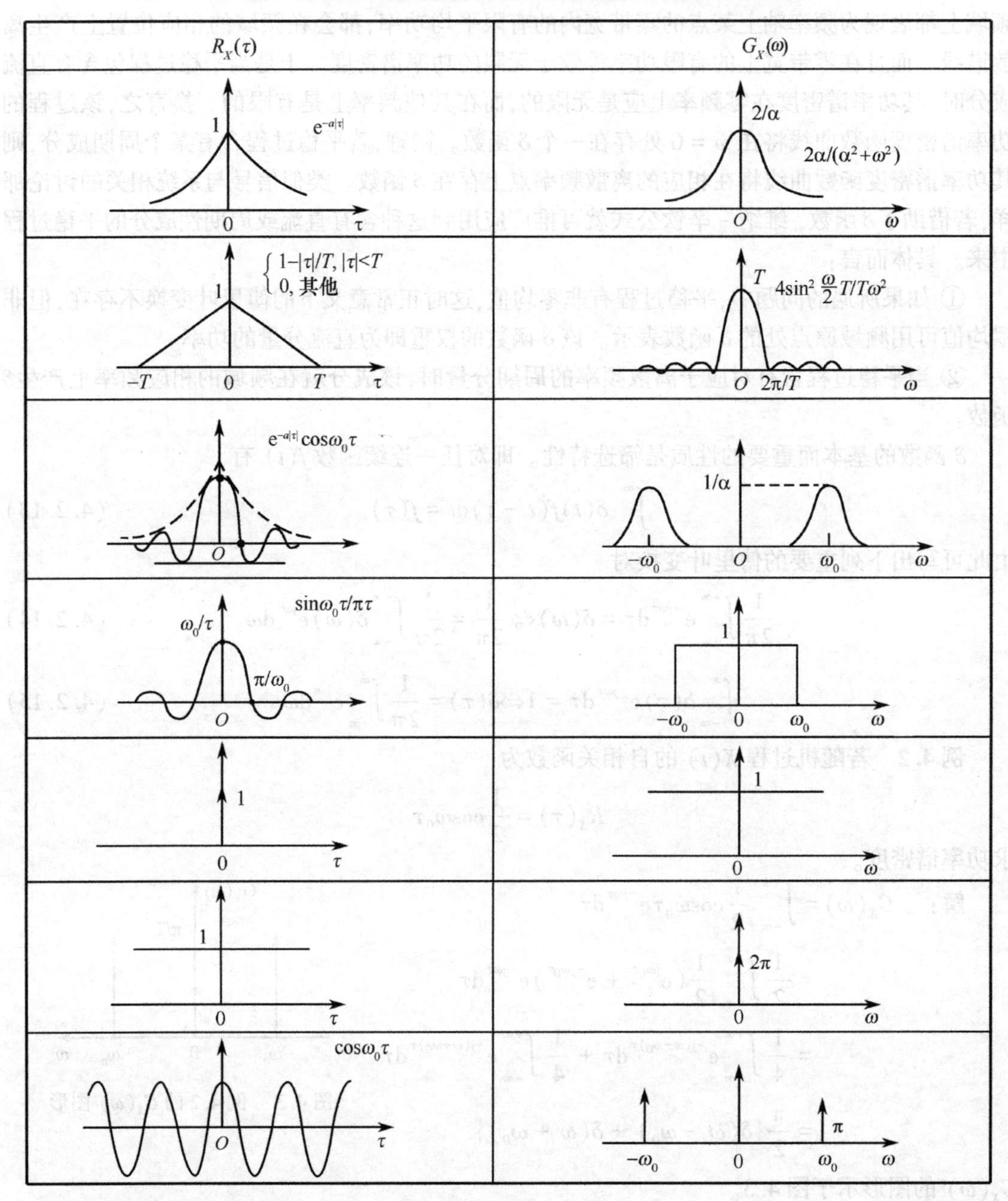

最后讨论非平稳随机过程的例子，这种情况下，由式(4.2.6)中知，积分号下是非平稳过程自相关函数的时间平均值，因而其傅里叶变换也是时间平均功率谱密度。

例 4.4　若平稳过程 $X(t)$ 的功率谱密度为 $G_X(\omega)$，又有

$$Y(t) = aX(t)\cos\omega_0 t$$

式中，a 为常数，求功率谱密度 $G_Y(\omega)$。

解：

$$\begin{aligned} R_Y(t,t+\tau) &= E[Y(t)Y(t+\tau)] \\ &= E[a^2X(t)X(t+\tau)\cos\omega_0 t\cos\omega_0(t+\tau)] \end{aligned}$$

$$=\frac{a^2}{2}R_X(\tau)[\cos\omega_0\tau+\cos(2\omega_0 t+\omega_0\tau)]$$

显然,$Y(t)$ 是非平稳随机过程,此时只能有

$$G_Y(\omega)=\int_{-\infty}^{+\infty}\overline{R}_Y(t,t+\tau)\mathrm{e}^{-\mathrm{j}\omega\tau}\mathrm{d}\tau$$

而由式(4.2.6) 知
$$\overline{R}_Y(t,t+\tau)=\frac{a^2}{2}R_X(\tau)\cos\omega_0\tau$$

所以
$$G_Y(\omega)=\frac{a^2}{4}\{G_X(\omega-\omega_0)+G_X(\omega+\omega_0)\}$$

当 $Y(t)=aX(t)\sin\omega_0 t$ 时,很容易推导出同样的结果。

若例 4.4 中 $G_X(\omega)$ 如图 4.4(a) 所示,则 $G_Y(\omega)$ 如图 4.4(b) 所示。

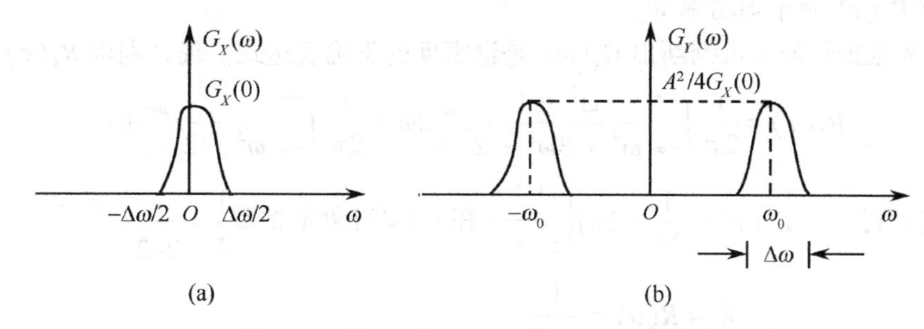

图 4.4　例 4.4 的 $G_X(\omega)$ 和 $G_Y(\omega)$ 示意图

顺便指出,例 4.4 实际上运用了相乘运算实现频谱搬移。这种运算和相应的系统有重要的实用价值,几乎被用于所有包含有载波调制信号的通信收发机中,以及频谱分析仪中。

4.3　功率谱密度的性质

功率谱密度有如下性质:

性质 1　非负性:$G_X(\omega)\geqslant 0$。　(4.3.1)

根据功率谱密度的定义式(4.1.10),考虑到其中的 $|X_T(\omega)|^2$ 必然非负,故其数学期望值也是非负的,因而得证。

性质 2　$G_X(\omega)$ 是实函数。

因为 $|X_T(\omega)|^2$ 是实函数,所以它的数学期望必为实的。

性质 3　$G_X(\omega)$ 是偶函数,即

$$G_X(\omega)=G_X(-\omega) \tag{4.3.2}$$

因为 $|X_T(\omega)|^2=X_T(\omega)\ X_T(-\omega)$,所以 $|X_T(\omega)|^2$ 是偶函数,故它的数学期望也必然是偶函数。

性质 4
$$G_{X'}(\omega)=\omega^2 G_X(\omega) \tag{4.3.3}$$

式中,$X'(t)=\mathrm{d}X(t)/\mathrm{d}t$。

式(4.3.3) 由傅里叶变换的微分性质

$$\frac{\mathrm{d}x(t)}{\mathrm{d}t}\Leftrightarrow(\mathrm{j}\omega)X(\omega)$$

代入 $G_X(\omega)$ 的定义式即可得证。

性质 5 有理谱密度是实际应用中最常见的一类功率谱密度,自然界和工程实际应用中的有色噪声常常可用有理函数形式的功率谱密度来逼近。

根据谱密度的上述性质 1、2、3,它应具有如下形式

$$G_X(\omega)=G_0\frac{\omega^{2n}+a_{2n-2}\omega^{2n-2}+\cdots+a_0}{\omega^{2m}+b_{2m-2}\omega^{2m-2}+\cdots+b_0} \tag{4.3.4}$$

式中,$G_0>0$,又由于要求平均功率有限,所以一般必须满足 $m>n$。此外,分母应该无实数根。

例 4.5 已知平稳过程 $X(t)$ 具有如下功率谱密度

$$G_X(\omega)=\frac{\omega^2+1}{\omega^4+3\omega^2+2}$$

求相关函数 $R_X(\tau)$ 及平均功率 W。

解: 首先根据性质 5 可判断出 $G_X(\omega)$ 是谱密度的正确表达式。现分别求 $R_X(\tau)$ 及 W。

$$R_X(\tau)=\frac{1}{2\pi}\int_{-\infty}^{+\infty}\frac{\omega^2+1}{\omega^4+3\omega^2+2}\mathrm{e}^{\mathrm{j}\omega\tau}\mathrm{d}\omega=\frac{1}{2\pi}\int_{-\infty}^{+\infty}\frac{1}{\omega^2+2}\mathrm{e}^{\mathrm{j}\omega\tau}\mathrm{d}\omega$$

利用留数定理得 $$R_X(\tau)=\frac{1}{2\pi}\cdot 2\pi\mathrm{j}\left\{\frac{\mathrm{e}^{\mathrm{j}|\tau|z}}{z^2+2}\text{在 } z=\sqrt{2}\mathrm{j}\text{ 处的留数}\right\}=\frac{1}{2\sqrt{2}}\mathrm{e}^{-\sqrt{2}|\tau|}$$

$$W=R(0)=\frac{1}{2\sqrt{2}}$$

4.4 互谱密度及其性质

在实际应用中还经常需要研究两个随机过程之和构成的新的随机过程。例如 $Z(t)=X(t)+Y(t)$。随机过程 $Z(t)$ 的自相关函数为

$$\begin{aligned}R_Z(t,t+\tau)&=E[\{X(t)+Y(t)\}\{X(t+\tau)+Y(t+\tau)\}]\\&=R_X(t,t+\tau)+R_Y(t,t+\tau)+R_{XY}(t,t+\tau)+R_{YX}(t,t+\tau)\end{aligned} \tag{4.4.1}$$

若两个随机过程 $X(t)$,$Y(t)$ 单独平稳且联合平稳,则 $Z(t)$ 必然也是平稳的,并且有

$$R_Z(\tau)=R_X(\tau)+R_Y(\tau)+R_{XY}(\tau)+R_{YX}(\tau) \tag{4.4.2}$$

取傅里叶变换,可得新过程 $Z(t)$ 的谱密度为

$$G_Z(\omega)=G_X(\omega)+G_Y(\omega)+\int_{-\infty}^{+\infty}R_{XY}(\tau)\mathrm{e}^{-\mathrm{j}\omega\tau}\mathrm{d}\tau+\int_{-\infty}^{+\infty}R_{YX}(\tau)\mathrm{e}^{-\mathrm{j}\omega\tau}\mathrm{d}\tau \tag{4.4.3}$$

等式右边的后两项为下面将要讨论的平稳随机过程互谱密度,并记为 $G_{XY}(\omega)$ 和 $G_{YX}(\omega)$。这里

$$G_{XY}(\omega)=\int_{-\infty}^{+\infty}R_{XY}(\tau)\mathrm{e}^{-\mathrm{j}\omega\tau}\mathrm{d}\tau \tag{4.4.4}$$

$$G_{YX}(\omega)=\int_{-\infty}^{+\infty}R_{YX}(\tau)\mathrm{e}^{-\mathrm{j}\omega\tau}\mathrm{d}\tau \tag{4.4.5}$$

必须指出,当随机过程 $X(t)$ 和 $Y(t)$ 非平稳时,相加所得的新过程也可能是宽平稳的,因而它可以按维纳-辛钦公式得到功率谱密度。例如:有两个随机过程 $A(t)$ 和 $B(t)$ 相互独立,各自平稳,均值都为零,自相关函数相等。此时新过程 $X(t)=A(t)\cos t$ 和 $Y(t)=B(t)\sin t$ 显然都不是平稳的,但随机过程 $Z(t)=X(t)+Y(t)$ 却是宽平稳的(见习题3.16)。此外,当随机过程 $X(t)$ 和 $Y(t)$ 都平稳时,也保证不了两个过程之和的新过程是宽平稳的。总之两个随机过

程单独平稳和联合平稳不能互相推论。

1. 互谱密度

这里采用类似于自功率谱密度的研究方法，设有两个联合平稳的随机过程 $X(t)$ 和 $Y(t)$，若 $x(t,\xi)$ 和 $y(t,\xi)$ 分别为 $X(t)$ 和 $Y(t)$ 的某一个样本函数，相应的截取函数是 $x_T(t,\xi)$ 和 $y_T(t,\xi)$，而 $x_T(t,\xi)$ 和 $y_T(t,\xi)$ 的傅里叶变换分别是 $X_T(\omega,\xi)$ 和 $Y_T(\omega,\xi)$。按与前面对功率谱密度的相同分析方法，定义 $X(t)$ 和 $Y(t)$ 的互谱密度函数为

$$G_{XY}(\omega)=\lim_{T\to\infty}\frac{E[X_T(-\omega,\xi)Y_T(\omega,\xi)]}{2T} \tag{4.4.6}$$

$$G_{YX}(\omega)=\lim_{T\to\infty}\frac{E[Y_T(-\omega,\xi)X_T(\omega,\xi)]}{2T} \tag{4.4.7}$$

对于实函数 $x_T(t,\xi)$ 和 $y_T(t,\xi)$，其频谱一般都是复函数，并有 $X_T^{\ *}(\omega,\xi)=X_T(-\omega,\xi)$，$Y_T^{\ *}(\omega,\xi)=Y_T(-\omega,\xi)$（这里“$*$”表示复共扼）。所以式(4.4.6)和式(4.4.7)又可写成

$$G_{XY}(\omega)=\lim_{T\to\infty}\frac{E[X_T^*(\omega,\xi)Y_T(\omega,\xi)]}{2T} \tag{4.4.8}$$

$$G_{YX}(\omega)=\lim_{T\to\infty}\frac{E[Y_T^*(\omega,\xi)X_T(\omega,\xi)]}{2T} \tag{4.4.9}$$

同前，式中 ξ 表示某次实验结果，书写时常略去。由式(4.4.8)和式(4.4.9)可见，互谱密度与实平稳过程的自功率谱密度不同。它不再是 ω 的实的、非负的偶函数，而是具有下面所述的性质。

2. 互谱密度的性质

性质 1
$$G_{XY}(\omega)=G_{YX}(-\omega)=G_{YX}^*(\omega) \tag{4.4.10}$$

由定义式(4.4.8)和式(4.4.9)即可得证。

性质 2　$\mathrm{Re}[G_{XY}(\omega)]$ 和 $\mathrm{Re}[G_{YX}(\omega)]$ 是 ω 的偶函数；$\mathrm{Im}[G_{XY}(\omega)]$ 和 $\mathrm{Im}[G_{YX}(\omega)]$ 是 ω 的奇函数。

这里 $\mathrm{Re}[\cdot]$ 和 $\mathrm{Im}[\cdot]$ 分别表示复数的实部和虚部。上面两点说明若将互谱密度分解为实部和虚部，即

$$G_{XY}(\omega)=\mathrm{Re}[G_{XY}(\omega)]+\mathrm{j}\,\mathrm{Im}[G_{XY}(\omega)]$$
$$G_{YX}(\omega)=\mathrm{Re}[G_{YX}(\omega)]+\mathrm{j}\,\mathrm{Im}[G_{YX}(\omega)]$$

则有
$$\mathrm{Re}[G_{XY}(\omega)]=\mathrm{Re}[G_{YX}(-\omega)]=\mathrm{Re}[G_{YX}(\omega)] \tag{4.4.11}$$

$$\mathrm{Im}[G_{XY}(\omega)]=\mathrm{Im}[G_{YX}(-\omega)]=-\mathrm{Im}[G_{YX}(\omega)] \tag{4.4.12}$$

该式利用性质 1 很容易得到证明。

性质 3　若平稳过程 $X(t)$ 和 $Y(t)$ 相互正交，则有

$$G_{XY}(\omega)=0 \tag{4.4.13}$$

$$G_{YX}(\omega)=0 \tag{4.4.14}$$

性质 4　若 $X(t)$ 和 $Y(t)$ 是两个不相关的平稳过程，分别有均值 m_X 和 m_Y，则

$$G_{XY}(\omega)=G_{YX}(\omega)=2\pi m_X m_Y\delta(\omega) \tag{4.4.15}$$

证明参看习题4.19。

性质5 若随机过程 $X(t)$ 和 $Y(t)$ 联合平稳，$R_{XY}(\tau)$ 绝对可积，则互谱密度和互相关函数构成傅里叶变换对，即

$$G_{XY}(\omega) = \int_{-\infty}^{+\infty} R_{XY}(\tau)\mathrm{e}^{-\mathrm{j}\omega\tau}\mathrm{d}\tau \tag{4.4.16}$$

$$G_{YX}(\omega) = \int_{-\infty}^{+\infty} R_{YX}(\tau)\mathrm{e}^{-\mathrm{j}\omega\tau}\mathrm{d}\tau \tag{4.4.17}$$

$$R_{XY}(\tau) = \frac{1}{2\pi}\int_{-\infty}^{+\infty} G_{XY}(\omega)\mathrm{e}^{\mathrm{j}\omega\tau}\mathrm{d}\omega \tag{4.4.18}$$

$$R_{YX}(\tau) = \frac{1}{2\pi}\int_{-\infty}^{+\infty} G_{YX}(\omega)\mathrm{e}^{\mathrm{j}\omega\tau}\mathrm{d}\omega \tag{4.4.19}$$

以上关系式可以用证明维纳－辛钦公式的同样方法证明之。

例4.6 已知平稳过程 $X(t)$，$Y(t)$ 的互谱密度为

$$G_{XY}(\omega) = \begin{cases} a + \mathrm{j}b\dfrac{\omega}{\Omega}, & -\Omega < \omega < \Omega \\ 0, & \text{其他} \end{cases}$$

式中，$\Omega > 0$，a,b 为实常数，求互相关函数 $R_{XY}(\tau)$。

解：

$$\begin{aligned} R_{XY}(\tau) &= \frac{1}{2\pi}\int_{-\Omega}^{\Omega}\left(a + \mathrm{j}b\frac{\omega}{\Omega}\right)\mathrm{e}^{\mathrm{j}\omega\tau}\mathrm{d}\omega \\ &= \frac{a}{2\pi}\int_{-\Omega}^{\Omega}\mathrm{e}^{\mathrm{j}\omega\tau}\mathrm{d}\omega + \mathrm{j}\frac{b}{2\pi\Omega}\int_{-\Omega}^{\Omega}\omega\mathrm{e}^{\mathrm{j}\omega\tau}\mathrm{d}\omega \\ &= \frac{1}{\pi\Omega\tau^2}\{(a\Omega\tau - b)\sin\Omega\tau + b\Omega\tau\cos\Omega\tau\} \end{aligned}$$

3. 相干函数

类似于在时(滞)域引入的互相关系数(见式(3.2.18))，可以在频域定义一个 $X(t)$ 和 $Y(t)$ 的相干函数，即

$$\gamma_{XY}^2(\omega) = \frac{|G_{XY}(\omega)|^2}{G_X(\omega)G_Y(\omega)} \tag{4.4.20}$$

学习下一章后，回过来容易证明，当 $Y(t)$ 是 $X(t)$ 激励一个线性系统的输出时，$\gamma_{XY}^2(\omega) = 1$，一般情况，$0 \leqslant \gamma_{XY}^2(\omega) \leqslant 1$。相干函数在未知系统辨识应用中，用来分析测量数据的质量，考查未知系统的线性性质，以及了解系统内部噪声情况。下一章将举例说明它的应用。

4.5 白噪声与白序列

1. 白噪声的定义及特性

一个均值为零，功率谱密度在整个频率轴上有非零常数，即

$$G_N(\omega) = N_0/2, \quad -\infty < \omega < \infty \tag{4.5.1}$$

的平稳过程 $N(t)$，被称为白噪声过程或简称白噪声。式(4.5.1)中 N_0 是正实常数。利用傅里叶反变换可求出白噪声的自相关函数为

$$R_N(\tau) = \frac{1}{2\pi}\int_{-\infty}^{+\infty} \frac{N_0}{2}\mathrm{e}^{\mathrm{j}\omega\tau}\mathrm{d}\omega = \frac{N_0}{2}\delta(\tau) \tag{4.5.2}$$

白噪声的“白”字是由光学中的“白光”借用而来的，白光在它的频谱上包含了所有可见光的频率成分。白噪声的功率谱密度和自相关函数示于图4.5中。白噪声的相关系数$\rho_N(\tau)$为

$$\rho_N(\tau) = \frac{C_N(\tau)}{C_N(0)} = \frac{R_N(\tau) - R_N(\infty)}{R_N(0) - R_N(\infty)} = \frac{R_N(\tau)}{R_N(0)}$$

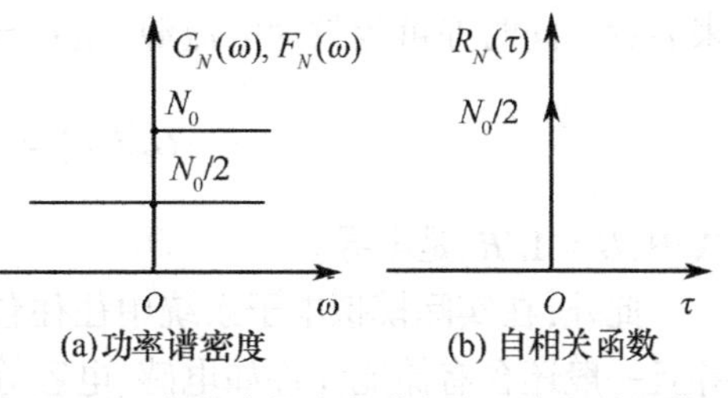

(a)功率谱密度　(b)自相关函数

图4.5　白噪声的功率谱密度和自相关函数

故有

$$\rho_N(\tau) = \begin{cases} 1, & \tau = 0 \\ 0, & \tau \neq 0 \end{cases} \tag{4.5.3}$$

式(4.5.3)表明白噪声在任何两个相邻时刻(不管这两个时刻多么邻近)的状态都是不相关的，即白噪声随时间的起伏变化极快，且过程的功率谱极宽。实际上这样定义的白噪声，只是一种理想化的模型，实际不可能存在。因为按照定义式(4.5.1)计算它的平均功率，其结果是无穷大，即

$$\frac{1}{2\pi}\int_{-\infty}^{+\infty} G_N(\omega)\,\mathrm{d}\omega = \frac{N_0}{4\pi}\int_{-\infty}^{+\infty}\mathrm{d}\omega = \infty$$

然而在自然界和工程应用中，实际上存在的随机过程其平均功率总是有限的，同时实际随机过程在非常邻近的两个时刻的状态总会存在一定的相关性，也就是说其相关函数不可能是一个严格的δ函数。尽管如此，由于白噪声在数学处理上具有简单方便的优点，所以在实际应用中仍占有重要的地位。实际上，当我们所研究的随机过程，在比有用频带宽得多的范围内具有均匀的功率谱密度时，就可视为白噪声来处理，而不会带来多大的误差。电子设备中的起伏过程许多都可以作为白噪声来处理。例如电子管、半导体的散弹噪声和电阻热噪声在相当宽的频率范围内都具有均匀的功率谱密度，一般就视为白噪声。其他许多干扰过程，只要它的功率谱比电子系统的通频带宽得多，而其功率谱密度又在系统通带及其附近分布比较均匀，都可以作为白噪声来处理。

考虑到热噪声在通信系统中的重要性，并注意到正是热噪声的存在，才造成了对通信系统性能(如接收机的灵敏度)的基本限制，为此，作为白噪声的重要应用实例，下面简要地讨论一下热噪声。

2. 热噪声

热噪声指的是电路中由于各电阻内电子热骚动(布朗运动)而产生的随机起伏电压和电流，约翰逊(Johnson)和奈奎斯特(Nyquist)从实验和理论两个方面研究和证明了阻值为R的电阻两端噪声电压N_U的均方值为

$$E[N_U^2(t)] = 4kTR\Delta f \tag{4.5.4}$$

式中，T是热力学温度；$k = 1.38\times10^{-23}\,\mathrm{J/K}$，是玻尔兹曼(Boltzmann)常数；$\Delta f$是带宽。其功率谱密度为

$$G_{N_U}(f) = \frac{E[N_U^2(f)]}{2\Delta f} = 2kTR \tag{4.5.5}$$

与频率无关，即具有平坦的功率谱，而且$E[N_U(t)] = 0$，因而可以看成白噪声。

在第8章将指出,$N_U(t)$ 是高斯分布的随机过程。这样就得到了热噪声的完整统计特性。

在分析时,常把真实噪声电阻 R,用理想无噪声电阻 R 与一个噪声电源 $N_U(t)$ 的串联电路来表示。同时亦可等效为电流源 $N_I(t) = N_U(t)/R$ 相并联的电路表示(见图4.6)。

$$G_{N_I}(\omega) = \frac{G_{N_U}(\omega)}{R^2} = \frac{2kTR}{R^2} = 2kTG \tag{4.5.6}$$

式中,$G = 1/R$,是电导。

此外,在实际模拟电子系统中往往包含有多个电阻(各个电阻的噪声源是相互独立的),并且一般还含有储能元件如电感、电容等。此时,由噪声源 $N_U(t)$ 引起的热噪声电压 $V(t)$ 和热噪声电流的功率谱密度分别为

$$G_U(\omega) = 2kT\mathrm{Re}[Z(\omega)] \tag{4.5.7}$$

$$G_I(\omega) = 2kT\mathrm{Re}[Y(\omega)] \tag{4.5.8}$$

见后面5.2节的例5.6,式(4.5.7)和式(4.5.8)中,$Z(\omega)$ 和 $Y(\omega)$ 为网络的输入阻抗和输入导纳(见图4.7)。

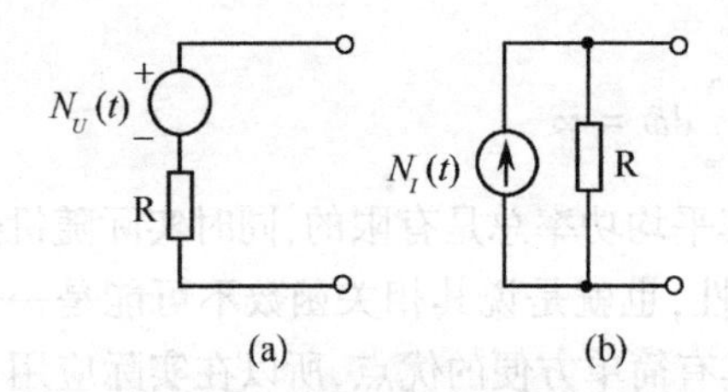

图4.6　噪声电阻的等效电路

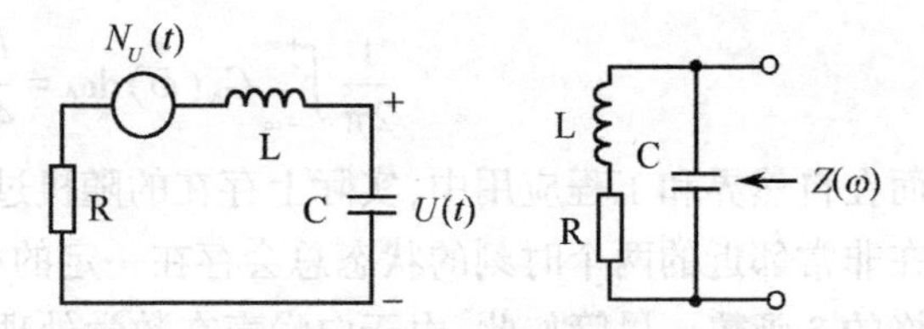

图4.7　包含有噪声电阻的网络及输入阻抗

3. 噪声系数和温度

对信息传输系统的接收机来讲,热噪声的存在是限制其灵敏度的主要因素。在这里有必要介绍一下有关噪声系数与噪声温度的概念。

(1) 噪声系数(指数)

在一般的信息传输系统(如雷达、通信、广播电视等)的接收机中信号与噪声一起被传送。由于各个传输环节将引入新的噪声,信噪比将不可避免地下降。因而在理论上我们希望有这样的系统,除了系统输入端所存在的噪声外,它不再引入额外的噪声。这样在整个系统内各级均有恒定的信噪比,因为信号与噪声同时被放大或衰减相同的倍数。实际上这当然是不可能的,因为任何电阻元件及晶体管都要引入附加的噪声,信噪比必然不断下降。研究系统中各点的信噪比,使我们能够合理地设计电路和系统来减少噪声的影响。因而建立一个衡量系统本身“噪声大小”的测度方法是重要的。一个特别有用的测度量就是系统(接收机)的噪声系数(指数),它定义为系统输入端信噪比(S_i/N_i)与输出端信噪比(S_o/N_o)之比,即

$$F = (S_i/N_i)/(S_o/N_o)$$

也可用分贝数来表示,即 $10\lg F$(分贝)。

20世纪50年代的雷达接收机一般具有10～16分贝的噪声系数,即 F 为10～40,接收机的主要噪声是接收机自身产生的。现代接收机前端采用行波放大器或低噪声晶体管放大器,噪声系数可小到2。随着电子技术的进一步发展,在射电天文学与卫星通信中使用的冷参量子放大器的 $F = 1.1$,常参量子放大器的 $F = 1.15$。在这种情况下接收机本身可以被看成一个理想系统了。作为微弱信号接收的主要障碍已不是接收机噪声,而是由天线引入的外部噪声,

因而目前一般采用噪声温度的概念。

(2) 噪声温度

首先复习一下可用功率与可用功率增益的概念。设信号源 e_S 通过内阻 R_S 向负载 R_L 提供功率,只有当 $R_S=R_L$ 时,负载上才能得到最大功率,称为可用功率。此时

$$P_S=\frac{e_S^2}{4R_S} \tag{4.5.9}$$

对热噪声,由式(4.5.4)知

$$P_{N_i}=4kTR_S\Delta f \tag{4.5.10}$$

则对噪声的可用功率为

$$P_{N_o}=kT\Delta f \tag{4.5.11}$$

可用功率增益 G 则定义为输出可用功率与输入可用功率之比,即

$$G=\frac{P_o}{P_i} \tag{4.5.12}$$

现在来定义噪声温度,如图 4.8 所示,设它的输入接有等效热噪声源 T_S,系统的可用增益为 G,带宽为 Δf,内部噪声为

$$N_0=GkT_S\Delta f+N_n \tag{4.5.13}$$

式中,N_n 为内部噪声源产生的输出噪声。如果我们假定 N_n 是由于在系统输入端的温度为 T_e 的虚设热噪声源引起的输出,则必有

$$N_n=GkT_e\Delta f \tag{4.5.14}$$

那么 T_e 就定义为有效噪声温度,或简称系统的噪声温度。显然若 $T_e\ll T_S$,则系统本身产生的噪声很小。容易证明噪声系数与噪声温度之间的关系为

$$F=\frac{N_0}{GN_S}=1+\frac{N_n}{GN_S}=1+\frac{T_e}{T_S} \tag{4.5.15}$$

例如,对 30K 的高频头,当 T_S 为室温 300K 时,相当于噪声系数为 1.1。

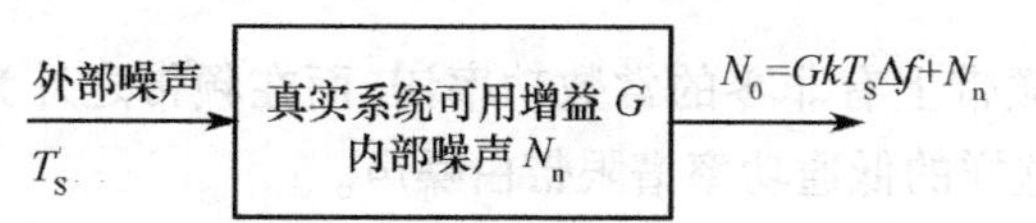

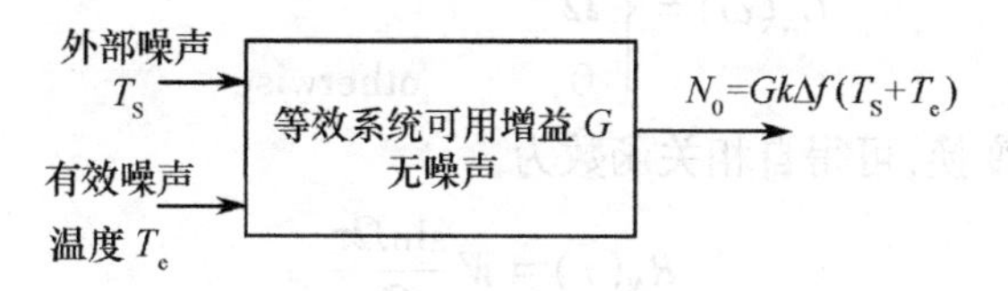

图 4.8　系统噪声温度示意图

4. 白序列(RND 伪随机序列)

与连续的白噪声过程相对应的随机序列则是白序列。我们知道白噪声过程仅仅是一种理想化的近似,但是白序列却不受此限制,而实际存在。设随机序列 Z_n,它的自相关函数满足

$$R_Z(k)=\begin{cases}\sigma_Z^2, & k=0\\ 0, & k\neq 0\end{cases} \tag{4.5.16}$$

或
$$R_Z(k) = \sigma_Z^2 \delta(k) \tag{4.5.17}$$
式中,$\delta(k)$ 为单位冲激序列,其定义为
$$\delta(k) = \begin{cases} 1, & k = 0 \\ 0, & k \neq 0 \end{cases} \tag{4.5.18}$$
在第 9 章将证明,对于白序列,其功率谱
$$G_Z(\omega) = \sigma_Z^2, \quad \forall \omega \tag{4.5.19}$$
白序列可以由白噪声等间隔抽样得到,但更为方便的办法是通过一个计算机软件,由函数来产生。白序列在随机信号分析中的作用有如 δ 函数,与单位冲激序列在确定性信号与系统中作用一样,它是一种基本的信号形式,也是系统辨识,即随机模拟实验极为重要的信号源。使用 MATLAB 工具可以方便地调用 RND 函数,得到一个白噪声序列。第 3 章 3.4 节给出了一个产生 100 个零均值的均匀分布的白序列的子程序。如果希望得到一个零均值,方差为 σ_Z^2 的高斯分布白噪声序列,则有两种方法可用,一种方法是上一章介绍的用 $N = 12$ 个均匀分布随机数之和来逼近;另一种方法则是用变换的方法。下面给出一段产生 $N(0,1)$ 高斯白噪声序列的子程序。

```
for i = 1:100;
    r1 = rand;
    r2 = rand;
    x = sqrt( - 2 * log(r1)) * cos(2 * pi * r2)
end
```

更为简单的方法是可以直接调用 MATLAB 函数 x = randn(100,1),产生 100 个点的 $N(0,1)$ 高 斯白噪声序列随机向量,若将 x 再乘以 σ_Z 则可得到 $N(0,\sigma_Z^2)$ 的高斯白序列。

严格说来,由计算机产生的序列是一种近似的白序列,即它存在一定的周期性,只不过周期十分大而已(典型值为 10^6 个样本),因而一般称这种随机序列为伪随机序列或伪随机数。在上一章已给出这种白序列的一种检验方法。

5. 限带白噪声

若噪声在一个有限频带上有非零的常数功率谱,而在频带之外为零,则被称做限带白噪声。图 4.9 给出了一个这样的低通功率谱限带白噪声。
$$G_N(\omega) = \begin{cases} \dfrac{\pi W}{\Omega}, & -\Omega < \omega < \Omega \\ 0, & \text{otherwise} \end{cases} \tag{4.5.20}$$
求 $G_N(\omega)$ 的傅里叶反变换,可得自相关函数为
$$R_N(\tau) = W \frac{\sin \Omega\tau}{\Omega\tau} \tag{4.5.21}$$
$R_N(\tau)$ 的图形示于图 4.9(b),常数 W 等于噪声功率。限带白噪声也可以是带通的,如图 4.10 所示。其功率谱密度与自相关函数分别为
$$G_N(\omega) = \begin{cases} \dfrac{\pi W}{\Omega}, & \omega_0 - \Omega/2 < |\omega| < \omega_0 + \Omega/2 \\ 0, & \text{其他} \end{cases} \tag{4.5.22}$$
$$R_N(\tau) = W \frac{\sin(\Omega\tau/2)}{\Omega\tau/2} \cos\omega_0\tau \tag{4.5.23}$$

式中，ω_0 和 Ω 是常数，W 是噪声功率。

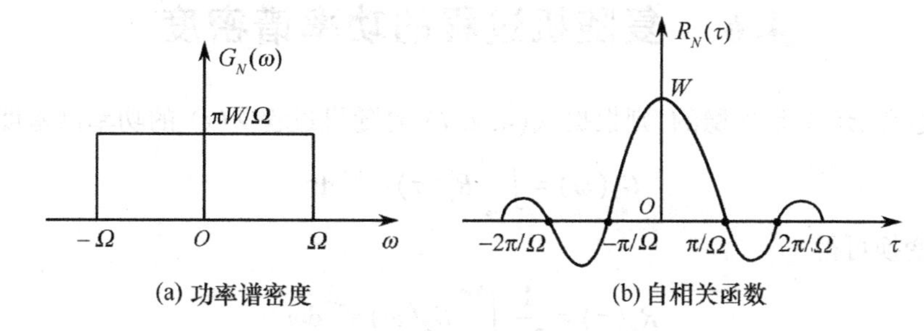

(a) 功率谱密度　　(b) 自相关函数

图 4.9　低通限带白噪声

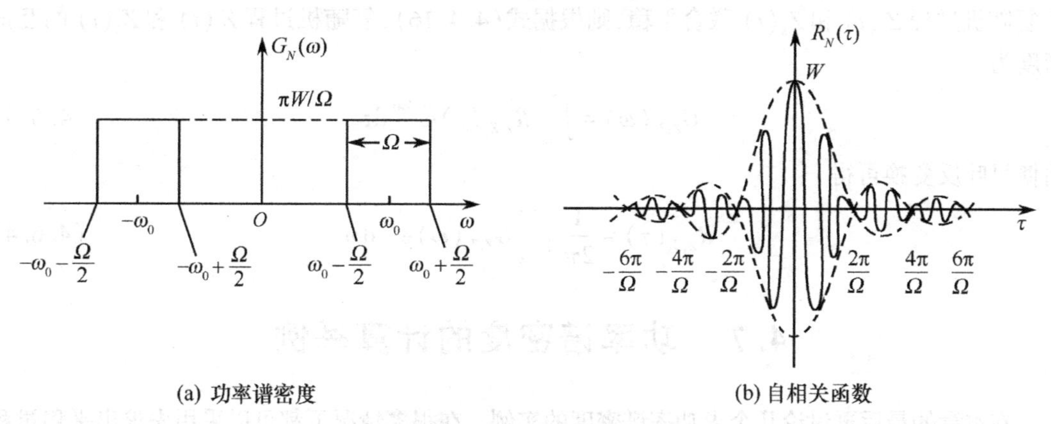

(a) 功率谱密度　　(b) 自相关函数

图 4.10　带通限带白噪声

我们定义任意的非白噪声为有色噪声（或称色噪声）。下面给出一个有色噪声的例子。

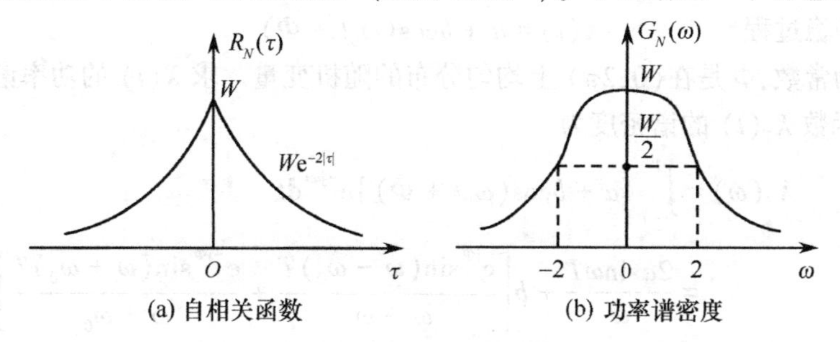

(a) 自相关函数　　(b) 功率谱密度

图 4.11　有色噪声例子

例 4.7　设 $N(t)$ 为平稳过程，并有如下自相关函数

$$R_N(\tau) = We^{-2|\tau|}$$

式中，W 是常数。求 $N(t)$ 的功率谱密度 $G_N(\omega)$。

解：

$$\begin{aligned} G_N(\omega) &= \int_{-\infty}^{+\infty} We^{-2|\tau|}e^{-j\omega t}d\tau \\ &= W\left[\int_0^{\infty} e^{-(2+j\omega)\tau}d\tau + \int_{-\infty}^{0} e^{(2-j\omega)\tau}d\tau\right] \\ &= \frac{4W}{4+\omega^2} \end{aligned}$$

图 4.11 示出了本题的 $R_N(\tau)$ 及 $G_N(\omega)$。

4.6 复随机过程的功率谱密度

若随机过程 $Z(t)$ 是平稳的，则根据式(4.2.7) 复随机过程 $Z(t)$ 的功率谱密度为

$$G_Z(\omega) = \int_{-\infty}^{+\infty} R_Z(\tau)\mathrm{e}^{-\mathrm{j}\omega\tau}\mathrm{d}\tau \tag{4.6.1}$$

由傅里叶反变换可得

$$R_Z(\tau) = \frac{1}{2\pi}\int_{-\infty}^{+\infty} G_Z(\omega)\mathrm{e}^{\mathrm{j}\omega\tau}\mathrm{d}\omega \tag{4.6.2}$$

若复随机过程 $Z_i(t)$ 和 $Z_k(t)$ 联合平稳，则根据式(4.4.16)，复随机过程 $Z_i(t)$ 和 $Z_k(t)$ 的互谱密度为

$$G_{Z_iZ_k}(\omega) = \int_{-\infty}^{+\infty} R_{Z_iZ_k}(\tau)\mathrm{e}^{-\mathrm{j}\omega\tau}\mathrm{d}\tau \tag{4.6.3}$$

由傅里叶反变换可得

$$R_{Z_iZ_k}(\tau) = \frac{1}{2\pi}\int_{-\infty}^{+\infty} G_{Z_iZ_k}(\omega)\mathrm{e}^{\mathrm{j}\omega\tau}\mathrm{d}\omega \tag{4.6.4}$$

4.7 功率谱密度的计算举例

在本章的最后再讨论几个求功率谱密度的实例。在很多情况下都可以采用先求出平稳过程的相关函数，然后再由维纳－辛钦公式求出功率谱密度的方法；但有些情况下，直接利用谱密度定义式(4.1.10) 则更为方便。前一种方法已做了介绍，本节就后一种方法举几个有用的实例。

例 4.8 平稳过程 $X(t) = a + b\cos(\omega_0 t + \varPhi)$ (4.7.1)

式中，a, b, ω_0 为常数，$\varPhi$ 是在$(0,2\pi)$ 上均匀分布的随机变量。求 $X(t)$ 的功率谱密度。

解： 截取函数 $X_T(t)$ 的谱密度为

$$\begin{aligned} X_T(\omega) &= \int_{-T}^{T}[a + b\cos(\omega_0 t + \varPhi)]\mathrm{e}^{-\mathrm{j}\omega t}\mathrm{d}t \\ &= \frac{2a\sin\omega T}{\omega} + b\left[\frac{\mathrm{e}^{\mathrm{j}\varPhi}\sin(\omega - \omega_0)T}{\omega - \omega_0} + \frac{\mathrm{e}^{-\mathrm{j}\varPhi}\sin(\omega + \omega_0)T}{\omega + \omega_0}\right] \end{aligned}$$

求 $|X_T(\omega)|^2$ 的运算可得九项，其中某些项与随机变量 $\varPhi$ 无关，而其余项或者包含 $\mathrm{e}^{\pm\mathrm{j}\varPhi}$，或者包含 $\mathrm{e}^{\pm\mathrm{j}2\varPhi}$。又因为包含 $\mathrm{e}^{\pm\mathrm{j}\varPhi}$ 和 $\mathrm{e}^{\pm\mathrm{j}2\varPhi}$ 的项求数学期望值后为零，于是得到

$$E[|X_T(\omega)|^2] = 4a^2\left[\frac{\sin^2\omega T}{\omega^2}\right] + b^2\left[\frac{\sin^2(\omega - \omega_0)T}{(\omega - \omega_0)^2} + \frac{\sin^2(\omega + \omega_0)T}{(\omega + \omega_0)^2}\right]$$

由式(4.1.10) 得 $G_X(\omega) = \lim\limits_{T\to\infty}\dfrac{1}{2T}E[|X_T(\omega)|^2]$

$$= \lim_{T\to\infty}\left\{2a^2T\left[\frac{\sin\omega T}{\omega T}\right]^2 + \frac{b^2T}{2}\left[\frac{\sin(\omega - \omega_0)T}{(\omega - \omega_0)T}\right]^2 + \frac{b^2T}{2}\left[\frac{\sin(\omega + \omega_0)T}{(\omega + \omega_0)T}\right]^2\right\}$$

下面来求 $\lim\limits_{T\to\infty}T\left[\dfrac{\sin\omega T}{\omega T}\right]^2$。

显然 $\omega \neq 0$ 时，由于 $\sin\omega T$ 不可能超过 1，有

$$\lim_{T\to\infty} T\left[\frac{\sin\omega T}{\omega T}\right]^2 = 0$$

而 $\omega = 0$ 时

$$\left.\frac{\sin\omega T}{\omega T}\right|_{\omega=0} = 1$$

故有

$$\lim_{T\to\infty} T\left.\left[\frac{\sin\omega T}{\omega T}\right]^2\right|_{\omega=0} \to \infty$$

因此综合上述两种情况后，可得

$$\lim_{T\to\infty} T\left[\frac{\sin\omega T}{\omega T}\right]^2 = K\delta(\omega)$$

式中，K 是 δ 函数的面积，其值可用如下方法求出

$$\lim_{T\to\infty}\int_{-\infty}^{+\infty} T\left[\frac{\sin\omega T}{\omega T}\right]^2 \mathrm{d}\omega = \int_{-\infty}^{+\infty} K\delta(\omega)\,\mathrm{d}\omega$$

等式左边的积分对于所有 $T>0$ 的情况都等于 π，故得 $K=\pi$，这样，最后通过三项这类的运算，求得

$$G_X(\omega) = 2\pi a^2\delta(\omega) + \frac{\pi}{2}b^2\delta(\omega-\omega_0) + \frac{\pi}{2}b^2\delta(\omega+\omega_0) \tag{4.7.2}$$

例 4.9 设随机过程 $X(t)$ 为样本函数如图 4.12 所示的随机调幅脉冲序列[①]。假设所有脉冲具有同样的形状，但它们的幅度是随机变量，且各个脉冲相互独立。此外，各幅度变量有同样的均值 m_A 和方差 σ_A^2，脉冲重复周期是常数 t_1，t_0 是在周期 $1/t_1$ 上均匀分布的随机变量。求 $X(t)$ 的功率谱密度 $G_X(\omega)$。

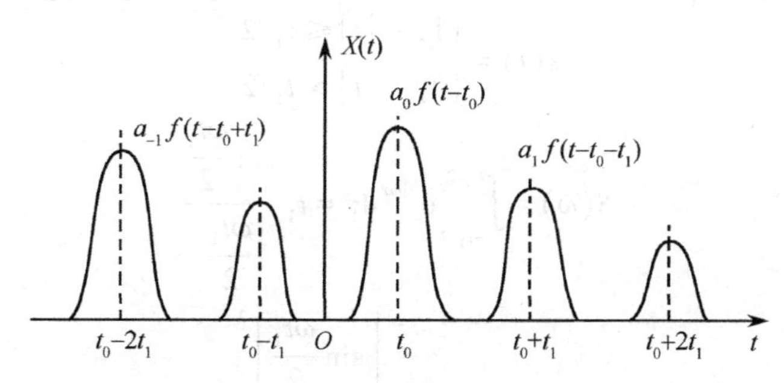

图 4.12 随机幅度脉冲序列

由于推导过程冗长，这里直接给出结果，并引出几个重要结论。

$$G_X(\omega) = |S(\omega)|^2\left[\frac{\sigma_A^2}{t_1} + \frac{2\pi(m_A)^2}{t_1^2}\sum_{n=-\infty}^{\infty}\delta\left(\omega - \frac{2n\pi}{t_1}\right)\right] \tag{4.7.3}$$

式中，$S(\omega)$ 是基本脉冲波形 $s(t)$ 的傅里叶变换。式(4.7.3) 是一个很有用的公式。例如已知脉冲波形是脉宽为 t_2 的矩形时，就可得到相应的功率谱密度，如图 4.13 所示。

由式(4.7.3) 可以得到以下结论：

① 连续谱的幅度与 δ 函数的面积，二者均与基本脉冲波形的频谱的模平方成正比。

② 如果脉冲幅度变量的均值为零，则尽管脉冲是周期性的，也将不出现离散谱。

③ 如果脉冲幅度变量的方差为零，即为等幅脉冲串，则没有连续谱。

① 这类问题在通信系统或取样数据控制系统中常有应用。

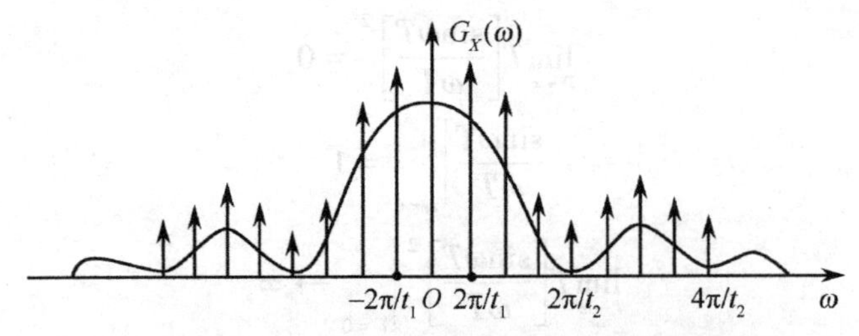

图 4.13　随机调幅矩形脉冲序列的功率谱密度

例 4.10　考虑一个二元通信系统，其信息通过一个脉冲序列的极性编码来传送，其波形如图 4.14 所示。这种二元信号的特点是：所有脉冲有同样的幅度 a，极性或正或负等概率发生，脉冲间统计独立。求此二元信号 $X(t)$ 的功率谱密度 $G_X(\omega)$。

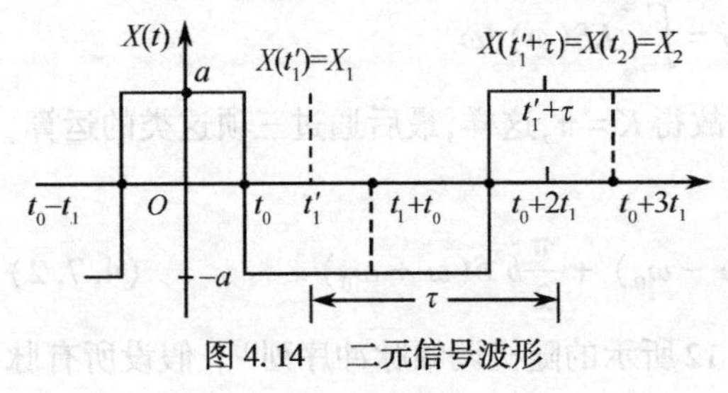

图 4.14　二元信号波形

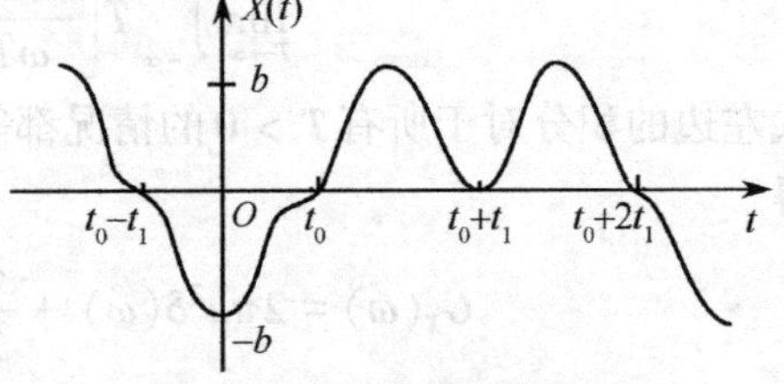

图 4.15　升余弦脉冲序列

解：我们知道，本例正是例 4.9 的具体应用，故可用式(4.7.3)来描述。

由于等幅且两种极性等概率发生，故有 $\sigma_A^2 = a^2, m_A = 0$。于是只要求出基本脉冲的频谱，即可由式(4.7.3)求得 $G_X(\omega)$。

若已知

$$s(t) = \begin{cases} 1, & |t| \leqslant t_1/2 \\ 0, & |t| > t_1/2 \end{cases}$$

则有

$$S(\omega) = \int_{-t_1/2}^{t_1/2} \mathrm{e}^{-\mathrm{j}\omega\tau} \mathrm{d}\tau = t_1 \frac{\sin \dfrac{\omega t_1}{2}}{\dfrac{\omega t_1}{2}}$$

于是由式(4.7.3)得

$$G_X(\omega) = a^2 t_1 \left[\frac{\sin \dfrac{\omega t_1}{2}}{\dfrac{\omega t_1}{2}} \right]^2$$

显然在 $\omega = 0$ 时 $G_X(\omega)$ 有最大值。

顺便指出，考虑到矩形脉冲的陡峭边缘会使得信号带宽展宽，因此，实际应用时，采用如图 4.15 所示的脉冲波形来代替，其脉冲幅度的均值为零，方差为 b^2，它的基本脉冲波形函数为

$$s(t) = \begin{cases} \dfrac{1}{2}\left(1 + \cos \dfrac{2\pi t}{t_1}\right), & |t| \leqslant t_1/2 \\ 0, & |t| > t_1/2 \end{cases}$$

它被称做升余弦(raised-cosine)脉冲，可求得

$$S(\omega) = \int_{-t_1/2}^{t_1/2} \left(1 + \cos \frac{2\pi\tau}{t_1}\right) \mathrm{e}^{-\mathrm{j}\omega\tau} \mathrm{d}\tau = \frac{t_1}{2} \left[\frac{\sin \dfrac{\omega t_1}{2}}{\dfrac{\omega t_1}{2}} \right] \left[\frac{\pi^2}{\pi^2 - \left(\dfrac{\omega t_1}{2}\right)^2} \right]$$

于是由式(4.7.3)可得

$$G_X(\omega)=\frac{b^2t_1}{4}\left[\frac{\sin\dfrac{\omega t_1}{2}}{\dfrac{\omega t_1}{2}}\right]^2\left[\frac{\pi^2}{\pi^2-\left(\dfrac{\omega t_1}{2}\right)^2}\right]^2$$

在 $\omega=0$ 时,$G_X(\omega)$ 有最大值。在数字通信中升余弦波形由成形滤波器产生,是一种广泛使用的基带信号波形。

4.8 随机过程的高阶统计量简介

第3章及本章以上各节仅局限于讨论随机过程的相关理论,即仅讨论了二阶统计量,如相关函数、功率谱密度等。对于高斯过程的统计特性,二阶统计量的描述已是十分充分了。但是对于非高斯过程,仅仅讨论其二阶统计量是远远不够的。另外,二阶统计量丢失了随机信号重要的相位信息,而高阶统计量则保持了相位信息,高阶统计量在所谓盲信号处理(盲系统辨识、盲信道均衡、盲信号分离等)中有重要的应用,高阶统计量还有一些特性使得近年来人们对它开展了广泛的研究。

类似于相关函数,在时域高阶统计量一般称为累量(Cumultants),类似于功率谱密度;在频域高阶统计量称为多谱(Polyspectra)。多谱是相对应累量的多重傅里叶变换。

对于零均值实随机变量 X_1,X_2,X_3,X_4,其相应的二阶、三阶、四阶累量分别定义为

$$\mathrm{Cum}(X_1,X_2)=E[X_1X_2]$$

$$\mathrm{Cum}(X_1,X_2,X_3)=E[X_1X_2X_3]$$

$$\begin{aligned}\mathrm{Cum}(X_1,X_2,X_3,X_4)=&E[X_1X_2X_3X_4]-E[X_1X_2]E[X_3X_4]-\\&E[X_1X_3]E[X_2X_4]-E[X_1X_4]E[X_2X_3]\end{aligned}$$

若随机变量为非零均值,则在上式中用中心化随机变量 $\dot{X}_i=X_i-m_{X_i},i=1,2,3,4$ 代替即可。

对于零均值随机过程 $X(t)$,其相应的二阶、三阶、四阶累量分别定义为

$$\begin{cases}\mathrm{Cum}_{2,X}(\tau)=E[X(t)X(t+\tau)]\\ \mathrm{Cum}_{3,X}(\tau_1,\tau_2)=E[X(t)X(t+\tau_1)X(t+\tau_2)]\\ \mathrm{Cum}_{4,X}(\tau_1,\tau_2,\tau_3)=E[X(t)X(t+\tau_1)X(t+\tau_2)X(t+\tau_3)]-\\ \qquad\mathrm{Cum}_{2,X}(\tau_1)\mathrm{Cum}_{2,X}(\tau_2-\tau_3)-\\ \qquad\mathrm{Cum}_{2,X}(\tau_2)\mathrm{Cum}_{2,X}(\tau_3-\tau_1)-\\ \qquad\mathrm{Cum}_{2,X}(\tau_3)\mathrm{Cum}_{2,X}(\tau_1-\tau_2)\end{cases}\tag{4.8.1}$$

显然,二阶累量即为自相关函数 $R_X(\tau)$,对非零均值平稳过程即为自协方差函数 $C_X(\tau)$。目前高阶统计量用得最多的是三、四阶累量。由于高斯随机变量有以下重要公式

$$E[X_1X_2X_3X_4]=E[X_1X_2]E[X_3X_4]+E[X_1X_3]E[X_2X_4]+E[X_1X_4]E[X_2X_4]\tag{4.8.2}$$

对高斯随机过程则有

$$\begin{aligned}&E[X(t)X(t+\tau_1)X(t+\tau_2)X(t+\tau_3)]\\&=E[X(t)X(t+\tau_1)]E[X(t+\tau_2)X(t+\tau_3)]+\end{aligned}$$

$$E[X(t)X(t+\tau_2)]E[X(t+\tau_1)X(t+\tau_3)]+$$
$$E[X(t)X(t+\tau_3)]E[X(t+\tau_1)X(t+\tau_2)] \tag{4.8.3}$$

将它代入式(4.8.1),得出高斯过程的四阶累量为零。因而可以说累量不仅描述了随机过程更深层次上的高阶相关特性,而且还提供了所研究过程与高斯过程差异的一个量度。在许多信号处理的具体应用中高斯噪声是一种普遍存在的干扰形式,因而采用累量这个统计量可以自然地消除加性高斯噪声的影响,而无论它是白的或有色的。这个性质在十分广泛的应用领域有极大的研究和利用价值。二阶累量的傅里叶变换为功率谱密度,三阶以上累量的傅里叶变换称为多谱密度。对于 K 阶累量有

$$S_{K,X}(\omega)=\overbrace{\int\cdots\int}^{K-1}\mathrm{Cum}_{K,X}(\tau_1,\tau_2,\cdots,\tau_{K-1})\cdot$$
$$\exp\{-\mathrm{j}\omega(\tau_1+\tau_2+\cdots+\tau_{K-1})\}\mathrm{d}\tau_1\mathrm{d}\tau_2\cdots\mathrm{d}\tau_{K-1} \tag{4.8.4}$$

显然 $K=2$ 时为功率谱密度 $G_X(\omega)$,$K=3$ 时称 $S_{3,X}(\omega)$ 为双谱(Bispectrum),$S_{4,X}(\omega)$ 为三谱(Trispectrum)等。有关高阶统计量及其应用的深入讨论可以参看文献[13]。

4.9 谱相关的基本理论简介

以上章节主要讨论广义平稳随机信号的相关理论。但在通信、雷达和声呐等应用中遇到的有用的(随机)信号,其统计特性不再满足广义平稳的条件,这时便不能再作为广义平稳信号来处理,而应作为非平稳信号来处理。一般情况下分析处理非平稳信号是比较复杂的,但当信号统计特性的变化有一定的规律时,如其自相关函数具有周期性,则可以引入广义周期平稳信号的概念来表达它。注意,周期平稳过程是指过程本身具有平稳性,见3.2节的讨论。这里广义周期平稳是指非平稳过程的自相关函数存在周期性。实际应用中,对信号的采样、调制、编码等,都会使信号具有广义周期平稳的性质[14~15]。

对于一般非平稳随机信号 $X(t)$,其自相关函数定义为

$$R_X(t,\tau)=E[X(t)X(t+\tau)] \tag{4.9.1}$$

若对某个 T_0,它满足如下关系

$$R_X(t,\tau)=R_X(t+T_0,\tau+T_0) \tag{4.9.2}$$

则称 $X(t)$ 为广义周期平稳过程。由信号与系统理论知,任何周期性函数均可以展开成傅里叶级数,即有

$$R_X(t,\tau)=\sum_{m=-\infty}^{+\infty}R_X^{\alpha}(\tau)\exp(\mathrm{j}2\pi\alpha t) \tag{4.9.3}$$

式中,$\alpha=m/T_0$,m 为非零的整数,傅里叶级数的系数 $R_X^{\alpha}(\tau)$ 为

$$R_X^{\alpha}(\tau)=\frac{1}{T_0}\int_{-T_0/2}^{T_0/2}R_X(t,\tau)\exp(-\mathrm{j}2\pi\alpha t)\,\mathrm{d}t \tag{4.9.4}$$

一般称 α 为循环频率,而通常意义下的 f 为频谱频率。通常 $X(t)$ 也是循环各态历经(遍历)的,因而求 $R_X(t,\tau)$ 的集合平均可由时间平均来代替,这样有

$$R_X^{\alpha}(\tau)=\lim_{T\to\infty}\frac{1}{T}\int_{-T/2}^{T/2}x(t-\tau/2)x(t+\tau/2)\exp(-\mathrm{j}2\pi\alpha t)\,\mathrm{d}t$$
$$=\langle x(t-\tau/2)x(t+\tau/2)\exp(-\mathrm{j}2\pi\alpha t)\rangle \tag{4.9.5}$$

式中,$\langle\cdot\rangle$ 为时间平均。$R_X^{\alpha}(\tau)$ 称为循环自相关函数。由式(4.9.5)可见,当 $\alpha=0$ 时,$R_X^0(\tau)$ 还原为一般各态历经(遍历)过程的自相关函数。

类似平稳过程的自相关函数,循环自相关函数也是 τ 的函数,因而它的傅里叶变换

$$G_X^{\alpha}(f)=\int_{-\infty}^{+\infty}R_X^{\alpha}(\tau)\exp(-\mathrm{j}2\pi f\tau)\,\mathrm{d}\tau \tag{4.9.6}$$

称为循环功率谱密度,也称谱相关密度函数。式(4.9.6)则是循环维纳–辛钦定理。可见,对广义周期平稳过程的频域描述需要两个频率,即循环频率 α 和频谱频率 f,也称为双谱。在双谱平面上来考察非平稳过程,比仅用功率谱密度来揭示过程所包含的信息要多。当 $\alpha=0$ 时,循环功率谱密度退化为一般的功率谱密度。因而可以说循环自相关函数和循环功率谱密度是通常的自相关函数和功率谱密度的推广。图4.16分别绘出两种数字通信常用的调制信号,即BPSK和QPSK信号的谱相关函数的模,可见在 $\alpha=0$ 时两种信号的功率谱是一样的,但 $\alpha\neq0$ 时两种信号功率谱的差别十分明显。

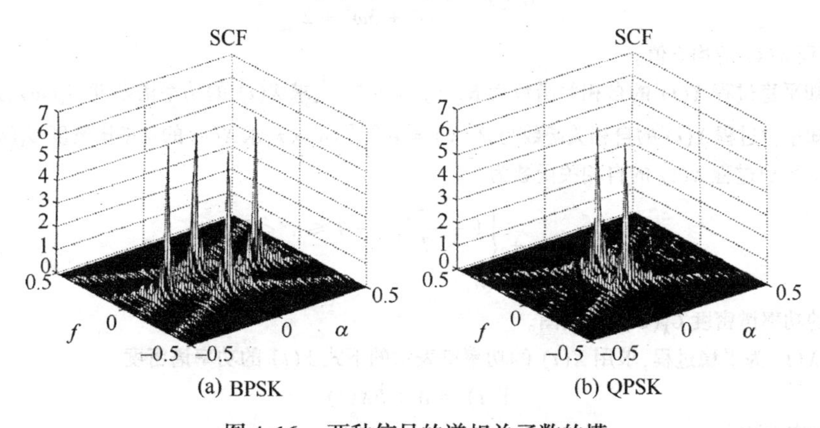

图4.16　两种信号的谱相关函数的模

循环功率谱密度有许多重要的性质,这里不加证明地列举以下3个性质。详细内容可参考相关文献。

性质1　循环功率谱密度为复函数,它包含有调制信号有关的频率、相位及调制方式的信息。

性质2　循环功率谱密度为离散谱,它仅在 $\alpha=m/T_0$(m 为整数)有定义。

性质3　对平稳随机过程 $X(t)$ 有

$$G_X^{\alpha}(f)=\begin{cases}G_X^0, & \alpha=0\\ 0, & \alpha\neq0\end{cases} \tag{4.9.7}$$

由于一般随机噪声和干扰可以是平稳随机过程,且许多通信、雷达用的调制信号为广义周期平稳过程,因而可以在 $\alpha\neq0$ 处检测、估计和识别信号,则因噪声和干扰的谱相关密度函数为零而不受其影响。

总之,谱相关理论的特色在于:它一方面反映了非平稳信号统计特性随时间的变化,填补了平稳信号分析处理的不足;另一方面利用了信号统计特性的周期变化,简化了一般的非平稳信号分析处理,因而它是介于平稳、非平稳信号分析处理之间的解决方案。在许多实际的应用中,谱相关理论能比平稳信号分析处理得到更为满意的结果,又能比非平稳信号处理更简洁、更易于实现实时处理,因而具有广阔的应用前景。

习　题

4.1　以下有理函数是否为功率谱密度的正确表达式？为什么？

(1) $\dfrac{\omega^2}{\omega^6+3\omega^2+3}$；　(2) $\exp[-(\omega-1)^2]$；　(3) $\dfrac{\omega^2}{\omega^4-1}-\delta(\omega)$；　(4) $\dfrac{\omega^4}{1+\omega^2+\mathrm{j}\omega^6}$。

4.2　对4.1题中的正确功率谱密度表达式计算出自相关函数和均方值。

4.3　求随相正弦信号 $X(t)=\cos(\omega_0 t+\Phi)$ 的功率谱密度。式中，ω_0 为常数，Φ 为 $(0,2\pi)$ 上均匀分布的随机变量。

4.4　求 $Y(t)=X(t)\cos(\omega_0 t+\Phi)$ 的自相关函数及功率谱密度。式中，$X(t)$ 为平稳随机过程，Φ 为 $(0,2\pi)$ 上均匀分布的随机变量，ω_0 为常数，$X(t)$ 与 Φ 互相独立。

4.5　已知平稳过程的功率谱密度为

$$G_X(\omega)=\frac{\omega^2}{\omega^4+3\omega^2+2}$$

求平稳过程 $X(t)$ 的均方值。

4.6　已知平稳过程 $X(t)$ 的自相关函数为 $R_X(\tau)=\mathrm{e}^{-\alpha|\tau|}$，求 $X(t)$ 的功率谱密度 $G_X(\omega)$，并作图。

4.7　已知平稳过程 $X(t)$ 的自相关函数为 $R_X(\tau)=\mathrm{e}^{-\alpha|\tau|}\cos\omega_0\tau$，求 $X(t)$ 的功率谱密度 $G_X(\omega)$，并作图。

4.8　已知平稳过程 $X(t)$ 的自相关函数为

$$R_X(\tau)=\begin{cases}1-\dfrac{|\tau|}{T}, & -T\leqslant\tau<T\\ 0, & \text{其他}\end{cases}$$

求 $X(t)$ 的功率谱密度 $G_X(\omega)$，并画图。

4.9　设 $X(t)$ 为平稳过程，求用 $X(t)$ 的功率谱表示的下式 $Y(t)$ 的功率谱密度

$$Y(t)=A+BX(t)$$

式中，A 和 B 为实常数。

4.10　求自相关函数为 $R_X(\tau)=p\cos^4(\omega_0\tau)$ 的随机过程的功率谱密度，并求其平均功率。式中 p,ω_0 为常数。

4.11　已知平稳过程 $X(t)$ 的功率谱密度为

$$G_X(\omega)=\begin{cases}1, & |\omega|\leqslant\omega_0\\ 0, & \text{其他}\end{cases}$$

求 $X(t)$ 的自相关函数 $R_X(\tau)$，并作图。

4.12　已知平稳过程 $X(t)$ 的自相关函数为

$$R_X(\tau)=4\mathrm{e}^{-|\tau|}\cos\pi\tau+\cos2\pi\tau$$

求 $X(t)$ 的功率谱密度 $G_X(\omega)$。

4.13　已知平稳过程 $X(t)$ 的功率谱密度为

$$G_X(\omega)=\begin{cases}8\delta(\omega)+20\times\left(1-\dfrac{|\omega|}{10}\right), & |\omega|\leqslant10\\ 0, & \text{其他}\end{cases}$$

求 $X(t)$ 的自相关函数 $R_X(\tau)$。

4.14　若系统的输入过程 $X(t)$ 为平稳过程，系统的输出为 $Y(t)=X(t)+X(t-\tau)$，求证 $Y(t)$ 的功率谱密度为 $G_Y(\omega)=2G_X(\omega)(1+\cos\omega\tau)$。

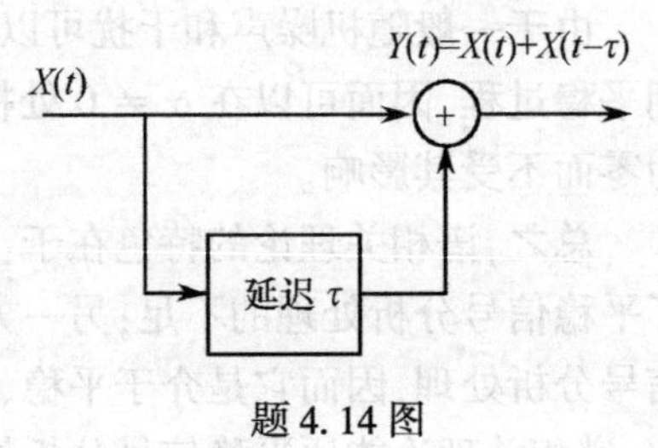

题4.14图

4.15　设平稳过程 $X(t)=a\cos(\omega t+\Phi)$，式中，$a$ 为常数，Φ 是在 $(0,2\pi)$ 上均匀分布的随机变量，ω 也是随机变量，并 $p(\omega)=p(-\omega)$，Φ 与 ω 相互独立。求证 $X(t)$ 的功率谱密度为 $G_X(\omega)=a^2\pi p(\omega)$。

4.16 随机过程 $W(t) = AX(t) + BY(t)$

式中,A 和 B 为实常数,$X(t)$ 和 $Y(t)$ 是宽联合平稳过程。

(1) 求 $W(t)$ 的功率谱密度 $G_W(\omega)$。

(2) 如果 $X(t)$ 和 $Y(t)$ 不相关,求 $G_W(\omega)$。

(3) 求互谱密度 $G_{XW}(\omega)$ 和 $G_{YW}(\omega)$。

4.17 若随机过程 $X(t)$ 为平稳过程,$Y(t) = X(t)\cos(\omega_0 t + \Phi)$,式中,$X(t)$ 与 Φ 相互独立,Φ 为 $(0,2\pi)$ 上均匀分布的随机变量,ω_0 为常量。

(1) 求证 $Y(t)$ 为宽平稳随机过程,

(2) 若用 $W(t) = X(t)\cos[(\omega_0 + \delta)t + \varphi]$ 表示随机过程 $Y(t)$ 的频率按 δ 差拍。求证 $W(t)$ 也是宽平稳过程。

(3) 求证上述两个过程之和 $W(t) + Y(t)$ 不是一个平稳过程。

4.18 设随机过程 $X(t)$ 和 $Y(t)$ 联合平稳,求证

$$\mathrm{Re}[G_{XY}(\omega)] = \mathrm{Re}[G_{YX}(\omega)];\quad \mathrm{Im}[G_{XY}(\omega)] = -\mathrm{Im}[G_{YX}(\omega)]$$

4.19 设 $X(t)$ 和 $Y(t)$ 是两个不相关的平稳过程,均值 m_x, m_y 都不为零,定义 $Z(t) = X(t) + Y(t)$,求互谱密度 $G_{XY}(\omega)$ 及 $G_{XZ}(\omega)$。

4.20 设复随机过程是宽平稳的,求证

(1) 自相关函数 $R_X^*(-\tau) = R_X(\tau)$。

(2) 复过程的功率谱密度是实函数。

4.21 设平稳过程是实过程,求证过程的自相关函数与功率谱密度都是偶函数。

4.22 设两个复随机过程 $X(t)$ 和 $Y(t)$ 单独平稳且联合平稳,求证

$$R_{XY}(\tau) = R_{YX}{}^*(-\tau),\quad G_{XY}{}^*(\omega) = G_{YX}(\omega)$$

4.23 若随机过程义 $X(t)$ 的样本函数可用傅里叶级数表示为

$$X(t) = \frac{a_0}{2} + \sum_{n=1}^{\infty}[a_n\cos n\omega_0(t+t_0) + b_n\sin n\omega_0(t+t_0)]$$

式中,t_0 是在一个周期内均匀分布的随机变量;a_n, b_n 是常数。试写出 $X(t)$ 的功率谱密度表达式。(提示:利用(式 4.7.2)来得到)

4.24 随机过程 $X(t)$ 具有题 4.24 图所示的周期性样本函数,a 是一个常数,t_0 是在周期 T 内均匀分布的随机变量。

(1) 求 $X(t)$ 的功率谱密度 $G_X(\omega)$,并作图。

(2) 当 $Y(t) = a + X(t)$ 时,求 $G_Y(\omega)$。

(提示:利用式(4.7.3))

4.25 设有题 4.25 图所示的取样器,按输入随机过程的瞬时极性取样,并产生一个正的或负的单位幅度脉冲(正、负取决于取样的极性)。若输入随机过程是零均值噪声,且其带宽远大于取样频率,则每个取样之间独立。通过周期性取样,在取样器输出端可以得到一个幅度随机变化的周期性二元波形。

现设取样周期为 T,空度因子为 t_1/T,求取样器输出的功率谱密度 $G_Y(\omega)$。(提示:利用式(4.7.3))

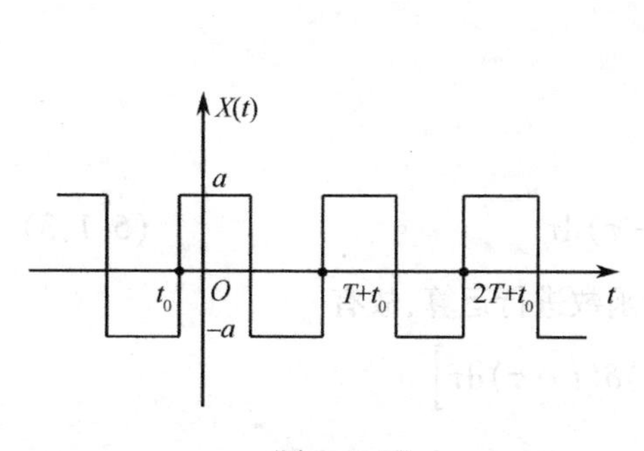

题 4.24 图

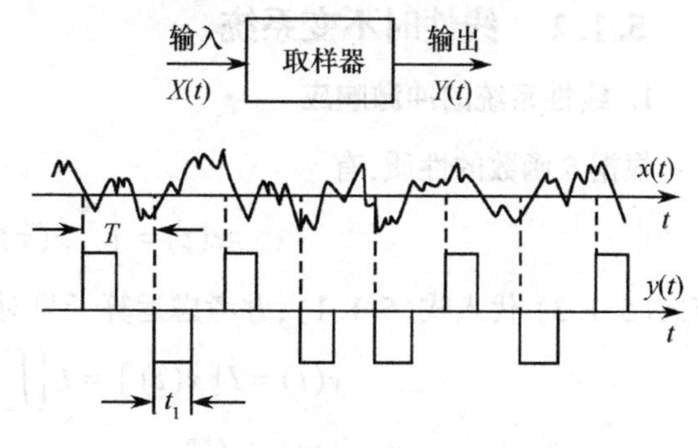

题 4.25 图

第5章　随机信号通过线性系统

第2、3、4章讨论了随机过程的一般概念及其统计特性。在下面的第5、8章中,将应用这些概念研究随机信号通过各种电子系统后其统计特性的变化。各种电子系统尽管种类繁多,作用各异,但基本上可分成两大类:线性系统与非线性系统。例如,常见的线性放大器、线性滤波器、无源线性网络等,就是线性系统。本章将研究线性系统,非线性系统问题放到第8章中讨论。本章先讨论连续随机信号通过线性连续系统,5.5节再讨论随机序列通过线性离散系统后统计特性的变化,并介绍随机序列模型的概念与现代谱估值的基本思想。

5.1　线性系统的基本性质

由于线性时不变系统的分析方法已被大家所熟知,因此这里仅复习一下线性时不变系统某些最基本的特性和原理,而且仅限于讨论信号输入与响应皆为确定信号以及系统为单输入和单输出的情况。

5.1.1　一般线性系统

一个系统对输入信号 $x(t)$ 的作用,可以用下面的一般关系式来表示

$$y(t)=L[x(t)] \tag{5.1.1}$$

式中,$y(t)$ 是系统的输出;$L[x(t)]$ 表示系统对 $x(t)$ 的作用,它是对信号 $x(t)$ 进行运算的符号,称为运算子;L 代表着各种可能的数学运算方法,如加法、乘法、微分、积分以及积分方程、微分方程的求解运算等。系统示意图如图5.1所示。

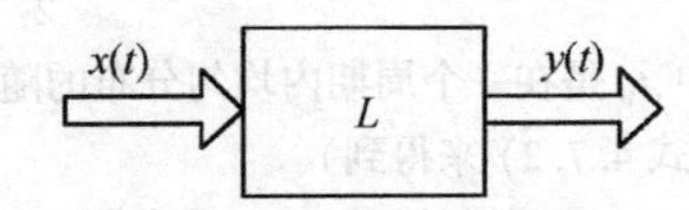

图5.1　线性系统示意图

如果系统输入 $x_k(t)\,(k=1,2,\cdots,n)$ 之线性组合的响应等于各自响应之线性组合,则称这个系统是线性系统。换言之,满足叠加原理的系统即为线性系统,而在此时的 L 称为线性运算子。叠加原理的数学表达式是

$$y(t)=L\Big[\sum_{k=1}^{n}a_kx_k(t)\Big]=\sum_{k=1}^{n}a_kL[x_k(t)]=\sum_{k=1}^{n}a_ky_k(t) \tag{5.1.2}$$

式中,a_k 为任意常数,n 可以为无穷大。

5.1.2　线性时不变系统

1. 线性系统的冲激响应

根据 δ 函数的性质,有

$$x(t)=\int_{-\infty}^{+\infty}x(\tau)\delta(t-\tau)\mathrm{d}\tau \tag{5.1.3}$$

将式(5.1.3)代入式(5.1.1),并考虑运算子只对时间函数进行运算,故有

$$\begin{aligned}y(t)=L[x(t)]&=L\Big[\int_{-\infty}^{+\infty}x(\tau)\delta(t-\tau)\mathrm{d}\tau\Big]\\&=\int_{-\infty}^{+\infty}x(\tau)L[\delta(t-\tau)]\mathrm{d}\tau\end{aligned} \tag{5.1.4}$$

我们定义一个新函数 $h(t,\tau)$，并令

$$h(t,\tau)=L[\delta(t-\tau)] \tag{5.1.5}$$

$h(t,\tau)$ 称为线性系统的冲激响应。于是式(5.1.4) 为

$$y(t)=\int_{-\infty}^{+\infty}x(\tau)h(t,\tau)\mathrm{d}\tau \tag{5.1.6}$$

该式表明一般线性系统的响应，完全由它的冲激响应通过式(5.1.6) 确定。

2. 线性时不变系统

若输入信号 $x(t)$ 有时移，使输出 $y(t)$ 也会有一个相同的时移，即

$$y(t-\varepsilon)=L[x(t-\varepsilon)]$$

则这个线性系统就称做线性时不变系统(见图 5.2)。这就是说，一个线性时不变系统的冲激响应 $h(t,\tau)$ 与时间 t 无关。于是发生在 $t=0$ 的冲激 $\delta(t)$ 产生响应 $h(t)$，发生在 $t=\tau$ 的冲激 $\delta(t-\tau)$ 产生响应 $h(t-\tau)$。这意味着

$$h(t,\tau)=h(t-\tau) \tag{5.1.7}$$

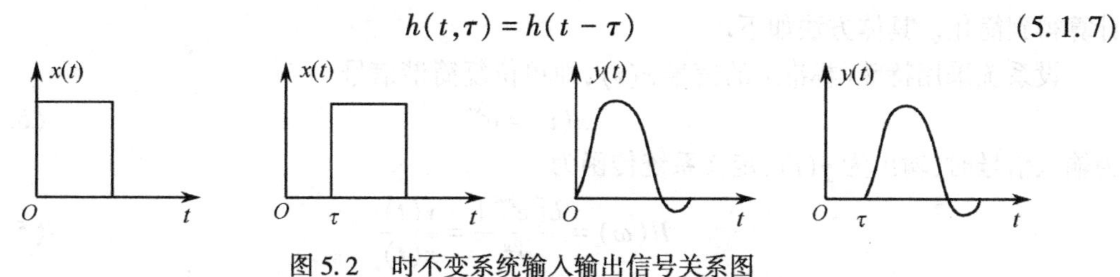

图 5.2　时不变系统输入输出信号关系图

对于一个线性时不变系统，式(5.1.6) 成为

$$y(t)=\int_{-\infty}^{+\infty}x(\tau)h(t-\tau)\mathrm{d}\tau \tag{5.1.8}$$

这就是大家所熟知的 $x(t)$ 与 $h(t)$ 的卷积公式，记为

$$y(t)=x(t)*h(t) \tag{5.1.9}$$

通过变量变换，式(5.1.8) 又可写成另一种形式

$$y(t)=\int_{-\infty}^{+\infty}h(\tau)x(t-\tau)\mathrm{d}\tau \tag{5.1.10}$$

3. 线性时不变系统的传输函数

式(5.1.8) 和式(5.1.10) 表明：一个线性时不变系统，可以完整地由它的冲激响应来表征。冲激响应是一种瞬时特性，通过系统输出 $y(t)$ 的傅里叶变换，可以导出频域的相应特性。设 $X(\omega)$，$Y(\omega)$ 和 $H(\omega)$ 分别表示 $x(t)$，$y(t)$ 和 $h(t)$ 相应的傅里叶变换，则

$$\begin{aligned}Y(\omega)&=\int_{-\infty}^{+\infty}y(t)\mathrm{e}^{-\mathrm{j}\omega t}\mathrm{d}t\\&=\int_{-\infty}^{+\infty}\left[\int_{-\infty}^{+\infty}x(\tau)h(t-\tau)\mathrm{d}\tau\right]\mathrm{e}^{-\mathrm{j}\omega t}\mathrm{d}t\\&=\int_{-\infty}^{+\infty}x(\tau)\left[\int_{-\infty}^{+\infty}h(t-\tau)\mathrm{e}^{-\mathrm{j}\omega(t-\tau)}\mathrm{d}t\right]\mathrm{e}^{-\mathrm{j}\omega\tau}\mathrm{d}\tau\\&=\int_{-\infty}^{+\infty}x(\tau)H(\omega)\mathrm{e}^{-\mathrm{j}\omega\tau}\mathrm{d}\tau\end{aligned}$$

$$= X(\omega)H(\omega) \tag{5.1.11}$$

式(5.1.11) 表明:任何线性时不变系统响应的傅里叶变换,等于输入信号傅里叶变换与系统冲激响应的傅里叶变换的乘积;或说线性时不变系统的传输函数 $H(\omega)$ 等于输出与输入信号频谱之比。

$$H(\omega) = \frac{Y(\omega)}{X(\omega)} \tag{5.1.12}$$

系统的传输函数(简称传函) $H(\omega)$ 与系统的冲激响应构成傅里叶变换对,即

$$H(\omega) = \int_{-\infty}^{+\infty} h(t)\,\mathrm{e}^{-\mathrm{j}\omega t}\mathrm{d}t \tag{5.1.13}$$

$$h(t) = \frac{1}{2\pi}\int_{-\infty}^{+\infty} H(\omega)\,\mathrm{e}^{\mathrm{j}\omega t}\mathrm{d}\omega \tag{5.1.14}$$

4. 系统传输函数的计算

在求给定系统传输函数的实际计算中,往往采用了另一种定义传输函数的方法,它可以使计算得到简化。具体方法如下。

设系统采用特殊(标准) 的信号 $x(t)$,即单位复简谐信号

$$x(t) = \mathrm{e}^{\mathrm{j}\omega t} \tag{5.1.15}$$

为输入信号时,输出为 $y(t)$,定义系统传函为

$$H(\omega) = \frac{L[\mathrm{e}^{\mathrm{j}\omega t}]}{\mathrm{e}^{\mathrm{j}\omega t}} = \frac{y(t)}{x(t)} \tag{5.1.16}$$

式中

$$y(t) = L[\mathrm{e}^{\mathrm{j}\omega t}] = H(\omega)\,\mathrm{e}^{\mathrm{j}\omega t} \tag{5.1.17}$$

即单位复简谐信号作用线性系统,其输出信号的复振幅即为 $H(\omega)$。

下面给出一个采用式(5.1.15) 确定 $H(\omega)$ 的实例。

例 5.1 假设有表 5.1 中系统一栏中的第三个电路图,并设其输出无负载。求该电路的传输函数。

解: 由电路图可列出微分方程为

$$x(t) = L\frac{\mathrm{d}i}{\mathrm{d}t} + y(t)$$

但有 $y(t) = i(t)R$,故有 $i(t) = y(t)/R$,于是

$$L\frac{\mathrm{d}i}{\mathrm{d}t} = \frac{L}{R}\cdot\frac{\mathrm{d}y(t)}{\mathrm{d}t}$$

所以

$$x(t) = \frac{L}{R}\frac{\mathrm{d}y(t)}{\mathrm{d}t} + y(t)$$

现令 $x(t) = \mathrm{e}^{\mathrm{j}\omega t}$,于是由式(5.1.15),$y(t) = H(\omega)x(t)$,可得

$$\frac{\mathrm{d}y(t)}{\mathrm{d}t} = H(\omega)\frac{\mathrm{d}(\mathrm{e}^{\mathrm{j}\omega t})}{\mathrm{d}t} = H(\omega)\cdot\mathrm{j}\omega\cdot x(t)$$

所以有

$$x(t) = \frac{L}{R}H(\omega)\cdot\mathrm{j}\omega\cdot x(t) + H(\omega)\cdot x(t)$$

于是

$$H(\omega) = \frac{1}{1 + \left(\dfrac{\mathrm{j}\omega L}{R}\right)}$$

必须注意,式(5.1.16)只有当 $x(t)=\exp(\mathrm{j}\omega t)$ 这一标准信号输入时才可以采用,一般情况应采用式(5.1.12)。

5.1.3 系统的稳定性与物理可实现的问题

工程上为了使系统在物理上有实现的可能,必须要求在信号加入以前,系统不产生响应,即系统应具有因果性,这就是说系统的冲激响应函数应满足

$$h(t)=0, \text{当 } t<0 \text{ 时} \tag{5.1.18}$$

这样,对于物理可实现的系统来说,式(5.1.10)应为

$$y(t)=\int_0^{\infty} h(\tau)x(t-\tau)\mathrm{d}\tau \tag{5.1.19}$$

如果一个线性时不变系统,对任意有限输入其响应有界,则称此系统是稳定的。对稳定系统冲激响应的要求,由式(5.1.10)可以得到

$$|y(t)|=\left|\int_{-\infty}^{+\infty} h(\tau)x(t-\tau)\mathrm{d}\tau\right|<\int_{-\infty}^{+\infty}|h(\tau)||x(t-\tau)|\mathrm{d}\tau \tag{5.1.20}$$

若输入信号有界,则必有正常数 a 存在,使得对所有的 t 下式成立

$$|x(t)|\leqslant a<\infty \tag{5.1.21}$$

则显然有

$$|y(t)|<a\int_{-\infty}^{+\infty}|h(\tau)|\mathrm{d}\tau \tag{5.1.22}$$

所以,如果系统的冲激响应 $h(t)$ 是绝对可积的,即满足

$$\int_{-\infty}^{+\infty}|h(\tau)|\mathrm{d}\tau<\infty \tag{5.1.23}$$

时,则系统输出是有界的,故系统是稳定的。反之,如果 $h(t)$ 不绝对可积,则系统是不稳定的。上述条件通常称为 BIBO(Bounded Input Bounded Output)条件。实际中,常需要将系统传输函数的定义扩展为复变量 $s=\lambda+\mathrm{j}\omega$ 的函数,即 $H(s)$ 由傅里叶变换来定义:

$$H(s)=\int_{-\infty}^{+\infty} h(t)\mathrm{e}^{-(\lambda+\mathrm{j}\omega)t}\mathrm{d}t \tag{5.1.24}$$

这对于解决很多实际问题是很有用的。根据积分变换理论可知,只要线性系统的传输函数 $H(s)$ 在右半复平面 $\mathrm{Re}[s]\geqslant 0$ 即 $\lambda\geqslant 0$ 上是解析的,或说所有极点均在左半平面,则系统就是物理可实现的和稳定的。

最后,为了以后计算和参考方便起见,把一些简单的和常用的线性电路的传输函数与冲激响应列于表5.1。

表5.1 常用的线性电路的传输函数与冲激响应

系　　统	$H(\omega)=\int_0^{\infty} h(t)\mathrm{e}^{-\mathrm{j}\omega t}\mathrm{d}t$	$h(t)=\frac{1}{2\pi}\int_{-\infty}^{+\infty} H(\omega)\mathrm{e}^{\mathrm{j}\omega t}\mathrm{d}\omega$
R; X(t); C; r(t)	$\frac{1}{1+\mathrm{j}\omega RC}$	$\frac{1}{RC}\mathrm{e}^{-\frac{t}{RC}}$
C; X(t); R; r(t)	$\frac{\mathrm{j}\omega RC}{1+\mathrm{j}\omega RC}$	$\delta(t)-\frac{1}{RC}\mathrm{e}^{-\frac{t}{RC}}$

续表

系　　统	$H(\omega)=\int_0^{\infty}h(t)\mathrm{e}^{-\mathrm{j}\omega t}\mathrm{d}t$	$h(t)=\frac{1}{2\pi}\int_{-\infty}^{+\infty}H(\omega)\mathrm{e}^{\mathrm{j}\omega t}\mathrm{d}\omega$
L　R　$X(t)$　$y(t)$	$\frac{R}{R+\mathrm{j}\omega L}$	$\frac{R}{L}\mathrm{e}^{-\frac{R}{L}t}$
R　L　$X(t)$　$y(t)$	$\frac{\mathrm{j}\omega L}{R+\mathrm{j}\omega L}$	$\delta(t)-\frac{R}{L}\mathrm{e}^{-\frac{R}{L}t}$
高斯滤波器	$\exp\left[-\frac{\pi}{2}\left(\frac{\omega-\omega_0}{\Delta\omega}\right)^2-\mathrm{j}t_0(\omega-\omega_0)\right]$ 滤波器带宽 $\Delta\omega\ll\omega_0$	$\frac{\Delta\omega}{\pi\sqrt{2}}\exp\left[-\frac{\Delta\omega^2}{2\pi}(t-t_0)^2+\mathrm{j}\omega_0 t\right]$
理想带通滤波器	$\begin{cases}\mathrm{e}^{-\mathrm{j}t_0(\omega-\omega_0)}, & \omega_0-\frac{\Delta\omega}{2}<\omega<\omega_0+\frac{\Delta\omega}{2}\\0, & \omega\text{ 为其他值}\end{cases}$	$\frac{\Delta\omega}{2\pi}\cdot\frac{\sin\frac{\Delta\omega}{2}(t-t_0)}{\frac{\Delta\omega}{2}(t-t_0)}\mathrm{e}^{\mathrm{j}\omega_0 t}$

5.2　随机信号通过线性系统

本节主要研究输入信号为随机过程时，线性、稳定、时不变系统输出的统计特性，而且只讨论系统的冲激响应 $h(t)$ 是实函数的情况。

5.2.1　线性系统输出的统计特性

1. 系统的输出

由上节介绍的线性系统基本理论可知，当输入为已知的时间函数时，通过式(5.1.10)即可得到线性时不变系统的输出。如果现在输入为随机过程 $X(t)$ 的一个样本函数 $x(t)$。由于样本函数是确定性的时间函数，则同样可以直接利用5.1节的结果，并由式(5.1.10)得到输出 $y(t)$ 是随机过程 $X(t)$ 通过系统后产生的新过程 $Y(t)$ 的样本函数。

假定一个稳定的 $h(t)$，若随机过程所有样本函数都是有界的，则从稳定性定义可知，其卷积

$$y(t)=\int_{-\infty}^{+\infty}h(\tau)x(t-\tau)\mathrm{d}\tau \tag{5.2.1}$$

对于每一个样本函数都收敛(有界)。上式给出了系统所有输入、输出样本函数之间的关系。于是亦可直接写成

$$Y(t)=\int_{-\infty}^{+\infty}h(\tau)X(t-\tau)\mathrm{d}\tau \tag{5.2.2}$$

即对于具有随机输入信号的线性系统，可按式(5.2.2)确定它的输出随机过程 $Y(t)$。

2. 系统输出的均值与自相关函数

在实际中经常遇到这样的情况：仅知输入随机过程的某些统计特性，要求能够得到系统输出随机过程的统计特性。例如已知输入随机过程的均值与自相关函数，求系统输出随机过程

的均值与自相关函数。下面就来讨论这类问题的解决方法。

(1) 系统输出的均值

利用式(5.2.2) 很容易就可求出系统输出的均值,设 $X(t)$ 是有界的平稳过程,于是由式(5.2.2) 得

$$E[Y(t)] = E\left[\int_{-\infty}^{+\infty} h(\tau)X(t-\tau)\mathrm{d}\tau\right] = \int_{-\infty}^{+\infty} h(\tau)E[X(t-\tau)]\mathrm{d}\tau$$
$$= m_X \int_{-\infty}^{+\infty} h(\tau)\mathrm{d}\tau \tag{5.2.3}$$

显然

$$m_Y = E[Y(t)] = m_X \int_{-\infty}^{+\infty} h(\tau)\mathrm{d}\tau$$

它是与时间无关的常数。

(2) 系统输出的自相关函数

若 $X(t)$ 为平稳过程(这里和后面的讨论都假设输入过程是有界的,下面将不再一一指明),则系统输出的自相关函数是

$$R_Y(t,t+\tau) = E[Y(t)Y(t+\tau)]$$
$$= E\left[\int_{-\infty}^{+\infty} h(\tau_1)X(t-\tau_1)\mathrm{d}\tau_1 \cdot \int_{-\infty}^{+\infty} h(\tau_2)X(t+\tau-\tau_2)\mathrm{d}\tau_2\right]$$
$$= \int_{-\infty}^{+\infty}\int_{-\infty}^{+\infty} E[X(t-\tau_1)X(t+\tau-\tau_2)] \cdot h(\tau_1)h(\tau_2)\mathrm{d}\tau_1\mathrm{d}\tau_2 \tag{5.2.4}$$

即

$$R_Y(t,t+\tau) = \int_{-\infty}^{+\infty}\int_{-\infty}^{+\infty} R_X(\tau+\tau_1-\tau_2)h(\tau_1)h(\tau_2)\mathrm{d}\tau_1\mathrm{d}\tau_2 = R_Y(\tau) \tag{5.2.5}$$

由式(5.2.5) 可知:

① 若随机输入过程 $X(t)$ 是宽平稳的,那么把式(5.2.5) 与式(5.2.3) 联系起来可知系统的输出过程 $Y(t)$ 也是宽平稳的随机过程。实际上,若线性时不变系统的随机输入信号是严平稳的,那么它的输出也将是严平稳的。若输入是各态经历过程,输出也将是各态经历过程(证明从略)。

② $R_Y(\tau)$ 是输入自相关函数与系统的冲激响应的双重卷积,即

$$R_Y(\tau) = R_X(\tau) * h(-\tau) * h(\tau) \tag{5.2.6}$$

例 5.2 若系统输入为白噪声,其自相关函数为

$$R_X(\tau) = \frac{N_0}{2}\delta(\tau)$$

式中,N_0 是正实常数,求系统输出的均方值。

解:

$$E[Y^2(t)] = R_Y(0) = \int_{-\infty}^{+\infty}\int_{-\infty}^{+\infty} R_X(\tau_1-\tau_2)h(\tau_1)h(\tau_2)\mathrm{d}\tau_1\mathrm{d}\tau_2$$
$$= \frac{N_0}{2}\int_{-\infty}^{+\infty}\int_{-\infty}^{+\infty} \delta(\tau_1-\tau_2)h(\tau_1)h(\tau_2)\mathrm{d}\tau_1\mathrm{d}\tau_2$$
$$= \frac{N_0}{2}\int_{-\infty}^{+\infty} h^2(\tau_2)\mathrm{d}\tau_2 \tag{5.2.7}$$

3. 系统输入与输出之间的互相关函数

线性系统的输出必定以某种方式依赖于输入,即输入与输出必定是相关的。下面给出线

性系统输入与输出之间的互相关函数

$$
\begin{aligned}
R_{XY}(t,t+\tau) &= E[X(t)Y(t+\tau)] \\
&= E\left[X(t)\int_{-\infty}^{+\infty} h(\lambda)X(t+\tau-\lambda)\mathrm{d}\lambda\right] \\
&= \int_{-\infty}^{+\infty} E[X(t)X(t+\tau-\lambda)]h(\lambda)\mathrm{d}\lambda
\end{aligned} \tag{5.2.8}
$$

若 $X(t)$ 是平稳过程,则

$$
R_{XY}(\tau) = \int_{-\infty}^{+\infty} R_X(\tau-\lambda)h(\lambda)\mathrm{d}\lambda \tag{5.2.9}
$$

即输入与输出的互相关函数等于输入自相关函数与系统冲激响应的卷积,可写成

$$
R_{XY}(\tau) = R_X(\tau) * h(\tau) \tag{5.2.10}
$$

同理可得

$$
R_{YX}(\tau) = \int_{-\infty}^{+\infty} R_X(\tau-\lambda)h(-\lambda)\mathrm{d}\lambda \tag{5.2.11}
$$

或

$$
R_{YX}(\tau) = R_X(\tau) * h(-\tau) \tag{5.2.12}
$$

由式(5.2.9) 及式(5.2.11) 可见:互相关函数只与 τ 有关,而与绝对时间 t 无关。这样当 $X(t)$ 宽平稳时,考虑到此时线性系统输出 $Y(t)$ 亦为宽平稳,所以 $X(t)$ 和 $Y(t)$ 是联合宽平稳的。

将式(5.2.9) 代入式(5.2.5),可得自相关函数与互相关函数的关系式为

$$
R_Y(\tau) = \int_{-\infty}^{+\infty} R_{XY}(\tau+\tau_1)h(\tau_1)\mathrm{d}\tau_1 \tag{5.2.13}
$$

或

$$
R_Y(\tau) = R_{XY}(\tau) * h(-\tau) \tag{5.2.14}
$$

同理,将式(5.2.11) 代入式(5.2.5) 可得

$$
R_Y(\tau) = \int_{-\infty}^{+\infty} R_{YX}(\tau-\tau_2)h(\tau_2)\mathrm{d}\tau_2 \tag{5.2.15}
$$

或

$$
R_Y(\tau) = R_{YX}(\tau) * h(\tau) \tag{5.2.16}
$$

总结一下,类似于确定性信号,随机信号通过线性系统其自相关函数的变化有如图5.3(b) 所示的规律。只不过要注意,图 5.3 中真正加入系统的是随机信号本身,即 $X(t)$。

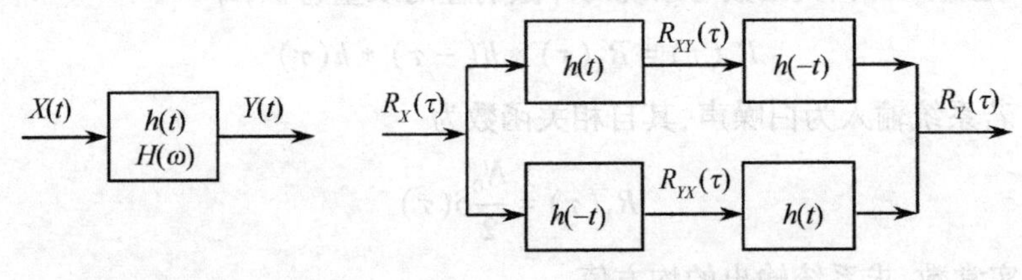

(a) 确定性信号 (b) 随机信号

图 5.3 随机信号通过线性系统时自相关函数的变化

当系统输入 $X(t)$ 是一个白噪声,即当 $R_X(\tau) = (N_0/2)\delta(\tau)$ 时,由式(5.2.9) 可得

$$
R_{XY}(\tau) = \int_{-\infty}^{+\infty} \frac{N_0}{2}\delta(\tau-\lambda)h(\lambda)\mathrm{d}\lambda = \frac{N_0}{2}h(\tau) \tag{5.2.17}
$$

由式(5.2.17) 又可得

$$
h(\tau) = \frac{2}{N_0}R_{XY}(\tau) \tag{5.2.18}
$$

利用实测的互相关函数资料,式(5.2.18) 常被用来对系统的未知特性(冲激响应) 进行估值(辨识)。具体方法是:待求线性系统输入一个均匀(平坦) 功率谱的宽带(相对于系统带宽而

言）噪声，其功率谱密度为$N_0/2$，用互相关函数测量设备测出互相关函数（或通过对系统输入、输出用A/D进行数据采集，送入计算机估计出它们的互相关函数），于是由式(5.2.18)即可求得$h(t)$的估值（见图5.4），即

$$\hat{h}(\tau)=\frac{2}{N_0}\hat{R}_{XY}(\tau) \tag{5.2.19}$$

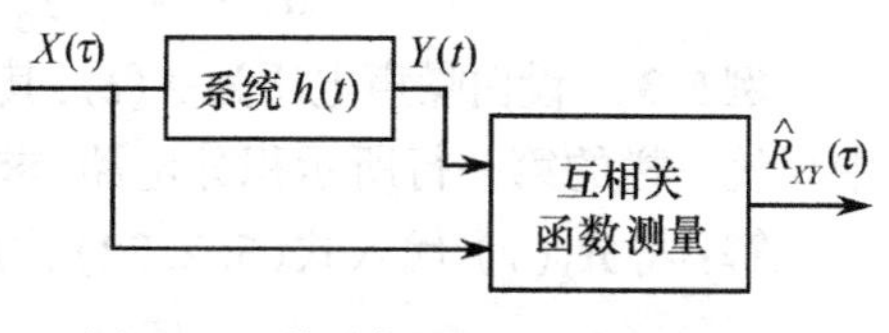

图5.4　利用实测$R_{XY}(\tau)$对系统冲激响应$h(t)$进行估值的系统

式中，$\hat{R}_{XY}(\tau)$是$R_{XY}(\tau)$的实测值，$\hat{h}(\tau)$是系统待求的$h(\tau)$的估计值。关于这种测量方法的精度分析等问题将在频域法后面加以讨论。

4. 物理可实现系统的响应

对于物理可实现系统而言，前面曾指出，应满足当$t<0$时，$h(t)=0$。于是以上所导出的一系列关系式也都应满足这个条件。此外，还应注意这类问题中包含有两种情况：一种情况是输入信号$x(t)$始终作用在系统输入端（即无始信号的情况），这种情况下的系统称之为无限工作时间的系统，即不考虑系统的瞬态过程，大多数实际应用都是这种情况。另一种情况是$x(t)$在$t=0$时才开始加入（也就是输入为$x(t)U(t)$的情况），此时的系统称之为有限工作时间的系统。当系统输入信号是平稳随机过程时，那么前一种情况的输出一般也是平稳的，而后一种情况的输出则不再是平稳过程了，因为它包含了系统本身的瞬态过程。下面列出两种情况下的一系列关系式。

(1) 无限工作时间的系统

此时，只要将前面导出的各关系式中的积分下限“$-\infty$”用“0”代替，即可得物理可实现系统的各关系式。设系统输入$X(t)$为平稳过程，有

$$Y(t)=\int_0^{\infty}h(\tau)X(t-\tau)\mathrm{d}\tau \tag{5.2.20}$$

$$m_Y=m_X\int_0^{\infty}h(\tau)\mathrm{d}\tau \tag{5.2.21}$$

$$R_Y(\tau)=\int_0^{\infty}\int_0^{\infty}R_X(\tau+\tau_1-\tau_2)h(\tau_1)h(\tau_2)\mathrm{d}\tau_1\mathrm{d}\tau_2 \tag{5.2.22}$$

当$\tau=0$时，有

$$\begin{aligned}R_Y(0)&=E[Y^2(t)]\\&=\int_0^{\infty}\int_0^{\infty}R_X(\tau_1-\tau_2)h(\tau_1)h(\tau_2)\mathrm{d}\tau_1\mathrm{d}\tau_2\end{aligned} \tag{5.2.23}$$

且有

$$R_{XY}(\tau)=\int_0^{\infty}R_X(\tau-\lambda)h(\lambda)\mathrm{d}\lambda \tag{5.2.24}$$

$$R_Y(\tau)=\int_0^{\infty}R_{XY}(\tau+\tau_1)h(\tau_1)\mathrm{d}\tau_1 \tag{5.2.25}$$

(2) 有限工作时间的系统

此时，系统的输出$Y(t)$是输入$X(t)$自$t=0$到$t=t_1$时刻作用的结果，于是有

$$Y(t_1)=\int_0^{t_1}X(t_1-\tau)h(\tau)\mathrm{d}\tau \tag{5.2.26}$$

$$E[Y(t_1)]=\int_0^{t_1}E[X(t_1-\tau)]h(\tau)\mathrm{d}\tau \tag{5.2.27}$$

$$R_Y(t_1,t_2)=\int_0^{t_1}\int_0^{t_2}R_X(\tau+\tau_1-\tau_2)h(\tau_1)h(\tau_2)\mathrm{d}\tau_1\mathrm{d}\tau_2 \tag{5.2.28}$$

$$R_{XY}(t_1,t_2) = \int_0^{t_2} R_X(\tau - \lambda)h(\lambda)\mathrm{d}\lambda, \quad \tau = t_2 - t_1 \tag{5.2.29}$$

例 5.3　设白噪声电压为 $X(t)$,其自相关函数为 $R_X(\tau) = (N_0/2)\delta(\tau)$。将它加到如表 5.1 中系统一栏的第一行所示积分电路,求该电路的输出电压 $Y(t)$ 的自相关函数与平均功率。

解: 将 $R_X(\tau)$ 代入式(5.2.22),可得

$$R_Y(\tau) = \int_0^{\infty} h(\tau_1)\mathrm{d}\tau_1 \int_0^{\infty} \frac{N_0}{2}\delta(\tau + \tau_1 - \tau_2)h(\tau_2)\mathrm{d}\tau_2$$

$$= \frac{N_0}{2}\int_0^{\infty} h(\tau_1)h(\tau + \tau_1)\mathrm{d}\tau_1 \tag{5.2.30}$$

由表 5.1 查得 RC 积分电路的冲激响应 $h(t)$ 的表达式并代入上式得

$$R_Y(\tau) = \frac{N_0}{2}\int_0^{\infty} \alpha \mathrm{e}^{-\alpha(\tau_1)} \alpha \mathrm{e}^{-\alpha(\tau+\tau_1)}\mathrm{d}\tau_1$$

式中,$\alpha = 1/RC$。上式要分别按 $\tau \geqslant 0, \tau < 0$ 两种情况求解。

① 当 $\tau \geqslant 0$ 时,有

$$R_Y(\tau) = \frac{N_0}{2}\int_0^{\infty} \alpha^2 \mathrm{e}^{-2\alpha\tau_1} \mathrm{e}^{-\alpha\tau}\mathrm{d}\tau_1 = \frac{\alpha N_0}{4}\mathrm{e}^{-\alpha\tau}$$

② 当 $\tau < 0$ 时,注意到必须满足物理可实现条件,即 $t < 0$ 时应有 $h(t) = 0$,这就需要对式(5.2.30)进行变量替换,令 $\tau + \tau_1 = \lambda$,于是

$$R_Y(\tau) = \frac{N_0}{2}\int_0^{\infty} h(\tau_1)h(\tau + \tau_1)\mathrm{d}\tau_1$$

$$= \frac{N_0}{2}\int_{\tau}^{\infty} h(\lambda - \tau)h(\lambda)\mathrm{d}\lambda$$

考虑到 $\tau < 0$ 时,$h(\tau) = 0$,则上式可写为

$$R_Y(\tau) = \frac{N_0}{2}\int_0^{\infty} h(\lambda - \tau)h(\lambda)\mathrm{d}\lambda$$

$$= \frac{N_0}{2}\int_0^{\infty} \alpha \mathrm{e}^{-\alpha(\lambda-\tau)} \alpha \mathrm{e}^{-\alpha\lambda}\mathrm{d}\lambda = \frac{\alpha N_0}{4}\mathrm{e}^{\alpha\tau}$$

合并 $\tau \geqslant 0$ 与 $\tau < 0$ 时的结果,得到输出自相关函数为

$$R_Y(\tau) = \frac{\alpha N_0}{4}\mathrm{e}^{-\alpha|\tau|}, \quad -\infty < \tau < -\infty$$

再令 $\tau = 0$,即得输出平均功率为

$$W = E[Y^2(t)] = R_Y(0) = \frac{\alpha N_0}{4}$$

以上讨论的是在时间域上分析随机输入线性系统响应的方法。下面将进一步讨论在频率域上的分析方法。对无限工作时间的系统来讲,频率域分析方法往往更简单。

5.2.2　系统输出的功率谱密度

由于对平稳过程(至少是宽平稳)的自相关函数取傅里叶变换就可得到它的功率谱密度,这样,从理论上讲,在实际问题的研究中,只要获得输入随机过程的 $R_X(\tau)$,并求出 $R_Y(\tau)$, $R_{XY}(\tau)$,然后通过傅里叶变换就可得到相应的功率谱密度。但实际上,我们所遇到的积分,往往有可能涉及到相当困难而复杂的运算。本节将换一种处理方法,给出系统输出的功率谱密

度与输入的功率谱密度的关系。

在本节的所有问题讨论中,都假设输入 $X(t)$ 为宽平稳过程,这样由 5.1 节给出的结果可知,系统的输出 $Y(t)$ 必定也是宽平稳的,而且 $X(t)$ 和 $Y(t)$ 是联合宽平稳的。于是在以下的各种问题讨论中都可直接利用维纳 - 辛钦公式。

1. 系统输出的功率谱密度

线性时不变系统输出功率谱密度 $G_Y(\omega)$ 与输入功率谱密度 $G_X(\omega)$ 具有如下关系

$$G_Y(\omega) = G_X(\omega)\,|H(\omega)|^2 \tag{5.2.31}$$

式中,$H(\omega)$ 是系统的传输函数,$|H(\omega)|^2$ 被称为系统的功率传输函数。式(5.2.31) 表明:线性系统输出的功率谱密度等于输入功率谱密度乘以系统的功率传输函数。下面给出这个重要关系式的证明。

已知
$$G_Y(\omega) = \int_{-\infty}^{+\infty} R_Y(\tau)\mathrm{e}^{-\mathrm{j}\omega\tau}\mathrm{d}\tau$$

将式(5.2.5) 代入,得到

$$\begin{aligned}G_Y(\omega) &= \int_{-\infty}^{+\infty}\left[\int_{-\infty}^{+\infty}\int_{-\infty}^{+\infty} R_X(\tau+\tau_1-\tau_2)h(\tau_1)h(\tau_2)\mathrm{d}\tau_1\mathrm{d}\tau_2\right]\mathrm{e}^{-\mathrm{j}\omega\tau}\mathrm{d}\tau \\ &= \int_{-\infty}^{+\infty} h(\tau_1)\int_{-\infty}^{+\infty} h(\tau_2)\int_{-\infty}^{+\infty} R_X(\tau+\tau_1-\tau_2)\mathrm{e}^{-\mathrm{j}\omega\tau}\mathrm{d}\tau\mathrm{d}\tau_2\mathrm{d}\tau_1\end{aligned} \tag{5.2.32}$$

令 $\lambda = \tau + \tau_1 - \tau_2$,则 $\mathrm{d}\lambda = \mathrm{d}\tau$,得

$$G_Y(\omega) = \int_{-\infty}^{+\infty} h(\tau_1)\mathrm{e}^{\mathrm{j}\omega\tau_1}\mathrm{d}\tau_1\int_{-\infty}^{+\infty} h(\tau_2)\mathrm{e}^{-\mathrm{j}\omega\tau_2}\mathrm{d}\tau_2\int_{-\infty}^{+\infty} R_X(\lambda)\mathrm{e}^{-\mathrm{j}\omega\lambda}\mathrm{d}\lambda \tag{5.2.33}$$

于是
$$G_Y(\omega) = H^*(\omega)H(\omega)G_X(\omega) = |H(\omega)|^2 G_X(\omega)$$

式(5.2.31) 得证。

在随机信号分析中,常常把式(5.2.31) 与维纳 - 辛钦定理称为随机信号的两个基本定理。可见式(5.2.31) 是十分重要的。若已得 $G_Y(\omega)$,通过傅里叶反变换则可得到线性系统输出的自相关函数 $R_Y(\tau)$,$R_Y(\tau)$ 与输入功率谱密度的关系式为

$$\begin{aligned}R_Y(\tau) &= \frac{1}{2\pi}\int_{-\infty}^{+\infty} G_Y(\omega)\mathrm{e}^{\mathrm{j}\omega\tau}\mathrm{d}\omega \\ &= \frac{1}{2\pi}\int_{-\infty}^{+\infty} G_X(\omega)\,|H(\omega)|^2\mathrm{e}^{\mathrm{j}\omega\tau}\mathrm{d}\omega\end{aligned} \tag{5.2.34}$$

于是系统输出的均方值或平均功率可表示为

$$E[Y^2(t)] = R_Y(0) = \frac{1}{2\pi}\int_{-\infty}^{+\infty} G_X(\omega)\,|H(\omega)|^2\mathrm{d}\omega \tag{5.2.35}$$

例 5.4 采用本节例 5.3 所给出的系统与条件,应用频率域的分析方法,求例 5.3 所用积分电路输出电压 $Y(t)$ 的自相关函数和平均功率。

解: 由于 $R_X(\tau) = \dfrac{N_0}{2}\delta(\tau)$,故有

$$G_X(\omega) = \int_{-\infty}^{+\infty}\frac{N_0}{2}\delta(\tau)\mathrm{e}^{-\mathrm{j}\omega\tau}\mathrm{d}\tau = \frac{N_0}{2}$$

RC 积分电路的传输函数为

$$H(\omega)=\frac{1}{1+\mathrm{j}\omega RC}=\frac{\alpha}{\alpha+\mathrm{j}\omega},\quad \alpha=\frac{1}{RC}$$

故可得功率传输函数为

$$|H(\omega)|^2=\frac{\alpha^2}{\alpha^2+\omega^2}$$

所以

$$G_Y(\omega)=G_X(\omega)|H(\omega)|^2=\frac{N_0\alpha^2}{2(\alpha^2+\omega^2)}$$

故有

$$\begin{aligned}R_Y(\tau)&=\frac{N_0}{2\pi}\int_{-\infty}^{+\infty}\frac{\alpha^2}{2(\alpha^2+\omega^2)}\mathrm{e}^{\mathrm{j}\omega\tau}\mathrm{d}\omega\\&=\frac{\alpha^2N_0}{4\pi}2\pi\mathrm{j}\left(\frac{\mathrm{e}^{\mathrm{j}z|\tau|}}{\alpha^2+z^2}\text{在 } z=\mathrm{j}\alpha\text{ 处的留数}\right)\\&=\frac{\alpha^2N_0}{4\pi}2\pi\mathrm{j}\,\frac{\mathrm{e}^{-\alpha|\tau|}}{2\mathrm{j}\alpha}\\&=\frac{\alpha N_0}{4}\mathrm{e}^{-\alpha|\tau|}\qquad(-\infty<\tau<+\infty)\end{aligned}$$

由此,令 $\tau=0$,即可得电路输出的平均功率

$$W=E[Y^2(t)]=R_Y(0)=\frac{\alpha N_0}{4}$$

可见,频域上的分析与时域上的分析所得的结果完全一样。

例5.5 设白噪声 $X(t)$,有 $G_X(\omega)=N_0/2$,有表5.1中系统一栏第二行所示的微分电路,求电路输出自相关函数。

解: 查表5.1得微分电路传输函数为

$$H(\omega)=\frac{\mathrm{j}\omega RC}{1+\mathrm{j}\omega RC}=\frac{\mathrm{j}\omega}{\alpha+\mathrm{j}\omega},\quad \alpha=\frac{1}{RC}$$

故有

$$|H(\omega)|^2=\frac{\omega^2}{\alpha^2+\omega^2}$$

所以

$$G_Y(\omega)=\frac{N_0}{2}\cdot\frac{\omega^2}{\alpha^2+\omega^2}$$

于是

$$\begin{aligned}R_Y(\tau)&=\frac{N_0}{4\pi}\int_{-\infty}^{+\infty}\frac{\omega^2}{\alpha^2+\omega^2}\mathrm{e}^{\mathrm{j}\omega\tau}\mathrm{d}\omega\\&=\frac{N_0}{4\pi}\int_{-\infty}^{+\infty}\left(\frac{\alpha^2+\omega^2}{\alpha^2+\omega^2}-\frac{\alpha^2}{\alpha^2+\omega^2}\right)\mathrm{e}^{\mathrm{j}\omega\tau}\mathrm{d}\omega\\&=\frac{N_0}{4\pi}\int_{-\infty}^{+\infty}\mathrm{e}^{\mathrm{j}\omega\tau}\mathrm{d}\omega-\frac{N_0}{4\pi}\int_{-\infty}^{\infty}\frac{\alpha^2}{\alpha^2+\omega^2}\mathrm{e}^{\mathrm{j}\omega\tau}\mathrm{d}\omega\\&=\frac{N_0}{2}\delta(\tau)-\frac{\alpha N_0}{4}\mathrm{e}^{-\alpha|\tau|}\end{aligned}$$

由以上两例可见,若只需要得到系统输出的功率谱密度时,采用频域的分析方法具有很大优越性,即使需要求出自相关函数,再求一次傅里叶反变换,一般也不太困难。

下面再举一个用频域方法分析热噪声的实例。

例 5.6　求图 5.5 所示电路中，由热噪声源 $N_U(t)$ 产生的电压 $U(t)$ 的功率谱密度$G_U(\omega)$，自相关函数 $R_U(\tau)$ 以及噪声平均功率。

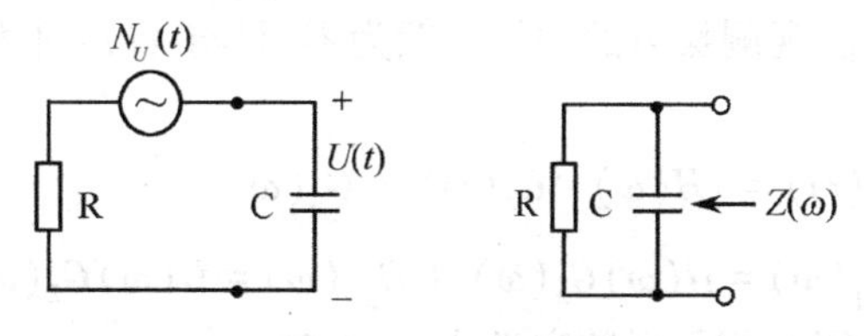

图 5.5　例 5.6 电路图

解：电压 $U(t)$ 可看做具体输入为 $N_U(t)$，而传输函数为 $H(\omega)=1/(1+\mathrm{j}\omega RC)$ 的系统的输出。此外，由式(4.5.5)，已知热噪声源 $N_U(t)$ 的功率谱密度为 $G_{N_U}(\omega)=2kTR$，于是有

$$G_U(\omega)=G_{N_U}(\omega)\,|H(\omega)|^2=\frac{2kTR}{1+\omega^2R^2C^2} \tag{5.2.36}$$

利用前面例 5.4 的结果，可得

$$R_U(\tau)=\frac{1}{2\pi}\int_{-\infty}^{+\infty}G_U(\omega)\mathrm{e}^{\mathrm{j}\omega\tau}\mathrm{d}\omega=\frac{2kTR}{2RC}\mathrm{e}^{-\frac{|\tau|}{RC}}=\frac{kT}{C}\mathrm{e}^{-\frac{|\tau|}{RC}} \tag{5.2.37}$$

噪声 $U(t)$ 的平均功率为

$$E[U^2(t)]=R_U(0)=\frac{kT}{C} \tag{5.2.38}$$

式中，k 是玻尔兹曼常数，T 是绝对温度。此外，考虑到电路的输出阻抗为

$$Z(\omega)=\frac{1}{\frac{1}{R}+\mathrm{j}\omega C}=\frac{R}{1+\mathrm{j}\omega RC}$$

故有

$$\mathrm{Re}[Z(\omega)]=\frac{R}{1+\omega^2R^2C^2}$$

因此 $G_U(\omega)$ 可写成

$$G_U(\omega)=2kT\mathrm{Re}[Z(\omega)]\quad(\text{奈奎斯特定理}) \tag{5.2.39}$$

2. 系统输入与输出之间的互谱密度

根据式(4.4.16) 及式(4.4.17)，对式(5.2.9) 及式(5.2.11) 两边进行傅里叶变换，并利用傅里叶变换的卷积定理，即可得到

$$G_{XY}(\omega)=G_X(\omega)H(\omega) \tag{5.2.40}$$

$$G_{YX}(\omega)=G_X(\omega)H(-\omega) \tag{5.2.41}$$

若输入随机信号为白噪声过程，其 $G_X(\omega)=N_0/2$，则有

$$G_{XY}(\omega)=\frac{N_0}{2}H(\omega) \tag{5.2.42}$$

$$G_{YX}(\omega)=\frac{N_0}{2}H(-\omega) \tag{5.2.43}$$

因此当系统性能未知时，若能设法得到互谱密度，就可由式(5.2.42) 确定线性系统的传输函数。

3. 未知系统辨识精度的分析

在实际应用中，利用式(5.2.18) 对未知系统进行辨识时，被辨识系统往往含有内部噪声，

以及其他一些测量噪声，因而实际测量得到的数据 $Y(t)$ 是有噪声的，即

$$Y(t) = h(t) * X(t) + N(t) \tag{5.2.44}$$

式中，$N(t)$ 表示观测噪声。观测噪声的均值一般为零，且与 $X(t)$ 不相关。则从功率谱密度的角度有

$$\begin{aligned} G_Y(\omega) &= |H(\omega)|^2 G_X(\omega) + G_N(\omega) \\ G_{XY}(\omega) &= H(\omega)G_X(\omega) + G_{XN}(\omega) = H(\omega)G_X(\omega) \end{aligned} \tag{5.2.45}$$

将上面两式代入第4章介绍的相干函数定义式(4.4.20)有

$$\begin{aligned} \gamma_{XY}^2(\omega) &= \frac{|G_{XY}(\omega)|^2}{G_X(\omega)G_Y(\omega)} = \frac{|H(\omega)|^2 G_X^2(\omega)}{G_X(\omega)G_Y(\omega)} \\ &= \frac{|H(\omega)|^2 G_X(\omega)}{|H(\omega)|^2 G_X(\omega) + G_N(\omega)} = \frac{1}{1 + G_N(\omega)/|H(\omega)|^2 G_X(\omega)} \end{aligned} \tag{5.2.46}$$

再定义谱信噪比为

$$\eta(\omega) = \frac{|H(\omega)|^2 G_X(\omega)}{G_N(\omega)} \tag{5.2.47}$$

则

$$\gamma_{XY}^2(\omega) = \frac{1}{1 + 1/\eta(\omega)} \tag{5.2.48}$$

由上式可见，对某些频率信噪比小，则相干函数值也小，反之则相干函数值大。由式(5.2.48)可以定量地分析观测噪声对系统辨识精度的影响。一个典型的相干函数示于图5.6。有关相干函数的其他应用，读者可参看参考文献[17]。

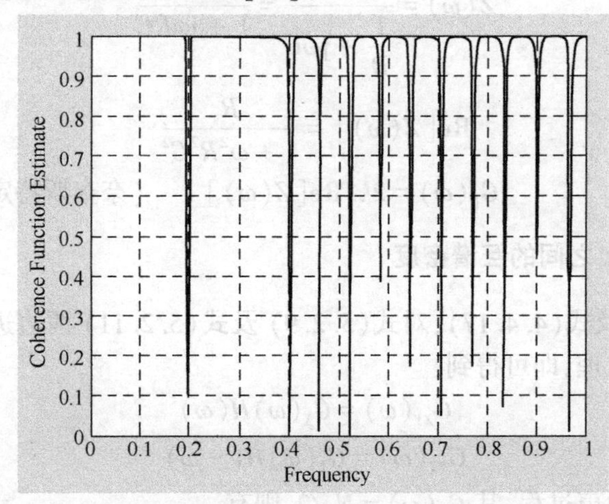

图5.6　一个低通线性系统存在0.1Hz内部噪声时的相干函数

图5.6表示一个0.3Hz的低通线性系统存在0.1Hz内部噪声时的相干函数。它是采用MATLAB函数cohere( )，用下面一段MATLAB程序仿真得到的。图中横坐标是以奈奎斯特频率(采样频率的一半，1/2Hz)归一化的结果。假设此系统为未知系统，则从图中可分析出系统通带内存在0.1Hz的单频内部噪声。

```
t = 1:10000;
n = .4*cos(2*pi*.1*t);
h = fir1(30,0.3,hanning(31));
r = randn(10000,1);
```

```
y = filter(h,1,r) + n';
cohere(r,y,1024,[],[],512);
```

5.2.3 多个随机过程之和通过线性系统

在实际应用中,经常会遇到多个随机过程同时加到线性系统上的问题,例如一般的电子系统输入端的随机信号,往往就是有用信号与噪声这两个随机过程的合成。下面主要讨论两个随机过程输入的情况;对多个随机输入的情况,可直接推广得到,故不赘述。

假设系统的输入 $X(t)$ 是两个联合平稳且单独平稳的随机过程 $X_1(t)$ 与 $X_2(t)$ 的和,即

$$X(t) = X_1(t) + X_2(t) \tag{5.2.49}$$

由于系统是线性的,每个输入都产生相应的输出,且有

$$Y(t) = Y_1(t) + Y_2(t) \tag{5.2.50}$$

系统输出 $Y(t)$ 的均值可以很容易地通过式(5.2.3)得到

$$E[Y(t)] = m_Y = (m_{X_1} + m_{X_2}) \int_{-\infty}^{+\infty} h(\tau)\mathrm{d}\tau = m_{Y_1} + m_{Y_2} \tag{5.2.51}$$

$Y(t)$ 的自相关函数为

$$\begin{aligned} R_Y(\tau) &= E\{[Y_1(t) + Y_2(t)][Y_1(t+\tau) + Y_2(t+\tau)]\} \\ &= R_{Y_1}(\tau) + R_{Y_2}(\tau) + R_{Y_2Y_1}(\tau) + R_{Y_1Y_2}(\tau) \end{aligned} \tag{5.2.52}$$

同理 $X(t)$ 的自相关函数为

$$\begin{aligned} R_X(\tau) &= E\{[X_1(t) + X_2(t)][X_1(t+\tau) + X_2(t+\tau)]\} \\ &= R_{X_1}(\tau) + R_{X_2}(\tau) + R_{X_2X_1}(\tau) + R_{X_1X_2}(\tau) \end{aligned} \tag{5.2.53}$$

由式(5.2.5)可知

$$R_Y(\tau) = \int_{-\infty}^{+\infty} \int_{-\infty}^{+\infty} R_X(\tau + \tau_1 - \tau_2) h(\tau_1) h(\tau_2) \mathrm{d}\tau_1 \mathrm{d}\tau_2 \tag{5.2.54}$$

将式(5.2.53)代入式(5.2.54),利用卷积运算的线性性,可得

$$R_Y(\tau) = \{R_{X_1}(\tau) + R_{X_2}(\tau) + R_{X_2X_1}(\tau) + R_{X_1X_2}(\tau)\} * h(\tau) * h(-\tau) \tag{5.2.55}$$

通过同样的分析方法,可以得到系统输入与输出之间的互相关函数为

$$R_{XY}(\tau) = R_{X_1Y_1}(\tau) + R_{X_1Y_2}(\tau) + R_{X_2Y_1}(\tau) + R_{X_2Y_2}(\tau) \tag{5.2.56}$$

其中每一项都可通过适当应用式(5.2.9)得到。

通过对式(5.2.55)求傅里叶变换,并利用式(5.2.31)可以得到系统输出功率谱密度为

$$G_Y(\omega) = |H(\omega)|^2 [G_{X_1}(\omega) + G_{X_2}(\omega) + G_{X_1X_2}(\omega) + G_{X_2X_1}(\omega)] \tag{5.2.57}$$

当两个输入过程互不相关时,式(5.2.53)成为

$$R_X(\tau) = R_{X_1}(\tau) + R_{X_2}(\tau) + 2m_{X_1}m_{X_2} \tag{5.2.58}$$

对式(5.2.53)两端进行傅里叶变换后得

$$G_X(\omega) = G_{X_1}(\omega) + G_{X_2}(\omega) + 4\pi m_{X_1} m_{X_2} \delta(\omega) \tag{5.2.59}$$

若输入还是零均值的,则有

$$R_X(\tau) = R_{X_1}(\tau) + R_{X_2}(\tau) \tag{5.2.60}$$

$$G_X(\omega) = G_{X_1}(\omega) + G_{X_2}(\omega) \tag{5.2.61}$$

将式(5.2.60)和式(5.2.61)代入式(5.2.55)和式(5.2.57),得

$$R_Y(\tau) = R_{Y_1}(\tau) + R_{Y_2}(\tau) \tag{5.2.62}$$

$$G_Y(\omega) = G_{Y_1}(\omega) + G_{Y_2}(\omega) \tag{5.2.63}$$

这表明，两个统计独立（或至少不相关）的零均值平稳随机过程之和的功率谱密度或自相关函数等于各自功率谱密度或自相关函数之和。通过线性系统输出的平稳随机过程的功率谱密度或自相关函数也等于各自输出的功率谱密度或自相关函数之和。

5.3 白噪声通过线性系统

5.3.1 噪声带宽

白噪声是具有均匀功率谱的平稳随机过程，当它通过线性系统后，其输出端的噪声功率就不再是均匀的了。白噪声的功率谱密度 $G_X(\omega)$ 为 $N_0/2$，（N_0 为正实常数），系统传输函数为 $H(\omega)$，则有

$$G_Y(\omega) = |H(\omega)|^2 \frac{N_0}{2} \tag{5.3.1}$$

$$F_Y(\omega) = N_0 |H(\omega)|^2 \tag{5.3.2}$$

这里 $F_Y(\omega)$ 是单边功率谱密度。上式表明，线性系统在白噪声作用下，输出功率谱密度完全由系统频率特性所决定，不再保持常数 N_0。这个结果的物理意义十分明显，因为虽然白噪声的谱是均匀的，但具体的各种电子系统却具有不同的频率特性，因而输出过程的频率成分（功率谱密度）将受到系统频率特性（功率传函）的加权（成形），如图 5.7 所示。

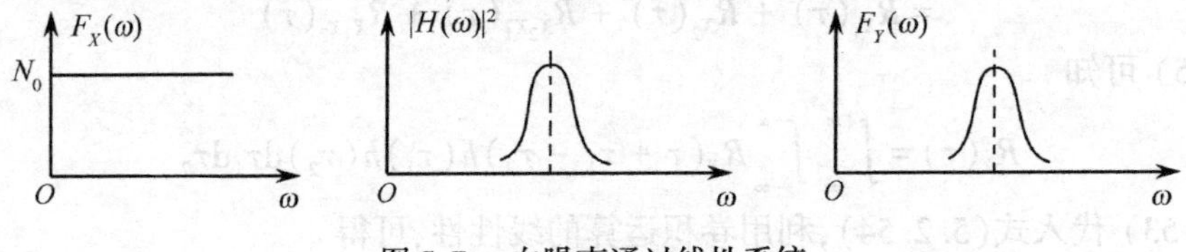

图 5.7　白噪声通过线性系统

由式(5.2.35)可得线性系统输出的平均功率为

$$R_Y(0) = \frac{1}{2\pi}\int_{-\infty}^{+\infty} \frac{N_0}{2} |H(\omega)|^2 \mathrm{d}\omega \tag{5.3.3}$$

假定系统的冲激响应为实函数（任何物理系统的冲激响应总是实的），则 $|H(\omega)|^2$ 将是 ω 的偶函数，于是

$$R_Y(0) = \frac{N_0}{2\pi}\int_{0}^{\infty} |H(\omega)|^2 \mathrm{d}\omega \tag{5.3.4}$$

在实际应用中，有时只关心系统输出的噪声的功率，为了分析计算方便常常考虑用一个理想的系统来等效代替实际的系统。这种理想的系统在其通带以内具有相同（平）的传输函数的模，而通带外其值为零。这样，系统的输出也就成为在一定频带内具有均匀谱密度的噪声（即限带白噪声）。等效的原则是，当输入同样的白噪声时，理想系统与实际系统的输出平均功率相等，在频带的中心，两个系统具有同样的功率传输函数值。

下面首先讨论实际系统是低通线性系统的情况，此时，理想系统与实际系统的差别是：理想系统具有按下式定义的矩形传输函数

$$|H_I(\omega)|^2 = \begin{cases} |H(0)|^2, & |\omega| < \Delta\omega_e \\ 0, & |\omega| > \Delta\omega_e \end{cases} \tag{5.3.5}$$

这里的 $\Delta\omega_e$ 可以按照上述的等效原则来求得。理想系统输出的平均功率为

$$\frac{1}{2\pi}\int_{-\infty}^{+\infty}\frac{N_0}{2}|H_I(\omega)|^2\mathrm{d}\omega = \frac{N_0}{2\pi}\int_0^{\Delta\omega_e}|H(0)|^2\mathrm{d}\omega = \frac{N_0\Delta\omega_e}{2\pi}|H(0)|^2 \tag{5.3.6}$$

实际系统输出的平均功率为

$$R_Y(0) = \frac{N_0}{2\pi}\int_0^{\infty}|H(\omega)|^2\mathrm{d}\omega$$

根据功率等效原则应有

$$\frac{N_0}{2\pi}\int_0^{\infty}|H(\omega)|^2\mathrm{d}\omega = \frac{N_0}{2\pi}\Delta\omega_e|H(0)|^2$$

故得

$$\Delta\omega_e = \frac{\int_0^{\infty}|H(\omega)|^2\mathrm{d}\omega}{|H(0)|^2} \tag{5.3.7}$$

$\Delta\omega_e$ 为实际系统的噪声带宽。

如果实际系统是一个中心频率为 ω_0 的带通系统,只要重复前面的步骤,即可导出带通系统的噪声带宽。

与这种系统等效的理想系统,其平均功率(或者说是按噪声带宽表达的平均功率)的表达式为

$$R_Y(0) = \frac{N_0}{2\pi}\Delta\omega_e|H(\omega_0)|^2 \tag{5.3.8}$$

按等效原则可得带通系统的噪声带宽为

$$\Delta\omega_e = \frac{\int_0^{\infty}|H(\omega)|^2\mathrm{d}\omega}{|H(\omega_0)|^2} \tag{5.3.9}$$

下面再对系统的噪声带宽与一般线性系统的通频带宽做一些比较和讨论。

在一般线性系统中,通常都是用频率特性曲线半功率点的通频带宽 $\Delta\omega$,也常称做三分贝带宽来表示该系统对信号频谱的选择性,而在这里则是以噪声带宽 $\Delta\omega_e$来表示该系统对噪声功率谱的选择性。

由式(5.3.7)可见,与通频带宽 $\Delta\omega$ 相类似,噪声带宽 $\Delta\omega_e$ 也是由系统本身的参数决定的。实际上线性系统的结构形式和参数确定之后,$\Delta\omega$ 和 $\Delta\omega_e$ 就都确定,因而相互之间有确定关系。可以证明:对于常用的窄带单调谐电路而言,$\Delta\omega$ 和 $\Delta\omega_e$ 之间有如下的关系

$$\Delta\omega_e = \frac{\pi}{2}\Delta\omega \approx 1.57\Delta\omega$$

而对于双调谐电路 $\Delta\omega_e = 1.22\Delta\omega$;对于高斯频率特性的电路 $\Delta\omega_e = 1.05\Delta\omega$。当级联电路的级数越多时,整个系统频率特性逼近于矩形,系统的通频带宽 $\Delta\omega$ 就越接近于噪声带宽 $\Delta\omega_e$。

在雷达接收机中,检波器前的高频、中频谐振电路级数总是较多的,因此在计算和测量噪声时,通常都可以直接以系统的通频带宽 $\Delta\omega$ 代替噪声带宽 $\Delta\omega_e$。这样的近似误差不大,工程上是可以允许的。

例 5.7 某线性系统的功率传输函数为

$$|H(\omega)|^2 = \frac{1}{1+\left(\frac{\omega}{\Delta\omega}\right)^2}$$

式中,$\Delta\omega$ 是半功率带宽,求系统的噪声带宽。

解:由已知功率传输函数可得 $|H(0)|^2 = 1$,于是

$$\Delta\omega_e = \int_0^\infty \frac{1}{1+\left(\frac{\omega}{\Delta\omega}\right)^2}\mathrm{d}\omega = \int_0^\infty \frac{\Delta\omega^2}{\Delta\omega^2+\omega^2}\mathrm{d}\omega = \Delta\omega \cdot \arctan\left(\frac{\omega}{\Delta\omega}\right)\Bigg|_0^\infty$$

$$= \frac{\pi}{2}\Delta\omega \approx 1.57\Delta\omega$$

5.3.2 白噪声通过理想线性系统

实际线性系统往往比较复杂,如上所述,为了简化分析计算,常用理想化系统的传输函数来等效逼近实际系统的传输函数。理想系统的带宽即依据上节所述原则定义的噪声带宽。因此,有必要进一步讨论一下白噪声通过理想线性系统的问题。

1. 白噪声通过理想低通线性系统(滤波器或低频放大器)

若白噪声通过一个如图 5.8 所示频率特性的低通滤波器(或放大器),即滤波器在正半轴具有如下的频率特性

$$H(\omega) = \begin{cases} K_0, & 0 < \omega < \Delta\omega/2 \\ 0, & \omega > \Delta\omega/2 \end{cases}$$

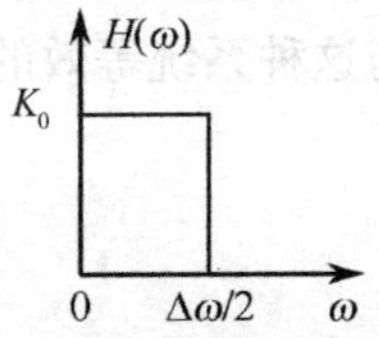

图 5.8 理想低通滤波器频率特性

白噪声的单边功率谱密度 $F_X(\omega) = N_0$,所以有

$$F_Y(\omega) = |H(\omega)|^2 F_X(\omega) = \begin{cases} N_0 K_0^2, & 0 < \omega < \Delta\omega/2 \\ 0, & \omega < 0, \omega > \Delta\omega/2 \end{cases}$$

可见,白噪声通过低通滤波器后,其输出功率谱变窄,宽度等于滤波器的通带 $\Delta\omega/2$。

按式(4.2.10)可得输出的自相关函数为

$$R_Y(\tau) = \frac{1}{2\pi}\int_0^\infty 2G_Y(\omega)\cos\omega\tau\mathrm{d}\omega = \frac{1}{2\pi}\int_0^\infty F_Y(\omega)\cos\omega\tau\mathrm{d}\omega = \frac{1}{2\pi}\int_0^{\frac{\Delta\omega}{2}} N_0 K_0^2 \cos\omega\tau\mathrm{d}\omega$$

$$= \frac{N_0 K_0^2}{2\pi}\cdot\frac{\sin\frac{\Delta\omega\tau}{2}}{\tau} = \frac{N_0 K_0^2 \Delta\omega}{4\pi}\cdot\frac{\sin\frac{\Delta\omega\tau}{2}}{\frac{\Delta\omega\tau}{2}} \tag{5.3.10}$$

其平均功率为

$$R_Y(0) = \sigma_Y^2 = \frac{1}{2\pi}\int_0^\infty F_Y(\omega)\mathrm{d}\omega = \frac{1}{2\pi}\int_0^{\frac{\Delta\omega}{2}} N_0 K_0^2 \mathrm{d}\omega$$

$$= \frac{N_0 K_0^2 \Delta\omega}{4\pi} \tag{5.3.11}$$

其自相关系数为

$$\rho_Y(\tau) = \frac{C_Y(\tau)}{C_Y(0)} = \frac{R_Y(\tau)}{R_Y(0)} = \frac{\sin\frac{\Delta\omega\tau}{2}}{\frac{\Delta\omega\tau}{2}} \tag{5.3.12}$$

其相关时间由式(3.2.17)可得

$$\tau_0 = \int_0^{\infty} \rho_Y(\tau)\,\mathrm{d}\tau = \int_0^{\infty} \frac{\sin\dfrac{\Delta\omega\tau}{2}}{\dfrac{\Delta\omega\tau}{2}}\mathrm{d}\tau = \frac{2}{\Delta\omega}\cdot\frac{\pi}{2} = \frac{1}{2\Delta f} \tag{5.3.13}$$

式(5.3.13)表明，输出随机过程的相关时间与系统的带宽（也就是输出随机过程的功率谱宽）成反比。这就是说，系统带宽（过程的谱宽）越宽，相关时间 τ_0 越小，输出过程随时间变化（起伏）越剧烈；反之，系统带宽（过程谱宽）越窄，则 τ_0 越大，输出过程随时间变化就越缓慢。

2. 白噪声通过理想带通线性系统（带通滤波器或高频谐振放大器）

理想带通滤波器（或放大器）具有如图 5.9 所示的理想矩形频率特性

$$H(\omega) = \begin{cases} K_0, & |\omega - \omega_0| < \Delta\omega/2 \\ 0, & |\omega - \omega_0| > \Delta\omega/2 \end{cases}$$

具有 $F_X(\omega) = N_0$ 的白噪声通过该电路后输出功率谱密度为

$$F_Y(\omega) = F_X(\omega)\,|H(\omega)|^2 = \begin{cases} N_0K_0^2, & |\omega - \omega_0| < \Delta\omega/2 \\ 0, & |\omega - \omega_0| > \Delta\omega/2 \end{cases}$$

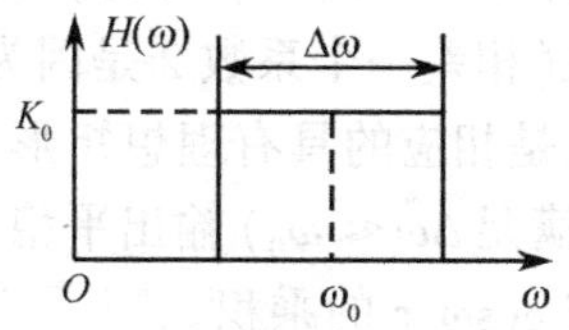

图 5.9　理想带通滤波器频率特性

当 $\Delta\omega/2 \ll \omega_0$ 时该理想带通滤波器输出的随机过程是一种重要和典型的随机过程，它的功率谱分布在高频 ω_0 周围一个很窄的频域内，而且以 ω_0 为中心频率对称分布。

对于满足 $\Delta\omega/2 \ll \omega_0$ 条件的系统，或者说，系统通带远小于中心频率的系统，我们称之为窄带系统，而对于功率分布在较窄频率范围内（相对于中心频率 ω_0）的随机过程称为窄带过程。对于这种特别重要的窄带过程将在第 7 章做专门的研究。

现在继续讨论理想带通滤波器的输出特性，对上面得到的 $F_Y(\omega)$ 取傅里叶反变换，得到输出自相关函数为

$$\begin{aligned} R_Y(\tau) &= \frac{1}{2\pi}\int_0^{\infty} F_Y(\omega)\cos\omega\tau\,\mathrm{d}\omega = \frac{1}{2\pi}\int_{\omega_0-\frac{\Delta\omega}{2}}^{\omega_0+\frac{\Delta\omega}{2}} N_0K_0^2\cos\omega\tau\,\mathrm{d}\omega \\ &= \frac{N_0K_0^2}{2\pi\tau}\left[\sin\left(\omega_0 + \frac{\Delta\omega}{2}\right)\tau - \sin\left(\omega_0 - \frac{\Delta\omega}{2}\right)\tau\right] \\ &= \frac{N_0K_0^2}{\pi\tau}\sin\frac{\Delta\omega\tau}{2}\cos\omega_0\tau \end{aligned}$$

可写成

$$R_Y(\tau) = a(\tau)\cos\omega_0\tau \tag{5.3.14}$$

式中，$a(\tau)$ 为相关函数的包络，且为

$$a(\tau) = \frac{N_0K_0^2}{\pi\tau}\sin\frac{\Delta\omega\tau}{2} = \frac{N_0K_0^2\Delta\omega}{2\pi}\cdot\frac{\sin\dfrac{\Delta\omega\tau}{2}}{\dfrac{\Delta\omega\tau}{2}}$$

$$= 2\,\frac{N_0K_0^2\Delta\omega}{4\pi}\cdot\frac{\sin\dfrac{\Delta\omega\tau}{2}}{\dfrac{\Delta\omega\tau}{2}} \tag{5.3.15}$$

由式(5.3.14)和式(5.3.15)可以看出：

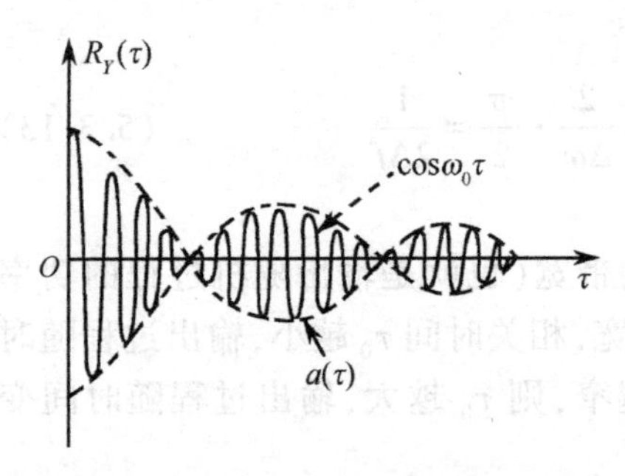

图 5.10　窄带随机过程的自相关函数

① 输出自相关函数 $R_Y(\tau)$ 等于 $a(\tau)$ 与 $\cos\omega_0\tau$ 的乘积，其中 $a(\tau)$ 只包含 $\Delta\omega\tau$ 的成分，这样当满足 $\Delta\omega/2 \ll \omega_0$ 时，显然 $a(\tau)$ 随 τ 的变化要比 $\cos\omega_0\tau$ 随 τ 的变化慢得多。换言之，$a(\tau)$ 是 τ 的慢变函数，而 $\cos\omega_0\tau$ 是快变函数，于是 $R_Y(\tau)$ 实际可看成由快变部分与慢变部分构成，而后者相当于一般信号的包络。对于这种满足 $\Delta\omega \ll \omega_0$ 条件的输出窄带过程典型自相关函数如图 5.10 所示。

② 令式(5.3.14) 中的 $\omega_0 = 0$，则得

$$R_Y(\tau) = a(\tau) \tag{5.3.16}$$

而由式(5.3.15) 可见，$a(\tau)$ 和前面导出的低通滤波器输出自相关函数式(5.3.10) 完全一致(相差一个系数 2 是因为这里的通带宽度是前面低通滤波器带宽的 2 倍)。换言之，$a(\tau)$ 正是相应的具有理想矩形频率特性的低通滤波器的输出自相关函数，因此一个窄带系统(满足 $\Delta\omega \ll \omega_0$) 输出平稳过程的自相关函数，等于相应的低频系统输出的自相关函数 $a(\tau)$ 与 $\cos\omega_0\tau$ 的乘积。

这个结果说明了这样一个准则：计算高频带通滤波器(或谐振放大器) 的输出自相关函数时，只需将已知高频带通系统用一等效低频系统来代替并求出其结果，然后乘上 $\cos\omega_0\tau$ 即可(这里的 ω_0 是高频带通系统的中心频率)。

输出端的噪声平均功率可由式(5.3.14)，并令 $\tau = 0$ 得到，即

$$R_Y(0) = \lim_{\tau\to 0} R_Y(\tau) = \frac{N_0 K_0^2 \Delta\omega}{2\pi} \lim_{\tau\to 0} \frac{\sin\dfrac{\Delta\omega\tau}{2}}{\dfrac{\Delta\omega\tau}{2}} \cos\omega_0\tau = \frac{N_0 K_0^2 \Delta\omega}{2\pi} \tag{5.3.17}$$

所以

$$R_Y(\tau) = R_Y(0) \frac{\sin\dfrac{\Delta\omega\tau}{2}}{\dfrac{\Delta\omega\tau}{2}} \cos\omega_0\tau$$

于是输出噪声的相关系数为

$$\rho_Y(\tau) = \frac{C_Y(\tau)}{C_Y(0)} = \frac{R_Y(\tau)}{R_Y(0)} = \frac{\sin\dfrac{\Delta\omega\tau}{2}}{\dfrac{\Delta\omega\tau}{2}} \cos\omega_0\tau \tag{5.3.18}$$

可见相关系数亦可分解成快、慢变化两个部分。根据窄带过程相关系数的特点，常用 $\rho_Y(\tau)$ 的慢变部分(包络) 来定义输出过程的相关时间，即

$$\tau_0 = \int_0^{\infty} \frac{\sin\dfrac{\Delta\omega\tau}{2}}{\dfrac{\Delta\omega\tau}{2}} \mathrm{d}\tau = \frac{2}{\Delta\omega} \cdot \frac{\pi}{2} = \frac{\pi}{\Delta\omega} = \frac{1}{2\Delta f} \tag{5.3.19}$$

该式与式(5.3.13) 形式相同，同样说明了相关时间 τ_0 与系统的带宽 Δf 成反比。但必须注意到这里的 τ_0 是表示输出窄带过程的包络随时间起伏变化的快慢程度的。因此式(5.3.19) 表明了系统带宽越宽，输出包络的起伏变化越剧烈。反之，带宽越窄，则包络变化越缓慢。

5.3.3 白噪声通过具有高斯频率特性的线性系统

在电子系统中,经常用到由多级单调谐放大器构成的放大设备,在这种放大设备中,包括有多个调谐在中心频率 ω_0 上的谐振回路。因此,其频率特性与高斯曲线相近,回路数目越多,近似程度越高。实际中,只要放大设备中有4 ~ 5个以上的谐振回路(调谐到同一频率ω_0上),则放大设备就具有较近似的高斯频率特性(见图5.11),例如雷达接收机的中频放大器。高斯曲线的表示式为

$$H(\omega)=K_0\mathrm{e}^{-\frac{(\omega-\omega_0)^2}{2\beta^2}} \tag{5.3.20}$$

在$F_X(\omega)=N_0$的白噪声输入下,系统输出的功率谱密度为

$$F_Y(\omega)=N_0K_0^2\mathrm{e}^{-\frac{(\omega-\omega_0)^2}{\beta^2}} \tag{5.3.21}$$

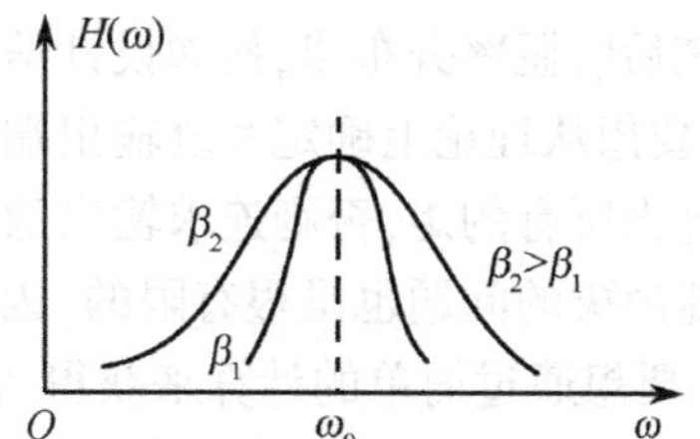

图5.11 多级单调谐回路系统的频率特性

输出的自相关函数可以通过等效的低频系统(即高频带通系统传输函数移至 $\omega_0=0$ 时相应的系统)输出的自相关函数,乘 $\cos\omega_0\tau$ 得到,即

$$R_Y(\tau)=a(\tau)\cos\omega_0\tau=\left[2\times\frac{1}{2\pi}\int_0^{\infty}N_0\left|H_1(\omega)\right|^2\cos\omega\tau\mathrm{d}\omega\right]\cos\omega_0\tau$$

式中,$H_1(\omega)$ 为相应的等效低频系统传输函数,即

$$H_1(\omega)=K_0\mathrm{e}^{-\frac{(\omega-\omega_0)^2}{2\beta^2}}\bigg|_{\omega_0=0}=K_0\mathrm{e}^{-\frac{\omega^2}{2\beta^2}}$$

所以
$$R_Y(\tau)=\left[\frac{N_0K_0^2}{\pi}\int_0^{\infty}\mathrm{e}^{-\frac{2\omega^2}{2\beta^2}}\cos\omega\tau\mathrm{d}\omega\right]\cos\omega_0\tau$$

$$=\frac{N_0K_0^2\beta}{2\sqrt{\pi}}\mathrm{e}^{-\frac{\beta^2\tau^2}{4}}\cos\omega_0\tau \tag{5.3.22}$$

输出平均功率为
$$R_Y(0)=\frac{N_0K_0^2\beta}{2\sqrt{\pi}} \tag{5.3.23}$$

输出相关系数为

$$\rho_Y(\tau)=\frac{C_Y(\tau)}{C_Y(0)}=\frac{R_Y(\tau)}{R_Y(0)}=\mathrm{e}^{-\frac{\beta^2\tau^2}{4}}\cos\omega_0\tau \tag{5.3.24}$$

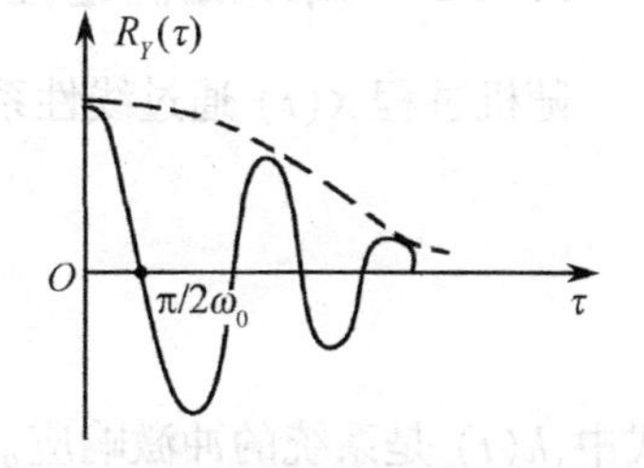

图5.12 白噪声通过具有高斯频率特性系统的输出自相关函数

图5.12给出了这种高斯频率特性的系统输出自相关函数曲线。

根据式(5.3.9)可求得这类系统的噪声带宽为

$$\Delta\omega_e=\frac{\int_0^{\infty}\left|H(\omega)\right|^2\mathrm{d}\omega}{\left|H(\omega_0)\right|^2}=\frac{\int_0^{\infty}K_0^2\mathrm{e}^{-\frac{2(\omega-\omega_0)^2}{2\beta^2}}\mathrm{d}\omega}{K_0^2}$$

$$=\int_0^{\infty}\mathrm{e}^{-\frac{(\omega-\omega_0)^2}{\beta^2}}\mathrm{d}\omega=\sqrt{\pi}\beta \tag{5.3.25}$$

最后再说明一点,以上讨论的带通系统是频率特性针对 ω_0 对称的情况;对于非对称情况,亦可用类似方法解决。

5.4 线性系统输出端随机过程的概率分布

本章要解决的中心问题,就是当线性系统输入一个随机过程后,如何求系统输出过程的统计特性。前面已经解决了当系统的冲激响应或系统传输函数已知的条件下,根据输入随机过程的自相关函数或功率谱密度,求系统输出的自相关函数和功率谱密度的问题。但在有些实际情况中,仅有一、二阶矩的统计知识不能满足实际需要,往往还希望能获得随机过程通过线性系统后的概率分布律,例如设计信号检测系统就有这种需要。但遗憾的是,除了某些特殊情况外,要想从理论上确定系统输出端随机过程的概率分布是极为困难的。对一般情况而言,除非计算出所有的矩,否则连求输出的一维分布也没有一般性方法。而求矩的方法,不仅烦锁,而且能解决的问题也是很有限的,因为:① 并不是所有的分布函数都可以由它们的矩来确定的;② 要想通过简单的计算来获得所有的矩实际上是不可能的。因而,在一般情况下必须采用 3.4.4 节介绍的密度函数估计的实验研究方法。

作为例外,有两种情况可以比较容易地解决线性系统输出随机过程的概率分布问题。一是当输入随机过程是高斯过程时,可以证明,线性系统的输出也是高斯随机过程,这样只要求出系统输出的均值和相关函数,就可以写出系统输出的 n 维概率密度函数。二是系统输入虽然不是高斯过程,然而输入过程的谱宽远大于线性系统的通频带,此时,可以证明系统的输出是趋于高斯分布的随机过程。因此在这种情况下,亦可以根据已知的输入随机过程统计特性,求出系统输出的均值和自相关函数,从而写出输出过程的概率密度函数。

必须注意,就一般情况而言,线性系统输入是非高斯过程,则输出也不是高斯过程,在这种情况下,输出随机过程的概率分布通常也不能仅由均值和相关函数来确定。

下面仅就上述两种特殊情况进行一些讨论并从概念上粗略地证明。

5.4.1 高斯随机过程通过线性系统

随机过程 $X(t)$ 通过线性系统,可得其输出为

$$Y(t)=\int_{-\infty}^{+\infty}X(t-\tau)h(\tau)\mathrm{d}\tau$$

$$Y(t)=\int_{-\infty}^{+\infty}X(\tau)h(t-\tau)\mathrm{d}\tau$$

式中,$h(t)$ 是系统的冲激响应。上述积分可用极限和形式表示,即

$$Y(t)=\lim_{\Delta\tau\to 0\text{或}n\to\infty}\sum_{k=1}^{n}X(\tau_k)h(t-\tau_k)\Delta\tau_k \tag{5.4.1}$$

若将 $X(t)$ 和 $Y(t)$ 两个随机过程都用相应的多维随机变量代替(维数趋于无穷多)。于是由式(5.4.1)可见,随机过程的线性变换实际上可以看成由一组线性方程组表示的多维随机变量的线性变换。这样,当 $X(t)$ 为高斯过程时,问题变成多维高斯变量的线性变换问题。于是由概率论的有关结论可知:多维高斯变量经线性变换以后,得到的多维随机变量仍是高斯的。因此可知,$Y(t)$ 是个高斯随机过程。于是只要求得系统的输出均值及自相关函数集合,即可得到输出随机过程的 n 维概率密度函数。

5.4.2 宽带随机过程(非高斯)通过窄带线性系统

如果线性系统输入的随机过程是非高斯的,但是它的功率谱宽度远大于系统的带宽时,可

以证明:系统输出为接近于高斯分布的随机过程。于是同样可以通过求得输出均值及自相关函数集合,写出输出过程的 n 维概率密度。下面对以上所述进一步说明,并讨论其条件。

根据式(5.4.1)输出随机过程可写成

$$Y(t)=\lim_{\Delta\tau\to 0\text{或}n\to\infty}\sum_{k=1}^{n}X(\tau_k)h(t-\tau_k)\Delta\tau_k$$

式中,$X(\tau_k)$ 为随机变量,它是非高斯分布的。根据中心极限定理,大量统计独立的随机变量之和的分布趋于高斯分布。于是输出过程 $Y(t)$ 在任意时刻 t 上,皆为大量独立随机变量之和时,则输出随机过程便可接近于高斯分布。显然这里要求两个条件:一个是随机变量必须相互独立,另一个是独立随机变量要累加求和。

输入随机过程在一般情况下,保证不了各个取样 $X(\tau_k)$ 之间相互独立。但是,由于随机过程的相关时间与其频带宽度成反比,见式(5.3.13),因此当输入随机过程功率谱密度的带宽 Δf_X 很宽时,相应于输入过程本身的相关时间 τ_0 很小,如果小到 $\tau_0\ll\Delta\tau_k$(取样间隔)时,则可认为输入随机过程各取样之间是相互独立的,或者说

$$Y(t)=\sum_{k=1}^{n}X(\tau_k)h(t-\tau_k)\Delta\tau_k$$

式中,对任何时刻 t,各个 τ_k 相应的随机变量之间都是相互独立的。

现在来考虑第二个条件。众所周知,当宽带信号作用于窄带系统(如谐振放大器)时,由于系统有惰性,不能立即对信号做出响应,它需要有一定的建立时间 t_y,而 t_y 是与系统的通频带 Δf 成反比的,即 $t_y\propto 1/\Delta f$。这样,Δf 越窄,则 t_y 越大,对信号响应的时间越长,对随机输入各个取样(随机变量)的累积时间也就越长,于是当各个取样相互独立,且累积时间又足够长,即满足 $t_y\gg\Delta\tau_k$ 时,则 $Y(t)$ 趋于高斯分布。反之,非高斯随机过程作用于线性系统,而系统的通频带较宽时,这时 t_y 较小,若小到 $t_y\ll\Delta\tau_k$,则输入过程通过系统后失真很小,于是输出过程的分布将与原输入过程的分布相近,不可能得到高斯分布。对于既不满足 $t_y\gg\Delta\tau_k$,也不满足 $t_y\ll\Delta\tau_k$ 的一般情况,在非高斯随机输入下,系统输出的概率分布就难以得到了。

综上所述,当 $\tau_0\ll\Delta\tau_k\ll t_y$ 时,或简化为 $\tau_0\ll t_y$ 时,系统在非高斯随机输入下,其输出接近于高斯分布,由于 $\tau_0\propto 1/\Delta f_X$ 及 $t_y\propto 1/\Delta f$,因此要求 $\tau_0\ll t_y$,也就是要求 $\Delta f_X\gg\Delta f$。于是上述结论又可表述为:当线性系统输入随机过程功率谱密度的带宽远大于系统通频带时,输出随机过程的概率分布趋于高斯分布,而与输入随机过程是否为高斯分布无关。

通过计算可知,一般只要有7 ~ 10个独立随机变量求和,其和的分布就足够接近高斯分布了,因此当 $\Delta f_X\approx(7\sim 10)\Delta f$ 时,就可以近似认为输出过程是高斯分布了①。这个问题和结论是有实际意义的。例如雷达或通信接收机在受到敌方施放的各种噪声干扰时,若干扰噪声的带宽比接收设备的通带宽若干倍以上,则接收设备的输出就会得到近似于高斯分布的窄带噪声。

5.5 随机序列通过线性系统

类似于连续随机过程,本节将讨论随机序列通过离散线性系统后,输出统计特性的改变。

---

① 应指出,这里讲的是一般情况,实际上有时它与输入过程的概率分布是有关的。例如对均匀分布的独立变量有3 ~ 5个求和即可得近似高斯分布;而对 χ^2 分布的独立变量,即使是数十个求和,其和的分布仍不能得到较好的高斯分布。一般当概率密度曲线的一侧拖着长尾巴时,常有这种情况发生。

即研究随机序列通过典型的数字滤波器后其自相关函数与功率谱的变化，重点以一阶非递归滤波器与一阶递归滤波器为例进行讨论。

5.5.1 自相关函数

1. 随机序列通过一阶 FIR 滤波器

设输入随机序列 X_j 为在区间[0,1]均匀分布的独立随机序列，FIR 滤波器如图 5.13 所示。图中 a,b 为任意实常数，即有差分方程

$$Y_j = aX_j + bX_{j-1} \tag{5.5.1}$$

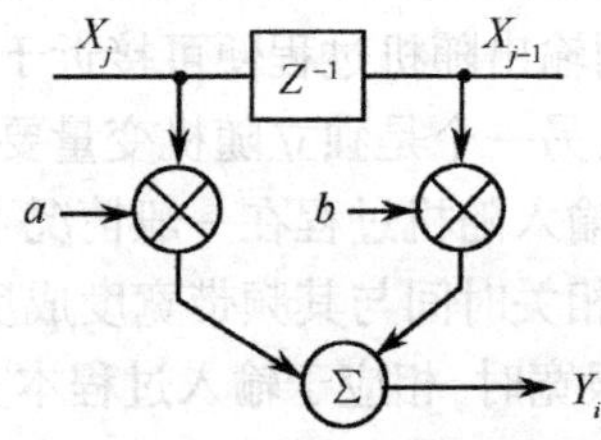

图 5.13 一阶 FIR 滤波器

由上式出发容易求得输出随机序列 Y_j 的自相关函数与功率谱。在具体讨论之前先对这种滤波器的一个特殊情况，即 $a = b = 1/2$ 时所构成的平均器加以讨论，此时由式(5.5.1)有

$$Y_j = \frac{X_j + X_{j-1}}{2} \tag{5.5.2}$$

平均器输出的均值

$$E[Y_j] = \frac{1}{2}\{E[X_j] + E[X_{j-1}]\} = \frac{1}{2}\left(\frac{1}{2} + \frac{1}{2}\right) = \frac{1}{2}$$

即平均器输出的均值不变。再研究一下方差

$$\sigma_Y^2 = D[Y_j] = \frac{1}{4}\{D[X_j] + D[X_{j-1}]\} = \frac{1}{4}\left(\frac{1}{12} + \frac{1}{12}\right) = \frac{1}{24} = \frac{1}{2}\sigma_X^2$$

说明平均器输出的方差为输入方差的一半。输出随机序列的方差的减小意味着输出值出现在均值 1/2 附近的可能性增大了，或者说围绕均值的起伏幅度减小了。这一现象也可从输出随机序列的密度函数由[0,1]均匀分布变成三角形分布，从而 Y_j 落在离均值 1/2 某个范围[$0.5 - c, 0.5 + c$]内概率增大得到解释，见图 5.14，图中 c 为小的正数。上述结论在信号处理上有重要的应用价值。把随机序列 X_j 看成直流信号 $S_j = 1/2$ 与零均值的随机噪声之和，即 $X_j = S_j + N_j$，让这个信号与噪声的混合体通过平均器处理，其结果是信号功率保持不变，而噪声功率(Y_j 的方差)减少了一半，即信噪比增加了 3dB。切不可小看这 3dB，若不采用这种简单的信号处理手段，要提高 3dB 的信噪比，需要加倍增加原发射机功率才能办到。以下研究零均值独立随机序列 X_j 通过平均器得到的自相关函数的变化。对于 X_j 的自相关函数有下列关系

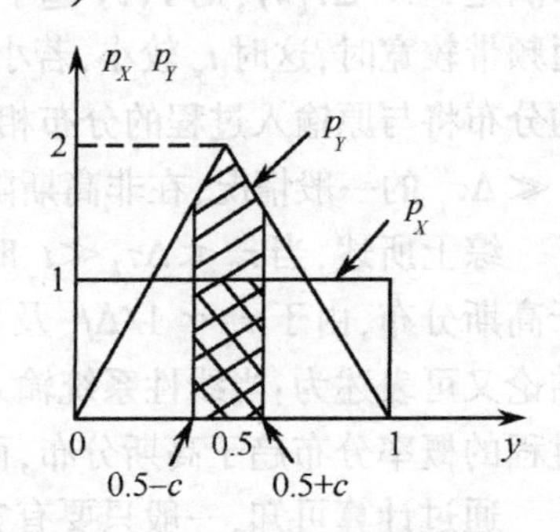

图 5.14 输入输出的密度函数

$$R_X(k) = E[X_jX_{j+k}] = \begin{cases} 0, & k = \pm 1, \pm 2, \cdots \\ \sigma_X^2, & k = 0 \end{cases}$$

即除了 $k = 0$ 外所有的 k 值其自相关函数均为零，如图 5.15 所示，图中 △ 表示 $R_X(k)$。现在假定这个随机序列加到式(5.5.2)所述的平均器的输入端。由于平均器存在存储器，两个相继的输出 Y_j 与 Y_{j+1} 都包含了 X_j，因此，可以预料 $k = 1$ 时 $R_Y(k)$ 不再为零。然而，对于那些间隔大于一个单位时间间隔($k = 2,3,\cdots$)的输出值，就不存在这种依存性，因而可以预料

它们的期望值将等于零。

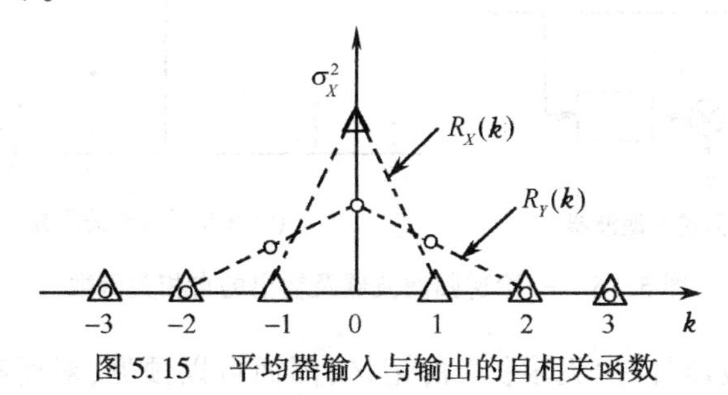

图 5.15　平均器输入与输出的自相关函数

在 $k = 0$ 时,输出的自相关函数正好是 Y_j 的均方值,即 $R_Y(0) = E[Y_j^2]$。

对零均值输入 X_j 来说,同样可得 $E[Y_j] = 0$,前面计算过

$$R_Y(0) = \sigma_Y^2 = \sigma_X^2/2$$

在时滞为 1 时,自相关函数

$$R_Y(1) = E\left[\left(\frac{X_j + X_{j-1}}{2}\right)\left(\frac{X_{j+1} + X_j}{2}\right)\right] \tag{5.5.3}$$

除了 $X_j^2/4$ 外,其中所有乘积项的期望值都为零,因此 $R_Y(1) = \sigma_X^2/4$。

对于较大的时滞,Y_j 与 Y_{j+k} 没有包含公共的样本,因而它们的自相关函数为零。

由图 5.15 可以看出,输入和输出的自相关函数是 k 的偶函数,也就是说不难验证 $R_y(k) = R_y(-k)$,$k = 1,2,\cdots$ 上述结论对一般一阶非递归滤波器即式(5.5.1)也成立。

不难将上述讨论推广到一个 q 阶非递归滤波器

$$Y_j = b_0X_j + b_1X_{j-1} + \cdots + b_qX_{j-q} = \sum_{i=0}^{q} b_iX_{j-i} \tag{5.5.4}$$

其输出的自相关函数在 $k > q$ 时为零。式(5.5.1)与式(5.5.4)在时间序列分析等领域称为滑动平均(Moving Average)模型,不同于平均器的等权平均,这里是加权(非等权)平均。滑动的意思是可以形象地认为随着时间流逝滤波器在时间序列上移动。

容易证明,式(5.5.4)表示的滤波器输出的自相关函数满足下式

$$R_Y(k) = \begin{cases} \sigma_X^2 \sum_{i=0}^{q-k} b_i b_{i+k}, & |k| = 0,1,\cdots,q \\ 0, & |k| > q \end{cases} \tag{5.5.5}$$

2. 随机序列通过一阶递归滤波器

对离散信号输入来讲,一般的一阶递归滤波器(见图 5.16(a)),可由如下输入输出关系来描述

$$y_j = ay_{j-1} + x_j, \quad |a| < 1 \tag{5.5.6}$$

这个滤波器的输出是现时刻的输入 x_j 与上一个时刻的输出 y_{j-1} 的线性组合。ay_{j-1} 即体现递归部分。一般情况要求这个滤波器稳定,递归系数必须满足 $|a| < 1$;否则一个有界的输入将导致一个指数增长的输出,计算机运行时很快就会出现溢出,即滤波器不稳定。现在讨论随机序列 X_j 加到一阶递归滤波器上输出自相关函数的变化,由式(5.5.6)知,输出随机序列可由下列差分方程表示

$$Y_j = aY_{j-1} + X_j \tag{5.5.7}$$

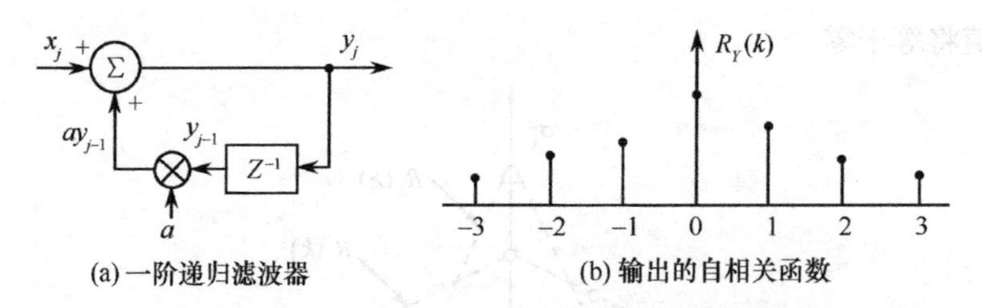

(a) 一阶递归滤波器　　(b) 输出的自相关函数

图 5.16　一阶递归滤波器及输出的自相关函数

我们知道这种滤波器具有“无限长”的记忆，因而可以预见，对所有的 k 值输出的自相关函数均不严格为零，即所有的输出时刻对应的随机变量都是相关的。然而，当样本之间的间隔 k 增加时，可以预料到 $R_Y(k)$ 将减小。这表明随着时间间隔增加，相互依存性减小(滤波器的记忆随时间增大而减小)。为证明这一点，下面计算 $E[Y_jY_{j+k}]$。

当 $k=0$ 时

$$\begin{aligned}R_Y(0) &= E[Y_j^2] = E[aY_{j-1}+X_j]^2\\ &= a^2E[Y_{j-1}^2]+E[X_j^2]+E[2aY_{j-1}X_j]\\ &= a^2R_Y(0)+R_X(0)\end{aligned}$$

或

$$R_Y(0)=\frac{R_X(0)}{1-a^2}$$

为了得到这个结果，我们假定滤波器工作了较长时间，暂态已消失，输出过程达到平稳(即有 $E[Y_j^2]=E[{Y_{j-1}}^2]$)。此外，因为 Y_{j-1} 只取决于 $X_{j-1},X_{j-2},X_{j-3},\cdots$，与 X_j 无关，参见式(5.5.7)。再根据有关 X_j 独立、零均值的假定，X_j 和时刻 j 以前的输入样本不相关，故 $E[Y_{j-1}X_j]=0$。

对于 $k=1$，再次利用上述结果，得

$$R_Y(1)=E[Y_jY_{j+1}]=E[Y_j(aY_j+X_{j+1})]=aR_Y(0)$$

以此类推，不难证明

$$R_Y(2)=aR_Y(1),\quad R_Y(3)=aR_Y(2),\cdots$$

归纳为

$$R_Y(k)=\begin{cases}aR_Y(k-1), & k>0\\ \dfrac{R_X(0)}{1-a^2}, & k=0\end{cases}\tag{5.5.8}$$

因此，对所有的 k 值，$R_Y(k)$ 均不等于零，并且其值随 k 的增加而减小(当 a 为负值时，它将在正值与负值之间振荡，其绝对值随 k 的增加而减小)。图 5.16(b) 给出了 $a=1/2$ 时的 $R_Y(k)$。

一般情况，对于 p 阶递归滤波器，即

$$Y_j=a_1Y_{j-1}+a_2Y_{j-2}+\cdots+a_pY_{j-p}+X_j=\sum_{i=1}^{p}a_iY_{j-i}+X_j\tag{5.5.9}$$

式(5.5.9) 称为自回归(Autoregresive)模型。

将式(5.5.9) 两端乘以 Y_{j+k}，取数学期望则有

$$E[Y_jY_{j+k}]=\sum_{i=1}^{p}a_iE[Y_jY_{j+k-i}]+E[Y_jX_{j+k}]$$

$$R_Y(k)=\sum_{i=1}^{p}a_iR_Y(k-i)+E[Y_jX_{j+k}]$$

注意到自相关函数为偶函数，且等式右端第二项，仅当 $k=0$ 时才不为零，且等于 $E[X_j^2]=\sigma_X^2$，

则上面方程也可改写为

$$R_Y(k)=\begin{cases}\sum_{i=1}^{p}a_iR_Y(k-i),k>0\\ \sum_{i=1}^{p}a_iR_Y(k-i)+\sigma_X^2,k=0\end{cases} \tag{5.5.10}$$

这个线性方程组称为 Yule-Walker 方程,也可以将它表示成矩阵形式,则有

$$\begin{bmatrix}R_Y(0) & R_Y(1) & \cdots & \cdots & R_Y(p)\\ R_Y(1) & R_Y(0) & R_Y(1) & \cdots & R_Y(p-1)\\ \vdots & \vdots & \vdots & \vdots & \vdots\\ & & & & R_Y(1)\\ R_Y(p) & \cdots & \cdots & R_Y(1) & R_Y(0)\end{bmatrix}\begin{bmatrix}1\\ -a_1\\ \vdots\\ \\ -a_p\end{bmatrix}=\begin{bmatrix}\sigma_X^2\\ 0\\ \vdots\\ \\ 0\end{bmatrix}$$

若已知 Y_j 的自相关函数则可以通过求解这个方程组反过来计算出递归滤波器的系数 a_1,$a_2,\cdots,a_p$ 及输入过程 X_j 的功率 σ_X^2。这个过程在现代谱估值中具有重要的意义。这个问题将在下一节加以讨论。

5.5.2 功率谱密度

上面着重讨论了白序列通过一阶递归和非递归滤波器后自相关函数的变化。以下主要讨论功率谱密度的变化。

首先讨论离散随机序列功率谱密度的定义。按照维纳 - 辛钦定理,功率谱密度可以定义为自相关函数的傅里叶变换。注意到随机序列是在时间上离散取值的,从而其自相关函数也是在时间离散点上定义的。设取样间隔为 T_s,则可将离散相关函数用连续时间函数表示为

$$R_X^D(\tau)=\sum_{k=-\infty}^{+\infty}R_X(kT_s)\delta(\tau-kT_s) \tag{5.5.11}$$

等式两端取傅里叶变换则有

$$\begin{aligned}G_X(\omega)&=\int_{-\infty}^{+\infty}R_X^D(\tau)\mathrm{e}^{-\mathrm{j}\omega\tau}\mathrm{d}\tau\\ &=\sum_{k=-\infty}^{\infty}\int_{-\infty}^{+\infty}R_X(kT_s)\delta(\tau-kT_s)\mathrm{e}^{-\mathrm{j}\omega kT_s}\mathrm{d}\tau\\ &=\sum_{k=-\infty}^{\infty}R_X(kT_s)\mathrm{e}^{-\mathrm{j}\omega kT_s}\end{aligned} \tag{5.5.12}$$

注意 $G_X(\omega)$ 为 ω 的连续函数,而且是在频率轴上以 $2\pi/T_s$ 周期重复的。因而我们感兴趣的仅仅是它在所谓奈奎斯特间隔$(-\pi/T_s,\pi/T_s)$ 上的值。若已知 $G_X(\omega)$,要得到自相关函数,则仅需在一个周期内积分即可,即有

$$R_X(kT_s)=\frac{T_s}{2\pi}\int_{-\frac{\pi}{T_s}}^{\frac{\pi}{T_s}}G_X(\omega)\mathrm{e}^{\mathrm{j}\omega kT_s}\mathrm{d}\omega \tag{5.5.13}$$

不失一般性若令 $T_s=1$,则式(5.5.12) 与式(5.5.13) 可改写为

$$G_X(\omega)=\sum_{k=-\infty}^{+\infty}R_X(k)\mathrm{e}^{-\mathrm{j}\omega k}$$

$$R_X(k)=\frac{1}{2\pi}\int_{-\pi}^{\pi}G_X(\omega)\mathrm{e}^{\mathrm{j}\omega k}\mathrm{d}\omega \tag{5.5.14}$$

式(5.5.12)与式(5.5.13)为随机序列的维纳－辛钦定理。

1. 白噪声序列通过平均器

作为例子让我们观察一下上面讨论的白序列 X_j 及在它的作用下平均器输出 Y_j 的功率谱密度。将上面求出的 X_j 与 Y_j 的自相关函数分别代入式(5.5.12)，则有

$$G_X(\omega)=\sum_{k=-\infty}^{+\infty}R_X(k)\mathrm{e}^{-\mathrm{j}\omega kT_s}=R_X(0)=\sigma_X^2,\quad \forall\omega \tag{5.5.15}$$

与

$$G_Y(\omega)=\frac{\sigma_X^2}{2}(1+\cos\omega T_s) \tag{5.5.16}$$

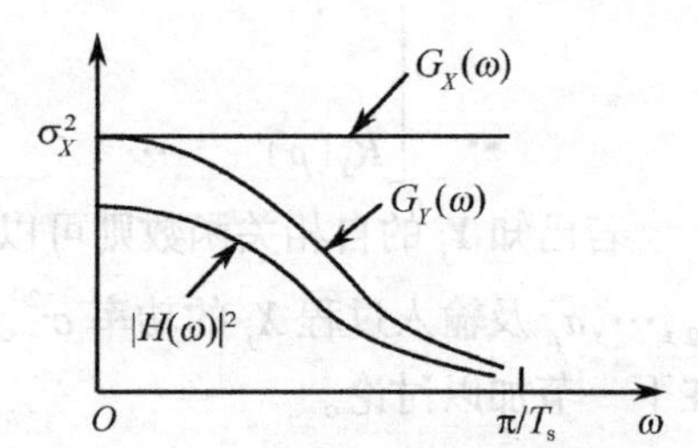

图 5.17　平均器输入输出谱密度

输入及输出的功率谱密度如图 5.17 所示，图 5.17 中也给出了滤波器的功率传输函数。

$$|H(\omega)|^2=\frac{1}{2}(1+\cos\omega T_s) \tag{5.5.17}$$

我们知道传输函数 $H(\omega)$ 是滤波器冲激响应的傅里叶变换，即

$$H(\omega)=\sum_{h=-\infty}^{\infty}h_k\mathrm{e}^{-\mathrm{j}\omega kT_s} \tag{5.5.18}$$

因为 $R(k)$ 是偶函数，$G(\omega)$ 为实函数，不存在相位谱。因而，只需给出在$(0,\pi/T_s)$区间上的图像即可。从图 5.17 中可以看出由于 X_j 是纯随机序列，必然是白序列(白噪声)，因而其功率谱在所有频率上为常数，而 Y_j 的功率谱则是低频部分比重较大，说明相对于 X_j，Y_j 的起伏较弱，相关性较强。这个结论与上节有关相关函数的讨论是一致的。

由式(5.5.15)和式(5.4.16)可见，输入及输出功率谱与滤波器的功率传输函数之间满足类似于连续随机过程导出的重要公式，即式(5.2.31)

$$G_Y(\omega)=|H(\omega)|^2G_X(\omega) \tag{5.5.19}$$

实际上此式也可由离散系统输入之间的卷积和公式

$$Y_n=\sum_{j=-\infty}^{\infty}h_jX_{n-j}$$

直接导出。这作为一个练习由读者自己完成。这里再次将式(5.5.19)列出是为了强调此式的重要性。这里类似于在 5.2 节的总结讨论，将随机序列与系统的关系和确定性信号与系统的关系加以对比是有意义的。

图 5.18 示出了这种对比关系。

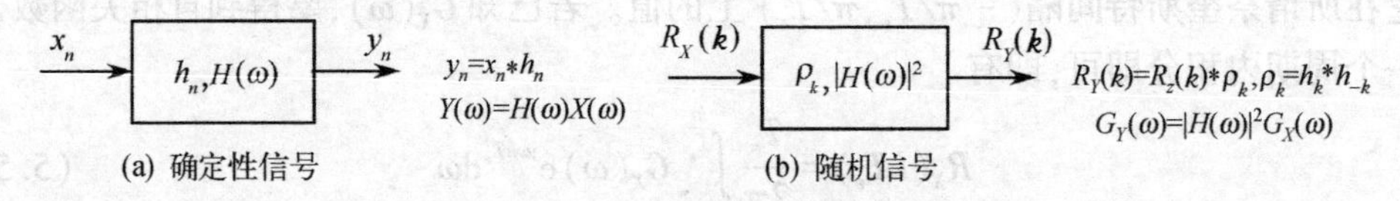

图 5.18　确定性信号与随机序列通过系统的传输

对随机序列，相关函数的公式是由下列关系给出的。

由相关函数的定义有

$$R_Y(k)=E[Y_nY_{n+k}]=E\left[\sum_j h_iX_{n-j}\sum_i h_iX_{n+k-i}\right]$$
$$=\sum_i\sum_j h_ih_jR_X(k+j-i)$$
$$=R_X(k)*h_k*h_{-k} \tag{5.5.20}$$

若令 $\rho_k=h_k*h_{-k}$,则有

$$R_Y(k)=R_X(k)*\rho_k \tag{5.5.21}$$

2. 白序列通过一阶递归滤波器

将式(5.5.7) 的差分方程改写如下

$$Y_j=aY_{j-1}+bX_j \tag{5.5.22}$$

这个方程描述的滤波器与图5.16(a) 稍有不同的是在输入 X_j 上乘了一个系数 b,这主要是便于以下讨论而引入的。假设滤波器满足稳定条件,则当平稳的白序列加到输入端很长一段时间后,输出 Y_j 也是平稳序列,设 X_j 的谱密度为常数 σ_X^2,则由式(5.5.19)

$$G_Y(\omega)=|H(\omega)|^2\sigma_X^2 \tag{5.5.23}$$

功率传输函数 $|H(\omega)|^2$ 可由式(5.5.22) 所示差分方程两端进行 z 变换求出,即

$$Y(z)=aY(z)z^{-1}+bX(z) \tag{5.5.24}$$

$$H(z)=\frac{Y(z)}{X(z)}=\frac{b}{1-az^{-1}} \tag{5.5.25}$$

令 $z=\exp(\mathrm{j}\omega T_s)$,则得到该滤波器的传输函数

$$H(\omega)=\frac{b}{1-a\mathrm{e}^{-\mathrm{j}\omega T_s}} \tag{5.5.26}$$

功率传输函数为
$$|H(\omega)|^2=\frac{b^2}{(1+a^2)-2a\cos\omega T_s} \tag{5.5.27}$$

上式也可由
$$|H(\omega)|^2=\left[H(z)H\left(\frac{1}{z}\right)\right]_{z=\mathrm{e}^{\mathrm{j}\omega T_s}} \tag{5.5.28}$$

直接求得。将式(5.5.27) 代入式(5.5.23),则得

$$G_Y(\omega)=\frac{b^2\sigma_X^2}{(1+a^2)-2a\cos\omega T_s} \tag{5.5.29}$$

现在来讨论一下滤波器递归系数(或反馈系数)。它对功率谱形状的影响是很有趣的。为了对比写出 Y_n 的相关函数

$$R_Y(k)=\frac{b^2\sigma_X^2}{1-a^2}a^{|k|} \tag{5.5.30}$$

此式是将式(5.5.8) 两个方程归纳起来,并考虑输入乘了一个系数 b 的结果。为便于比较,在式(5.5.30) 及式(5.5.29) 中令 $b^2=1-a^2$,且 $\sigma_X^2=1$。图5.19示出了不同的 a 值对自相关函数及功率谱的影响。可见一个大的 a 值($a=0.9$) 意味着 $R_Y(1)\approx R_Y(0)$,即在相继样本之间具有极高的相关性。由相对应的功率谱密度可以看出,主要的频率成分集中在低频,因而表示输出过程 Y_n 起伏较小。反过来小的 a 值($a=0.5$),相关函数衰减较快,功率谱密度中高频成分的相对比重加大,平均来讲过程起伏较大。注意图5.19中 $G_Y(\omega)$ 的曲线是画在不同的标尺

上的，右边是 $a=0.9$，左边是 $a=0.5$。若让两个图的标度一样，则直观上两者应该具有同样的面积，即

$$R_1(0)=R_2(0)=\frac{T_s}{\pi}\int_0^{\pi/T_s}G_1(\omega)\,d\omega=\frac{T_s}{\pi}\int_0^{\pi/T_s}G_2(\omega)\,d\omega=1$$

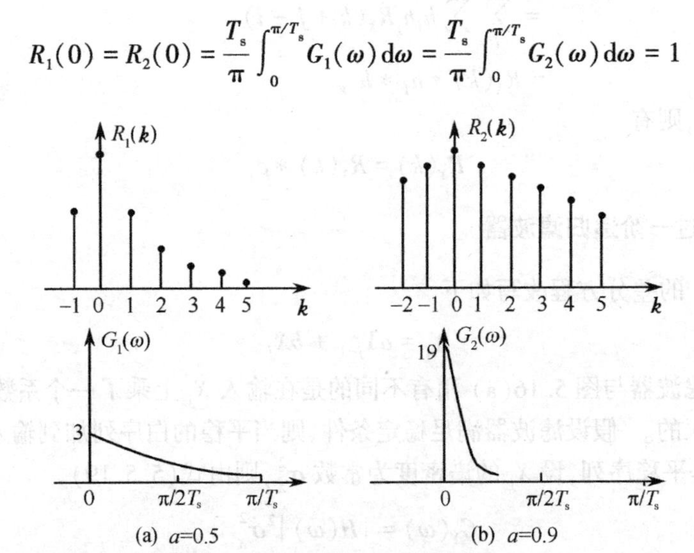

图 5.19　一阶递归滤波器输出的统计特性

可见，在式(5.5.22)表示的一阶递归滤波器中，选择不同的参数值 a，在输入均为白噪声的情况下，会得到具有不同形状功率谱的噪声输出。在各种应用领域遇到的随机信号，比如半导体噪声、随机电报形式的干扰、飞机速度受气流影响的变化等，都可以用式(5.5.22)表示的白序列激励一阶递归滤波器的输出来描述，即只要选择适当的 a 值，由式(5.5.22)产生出 Y_n 的功率谱与实测的上述随机序列的功率谱可以有极好的拟合度。反过来称式(5.5.22)为上述随机过程的模型。对于其他一些较为复杂的随机过程，比如雷达系统的杂波干扰（地物杂波，海浪杂波等）一类的有色噪声，则可选用二阶、三阶甚至更高阶数的递归滤波器模型（自回归或 AR(Autoregresive)模型）来描述。由于一般情况下式(5.5.9)所描述的 p 阶 AR 模型对应的传输函数仅仅有极点，所以又称为全极点模型。而有的随机信号也可用式(5.5.4)的非递归滤波器输出来拟合（以功率谱或自相关为标准），相应地，式(5.5.4)称为滑动平均(MA)模型或全零点模型。对于一些更为复杂的随机过程，若既不能用 AR 模型也不能用 MA 模型去拟合，则可以综合式(5.5.9)与式(5.5.4)，得到

$$Y_n=\sum_{l=1}^{p}a_lY_{n-l}+\sum_{m=0}^{q}b_mX_{n-m}\tag{5.5.31}$$

称为自回归滑动平均(ARMA)模型，它们在描述受白噪声污染的正弦过程等复杂随机过程时特别有用。上述有关随机过程的模型的观点在现代谱估值方法的研究中有重要的意义。除了利用功率谱的两种不同的定义导出的两种经典的谱估值方法（周期图法与 BT 法）外，还可以把随机过程的功率谱估值问题转化成适当的模型的参数估值问题，然后再利用随机信号分析的重要公式(5.5.19)求得所要的功率谱（即现代谱估值的参数谱估值方法）。下面以 AR 模型为例从概念上来描述这一过程。如图 5.20 所示，假定我们所研究的有色噪声可以看成一个未知 AR 模型所产生，如果再用一个滤波器将 Y_n 这个有色噪声变成白噪声（这个滤波器一般称为白化滤波器），则 Y_n 的功率谱为

$$G_Y(\omega)=|H_1(\omega)|^2G_X(\omega)=|H_1(\omega)|^2\sigma_X^2\tag{5.5.32}$$

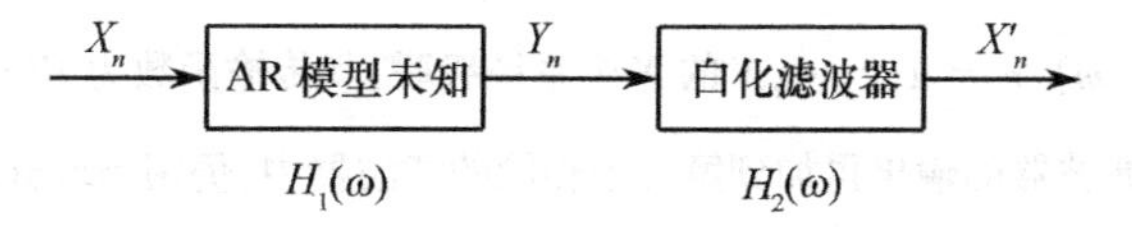

图 5.20　参数谱估值示意图

白化滤波器与未知的 AR 模型之间的功率传输函数应满足关系

$$|H_1(\omega)|^2 = \frac{1}{|H_2(\omega)|^2} \tag{5.5.33}$$

因而

$$G_Y(\omega) = \frac{\sigma_X^2}{|H_2(\omega)|^2} \tag{5.5.34}$$

在实际估计 Y_n 的功率谱时,只能从 Y_n 的有限个数据出发,估计 $H_1(\omega)$ 的参数,由式(5.5.32)求得 Y_n 的功率谱,或者将 Y_n 白化,求得 $H_2(\omega)$ 的参数的估计值,由式(5.5.34)得到 Y_n 的功率谱。相对于经典的功率谱估值方法,当数据量较小时,采用现代谱估值方法可以得到更高分辨力,因而有广阔的应用前景,感兴趣的读者可以参见参考文献[16]。

随机过程模型的概念在随机模拟实验中也具有重要的应用价值。比如我们希望用计算机程序产生一个具有高斯函数形状功率谱的有色噪声以模拟在实际中的雷达杂波干扰(如地物杂波,雨云杂波等)时就会出现这个问题,为此将高斯功率谱密度表示为

$$G(f) = G(0)\exp\left(-\frac{f^2}{2\sigma_f^2}\right)$$

式中,$G(0)$ 为中心频率上的功率谱密度值,σ_f^2 为功率谱密度的频率方差。若用一个三阶 AR 模型来拟合,则可将 $G(f)$ 近似为

$$G(f) \approx \frac{G(0)}{1 + a_1(f/\sigma_f)^2 + a_2(f/\sigma_f)^4 + a_3(f/\sigma_f)^6}$$

式中,$a_1 = 0.588545$;$a_2 = -0.009793$;$a_3 = 0.0715634$。上述近似与真实高斯功率谱密度的误差为 $|e(f)| \leqslant 2.7 \times 10^{-3}$。如果要求更精确的拟合,可以采用更高阶的 AR 模型。

具体用计算机产生上述高斯功率谱密度还需找出它的数字等效系统。作为一个例子在给出 $\sigma_f^2 = 0.2$ 时,这个三阶 AR 模型的表示式可参考文献[12]。

$$y_k = 1.3997y_{k-1} - 0.7284y_{k-2} + 0.1394y_{k-3} + x_k$$

读者可由上式编写一段代码,x_k 为白噪声输入,所得到的 y_k 具有近似高斯函数形状的功率谱密度。可用 MATLAB 的 pwelch(　)或现代谱估值函数 pburg(　)等对 y_k 进行估值,并作图来验证。具体做法可参看第 6 章 6.2.2 节的相关内容。

习　题

5.1　低通滤波器的冲激响应

$$h(t) = K\Omega U(t)\mathrm{e}^{-\Omega t}$$

式中,K、Ω 皆为正实常数,$U(t)$ 是单位阶跃函数。求输入为 $\delta(t-\tau_0)$ 时滤波器的输出 $y(t)$。

5.2　利用频域分析方法求上题的 $y(t)$。

5.3　两个系统具有传输函数 $H_1(\omega)$ 和 $H_2(\omega)$,证明:

(1) 两个系统级联的传输函数为 $H(\omega) = H_1(\omega)H_2(\omega)$。

(2) 具有传输函数 $H_n(\omega)$, $n = 1,2,\cdots,N$ 的 N 个系统级联,其传输函数为 $H(\omega) = \prod_{n=1}^{N} H_n(\omega)$。

5.4 对于题 5.2,若滤波器的输出再加到第二个相同的滤波器中,仍用频域分析法求出第二个滤波器的输出 $y(t)$。

5.5 利用式(5.1.16) 求出题 5.5 图中三个电路的传输函数(假设这些电路均无输出负载)。

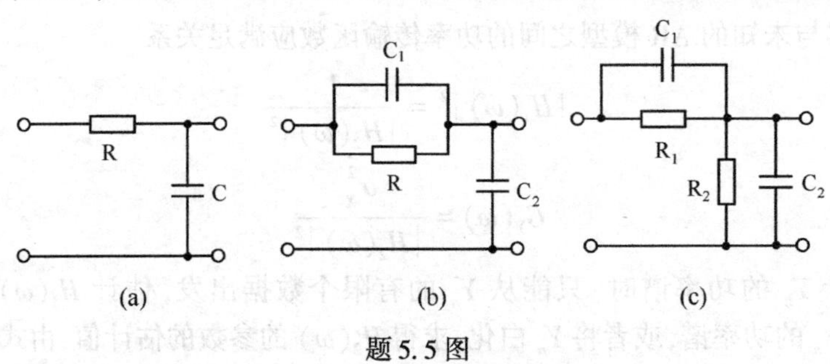

题 5.5 图

5.6 对题 5.5 图(c) 所示电路,求:

(1) 在什么条件下它将近似为低通滤波器。

(2) 在什么条件下它将近似为高通滤波器。

(3) 若使该电路成为一个无失真衰减器(分压器),R_1, R_2, C_1, C_2 之间应满足什么关系。

5.7 随机过程
$$X(t) = a\cos(\omega_0 t + \Phi)$$
式中,a, ω_0 为正实常数,Φ 为 $(0,2\pi)$ 上均匀分布的随机变量。将 $X(t)$ 加在题 5.1 给出的网络上,利用式(5.2.2) 求网络输出过程的表示式。

5.8 随机过程 $X(t)$ 的自相关函数为
$$R_X(\tau) = a^2 + b\mathrm{e}^{-|\tau|}$$
式中,a, b 是正实常数。系统的冲激响应为 $h(t) = \mathrm{e}^{-\Omega t}U(t)$, Ω 为正实常数。求该系统输出过程的均值。

5.9 假设表 5.1 中系统一栏的第一行所示的低通滤波器中,输入为白噪声,其功率谱密度为 $G_X(\omega) = N_0/2$,求:

(1) 滤波器输出功率谱密度。

(2) 滤波器输出自相关函数。

(3) 证明
$$R_Y(t_3 - t_1) = \frac{R_Y(t_3 - t_2)R_Y(t_2 - t_1)}{R_Y(0)}, \quad t_3 > t_2 > t_1$$

5.10 设表 5.1 中系统一栏的第二行所示的线性电路中,输入 $X(t)$ 为白噪声,其功率谱密度为 $N_0/2$,求输出 $Y(t)$ 的功率谱密度及自相关函数。

5.11 若题 5.10 的线性电路中,输入电压为
$$X(t) = X_0 + \cos(2\pi t + \Phi)$$
式中,X_0 为 $(0,1)$ 上均匀分布的随机变量,Φ 为 $(0,2\pi)$ 上均匀分布的随机变量,X_0 与 Φ 相互独立。求输出电压 $Y(t)$ 的自相关函数。

5.12 假设表 5.1 中系统一栏的第四行所示的线性电路中,输入 $X(t)$ 为白噪声,其功率谱密度为 $N_0/2$,试用频域分析法求系统输出的自相关函数 $R_Y(\tau)$。

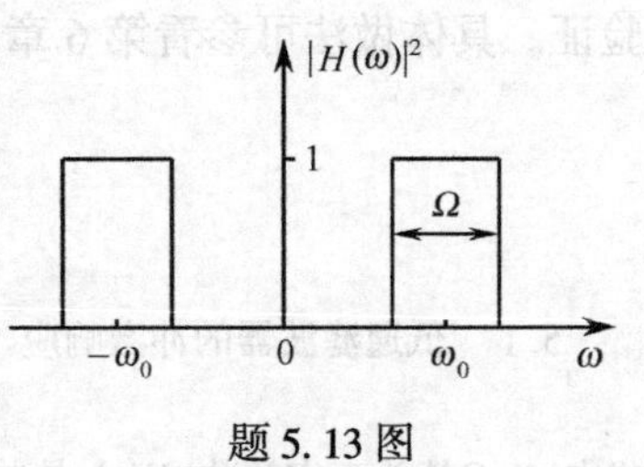

题 5.13 图

5.13 功率谱密度为 $N_0/2$ 的白噪声,输入到题 5.13 图所示的滤波器中,求输出的总平均噪声功率

5.14 假设一个零均值平稳随机过程 $X(t)$ 加到冲激响应为 $h(t) = a\mathrm{e}^{-\alpha t}(t \geqslant 0)$ 的线性滤波器中,证明
$$G_Y(\omega) = \frac{\alpha^2}{\alpha^2 + \omega^2}G_X(\omega)$$

5.15　假设一个零均值平稳随机过程 $X(t)$，加到冲激响应为

$$h(t) = \begin{cases} \alpha e^{-\alpha t}, & 0 \leqslant t \leqslant T \\ 0, & 其他 \end{cases}$$

的线性滤波器中，证明输出功率谱密度为

$$G_Y(\omega) = \frac{\alpha^2}{\alpha^2 + \omega^2}(1 - 2e^{-\alpha T}\cos\omega T + e^{-2\alpha T})G_X(\omega)$$

5.16　假设某线性系统如题 5.16 图所示，试用频域分析法求：

(1) 系统的传输函数 $H(\omega)$。

(2) 当输入是谱密度为 $N_0/2$ 的白噪声时，输出 $Z(t)$ 的均方值。

(提示：利用积分 $\int_0^\infty \frac{\sin^2 ax}{x^2}dx = |a|\frac{\pi}{2}$)

5.17　设平稳过程 $X(t)$ 的自相关函数为

$$R_X(\tau) = \begin{cases} 1 - \frac{|\tau|}{T}, & |\tau| \leqslant T \\ 0, & \tau > T \end{cases}$$

$X(t)$ 通过如题 5.17 图所示的积分电路，求 $Z(t) = Y(t) - X(t)$ 的功率谱密度 $G_Z(\omega)$。

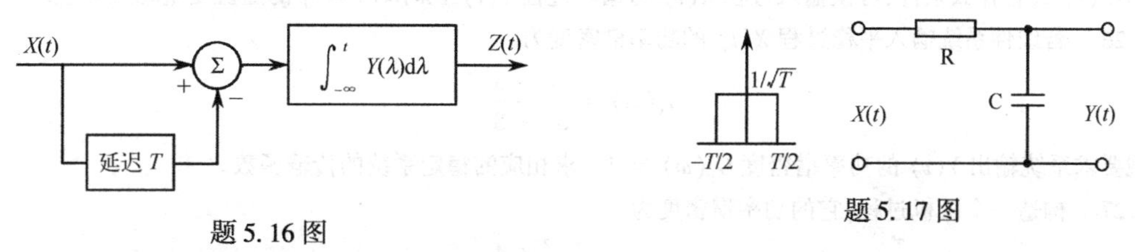

题 5.16 图

题 5.17 图

5.18　假设随机过程 $X(t)$ 通过一个微分器，其输出过程 $dX(t)/dt$ 存在，微分器的传输函数为 $H(\omega) = j\omega$，求：

(1) $X(t)$ 与 $dX(t)/dt$ 的互功率谱密度。

(2) $dX(t)/dt$ 的功率谱密度。

5.19　设某积分电路输入与输出之间满足以下关系

$$Y(t) = \int_{t-T}^{t} X(\tau)d\tau$$

式中，T 为积分时间。并设输入与输出都是平稳过程。求证输出功率谱密度为

$$G_Y(\omega) = G_X(\omega)\frac{\sin^2\left(\frac{\omega T}{2}\right)}{\left(\frac{\omega}{2}\right)^2}$$

(提示：可由 $R(\tau) = E[Y(t)Y(t+\tau)]$ 进行证明)

5.20　题 5.20 图为单个输入两个输出的线性系统，输入 $X(t)$ 为平稳随机过程。求证输出 $Y_1(t)$ 和 $Y_2(t)$ 的互谱密度为

$$G_{Y_1Y_2}(\omega) = H_1^*(\omega)H_2(\omega)G_X(\omega)$$

5.21　题 5.20 中，若 $X(t)$ 是零均值，非零方差的平稳高斯过程。求：

(1) 当输出 $Y_1(t)$，$Y_2(t)$ 为统计独立过程时，$h_1(t)$ 和 $h_2(t)$ 应具备的条件。

(2) 举出满足上述条件的两个滤波器的实例(可以用传输函数的图形表示)。

5.22　考虑题 5.22 图所示的电路，设输入 $E(t)$ 为电报信号，其功率谱密度为

$$G_E(\omega) = \frac{4\lambda}{4\lambda^2 + \omega^2}$$

求跨在两个电阻上的随机电压 $U_1(t)$ 及 $U_2(t)$ 的功率谱密度。

5.23　考虑题5.23图所示的系统，其输入 $X(t)$ 和 $Y(t)$ 是相互统计独立的平稳随机过程。

(1) 根据 $R_X(\tau)$ 和 $R_Y(\tau)$ 求输出 $Z(t)$ 的自相关函数 $R_Z(\tau)$。

(2) 根据 $G_X(\omega)$ 和 $G_Y(\omega)$ 求输出 $Z(t)$ 的功率谱密度 $G_Z(\omega)$。

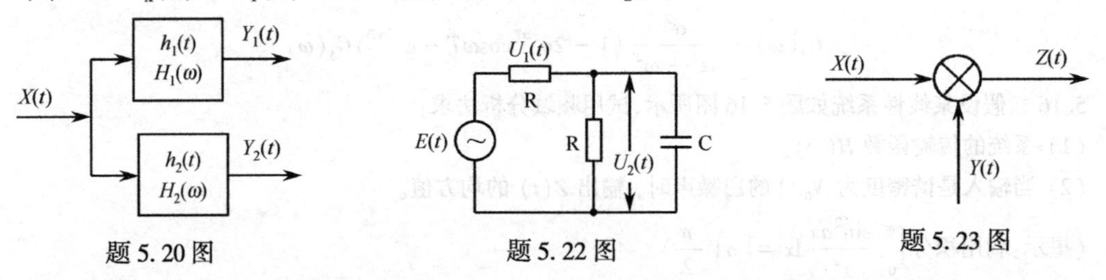

题5.20图　　题5.22图　　题5.23图

5.24　平稳过程 $X(t)$，通过传输函数为 $H(\omega)$ 的线性系统，求证单边功率谱密度为

$$F_Y(\omega) = H^*(\omega)F_{XY}(\omega)$$

5.25　设有冲激响应为 $h(t)$ 的线性系统，系统输入 $X(t)$ 为零均值、平稳过程，该过程的自相关函数为

$$R_X(\tau) = \delta(\tau)$$

问：$h(t)$ 具备什么条件，可使输入过程 $X(t)$ 与输出过程 $Y(t)$ 在时刻 $t = t_1$ 的随机变量相互独立。

5.26　若线性系统输入平稳过程 $X(t)$ 的功率谱密度为

$$G_X(\omega) = \frac{\omega^2 + 3}{\omega^2 + 8}$$

现要求系统输出 $Y(t)$ 的功率谱密度 $G_Y(\omega) = 1$。求相应的稳定系统的传输函数。

5.27　构造一个随机过程，它的功率谱密度为

$$G_X(\omega) = \frac{\omega^2 + 4}{\omega^4 + 10\omega^2 + 9}$$

求一个稳定的线性系统，使该系统在输入是一个单位谱高度的白噪声时，系统输出的功率谱密度等于 $G_X(\omega)$。

5.28　线性系统的输入 $X(t)$ 为白噪声，其功率谱密度 $G_X(\omega) = N_0/2$。现用一个等效系统的传输函数 $H_e(\omega)$ 来代替原系统的传输函数 $H(\omega)$，等效系统的输出

$$H_e(\omega) = \begin{cases} H(\omega_0), & |\omega| \leqslant \Omega \\ 0, & |\omega| > \Omega \end{cases}$$

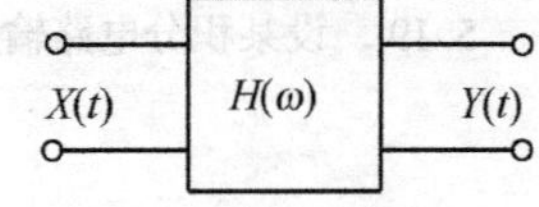

图5.28图

(1) 求出 Ω，使得 $E[Y_e^2(t)] = E[Y^2(t)]$。

(2) 当 $H(\omega) = \beta/(\mathrm{j}\omega + 2)$ 时，计算噪声带宽。

5.29　某个放大器，其功率增益随频率的变化为 $\dfrac{10}{\left[1 + \left(\dfrac{\omega}{1000}\right)^2\right]^2}$，求该放大器的噪声带宽。

5.30　设 X_n 是纯随机序列，且在 -1 与 $+1$ 间均匀分布，试利用下列滤波方程求出 W_n，Z_n 与 Y_n 的自相关函数和功率谱密度。

$$W_n = X_n - X_{n-1} \quad Z_n = X_n + 2X_{n-1} + X_{n-2} \quad Y_n = -\frac{1}{2}Y_{n-1} + X_n$$

5.31　希望用白序列 X_n 激励某一线性系统 $H(z)$ 产生功率谱密度为

$$G_Y(\omega) = \sigma_X^2/(1.64 + 1.6\cos\omega)$$

的离散随机序列 Y_n。

(1) 试设计此成形滤波器 $H(z)$，并写出其差分方程。

(2) 为避免非平稳的影响，估计延迟多少时间再取用输出信号较为合理？（即分析其冲激响应的时间）

第6章　功率谱估值

功率谱估值(简称谱估值)问题可以追溯到十分古老的年代。例如,人们凭经验积累来确定一天的长短;月像的周期以及一年的时间;牛顿用三棱镜对太阳光进行光谱分析实验等。但真正使人们感兴趣的是法国化学家 Bunson 所做的工作。他首次观察到元素钠的黄色光线谱,但当时尚不能得到解释。只有 19 世纪量子物理的出现才对不同的元素都具有自己固有波长的谱线给予理论上的解释。尽管如此,谱理论仍沿着量子物理和经典物理两条轨道平行地发展,但它们所得到的最后结果却是密切相关的。

定量地把若干物理现象抽象成一个随机序列,对它进行谱分析并取得极大的进展乃是近几十年的事了。但是在谱估值理论中起着核心作用的傅里叶变换的历史却可以追溯到 200 多年以前。首先值得提出的是 Schuster,他首次用傅里叶级数拟合太阳黑子数的变化,试图从这些变化中找出它隐藏的周期性,是他首次创造了周期图(Periodogram)这个术语。下一个先驱性的工作是 Norbert Wiener 的经典论文“广义谐波分析”。这篇文章奠定了用傅里叶理论分析随机过程谱的理论基础,主要结果是导出了众所周知的“维纳 - 辛钦”定理。

本章将简要介绍两类功率谱估值的基本方法,分别是基于傅里叶变换的经典法和基于随机信号模型的现代谱估值方法,前者称为非参数谱估值法,后者称为参数谱估值法(又称非线性谱估值法)。

6.1　功率谱估值的经典法

在 3.4 节已经讨论了有关随机序列的均值、方差和自相关函数的估值方法。本节将讨论功率 谱密度的估计方法,即功率谱的测量法。虽然由于历史的因素在实验室的某些功率谱测量仪器仍然是模拟式的,如老型号的频谱分析仪,它们主要是基于谱搬移和窄带滤波器的工作原理设计的。从发展趋势上看,它们即将或者已经被数字处理设备所代替。数字处理的基本方法是,首先把待测过程通过取样量化(A/D 变换)变换成一个随机序列的某个实现,或称时间序列,再对它进行功率谱估值。功率谱估值在雷达、声呐、通信、石油物探,射电天文学、生物医学、机械工程、海洋学、经济学等领域有着广泛的应用,是当前一个十分活跃的研究领域。本节仅对谱估值的两种经典方法做原理性介绍,有关谱估值的现代方法则在 6.2 节加以讨论。

谱估值的基本问题是已知随机过程 $X(t)$ 或 X_j 某个实现

$$\cdots,x_{-2},x_{-1},x_0,x_1,x_2,\cdots,x_{N-1},\cdots \tag{6.1.1}$$

中的有限长序列段 $x_n(0 \leqslant n \leqslant N-1)$,或者说 N 个数,如何由它尽可能准确地得到 $X(t)$ 或 X_j 的功率谱密度 $G_X(\omega)$。

谱估值的主要目的是,揭示一些看来杂乱无章,无规可循的事物中所蕴含的周期性。我们知道傅里叶变换是揭示周期性的有力工具,因而谱估值的经典法均是建立在傅里叶变换的基础上的。随机过程的功率谱估值是基于功率谱密度两个平行的定义引申出来的。

6.1.1 两种经典谱估值方法

1. 周期图法

这是古代统计学者为寻求数据中的周期性或季节性趋势而取的名字,它本质上是从各态历经过程功率谱定义式得到的估计量,对于有限数据 N,由式(4.1.14) 有

$$\hat{G}_X(\omega)=\frac{1}{N}\left|X_N(\omega)\right|^2 \tag{6.1.2}$$

式中,$X_N(\omega)$ 是 $x_N(0\leqslant n\leqslant N-1)$ 的 N 点 DFT。

2. Blackman - Tukey(BT 法)

这种方法是Blackman与Tukey两人于1958年提出的,故以他们的名字命名。其本质上是基于维纳 - 辛钦定理的结果,由维纳 - 辛钦定理的离散形式(证明见5.5节)知

$$G_X(\omega)=\sum_{k=-\infty}^{\infty}R_X(k)\mathrm{e}^{-\mathrm{j}\omega kT_S} \tag{6.1.3}$$

对有限数据,$R_X(k)$ 也只有有限个值可利用,即谱估值为

$$\hat{G}_X(\omega)=\sum_{k=-N}^{N}\hat{R}_X(k)\mathrm{e}^{-\mathrm{j}\omega kT_S} \tag{6.1.4}$$

式中,$\hat{R}_X(k)$ 可采用式(3.4.11) 的有偏估值或式(3.4.13) 的无偏估值得到。

这两种经典的谱估值方法在历史上经历了一个此起彼落的交替过程。周期图法是一种非常古老的方法,被广泛采用。1958年维纳 - 辛钦定理出现之后,Blackman-Tukey 法由于算法简捷取代了周期图法而被普遍采用。 但是在1965年Cooly-Tukey创造性地提出了计算DFT的快速算法,即 FFT,使得周期图法又成为至今应用得最为广泛的方法,甚至在某些应用中只对相关函数感兴趣时,也采用下面的流程图加以计算

$$\{x_n\}\xrightarrow{\text{FFT}}\{X_N(\omega)\}\longrightarrow\left\{\frac{1}{N}\left|X_N(\omega)\right|^2\right\}\xrightarrow{\text{FFT}^{-1}}\{\hat{R}_X(k)\}$$

这比用式(3.4.11) 直接计算相关函数运算量要小。

无论采用式(6.1.2) 的周期图法或式(6.1.4) 的 BT 法,功率谱估值量 $\hat{G}_X(\omega)$ 的性质是一样的。可以证明它们均为有偏估值,但是渐近无偏的。直接采用上面两个公式的估值方法最大的问题是,这个估计量不是一致估计量,即当 N 很大时,$\hat{G}_X(\omega)$ 的方差也不减小。理论分析可以证明

$$\lim_{N\to\infty}\mathrm{Var}[\hat{G}_X(\omega)]\approx G_X^2(\omega) \tag{6.1.5}$$

即功率谱估值的方差近似等于功率谱真值的平方,真实谱越大的地方,通常也是我们感兴趣的地方,经典谱估值的方差越大,越不可靠,这当然是很不理想的结果。该结论的证明超出本书讨论的范围,有兴趣的读者可以参看有关谱估值的经典著作。因而在实际使用时,必须将式(6.1.2) 的谱估值加以修正。有两种卓有成效的修正方法,现简单加以介绍。

6.1.2 经典谱估值的改进

1. 平均法

平均法适用于数据量大的场合,比如给定 $N=1000$ 个数据样本,则可以将它分成10个长

度为100的小段,分别计算每一小段的周期图

$$G_{100,m}(\omega)=\frac{1}{100}\left|\sum_{k=100(m-1)}^{100m-1}x_k\mathrm{e}^{-\mathrm{j}k\omega}\right|^2,\quad m=1,2,\cdots,10 \tag{6.1.6}$$

然后将这 10 个小段周期图加以平均,即

$$\hat{G}_{100}^{10}(\omega)=\frac{1}{10}\sum_{m=1}^{10}G_{100,m}(\omega) \tag{6.1.7}$$

由于这 10 个小段周期图取决于同一过程,因而其均值应该相同,但平均之后方差却减小了。我们知道 K 个独立分布的随机变量的平均值的方差是单个随机变量的方差的 $1/K$。因而若 K 个小段周期图是统计独立的,则平均后的方差

$$\mathrm{Var}[\hat{G}_{100}^{10}(\omega)]=\frac{1}{K}\mathrm{Var}[G_{100,m}(\omega)] \tag{6.1.8}$$

因而在上面例子中方差减小为原来的 1/10。实际上由于各小段周期图之间总存在某种依存性(相关性),如 x_{99} 与 x_{100} 一般是相关的,从而 $G_{100,1}(\omega)$ 与 $G_{100,2}(\omega)$ 之间就有某种依存性,除非待估过程是白噪声。但若每小段有足够多的样本,则这种依存性就较小,从而式(6.1.8) 还是近似成立的。在实际应用式(6.1.6) 与式(6.1.7) 的平均法时, 每一段的数据 L 不能太少,否则谱峰将展宽,偏倚变大,从而分辨力会变差。因而当数据量一定时,段数 K 不能太大,即方差减小不多。解决这一矛盾可以让数据段之间适当重叠,即将图 6.1(a) 的分段法改为如图 6.1(b) 所示的分段法。如总共 1000 个点,每段 L 为 100 个点,若重叠 50%,则可以分成 20 段,由于段间相关性变大了,这样的分法虽然方差不能减小到原来的 1/20(由于段间相关性变大了),但肯定可以小于 1/10,这种方法称为修正周期图法或 Welch 法,是经典谱估值中最常用的方法。

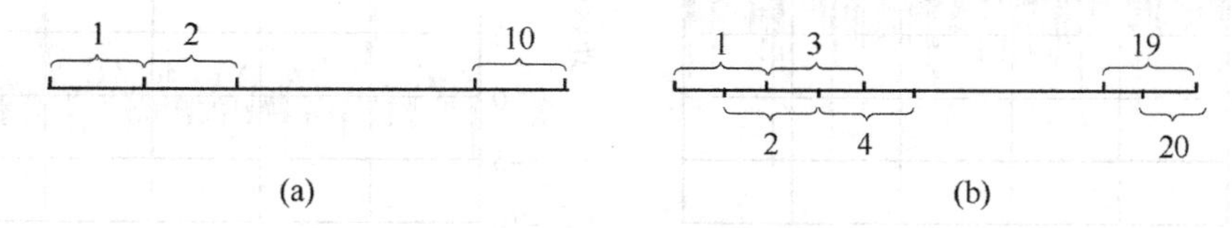

图 6.1　数据分段的两种方式

下面一段 MATLAB 程序给出了一个典型 Welch 谱估值的例子。待估计的信号是受高斯白噪声污染的两个正弦波,其频率分别为 100 Hz 和 200 Hz、功率分别为 0.5 和 2,即相差 6dB。程序的前三行为信号的产生,Px 表示原始周期图谱估值,Pxx 表示 Welch 谱估值,w 表示数据预处理的数据窗。加窗的目的是让数据段两端渐变为零,降低各子段重叠导致的相关性。这里用的是汉宁(Hanning) 窗。本例中分段参数取 $L=256$ 以满足 FFT 的要求, $K=6$,重叠 50% 一共用了 896 个数据。运行程序得到的结果如图 6.2(b) 所示。图 6.2(a) 同时给出了 1000 个点的数据直接采用周期图法仿真的结果,可见它起伏很大,即方差比不用 Welch 法仿真的要大。采用平均法方差小,两个谱峰相差 6dB,但谱峰有所展宽,即牺牲了一定的分辨力。实际应用中分段数 K 及每段数据长度 L 应按需要折中考虑。

```
Fs = 1000;
t = 0:1/Fs:1;
xn = sin(2*pi*100*t) + 2*sin(2*pi*200*t) + randn(size(t));
Px = abs(fft(xn,1024)).^2/length(xn);
w = hanning(256)';
```

```
Pxx = (abs(fft(w. * xn(1:256))).^2 + ...
    abs(fft(w. * xn(129:384))).^2 + ...
    abs(fft(w. * xn(257:512))).^2 + ...
    abs(fft(w. * xn(385:640))).^2 + ...
    abs(fft(w. * xn(513:768))).^2 + ...
    abs(fft(w. * xn(641:896))).^2)/(norm(w)^2 * 6);
subplot(2,2,1);
plot((0:1023)/1024 * Fs,10 * log10(Px))
title('周期图谱估值法')
xlabel('频率(Hz)')
ylabel('功率谱(dB)')
grid
subplot(2,2,2);
plot((0:255)/256 * Fs,10 * log10(Pxx))
title('Welch 谱估值法(K = 6,L = 256)')
xlabel('频率(Hz)')
ylabel('功率谱(dB)')
grid
```

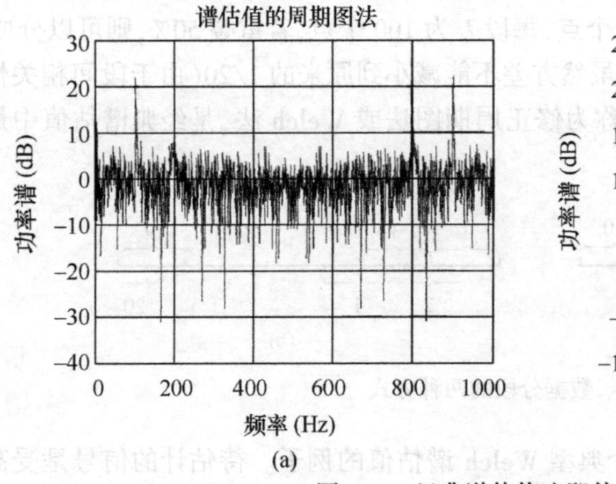

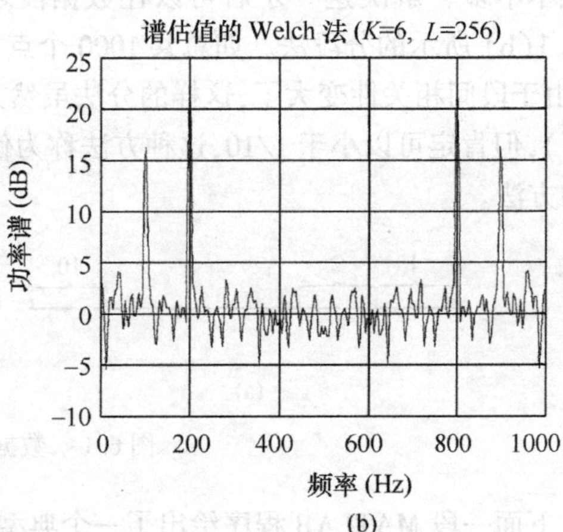

图 6.2　经典谱估值法即其改进的例子

2. 平滑法

这种方法不将数据分段,而用全部数据计算出一个周期图,然后在频域将其平滑,即令

$$G(\omega_i) = \frac{1}{2L+1}\sum_{j=i-L}^{i+L} G_N(\omega_j) \tag{6.1.9}$$

图 6.3 示出了 $L = 2, i = 20$ 一点上平滑处理的示意图,小黑点代表原始周期图,△ 表示 ω_i 点处理后的功率谱值,因而它相当于在频域的一种平均处理,有希望使平滑的功率谱方差减小为原来的 $1/(2L+1)$。可以证明(这里从略)式(6.1.9)平滑处理相当于用一个矩形窗函数与原始功率谱的卷积,是一种等权求和,因而增加了偏倚、减小了分辨力,从而有人研究出了三角形窗平滑处理。即给 ω_i 点的值比较大的权,远离 ω_i 点以小的权进行非等权求和平均。这样做既减小了方差,又使偏倚不过大。除了三角形窗,尚有 Tukey 升余弦窗,Bartlett 窗,Parzen 窗

等。研究各种形式的窗函数,其目的主要是在方差减小的同时不让偏倚变得太大,即在两类误差中取折中。图 6.4 给出谱估值中两类误差的示意图。

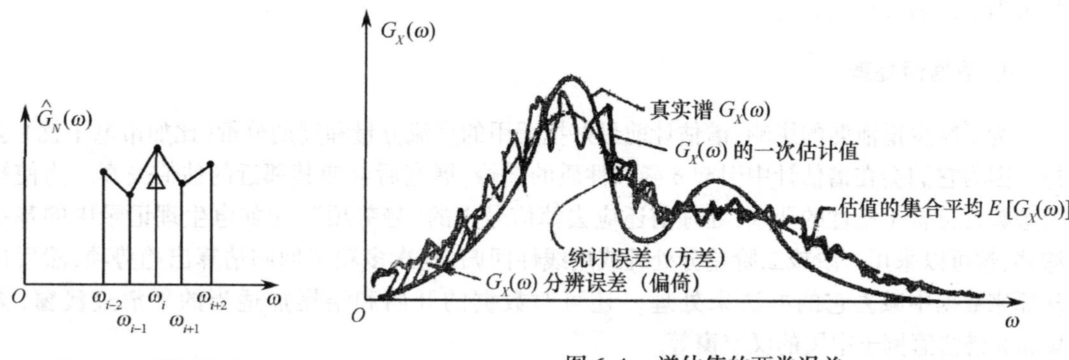

图 6.3　平滑处理

图 6.4　谱估值的两类误差

上述两种经典的谱估值修正算法在数据量 N 较大时,可以得到比较满意的结果(方差,偏倚均较小)。但是当能够利用的数据量较小时,这两类误差或按谱估值的术语说谱估值的统计稳定性(方差)与分辨力(偏倚)的矛盾显得十分突出,正由于这一矛盾促进了以参数谱估值法为核心的现代谱估值方法的迅猛发展。在 6.2 节将对现代谱估值方法的基本原理进行简要介绍。

6.1.3　谱估值的一些实际问题

1. 数据采样率

随机信号的采样定理:设平稳随机信号 $X(t)$ 的功率谱的最高频率为 f_c,则取采样间隔

$$t_s \leqslant \frac{1}{2f_c} = \frac{\pi}{\omega_c} \text{ 或 } f_s \geqslant 2f_c \tag{6.1.10}$$

采样值为 X_n,则有采样展开式

$$\hat{X}(t) = \sum_{n=-\infty}^{\infty} X_n \frac{\sin\omega_c(t - nt_s)}{\omega_c(t - nt_s)} \tag{6.1.11}$$

且 $\hat{X}(t)$ 在均方意义下逼近于 $X(t)$,即

$$E\left[\,|\hat{X}(t) - X(t)|^2\,\right] = 0 \tag{6.1.12}$$

实际应用时采样率($1/t_s$)常取为最高频率 f_c 的 3 ~ 5 倍。如果上限频率不易估计,可以在采样前用适当的低通滤波器加以限制,低通滤波器的截止频率应高于我们感兴趣信号的上限频率。比如语音信号的上限频率可取为 3.4kHz。这个滤波器称为抗混叠滤波器。

2. 每段数据的长度 L

段长应满足频率分辨力的要求。设要求的频率分辨力是 Δf(Hz),则归一化频率分辨力要求是 $\Delta f/f_s$。因此要求 $1/L \leqslant \Delta f/f_s$ 或 $L \geqslant f_s/\Delta f$。为了增加 FFT 后谱线的密度,可以在每段数据后适当补零,一般是对 L 长的数据增添 L 个零(其总数为 2 的方幂),做 $2L$ 个点的 FFT。注意补零并不能提高频率分辨力,只能增加功率谱的谱线密度,克服栅栏效应。

3. 数据总长度

采用平均法时,数据的总长度 N = 分段数 K × 每段点数 L,或用 Welch 法重叠 1/2,则 N =

$2(K \times L)$。因此当N确定后,总数越大,K越大,谱估值的方差改善越明显。但是N在某些实际应用中明显受限,或者信号表现出非平稳特性时N也不宜过大,以免由于统计特性的改变而带来附加的估计误差。

4. 数据预处理

为了减少谱泄漏的影响,谱估计前最好把无用的直流分量和周期分量(比如市电干扰)去掉。因为它们会在谱估计中引起δ函数性质的谱峰,展宽后会使其邻近的估值失真。为使被处理数据符合平稳性的要求,处理前还应去掉信号中的"趋势项",比如电生理记录中的基线漂移,这可以采用一阶或二阶差分处理或用线性回归、高次多项式回归估算出趋势项,然后再从原来数据中减去它的办法来处理。还可对数据的开始和结尾加适当的平滑过渡窗,如Welch谱估值例子中用的汉宁窗等。

6.2 基于随机信号模型的功率谱估计

上述基于传统傅里叶变换的经典谱估值方法(也称为非参数谱估值法)存在着几个固有的限制,最突出的就是:频率分辨力,即区分两个或者两个以上频率十分靠近谱分量的能力受限;对有限长数据或加窗处理引起的谱泄漏(Leakage),即强谱分量的旁瓣泄漏将畸变,甚至淹没其他弱的谱分量。尽管对窗函数做了大量的精心研究,试图尽可能减少这种泄漏,但总是以牺牲分辨力为代价的。

以上两个主要限制在可利用的数据长度十分短时显得格外严重。然而在谱估值技术的实际应用中短数据情况又是经常出现的。比如在雷达、声呐、语音处理等领域,信号本身就是一个非平稳的时变谱,可供分析的平稳段总是有限长的。另一方面,对一些周期十分长的事件,比如,一年只可能获得一个数据点的情况,我们也不可能有较多的数据记录可供利用。

为克服这种直接从数据出发分析其功率谱的非参数方法的局限性,近年来提出了另一类谱估值方法,即参数谱估值方法。这种谱估值方法也称非线性谱估值法,即所谓**现代谱估值方法**。这种方法最早出现在非工程界。Yule与Walker用AR(自回归)模型来预报经济形势的发展趋势;Baronde Prony用指数函数模型去拟合在气体化学实验中得到的数据等。另外一些模型则出自统计数学领域。

用这种非传统的技术作为一种谱估值的新方法始于20世纪。1967年,在地震研究中的线性预测滤波技术的启发下,Burg提出了谱估值的最大熵法。1968年Parzen也正式提出了AR谱估值法。稍后,Van den Bos证明了一维情况下最大熵谱估值与AR谱估值等价。近年来的研究进一步把AR模型推广至ARMA模型。一个特别的、所谓Pisarenko谐波分解(PHD)法,对在白噪声背景下正弦波的估值显示出十分理想的性能。图6.5给出现代谱估值优越性的一个典型例子。待分析数据是受加性白噪声干扰的、频率分别为3Hz和4Hz的两个等幅正弦波之和的9个自相关函数滞后值,即$R_{xx}(0), R_{xx}(1), \cdots, R_{xx}(8)$,信噪比为10dB。BT法的结果示于图6.5(a),它采用了512点的FFT(即9个数据点后加503个零);图6.5(b)和(c)则是分别用AR谱估值与PHD谱估值的结果。可见分辨力的改善是明显的。

AR谱估值技术起源于地球物理数据处理,现在一般称它为最大熵法,它已用在雷达、声呐、图像处理、射电天文学、生物医学、海洋学、生态学、方向查找等领域,且与语音处理中LPC(线性预测码)密切相关。

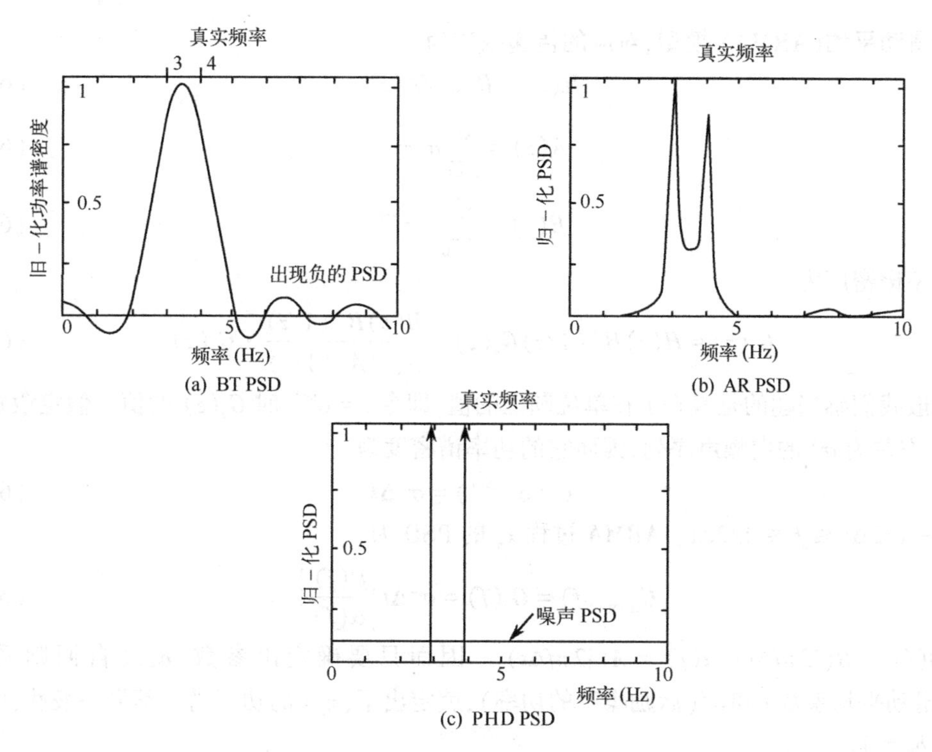

图 6.5 三种谱估值方法的比较

AR 谱估值方法不同于传统谱估值方法,其缺点是分辨力将随着信噪比的降低而急剧下降。当信噪比极低时,现代谱估值技术的性能甚至可能低于普通的经典法,这是它的非线性特点所决定的。

现代谱估值技术内容十分丰富,限于篇幅和学时,这里不可能全面介绍。建议有兴趣的读者阅读几篇写得较好的综述文章,如文献[16]和[18],以及它们的大量引用文章。另外文献[19]、[20]也是现代谱估值技术的精髓所在。本节重点讨论 AR 模型谱估值方法,对 MA 与 ARMA 模型谱估值及 PHD 仅做简单的介绍。

参数谱估值的基本思想是将任何实际待分析的时间序列 $\{x_n\}$ 看成由白噪声 $\{n_n\}$ 激励(输入)一个具有有限个参数的滤波器(模型)的结果(输出)。因而,只要我们能从时间序列 $\{x_n\}$ 出发估算出模型的参数,则其功率谱不难得到①。

在 5.5.2 节介绍了白序列通过一阶递归滤波器功率谱的变化,以及模型的基本概念,本章将对这一问题做系统的讨论。

6.2.1 随机时间序列的有理传输函数模型

在实际中,所遇到的许多确定性的或随机的序列均可以用一个有理函数的传输函数模型来加以拟合,即它们满足

$$x_n = -\sum_{k=1}^{p} a_k x_{n-k} + \sum_{l=0}^{q} b_l n_{n-l} \tag{6.2.1}$$

式中,$\{n_l\}$ 为输入激励序列,$\{x_n\}$ 为输出序列。这种最简单,也是最一般的线性系统模型称为

① 在本节中,为便于理解,所有激励序列,模型参数均假定为实数,有关复序列的讨论见参考文献[16]。

自回归滑动平均(ARMA) 模型,对应的传递函数为

$$H(z) = B(z)/A(z) \tag{6.2.2}$$

式中

$$A(z) = \sum_{m=0}^{p} a_m z^{-m} \tag{6.2.3}$$

$$B(z) = \sum_{m=0}^{q} b_m z^{-m} \tag{6.2.4}$$

输出功率谱密度为

$$G_x(z) = H(z)H^*(1/z)G_n(z) = \frac{B(z)B^*(1/z)}{A(z)A^*(1/z)} \cdot G_n(z) \tag{6.2.5}$$

一般我们感兴趣的是 $G_x(z)$ 在单位圆上的值,即令 $z = e^{j\omega\Delta t}$ 时 $G_x(z)$ 的值。假定激励过程 $\{n_l\}$ 是方差为 σ^2 的白噪声序列,因而它的功率谱密度为

$$G_n(e^{j2\pi\Delta t f}) = \sigma^2 \Delta t \tag{6.2.6}$$

式中,$-1/2\Delta t \leqslant f \leqslant 1/2\Delta t$。ARMA 过程 x_n 的 PSD 为

$$G_{ARMA}(f) = G_x(f) = \sigma^2 \Delta t \left| \frac{\beta(f)}{\alpha(f)} \right|^2 \tag{6.2.7}$$

式中,$\beta(f) = B(j2\pi f\Delta t)$,$\alpha(f) = A(j2\pi f\Delta t)$。因而只要确定出参数 $\{a_k\}$(自回归系数)、$\{b_K\}$(滑动平均系数)和 σ^2(激励噪声的功率),就定出了 (x_n) 的功率谱。不失一般性,可假定 $a_0 = 1, b_0 = 1$。

作为 ARMA 模型的两种特殊情况,在式(6.2.1)中,若除了 $a_0 \neq 0$ 外,对其他所有 k,$a_k = 0$,则

$$x_n = \sum_{l=0}^{q} b_l n_{n-l} \tag{6.2.8}$$

这个过程称为 q 阶滑动平均(MA)模型,它的 PSD 为

$$G_{MA}(f) = \sigma^2 \Delta t \mid \beta(f) \mid^2 \tag{6.2.9}$$

这个模型也叫全零点模型,意指模型滤波器中只含零点。

若 $b_0 = 1$,而 $i \neq 0$ 时,$b_i = 0$,则式(6.2.1)可改写为

$$x_n = -\sum_{k=1}^{p} a_K x_{n-k} + n_n \tag{6.2.10}$$

则称为 p 阶自回归(AR)模型,意指时间序列 x_n 是其自身的线性回归。n_n 则表示回归误差。换一种说法,x_n 可由它的过去值(加权和)来预测,n_n 则表示预测误差。它的 PSD 为

$$G_{AR} = \frac{\sigma^2 \Delta t}{|\alpha(f)|^2} \tag{6.2.11}$$

可见,无论哪种模型,要得到它的 PSD,关键是如何估值它的参数 $\{a_k\}$,$\{b_k\}$。因而谱估值问题转化成了参数估值问题。如何从得到的有限个数据 $\{x_k\}$,尽可能准确地估值出模型参数,是现代谱估值方法成功的关键。

这三种模型是彼此相关的。Wold 分解定理表明:任何有限方差的 ARMA 模型或 AR 模型均可用一个 MA 模型(阶数可能无限大)来代替;而任何 ARMA 或 MA 模型也可用一个阶数足够大的 AR 模型来表示。这就暗示我们,即使我们选择了一个错误的模型,只要阶数取得足够大,也可以得到足够高精度的 PSD 估值。由于 AR 模型的参数估值只需解一个线性方程组,因而从计算简便的角度出发,它优于 ARMA 与 MA 模型。现代谱估值技术主要讨论 AR 模型谱估值,本书将以较大的篇幅加以讨论。

6.2.2 自回归(AR)功率谱估计

本节首先讨论表征AR模型参数与自相关函数关系的Yule-Walker方程,以及方程求解的Levinson-Durbin(L-D)算法。然后讨论AR模型、线性预测及最大熵谱估值(MESE)之间的关系。接着讨论基于线性预测理论的参数批估值方法和基于递归最小二乘法与自适应算法的序贯参数估值法。最后,对AR PSD的限制,如加性噪声的影响、虚假峰等也进行了讨论,并提出可能改进的措施。

1. Yule-Walker方程

由式(6.2.10)出发,有

$$R_{xx}(k)=E[x_{n+k}x_n]=E\left[x_n\left(-\sum_{l=1}^{p}a_l x_{n-l+k}+n_{n+k}\right)\right]$$

$$=-\sum_{l=1}^{p}a_l R_{xx}(k-l)+E[n_{n+k}x_n]$$

假定$H(z)$是一个稳定的因果滤波器,则

$$E[n_{n+k}x_n]=E\left[n_{n+k}\sum_{l=0}^{\infty}h_l n_{n-l}\right]=\sum_{l=0}^{\infty}h_l\sigma^2\delta_{k+l}=\sigma^2 h_{-k}$$

$$=\begin{cases}0, & k>0\\ h_0\sigma^2, & k=0\end{cases}$$

式中,$\{h_i\}$为滤波器的冲激响应函数,δ_n为离散冲激函数。由于$h_0=\lim\limits_{z\to\infty}H(z)=1$(已假设$a_0=b_0=1$),因而

$$R_{xx}(k)=\begin{cases}-\sum\limits_{l=1}^{p}a_l R_{xx}(k-l), & k>0\\ -\sum\limits_{l=1}^{p}a_l R_{xx}(-l)+\sigma^2, & k=0\end{cases}\tag{6.2.12}$$

式(6.2.12)即为Yule-Walker(Y-W)方程。从$k>0$的p个方程可以解出$\{a_1,a_2,\cdots,a_p\}$;再从$k=0$的方程可求出σ^2。显然只需已知p个滞后值的自相关函数即可。对$k=1,2,\cdots p$,Y-W方程可以表示成矩阵形式

$$\boldsymbol{R}_{xx}=\begin{bmatrix}R_{xx}(0) & R_{xx}(-1) & \cdots & R_{xx}(-(p-1))\\ R_{xx}(1) & R_{xx}(0) & \cdots & R_{xx}(-(p-2))\\ \vdots & \vdots & \ddots & \vdots\\ R_{xx}(p-1) & R_{xx}(p-2) & \cdots & R_{xx}(0)\end{bmatrix}\begin{bmatrix}a_1\\ a_2\\ \vdots\\ a_p\end{bmatrix}=-\begin{bmatrix}R_{xx}(1)\\ R_{xx}(2)\\ \vdots\\ R_{xx}(p)\end{bmatrix}\tag{6.2.13}$$

按照自相关函数的性质,相关矩阵$\boldsymbol{R}_{xx}$是一个对称矩阵(即满足$\boldsymbol{R}_{xx}^{\mathrm{T}}=\boldsymbol{R}_{xx}$,T表示共轭转置),也是一个Toeplitz矩阵。而且只要x_n不是纯简谐分量,$\boldsymbol{R}_{xx}$还是正定矩阵,从而$\{a_1,a_2,\cdots,a_p\}$有解。加进$k=0$的方程,式(6.2.13)还可写成

$$\begin{bmatrix}R_{xx}(0) & R_{xx}(-1) & \cdots & R_{xx}(-p)\\ R_{xx}(1) & R_{xx}(0) & \cdots & R_{xx}(-(p-1))\\ \vdots & \vdots & \ddots & \vdots\\ R_{xx}(p) & R_{xx}(p-1) & \cdots & R_{xx}(0)\end{bmatrix}\begin{bmatrix}1\\ a_1\\ \vdots\\ a_p\end{bmatrix}=\begin{bmatrix}\sigma^2\\ 0\\ \vdots\\ 0\end{bmatrix}\tag{6.2.14}$$

2. Levinson-Durbin 算法

该算法简称 L-D 算法,该算法采用递推方式求解方程(式(6.2.14)),只需 $O(p^2)$ 次运算。而采用高斯消元法求解则要 $O(p^3)$ 次运算。L-D 算法不仅是一个有效的算法,而且它还揭示出 AR 过程中若干重要性质。L-D 算法从低阶到高阶依次计算出参数组

$$\{a_{11},\sigma_1^2\},\{a_{21},a_{22},\sigma_2^2\},\cdots,\{a_{p1},a_{p2},\cdots,a_{pp},\sigma_p^2\}$$

显然对第一组参数有下列初值

$$a_{11}=-R_{xx}(1)/R_{xx}(0) \tag{6.2.15}$$

$$\sigma_1^2=(1-|a_{11}|^2)R_{xx}(0) \tag{6.2.16}$$

对于 $k=2,3,\cdots,p$,可由下式递推求解[21]

$$a_{kk}=-\left[R_{xx}(k)+\sum_{l=1}^{k-1}a_{k-1;l}R_{xx}(k-l)\right]/\sigma_{k-1}^2 \tag{6.2.17}$$

$$a_{ki}=a_{k-1,i}+a_{kk}a_{k-1,k-i} \tag{6.2.18}$$

$$\sigma_k^2=(1-|a_{kk}|^2)\sigma_{k-1}^2 \tag{6.2.19}$$

应特别注意,上面得到的一组系数 $\{a_{k1},a_{k2},\cdots,a_{kk},\sigma_k^2\}$ 与采用式(6.2.14)当 $p=k$ 时计算出的系数是一样的。因此,L-D 算法也提供所有用低阶 AR 模型去拟合待分析数据的 AR 参数。当事先不能准确判定模型阶数时,这一性质特别可贵。用式(6.2.15) ~ 式(6.2.19)逐次计算高一阶的模型参数,直到 σ_k^2 小于某一期望值时才停止计算。尤其是,当该过程是一个真正的 AR(p) 过程(p 阶 AR 过程)时,若 $k>p$,应有 $a_{kk}=0,\sigma_k^2=\sigma_p^2$。因此,当模型阶数等于或大于正确的阶数时,激励噪声的方差保持不变。反过来可以说,当 σ_k^2 不再随 k 变化时就是阶数正确的标志点。可以证明,对一切 k,有 $|a_{kk}|\leqslant 1$,因而 $\sigma_{k+1}^2\leqslant\sigma_k^2$。这就意味着 σ_k^2 在 $k=p$(正确阶数)时第一次达到它的极小值。

参数 $\{a_{11},a_{22},\cdots,a_{pp}\}$ 通常称为反射系数,记为 $\{K_1,K_2,\cdots,K_p\}$。对于合格的自相关函数序列 $\{R_{xx}(0),R_{xx}(1),\cdots,R_{xx}(p)\}$,对应于半正定的自相关矩阵的充要条件是:对 $k=1,2,\cdots,p$,有 $|a_{kk}|=|K_k|\leqslant 1$。进而 $A(z)$ 的零点位于 Z 平面单位圆上或圆内的充要条件是:对 $k=1,2,\cdots,p$,有 $|K_k|\leqslant 1$。如果对某些特殊的 k 值,$|K_k|=1$,则 $\sigma_k^2=0$。这时式(6.2.15) ~ 式(6.2.19) 的递推必须停止。这种情况说明过程是简谐的。这些性质可以归纳如下。

① 自相关矩阵是正定的,即对所有向量 $\boldsymbol{X}$,有 $\boldsymbol{X}^{\mathrm{T}}\boldsymbol{R}\boldsymbol{X}>0$;

② $i=1,2,\cdots,p$,反射系数满足 $|K_i|<1$;

③ $A(z)$ 的零点在单位圆内,即对 $j=1,2,\cdots,p$,有 $|z_j|<1$;

④ 预测误差功率单调递降,即 $\sigma_1^2\geqslant\sigma_2^2\geqslant\cdots\geqslant\sigma_p^2\geqslant 0$。

AR 参数估值与线性预测理论紧密相关。现在我们从另一个角度来加以讨论。假定 x_n 是一个 AR(p) 过程,若希望由过去 p 个样点值来预测当前值 x_n,那么

$$\hat{x}_n=-\sum_{k=1}^{p}\alpha_k x_{n-k} \tag{6.2.20}$$

系数 $\{\alpha_1,\alpha_2,\cdots,\alpha_p\}$ 的选择,应使预测误差功率

$$Q_p=E\{|x_n-\hat{x}_n|^2\} \tag{6.2.21}$$

达到最小。由正交性原理知,它等价于解下列方程:

$$E[(x_n - \hat{x}_n)x_K] = 0, \quad k = n-1,\cdots,n-p \tag{6.2.22}$$

或
$$R_{xx}(k) = -\sum_{l=1}^{p}\alpha_l R_{xx}(k-l), \quad k = 1,2,\cdots,p \tag{6.2.23}$$

达到的最小预测误差功率为

$$Q_{p\min} = E[(x_n - \hat{x}_n)x_n] = R_{xx}(0) + \sum_{k=1}^{p}\alpha_k R_{xx}(-k) \tag{6.2.24}$$

显然,这些方程与式(6.2.12) 完全一致,因而必然有:

$$\alpha_k = a_{pk}, k = 1,\cdots,p; \quad Q_{p\min} = \sigma_p^2$$

即最好的线性预测器为

$$\hat{x}_n = -\sum_{k=1}^{p} a_{pk}x_{n-k} \tag{6.2.25}$$

误差表示为
$$e_n = x_n - \hat{x}_n = \sum_{k=0}^{p} a_{pk}x_{n-k} \tag{6.2.26}$$

式中,视 $a_{p0} = 1$。文献中通常称式(6.2.25) 为线性预测滤波器,而将式(6.2.26) 称为线性预测误差滤波器,见图6.6。正是由于AR参数辨识与预测滤波器得到这样一致的结果,因而两个理论才可以彼此引用。

线性预测理论引出了对L-D算法的一种重要解释。若将 p 阶预测误差记为 e_{pn},由式(6.2.18) 得

$$e_{pn} = x_n + \sum_{k=1}^{p} a_{pk}x_{n-k} \tag{6.2.27}$$

$$= x_n + \sum_{k=1}^{p}(a_{p-1,k} + K_p a_{p-1,p-k})x_{n-k} + K_p x_{n-p} \tag{6.2.28}$$

$$= e_{p-1,n} + K_p b_{p-1,n-1} \tag{6.2.29}$$

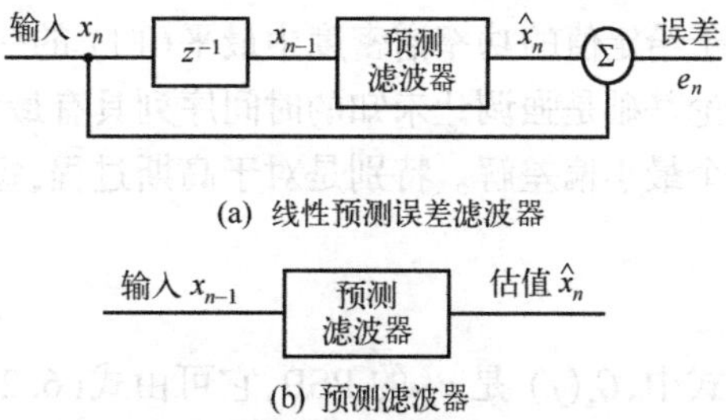

(a) 线性预测误差滤波器

(b) 预测滤波器

图6.6　两种滤波器

式中
$$b_{pn} = x_{n-p} + \sum_{k=1}^{p} a_{pk}x_{n-p+k} \tag{6.2.30}$$

b_{pn} 称为后向预测误差,即当我们试图用样本 $x_{n-p+1},\cdots,x_n$ 预测 x_{n-p} 时的误差。后向预测器的系数是前向预测器系数的复共轭,这个结论是从 x_n 是平稳过程推导出来的。

类似地可以证明
$$b_{pn} = b_{p-1,n-1} + K_p e_{p-1,n} \tag{6.2.31}$$

由式(6.2.29) 和式(6.2.31) 可导出如图6.7所示的一种格型(Lattice) 滤波器结构。注意,整个滤波器的传输函数(由 x_n 到 e_{pn}) 为

$$A(z) = 1 + \sum_{k=1}^{p} a_{pk}z^{-k} \tag{6.2.32}$$

它正好是 $H(z)$ 的逆,即有 $A(z) = 1/H(z)$。因而称这个滤波器为逆滤波器或格型预测误差滤波器。由它导出一种重要的、估计AR参数的时间递归算法。用式(6.2.29) 与式(6.2.31) 调整反射系数 K_p,其他AR参数可由式(6.2.18) 的阶数递归方程求得。有关细节将在AR参数的序贯估值一节讨论。

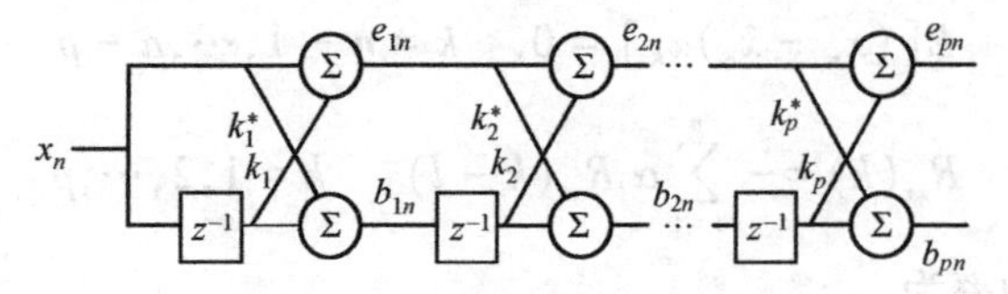

图 6.7　格型预测误差滤波器

由式(6.2.29)出发,选择 K_p 使 $E[\,|e_{pn}|^2]$ 达到最小,可得

$$K_p = \frac{-E[e_{p-1,n}b_{p-1,n-1}]}{E[\,|b_{p-1,n-1}|^2]} \tag{6.2.33}$$

如上所述,e_{pn} 与 b_{pn} 有相同的统计特性,所以式(6.2.33)可改写为

$$K_p = \frac{-E[e_{p-1,n}b_{p-1,n-1}]}{\sqrt{E[\,|e_{p-1,n}|^2]E[\,|b_{p-1,n-1}|^2]}} \tag{6.2.34}$$

因此,K_p 是 $e_{p-1,n}$ 与 $b_{p-1,n-1}$ 之间归一化相关系数的负值,则必有 $|K_p| \leqslant 1$。

3. 最大熵谱估值(MESE)

MESE 是一种基于自相关函数外推的谱估值法,它克服了传统的、将自相关函数切断而造成的PSD估值的"畸变"。假定$\{R_{xx}(0),R_{xx}(1),\cdots,R_{xx}(p)\}$已知,问题是如何外推确定$\{R_{xx}(p+1),R_{xx}(p+2),\cdots\}$的值,以保证得到的整个自相关函数是半正定的。一般来说有无穷多种外推值,它们都可以得到合理的自相关函数。Burg 认为这种外推应使外推后的自相关函数所表征的时间序列具有最大熵,即这个时间序列将是一切具有相同的前 $p+1$ 给定的自相关函数滞后值的时间序列中最随机的一个。换句话说,相应的功率谱密度应是所有前 $p+1$ 个时滞等于给定值的功率谱密度中最平(白)的一个。这样的 PSD 称为最大熵 PSD。选择最大熵的理论基础是强调让未知的时间序列具有最大的随机性来保证对它具有最少的约束,因而得到一个最小偏差解。特别是对于高斯过程,每个样本的熵比例于

$$\int_{-\frac{1}{2\Delta t}}^{\frac{1}{2\Delta t}} \ln G_x(f)\,\mathrm{d}f \tag{6.2.35}$$

式中,$G_x(f)$ 是 x_n 的 PSD,它可由式(6.2.35)在下列约束条件下求最大值来得到。

$$\int_{-\frac{1}{2\Delta t}}^{\frac{1}{2\Delta t}} G_x(f)\exp(-\mathrm{j}2\pi fn\Delta t)\,\mathrm{d}f = R_{xx}(n), \quad n = 0,1,\cdots,p \tag{6.2.36}$$

由拉格朗日乘子法,易得

$$G_x(f) = \frac{\sigma_p^2\Delta t}{\left|1 + \sum_{k=1}^{p} a_{pk}\exp(-\mathrm{j}2\pi fk\Delta t)\right|^2} \tag{6.2.37}$$

式中,$\{a_{p1},a_{p2},\cdots,a_{pp}\}$ 和 σ_p^2 正好是 p 阶线性预测系数的参数和预测误差功率。给定了$\{R_{xx}(0),R_{xx}(1),\cdots,R_{xx}(p)\}$的知识,MESE 等于解 Y-W 方程得到的参数,再按式(6.2.37)求得 AR PSD。但是这种等价关系仅对高斯过程与已知自相关函数滞后值的随机序列有效。

4. 自回归自相关函数延拓

式(6.2.37)的另一种表示方法为

$$G_{\mathrm{AR}}(f) = \Delta t\sum_{n=-\infty}^{+\infty} r_{xx}(n)\exp(-\mathrm{j}2\pi fn\Delta t) \tag{6.2.38}$$

式中
$$r_{xx}(n)=\begin{cases}R_{xx}(n), & |n|\leqslant p\\ -\sum_{k=1}^{p}a_{pk}r_{xx}(n-k), & |n|>p\end{cases}\tag{6.2.39}$$

由此看出,AR PSD 保留了已知时滞的自相关值,递归地延拓了给定时滞窗以外的自相关值。AR PSD 在式(6.2.38)中求和与 BT PSD 在时滞 p 以前是完全一样的,但是 AR PSD 求和延伸至自相关函数无限大的时滞值,而不是人为地加窗让它为零。因而 AR 谱不具有加窗引起的旁瓣泄漏,而且具有高的分辨力。

5. 由数据出发的 AR 参数估值

以上讨论的是已知若干时滞点的自相关值的前提下的谱估值方法。在多数实际情况中往往只有数据样本值,并没有自相关值可用来进行谱估值。当然我们也可以先估计自相关,再估计功率谱。本节讨论如何从数据出发直接估计 AR 参数的方法。为了得到可靠的 AR 参数估值,可以采用标准的统计估值理论。通常对非随机参数组的估值是最大似然估值(MLE)。但是,对于 AR(p)过程精确的 MLE 参数估值很难计算。若 $N\gg p$,可以得到一个近似的 MLE,且其计算量并不比用适当的自相关估值代入 Yule-Walker 方程求解 AR 参数大。而且对于长的数据记录,这种 AR 参数估值会产生一个好的谱估值。但对短的数据情况如何呢?我们知道,对于在实际场合经常遇到的短的数据记录,周期图方法分辨力极差,Y-W 法也产生较差的谱估值。

为了在短数据情况下改善近似的 MLE 方法,已提出各式各样的、基于最小二乘法技术的批(Batch)估值技术,这种技术工作在一个数据块上。对于长数据,则有大量的、用新收到的数据不断调整 AR 参数估值的序贯估值方法。序贯估值技术对于跟踪时间慢变化的过程特别有用。

(1) AR 参数的批估值

几种最小二乘估值法可直接用来从原始数据得到较好的 AR 参数估值,而且这些方法产生比 Y-W 法更好的谱估值。以下考虑两种类型的最小二乘估值:利用估值的前向线性预测;采用前向与后向线性预测之组合。

假设用 N 点数据 $x_0,\cdots,x_{N-1}$ 来估计 p 阶 AR 参数。前向线性预测滤波器将具有常规形式
$$\hat{x}_n=-\sum_{k=1}^{p}a_{pk}x_{n-k}\tag{6.2.40}$$
前向预测误差
$$e_{pn}=x_n-\hat{x}_n=\sum_{k=0}^{p}a_{pk}x_{n-k}\tag{6.2.41}$$
式中,$a_{p0}=1$。若假定测量区外的数据为零,即 $n<0$ 和 $n>N-1$,有 $x_n=0$,则数据通过滤波器可产生从 $n=0$ 到 $n=N+p-1$ 预测误差 e_{pn}。对式(6.2.41)采用矩阵形式,有

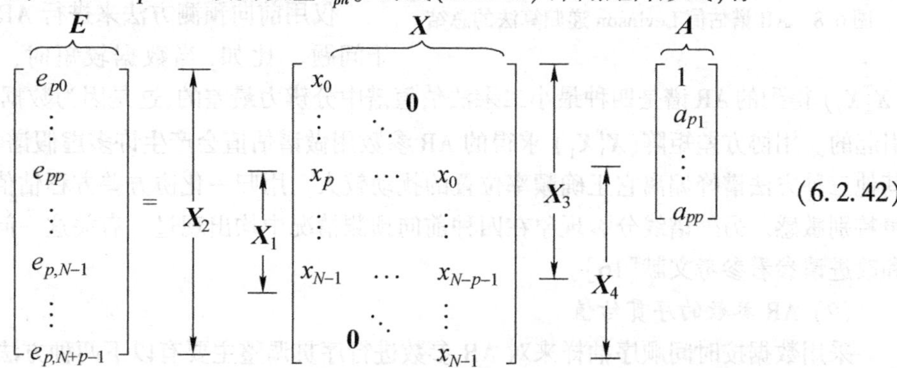

(6.2.42)

或更为简洁的矩阵符号形式

$$\boldsymbol{E} = \boldsymbol{X}\boldsymbol{A} \tag{6.2.43}$$

预测误差的能量为

$$\xi_p = \sum_n e_{pn}^2 = \sum_n \left(\sum_{k=0}^{p} a_{pk} x_{n-k} \right)^2 \tag{6.2.44}$$

ξ_p 求和的范围暂不确定。为让 ξ_p 最小,将它对 $\{a_{pk}\}$ 求导,并令其等于零,可得求解 AR 参数之方程

$$\sum_{k=0}^{p} a_{pk} \left(\sum_n x_{n-k} x_{n-i} \right) = 0, \quad 1 \leqslant i \leqslant p \tag{6.2.45}$$

最小误差能量为

$$\xi_p = \sum_{k=0}^{p} a_{pk} \left(\sum_n x_{n-k} x_n \right) \tag{6.2.46}$$

式(6.2.45)与式(6.2.46)也可以写成正则方程的形式

$$(\boldsymbol{X}_{\mathrm{L}}^{\mathrm{T}} \boldsymbol{X}_{\mathrm{L}}) \boldsymbol{A} = \begin{bmatrix} \xi_p \\ 0 \\ \vdots \\ 0 \end{bmatrix} \tag{6.2.47}$$

这个方程中,$\boldsymbol{X}$ 的下标取值范围是 $L = 1,2,3,4$(如式(6.2.42)所示)可供选择。注意,式(6.2.47)与式(6.2.14)所示 Yule-Walker 方程有相同的结构,但它不同于 Yule-Walker 方程。式(6.2.47)中的数据矩阵积($\boldsymbol{X}_{\mathrm{L}}^{\mathrm{T}}\boldsymbol{X}_{\mathrm{L}}$)不一定是 Toeplitz 结构的。若选择数据矩阵 $\boldsymbol{X}_1$,则正则方程(6.2.47)称为协方差方程,它经常在语音信号的 LPC(线性预测码)中见到。若选择数据矩阵 $\boldsymbol{X}_2$,则式(6.2.47)称为自相关方程。因为由积($\boldsymbol{X}_{\mathrm{L}}^{\mathrm{T}}\boldsymbol{X}_{\mathrm{L}}$)$/N$ 作为自相关函数的有偏估值(式(3.4.11))来代替真正的自相关函数,可以严格地导出 Yule-Walker 方程。注意,这种情况实际上已做了数据窗的假定,从而减小了 AR 谱的分辨力。若选择数据矩阵 $\boldsymbol{X}_3$,由于把 $\boldsymbol{X}_0$ 之前的数据假定为零,则称式(6.2.47)为前窗正则方程;若选择 $\boldsymbol{X}_4$,则 x_{N-1} 之后的数据被假定为零,从而称式(6.2.47)为后窗正则方程。

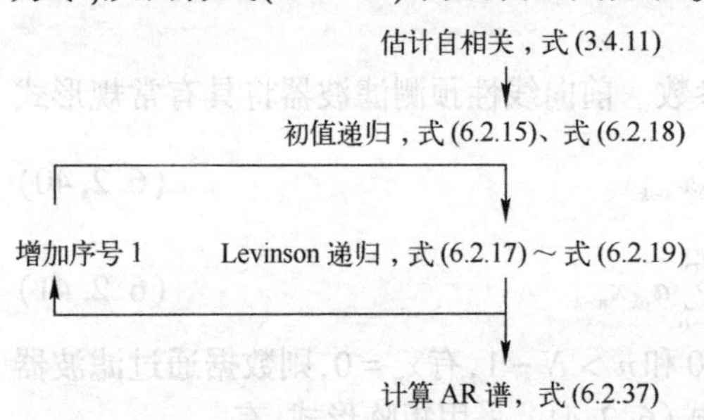

图 6.8　AR 谱估值 Levinson 递归算法的总结

看来,只有采用 $\boldsymbol{X}_2$ 所得的正则方程具有 Toeplitz 结构,可以采用有效的递归算法解(称为 Levinson 递归,归纳在图 6.8 中)。然而,即使乘积矩阵($\boldsymbol{X}_{\mathrm{L}}^{\mathrm{T}}\boldsymbol{X}_{\mathrm{L}}$)可以不是 Toeplitz 阵,四个数据矩阵 $\boldsymbol{X}_{\mathrm{L}}$ 本身都具有 Toeplitz 结构。由此我们可以推导出一种算法。四种情况均只需 $O(p^2)$ 次运算。

仅用前向预测方法来进行 AR 谱估值存在若干问题。比如,当数据较短时,用自相关矩阵($\boldsymbol{X}_2^{\mathrm{T}}\boldsymbol{X}_2$)得到的 AR 谱是四种最小二乘法估值谱中分辨力最差的,这是因为数据矩阵 $\boldsymbol{X}_2$ 被加窗引起的。用协方差矩阵($\boldsymbol{X}_1^{\mathrm{T}}\boldsymbol{X}_1$)求得的 AR 参数用做谱估值会产生许多虚假谱峰。而且,相比其他三种方法谱峰偏离它正确频率位置的扰动较大。用归一化协方差方程估值,AR 参数对噪声特别敏感。另外谱线分裂现象在四种前向预测情况中均出现过。有关这一问题的深入讨论和改进请参看参考文献[16]。

(2) AR 参数的序贯估值

采用数据按时间顺序抽样来对 AR 参数进行序贯调整主要有以下两种方法。

● 序贯递推最小二乘法

递推最小二乘法在形式上与卡尔曼滤波器算法相同。从正则方程(6.2.47)中消去 ξ_p 项，p 阶AR参数估值的最小二乘法的解为

$$\hat{\boldsymbol{A}}_m = [\boldsymbol{X}_m^{\mathrm{T}}\boldsymbol{X}_m]^{-1}\boldsymbol{X}_m^{\mathrm{T}}\boldsymbol{Y}_m \tag{6.2.48}$$

设式中所有的矩阵与向量的脚标 m 表示时间抽样到达时刻。向量 Y_m 由下列数据样本组成：

$$\boldsymbol{Y}_m = \begin{bmatrix} x_1 \\ \vdots \\ x_m \end{bmatrix}$$

而 $\boldsymbol{X}_m$ 是数据矩阵 $\boldsymbol{X}_1$ 或 $\boldsymbol{X}_2$ 的修改型

$$X_m = \begin{bmatrix} x_0 & & \boldsymbol{0} \\ \vdots & \ddots & x_0 \\ \vdots & & \vdots \\ x_{m-1} & \cdots & x_{m-p} \end{bmatrix}, \quad 或者 \begin{bmatrix} x_{p-1} & \cdots & x_0 \\ \vdots & & \vdots \\ x_{m-1} & \cdots & x_{m-p} \end{bmatrix}$$

它们分别与批处理中协方差与前窗情况相对应，添加的新时间样本 x_{m+1} 可以按下式对上述向量、矩阵加以分割

$$\boldsymbol{Y}_{m+1} = \begin{bmatrix} \boldsymbol{Y}_m \\ \hline x_{m+1} \end{bmatrix}, \quad \boldsymbol{X}_{m+1} = \begin{bmatrix} \boldsymbol{X}_m \\ \hline \boldsymbol{H}_{m+1} \end{bmatrix}$$

式中，$\boldsymbol{H}_{m+1} = [x_m \quad \cdots \quad x_{m-p+1}]$。定义 $\boldsymbol{P}_m = [\boldsymbol{X}_m^{\mathrm{T}}\boldsymbol{X}_m]^{-1}$，并代入上述 $\boldsymbol{Y}_{m+1}$ 与 $\boldsymbol{X}_{m+1}$ 的分割式，则

$$\begin{aligned}\hat{\boldsymbol{A}}_{m+1} &= \boldsymbol{P}_{m+1}\boldsymbol{X}_{m+1}^{\mathrm{T}}\boldsymbol{Y}_{m+1} = \boldsymbol{P}_{m+1}[\boldsymbol{X}_m^{\mathrm{T}}\boldsymbol{Y}_m + \boldsymbol{H}_{m+1}^{\mathrm{T}}\boldsymbol{x}_{m+1}] \\ &= \boldsymbol{P}_{m+1}[\boldsymbol{P}_m^{-1}\boldsymbol{P}_m\boldsymbol{X}_m^{\mathrm{T}}\boldsymbol{Y}_m + \boldsymbol{H}_{m+1}^{\mathrm{T}}\boldsymbol{x}_{m+1}]\end{aligned} \tag{6.2.49}$$

注意：$\boldsymbol{P}_m\boldsymbol{X}_m^{\mathrm{T}}\boldsymbol{Y}_m = \hat{\boldsymbol{A}}_m$ 与 $\boldsymbol{P}_m^{-1} = \boldsymbol{P}_{m+1}^{-1} - \boldsymbol{H}_{m+1}^{\mathrm{T}}\boldsymbol{H}_{m+1}$，则

$$\begin{aligned}\hat{\boldsymbol{A}}_{m+1} &= \boldsymbol{P}_{m+1}[(\boldsymbol{P}_{m+1}^{-1} - \boldsymbol{H}_{m+1}^{\mathrm{T}}\boldsymbol{H}_{m+1})\hat{\boldsymbol{A}}_m + \boldsymbol{H}_{m+1}^{\mathrm{T}}x_{m+1}] \\ &= \hat{\boldsymbol{A}}_m + \boldsymbol{P}_{m+1}\boldsymbol{H}_{m+1}^{\mathrm{T}}(x_{m+1} - \boldsymbol{H}_{m+1}\hat{\boldsymbol{A}}_m)\end{aligned} \tag{6.2.50}$$

利用矩阵求逆定理 $(\boldsymbol{A} + \boldsymbol{BCD})^{-1} = \boldsymbol{A}^{-1} - \boldsymbol{A}^{-1}\boldsymbol{B}(\boldsymbol{C}^{-1} + \boldsymbol{DA}^{-1}\boldsymbol{B})^{-1}\boldsymbol{DA}^{-1}$

则对 $\boldsymbol{P}_{m+1}$ 可以导出一个递推公式：

$$\begin{aligned}\boldsymbol{P}_{m+1} &= (\boldsymbol{P}_m^{-1} + \boldsymbol{H}_{m+1}^{\mathrm{T}}\boldsymbol{H}_{m+1})^{-1} \\ &= \boldsymbol{P}_m - \boldsymbol{P}_m\boldsymbol{H}_{m+1}^{\mathrm{T}}(1 + \boldsymbol{H}_{m+1}\boldsymbol{P}_m\boldsymbol{H}_{m+1}^{\mathrm{T}})^{-1}\boldsymbol{H}_{m+1}\boldsymbol{P}_m \\ &= (1 - \boldsymbol{K}_{m+1}\boldsymbol{H}_{m+1})\boldsymbol{P}_m\end{aligned} \tag{6.2.51}$$

式中，定义
$$\boldsymbol{K}_{m+1} = \boldsymbol{P}_m\boldsymbol{H}_{m+1}^{\mathrm{T}}(1 + \boldsymbol{H}_{m+1}\boldsymbol{P}_m\boldsymbol{H}_{m+1}^{\mathrm{T}})^{-1} \tag{6.2.52}$$

序贯递推公式(6.2.50)可以简化为

$$\hat{\boldsymbol{A}}_{m+1} = \hat{\boldsymbol{A}}_m + \boldsymbol{K}_{m+1}(x_{m+1} - \boldsymbol{H}_{m+1}\hat{\boldsymbol{A}}) = \hat{\boldsymbol{A}}_m + \boldsymbol{K}_{m+1}e_{p,m+1} \tag{6.2.53}$$

式(6.2.51)～式(6.2.53)类似于卡尔曼滤波器的结构，只不过在卡尔曼滤波器中一般用协方差向量与矩阵代替这里的数据向量 $\boldsymbol{H}_m$ 与 $\boldsymbol{P}_m$。事实上，利用线性预测噪声的统计特性的知识，则可以对其进行修改。

● 梯度自适应算法

最小二乘法递推公式对每一个新的数据点需要 $O(p^3)$ 次运算。因而提出了另一种自适应

线性预测滤波器的方法,仅需要 $O(p)$ 次运算,它采用了基于梯度的搜寻技术,即

$$\hat{\boldsymbol{A}}_{m+1} = \hat{\boldsymbol{A}}_{m} - \mu\ \nabla E(e_{pm})^2 \tag{6.2.54}$$

式中,μ 为步长, ∇为梯度,代入 $e_{pm} = x_m + \sum_{k=1}^{p} a_{pk}x_{m-k}$,并取数学期望,则

$$E(e_{pm})^2 = R_{xx}(0) + \hat{\boldsymbol{A}}_m^{\mathrm{T}}\boldsymbol{R}_{xx}\hat{\boldsymbol{A}}_m + 2(\hat{\boldsymbol{A}}_m^{\mathrm{T}}\boldsymbol{r}_{xx})$$

式中,$\boldsymbol{R}_{xx}$ 是自相关矩阵,$\boldsymbol{r}_{xx}$ 是自相关向量,$\boldsymbol{r}_{xx} = [R_{xx}(1),\cdots,R_{xx}(p)]^{\mathrm{T}}$。$E(e_{pm})^2$ 的梯度为

$$\nabla E(e_{pm})^2 = 2\boldsymbol{r}_{xx} + 2\boldsymbol{R}_{xx}\hat{\boldsymbol{A}}_m \tag{6.2.55}$$

当梯度技术收敛后, $\nabla E(e_{pm})^2 = 0$,有 $\boldsymbol{r}_{xx} = -\boldsymbol{R}_{xx}\boldsymbol{A}$,它与 Y-W 方程相同。实际上 $\boldsymbol{r}_{xx}$ 与 $\boldsymbol{R}_{xx}$ 尚不能利用,因此用瞬时估值去加以代替,即

$$\boldsymbol{r}_{xx} \to x_m\boldsymbol{X}_{m-1} \qquad \boldsymbol{R}_{xx} \to \boldsymbol{X}_{m-1}\boldsymbol{X}_{m-1}^{\mathrm{T}}$$

式中

$$\boldsymbol{X}_{m-1} = \begin{bmatrix} x_{m-1} \\ \vdots \\ x_{m-p} \end{bmatrix}$$

注意到 $e_{pm} = x_m + \boldsymbol{X}_{m-1}^{\mathrm{T}}\hat{\boldsymbol{A}}_m$,采用式(6.2.55),则式(6.2.54) 成为

$$\hat{\boldsymbol{A}}_{m+1} = \hat{\boldsymbol{A}}_m - 2\mu e_{pm}\boldsymbol{X}_{m-1} \tag{6.2.56}$$

这就是最小均方(LMS) 算法。它与式(6.2.53) 有相同的结构,只是这里 μ 是固定的,而式(6.2.53) 中的增益 $\boldsymbol{K}_{m+1}$ 是变化的。式(6.2.56) 中只要 μ 的选择满足 $0 < \mu < \frac{1}{3}\lambda_{\max}$(式中 $\lambda_{\max}$ 是 $\boldsymbol{R}_{xx}$ 最大特征值),则可以保证收敛。μ 的选择必须在从 $E[\hat{\boldsymbol{A}}_m]$ 到 $\boldsymbol{A}_m$ 的收敛速率与稳态误差(失调) 之间折中考虑。这种算法运算量减少所付出的代价是,为了得到一个可靠的 AR 参数估计必须要有相对长的数据记录。

6.2.3 滑动平均(MA) 功率谱估计

如前所述,MA 过程是由白噪声激励一个传输函数只包含有零点的滤波器的输出,即

$$x_n = \sum_{m=0}^{q} b_m n_{n-m}$$

且

$$E[n_n] = 0,\quad E[n_{n+m}n_n] = \sigma^2\delta_m \tag{6.2.56}$$

由于 q 阶 MA 过程的自相关函数是

$$R_{xx}(k) = \begin{cases} \sigma^2 \sum_{i=0}^{q-k} b_i b_{i+k}, & k = 0,1,\cdots,q \\ 0, & k > q \end{cases} \tag{6.2.57}$$

因此,若已知$(q+1)$ 个滞后的自相关函数,则可由解非线性方程组(6.2.57) 得到 q 阶 MA 过程之参数。然而,若仅仅需要谱估值,而不需要求解 MA 参数,则只需自相关函数即可,且有

$$G_{\mathrm{MA}}(f) = \sum_{m=-q}^{q} R_{xx}(m)\exp(-\mathrm{j}2\pi fm\Delta t)$$

显然与 BT 谱估值一致。因而这种方法对谱估值用处不大。若采用 MA 参数的最大似然估值(从而也相应得到自相关的最大似然估值),在这种情况下,MA 参数的确可作为中间步骤来估

计功率谱。这种方式也因MA的MLE是高度非线性的而很少被采用。用MA模型来表示窄带谱必须要有十分大的阶数,否则谱估值性能极差。

对MA过程,阶数估计的直观方法是采用式(3.4.13)的自相关函数无偏估值,检测在某个不大的时滞之后自相关估值迅速趋于零(见式(6.2.57))。否则,采用AR模型或ARMA模型更为适合。Chow建议一种阶数确定的假设检验方法:如果 $R_{xx}(q)$ 相对于小于 q 的估值 R_{xx} 的方差充分接近于零,则MA过程的阶数判为 q,再由式(6.2.57)求得MA参数估值。

6.2.4 ARMA PSD估值

1. Yule-Walker方程

对于ARMA模型,时间序列 x_n 可以看成白噪声激励一个具有 p 个极点和 q 个零点滤波器的结果,即

$$x_n = -\sum_{k=1}^{p} a_k x_{n-k} + \sum_{k=0}^{q} b_k n_{n-k} \tag{6.2.58}$$

式中,n_k 为白噪声,即 $R_{nn}(k)=\sigma^2\delta_k$,$b_0=1$。滤波器的极点假定在 Z 平面单位圆内,而零点则可以在 Z 平面任何位置。

一旦ARMA(p,q)过程的参数被确定,则谱估值为

$$G_x(k) = \left|H(\exp[\mathrm{j}2\pi fk\Delta t])\right|^2 G_n(f) = \frac{\sigma^2\Delta t\left|1+\sum_{k=1}^{q} b_k \exp(-\mathrm{j}2\pi fk\Delta t)\right|^2}{\left|1+\sum_{k=1}^{p} a_k \exp(-\mathrm{j}2\pi fk\Delta t)\right|^2} \tag{6.2.59}$$

用 x_{n-l} 乘以式(6.2.58)的两边并取期望,则得

$$R_{xx}(l) = -\sum_{k=1}^{p} a_k R_{xx}(l-k) + \sum_{k=0}^{q} b_k R_{nx}(l-k) \tag{6.2.60}$$

式中

$$R_{nx}(k) = E[n_k x_{n-k}]$$

对于因果、稳定的滤波器,现在的输入 n_k 不会影响过去的输出 x_{n-k}。所以 $k>0$,$R_{nx}(k)=0$。因而

$$R_{xx}(l) = \begin{cases} -\sum_{k=1}^{p} a_k R_{xx}(l-k) + \sum_{k=0}^{q} b_k R_{nx}(l-k), & l=0,\cdots,q \\ -\sum_{k=1}^{p} a_k R_{xx}(l-k), & l=q+1,q+2,\cdots \end{cases}$$

前面已证明:$R_{nx}(k)=\sigma^2 h_{-k}$,因而

$$R_{xx}(l) = \begin{cases} -\sum_{k=1}^{p} a_k R_{xx}(l-k) + \sigma^2\sum_{k=0}^{q} b_k h_{k-l}, & l=0,\cdots,q \\ -\sum_{k=1}^{p} a_k R_{xx}(l-k), & l=q+1,q+2,\cdots \end{cases} \tag{6.2.61}$$

类似于AR过程的Yule-Walker方程,这就是ARMA过程的Yule-Walker方程。

2. ARMA参数估值

有关文献中已经讨论了许多ARMA参数估值的理论公式,但是这些公式一般都包含许多

复杂的矩阵计算递推最优技术,这些方法通常对实时处理的应用是不实际的。故一些方便计算的次最优估值技术受到关注。这些技术一般基于最小均方误差准则,只需解一些线性方程组。它们分别估计 AR 和 MA 的参数,而不是像真正最优估计那样两种参数联合估计。而且,最优递推技术不能保证收敛。或者,即使收敛也可能收敛到错误的解,因而次最优方法是有价值的。

求解正则方程(6.2.61)的一个常用方法是,先对 $l > q$ 求 $a_1, a_2, \cdots, a_p$,再求 $b_1, b_2, \cdots, b_q$ 或一组等价的参数。例如,采用式(6.2.61)让 $l = q+1, q+2, \cdots, q+p$,解下列矩阵方程

$$\underbrace{\begin{bmatrix} R_{xx}(q) & R_{xx}(q-1) & \cdots & R_{xx}(q-p+1) \\ R_{XX}(q+1) & R_{xx}(q) & \cdots & R_{xx}(q-p+2) \\ \vdots & \vdots & \ddots & \vdots \\ R_{xx}(q+p-1) & \cdots & & R_{xx}(q) \end{bmatrix}}_{\boldsymbol{R}'_{xx}} \begin{bmatrix} a_1 \\ a_2 \\ \vdots \\ a_p \end{bmatrix} = - \begin{bmatrix} R_{xx}(q+1) \\ R_{xx}(q+2) \\ \vdots \\ R_{xx}(q+p) \end{bmatrix} \tag{6.2.62}$$

这个方程称为延拓的、或修正的 Yule-Walker 方程。矩阵 $\boldsymbol{R}'_{xx}$ 不是对称的,但是 Toeplitz 的,且不能保证正定或非奇异。Zohar 提出的一种解方程(6.2.62)的方法,需要 $O(p^2)$ 次运算。

为了确定阶数 p,可利用 $\boldsymbol{R}'_{xx}$ 的维数大于 p 时,有 $|\boldsymbol{R}'_{xx}| = 0$ 的性质。具体做法是计算 $\boldsymbol{R}'_{xx}$ 的行列式,直到它充分小时,即可定出 p。一旦找到 AR 参量 $\{\hat{a}_k\}$,就可以将数据用一个全零点滤波器

$$\hat{A}(z) = 1 + \sum_{k=1}^{p} \hat{a}_k z^{-k}$$

进行过滤,以得到一个纯 MA 过程,再利用上一节所讨论的方法求得 MA 参数估值。

估计 ARMA 参数的第二种技术是利用恒等式

$$\frac{B(z)}{A(z)} = \frac{1}{C(z)}$$

而

$$C(z) = 1 + \sum_{k=1}^{\infty} c_k z^{-k}$$

即将 ARMA 过程用一个无限阶的 AR 过程来等价。用 AR 技术来估计参数 $\{c_k\}$,然后可求得相应的 ARMA 参数。特别是设 $\hat{C}(z) = 1 + \sum_{k=1}^{M} \hat{c}_k z^{-k}$ 是 AR 参数估值时,式中 $M \geqslant p+q$,并设 $p > q$,则

$$\frac{\hat{B}(z)}{\hat{A}(z)} = \frac{1}{\hat{C}(z)}$$

或

$$\sum_{k=0}^{q} \hat{b}_k \hat{c}_{n-k} = \hat{a}_n, \quad n = 1, 2, \cdots$$

式中,$\hat{b}_0 = 1$,由于 $n > p$,$a_n = 0$,则

$$\sum_{k=0}^{q} \hat{b}_k \hat{c}_{n-k} = 0, \quad n = p+1, p+2, \cdots, p+q$$

其矩阵形式为

$$\begin{bmatrix} \hat{c}_p & \hat{c}_{p-1} & \cdots & \hat{c}_{p+1-q} \\ \hat{c}_{p+1} & \hat{c}_p & \cdots & \hat{c}_{p+2-q} \\ \vdots & \vdots & & \vdots \\ \hat{c}_{p+q-1} & \hat{c}_{p+q-2} & \cdots & \hat{c}_p \end{bmatrix} \begin{bmatrix} \hat{b}_1 \\ \hat{b}_2 \\ \vdots \\ \hat{b}_q \end{bmatrix} = - \begin{bmatrix} \hat{c}_{p+1} \\ \hat{c}_{p+2} \\ \vdots \\ \hat{c}_{p+q} \end{bmatrix} \tag{6.2.63}$$

解得$\{\hat{b}_1 \quad \hat{b}_2 \quad \cdots \quad \hat{b}_q\}$,则$\{\hat{a}_1 \quad \hat{a}_2 \quad \cdots \quad \hat{a}_p\}$可由下列方程求解

$$\sum_{k=0}^{q} \hat{b}_k \hat{c}_{n-k} = \hat{a}_n, \quad n = 1,2,\cdots,p \tag{6.2.64}$$

式中,$\hat{c}_0 \equiv 0$。则矩阵形式为

$$\begin{bmatrix} \hat{a}_1 \\ \hat{a}_2 \\ \vdots \\ \hat{a}_q \end{bmatrix} = \begin{bmatrix} \hat{c}_1 & 1 & 0 & \cdots & 0 \\ \hat{c}_2 & \hat{c}_1 & 1 & \cdots & 0 \\ \vdots & \vdots & \vdots & & \vdots \\ \hat{c}_p & \hat{c}_{p-1} & \hat{c}_{p-2} & \cdots & \hat{c}_{p-q} \end{bmatrix} \begin{bmatrix} 1 \\ \hat{b}_1 \\ \vdots \\ \hat{b}_q \end{bmatrix} \tag{6.2.65}$$

由于$C(z)=A(z)/B(z)$,当$B(z)$的零点靠近单位圆时,必须采用阶数十分大的AR模型。因为在这种情况下,c_k序列将不会迅速衰减。但这通常正是人们感兴趣的情况,若$B(z)$的零点靠近原点,则它们对PSD的影响可以忽略。

第三种技术是基于输入输出最小二乘辨识的办法。由式(6.2.60)可见,正则方程的非线性是由输入输出之间未知的互相关函数引起的。如果n_n已知,$R_{nx}(k)$可以被估计,则ARMA参数可以由解一组线性方程组来得到。实际上从X_n来估计n_n是一种自举(boot-strap)的方法。由式(6.2.58)得

$$x_n = -\sum_{k=1}^{p} a_k x_{n-k} + \sum_{k=1}^{q} b_k n_{n-k} + n_n \quad n = 0,1,\cdots,N-1 \tag{6.2.66}$$

再由式(6.2.66)可观测到

$$\boldsymbol{Z} = \boldsymbol{H\theta} + \boldsymbol{v} \tag{6.2.67}$$

式中
$$\boldsymbol{Z} = [x_0 \quad x_1 \quad \cdots \quad x_{N-1}]^{\mathrm{T}}, \quad \boldsymbol{v} = [n_0 \quad n_1 \quad \cdots \quad n_{N-1}]^{\mathrm{T}}$$
$$\boldsymbol{\theta} = [-a_1 \quad -a_2 \quad \cdots \quad -a_p \quad b_1 \quad b_2 \quad \cdots \quad b_q]^{\mathrm{T}}$$

$$\boldsymbol{H} = \begin{bmatrix} x_{-1} & x_{-2} & \cdots & x_{-p} & n_{-1} & n_{-2} & \cdots & n_{-q} \\ x_0 & x_{-1} & \cdots & x_{-p+1} & n_0 & n_{-1} & \cdots & n_{-q+1} \\ \vdots & \vdots & \ddots & \vdots & \vdots & \vdots & \ddots & \vdots \\ x_{N-1} & x_{N-2} & \cdots & x_{N-p-1} & n_{N-1} & n_{N-2} & \cdots & n_{N-q-1} \end{bmatrix} = \text{输入输出数据矩阵}$$

注意,$\boldsymbol{H}$具有$N \times (p+q)$维。方程(6.2.67)是线性最小二乘问题的标准形式,从而有解

$$\hat{\boldsymbol{\theta}} = (\boldsymbol{H}^{\mathrm{T}}\boldsymbol{H})^{-1}\boldsymbol{H}^{\mathrm{T}}\boldsymbol{Z} \tag{6.2.68}$$

这种方式类似于纯AR过程的最小二乘方式。ARMA过程的相关矩阵$\boldsymbol{H}^{\mathrm{T}}\boldsymbol{H}$包含了互相关函数$R_{nx}(k)$的估值,以及初值$\{x_{-p},x_{-p+1},\cdots,x_{-1},n_{-q},n_{-q+1},\cdots,n_{-1}\}$,它们需要确定或直接令它们等于零。采用迭代方法ARMA参数可以得到进一步的改善。如果$B(z)$的零点位于单位圆内,迭代法效果较好。今天,ARMA参数估值仍然是一个十分活跃的研究领域。因为从性能好及计算量小的观点来衡量,尚没有一种方法具有明显的优越性。

6.2.5 Pisarenko谐波分解

如前所述,当估计淹没在白噪声中的简谐信号时,如果信噪比较低,而AR阶数又较小时,AR PSD的分辨力是十分差的。1973年Pisarenko基于正弦波加白噪声的模型提出一种"Pisarenko谐波分解(PHD)"的谱估值法,它极大地减轻了低信噪比时AR谱估值分辨力下降

的问题。如果模型是准确的，以及时间序列的自相关函数精确已知，则 PHD 的分辨力是无限精细的，且与 SNR 无关。

1. 概念

PHD 基于这样一个事实：N 个正弦信号加白噪声的自相关函数可以表示成

$$R_{yy}(k) = R_{ss}(k) + R_{ww}(k) = \sum_{i=1}^{N} \frac{A_i^2}{2}\cos(2\pi f_i k\Delta t) + \sigma_w^2\delta(k), \quad 0 \leqslant k \leqslant M \tag{6.2.69}$$

注意，白噪声只影响零滞后的自相关函数值。如果已知非零滞后值的数量 M 大于或等于正弦信号个数的两倍（即 $M > 2N$），则噪声功率可以准确地确定，并将它从零滞后的自相关函数中减去，剩下的信号自相关函数为

$$R_{ss}(k) = R_{yy}(k) - \sigma_w^2\delta(k) \tag{6.2.70a}$$

$$= \sum_{i=1}^{N} \frac{A_i^2}{2}\cos(2\pi fik\Delta t), \quad 0 \leqslant k \leqslant m \tag{6.2.70b}$$

对这个无噪声的自相关函数 $R_{ss}(k)$（信噪比无限大），应用 AR PSD 估值，则可以得到多个正弦波无限精细的分辨，见图 6.5(c)。

2. 正弦波加白噪声模型

从三角恒等式

$$\sin(\Omega n) = 2\cos\Omega\sin(\Omega[n-1]) - \sin(\Omega[n-2]) \tag{6.2.71}$$

出发，令 $x_n = \sin(\Omega n)$，上式可以重写为

$$x_n = (2\cos\Omega)x_{n-1} - x_{n-2} \tag{6.2.72}$$

取 Z 变换，则有

$$X(z)[1 - 2\cos\Omega\, z^{-1} + z^{-2}] = D(z) \tag{6.2.73}$$

将此模型推广至 p 个实正弦波之和的情况，则有

$$x_n = -\sum_{m=1}^{2p} a_m x_{n-m} \tag{6.2.74}$$

式中，$\{a_m\}$ 是下列方程式之系数

$$z^{2p} + a_1 z^{2p-1} + \cdots + a_{p-1}z^{p+1} + a_p z^p + a_{p+1}z^{p-1} + \cdots a_{2p-1}z + a_{2p}$$

$$= \sum_{i=1}^{p}(z - z_i)(z - z_i^*) = 0 \tag{6.2.75}$$

方程所有根都具有 $z_i = \exp(\mathrm{j}2\pi f_i\Delta t)$ 之形式，而 f_i 是满足 $-1/(2\Delta t) \leqslant f_i \leqslant 1/(2\Delta t)$ 的任意频率，$i = 1,2,\cdots,p$。对纯简谐过程，当 $i = 1,2,\cdots,p$ 时，有 $a_i = a_{2p-i}$。正弦波加白噪声则可以写成

$$y_n = x_n + w_n = -\sum_{m=1}^{2p} a_m x_{n-m} + w_n \tag{6.2.76}$$

式中，$E[w_n w_{n+k}] = \sigma_w^2\delta_k, E[w_n] = 0, E[x_n w_n] = 0$。将 $x_{n-m} = y_{n-m} - w_{n-m}$ 代入式(6.2.76)，则有

$$\sum_{m=0}^{2p} a_m y_{n-m} = \sum_{m=0}^{2p} a_m w_{n-m} \tag{6.2.77}$$

按定义 $a_0 = 1$。显然它是一个 ARMA(p,p) 结构，但它是特殊对称形式的 ARMA 模型，因为 AR 参数与 MA 参数是相同的。将式(6.2.77)写成矩阵形式

$$\boldsymbol{Y}^{\mathrm{T}}\boldsymbol{A} = \boldsymbol{W}^{\mathrm{T}}\boldsymbol{A} \tag{6.2.78}$$

式中 $\boldsymbol{Y}^{\mathrm{T}} = [y_n, y_{n-1}, \cdots, y_{n-2p}]$，$\boldsymbol{A}^{\mathrm{T}} = [1, a_1, \cdots, a_{2p-1}, a_{2p}]$，$\boldsymbol{W}^{\mathrm{T}} = [w_n, w_{n-1}, \cdots, w_{n-2p}]$
用向量 $\boldsymbol{Y}$ 前乘式(6.2.78)的两端，并取数学期望，则

$$E[\boldsymbol{Y}\boldsymbol{Y}^{\mathrm{T}}]\boldsymbol{A} = E[\boldsymbol{Y}\boldsymbol{W}^{\mathrm{T}}]\boldsymbol{A} \tag{6.2.79}$$

定义

$$\boldsymbol{X}^{\mathrm{T}} = [x_n \quad \cdots \quad x_{n-2p}]$$

$$E[\boldsymbol{Y}\boldsymbol{Y}^{\mathrm{T}}] = \boldsymbol{R}_{yy} = \begin{bmatrix} R_{yy}(0) & R_{yy}(-1) & \cdots & R_{yy}(-2p) \\ \vdots & & \ddots & \vdots \\ R_{yy}(2p) & R_{yy}(2p-1) & \cdots & R_{yy}(0) \end{bmatrix} \tag{6.2.80}$$

$$E[\boldsymbol{Y}\boldsymbol{W}^{\mathrm{T}}] = E[(\boldsymbol{X}+\boldsymbol{W})\boldsymbol{W}^{\mathrm{T}}] = E[\boldsymbol{W}\boldsymbol{W}^{\mathrm{T}}] = \sigma_w^2 \boldsymbol{I} \tag{6.2.81}$$

$\boldsymbol{R}_{yy}$ 是 Toeplitz 矩阵，$\boldsymbol{I}$ 是单位矩阵。则式(6.2.79)改写为

$$\boldsymbol{R}_{YY}\boldsymbol{A} = \sigma_w^2 \boldsymbol{A} \tag{6.2.82}$$

这是一个典型的矩阵特征方程，噪声方差 σ_w^2 是自相关矩阵 $\boldsymbol{R}_{yy}$ 的特征值，而 ARMA 参数向量 $\boldsymbol{A}$ 则是与该特征值相联系的特征向量。已经证明，当 $\boldsymbol{R}_{yy}$ 的维数超过 $(2p+1)x(2p+1)$ 时，σ_w^2 是 $\boldsymbol{R}_{yy}$ 的最小特征值。

如果求得 ARMA 的系数 $\{a_i\}$，便可求解下列方程的根。

$$z^{2p} + a_1 z^{2p-1} + \cdots + a_{2p-1} z + a_{2p} = 0 \tag{6.2.83}$$

由于这些根具有如下形式

$$z_n = \exp(\mathrm{j}2\pi f_n \Delta t) \tag{6.2.84}$$

因而容易计算出正弦分量之频率。

尚未出现基于 $(p-1)$ 阶的知识，求解式(6.2.82) p 阶特征方程的递推解法。若正弦波的个数未知，但自相关滞后值精确已知，则依次增阶解方程(6.2.82)，直到最小特征值从这一阶到下一高阶不变为止，这一阶对应之特征值即为噪声之方差。若仅有自相关的估计值，当 p 的选择是从 $(p-1)$ 阶到 p 阶最小特征值变化十分小时即可。当然这不是一个准确的办法。利用 R_{yy} 的 Toeplitz 结构，可以用经典的幂(Power)方法来解式(6.2.82)。即建立向量序列

$$\boldsymbol{A}(k+1) = \boldsymbol{R}_{YY}^{-1}\boldsymbol{A}(k) \tag{6.2.85}$$

从某个初始猜测 $\boldsymbol{A}(0)$ 出发，上述序列将收敛于最小特征向量，改写式(6.2.85)为

$$\boldsymbol{R}_{YY}\boldsymbol{A}(k+1) = \boldsymbol{A}(k) \tag{6.2.86}$$

给定 R_{YY}，也可采用高斯消元法求解 $\boldsymbol{A}(k+1)$，但需要 $O(p^3)$ 次运算。利用 R_{YY} 的 Toeplitz 结构，已提出一个仅需 $O(p^2)$ 次运算的算法。一个比较好的初值是 $\boldsymbol{A}^{\mathrm{T}}(0) = [1, \cdots, 1]$，由它出发只需不多几步就可得到特征向量 $\boldsymbol{A}(\infty)$。一旦 $\boldsymbol{A}$ 求得，就可得到最小特征值

$$\lambda_{\min}(\sigma_w^2) = \frac{\boldsymbol{A}^{\mathrm{T}}\boldsymbol{R}_{YY}\boldsymbol{A}}{\boldsymbol{A}^{\mathrm{T}}\boldsymbol{A}} \tag{6.2.87}$$

由 $\boldsymbol{A}(k)$ 解方程(6.2.83)可以求得相应正弦波的频率值。然后可以求每个正弦波之功率。将相关函数滞后值 $R_{YY}(1)$ 到 $R_{YY}(p)$ 表示成矩阵形式

$$\boldsymbol{F}\boldsymbol{P} = \boldsymbol{r} \tag{6.2.88}$$

式中

$$\boldsymbol{F} = \begin{bmatrix} \cos(2\pi f_1 \Delta t) & \cdots & \cos(2\pi f_p \Delta t) \\ \vdots & & \vdots \\ \cos(2\pi f_1 p \Delta t) & \cdots & \cos(2\pi f_p p \Delta t) \end{bmatrix}, \quad \boldsymbol{P} = \begin{bmatrix} P_1 \\ \vdots \\ P_p \end{bmatrix}, \quad \boldsymbol{r} = \begin{bmatrix} R_{yy}(1) \\ \vdots \\ R_{yy}(p) \end{bmatrix}$$

解方程(6.2.88)即可得功率向量 $\boldsymbol{P}$，因而噪声功率满足

$$\sigma_w^2 = R_{yy}(0) - \sum_{i=1}^{p} P_i$$

若PHD方法中阶数的确定采用自相关估值，并非其真值，则由于自相关估值的不精确性将导致阶数的不精确，以及噪声功率估值的不精确。这些都将影响PHD的质量。为改进PHD方法的缺点，后人提出了基于特征值/奇异值分解的功率谱估计方法，如MUSIC功率谱估计、Cadzow功率谱估计等，有兴趣的读者可参看现代谱估计的有关专著，这里不再讨论。

习　题

6.1　利用Yule-Walker方程求一阶AR过程自相关函数的表达式，利用这一表达式说明，参数 a_1 必须满足什么条件，才能保证AR过程为广义平稳过程？

6.2　假设 $y_n = x_n + w_n$，式中 $x_n = -a_1 x_{n-1} + n_n$，n_n 是平均功率为 σ_n^2 的白噪声，w_n 是平均功率为 σ_w^2 的白噪声且与 n_n 不相关。证明 y_n 可表示成一个ARMA(1,1)过程。试确定此ARMA(1,1)过程的MA参数 b_1 与给定的 a_1，σ_n^2 和 σ_w^2 的关系。

（提示：从 $G_{yy}(f) = G_{xx}(f) + \sigma_w^2$ 入手，将 $G_{yy}(f)$ 与 $G_{\text{ARMA}}(f)$ 的一般表达式相比较，特别是可选定在 $f = 0$ 和 $f = 1/2$ 两点上相等。）

6.3　假设AR参数向量为[1　-2　3　-2　1]，由白噪声激励该模型产生出有色噪声序列 x_n（前200个数可不要，用后150个，以保证平稳），采用MATLAB函数pyulear，用L-D方法求解Y-W方程，进行功率谱估计计算机仿真实验，并与经典法（如采用MATLAB函数pwelch）的结果相比较。

第7章　窄带随机过程

在通信、雷达、广播电视等信息传输系统中遇到的许多重要的确定信号以及电子系统(如中频放大器)都满足窄带假设条件:中心频率 ω_0 远大于谱(带)宽 $\Delta\omega$,即 $\omega_0 \gg \Delta\omega$。它们被分别称为窄带信号和窄带系统。窄带信号的频谱或窄带系统的频率响应被限制在中心频率 ω_0 附近一个比较窄的范围内,而中心频率 ω_0 又离开零频足够远。窄带信号的实例很多,例如微波脉冲雷达的工作频率约在1000MHz以上,而它的带宽一般都在几兆赫兹以下。又如语音信号本身仅有近3.4kHz的带宽,即使采用PCM数字编码也只有64kbps的码速率,若再压缩编码,则仅有2.4kbps或1.2kbps甚至更低的码速率,但为了通过无线电波或光缆设备进行传输,通常必须把它调制在兆赫兹以上量级的载波上进行传输,如GSM移动通信系统、光纤电视等。工作在这些系统发射机和接收机中的高频或中频放大器,为了与窄带信号相匹配,通常都是具有上述特点的窄带系统。

类似地,如果一个随机过程的功率谱密度只分布在高频载波 ω_0 附近一个窄的频率范围 $\Delta\omega$ 内,在此范围之外全为零,且满足 $\omega_0 \gg \Delta\omega$ 时,则称之为窄带过程。窄带过程是在信息传输系统,特别是接收机中经常遇到的随机信号。当窄带系统(接收机)的输入噪声(如热噪声)的功率谱分布在足够宽的频带(相对于接收机带宽)上时,系统的输出即为窄带过程。

本章将通过建立窄带过程的物理模型和数学模型以及分析窄带信号和系统的重要工具——希尔伯特变换,来分析窄带随机过程的统计特性及其重要性质。最后讨论窄带随机过程经包络检波器和平方律检波器后其统计特性的变化。

7.1　窄带随机过程的一般概念

此节主要介绍窄带随机过程的物理模型和数学模型。前面已指出,若随机过程的功率谱是限带的,而且满足 $\omega_0 \gg \Delta\omega$,就称为窄带过程。这里 ω_0 可能选在频带中心附近或最大的功率谱密度点对应的频率附近。一个典型的窄带随机过程的功率谱密度如图7.1所示。如果从存储示波器或由数据采集卡在计算机上来观看这个过程的某个样本函数,可看到图7.2所示的波形,这个波形启示我们,可以把这个随机过程表示成具有角频率 ω_0 以及慢变幅度与相位的正弦振荡,这就是说可以把它写成

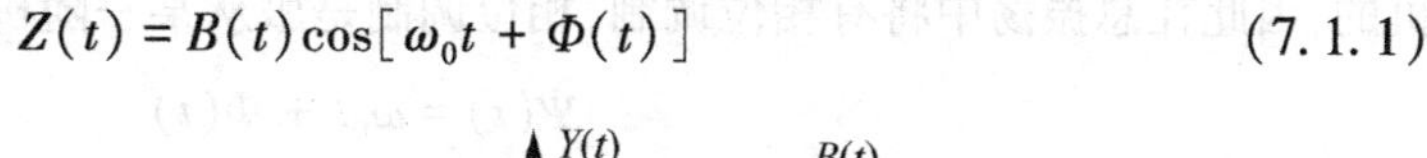

$$Z(t) = B(t)\cos[\omega_0 t + \Phi(t)] \tag{7.1.1}$$

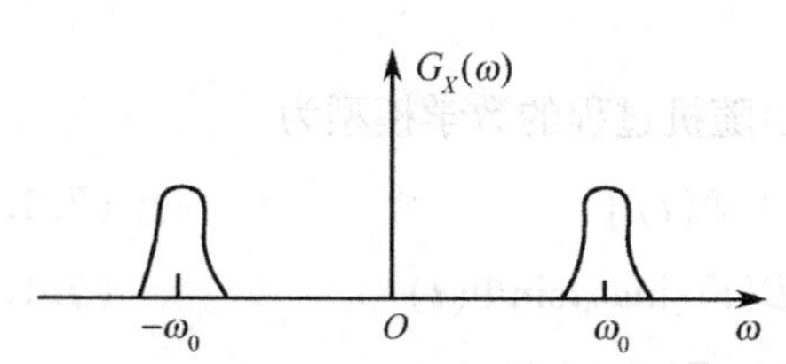

图7.1　窄带过程的功率谱密度

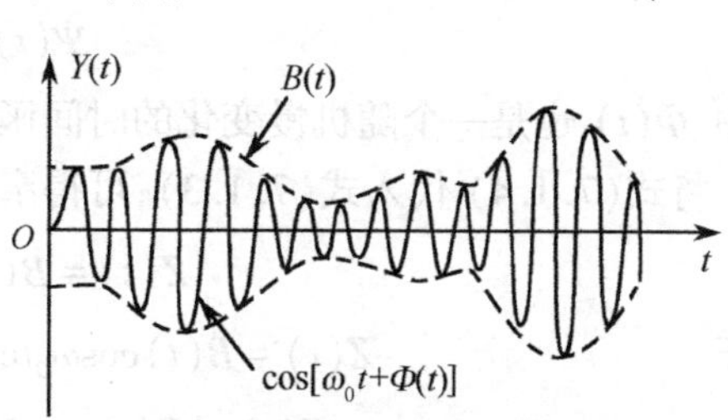

图7.2　窄带过程的某个样本函数

式中,$B(t)$ 是随机过程的慢变幅度,$\Phi(t)$ 是慢变相位。式(7.1.1)称为准正弦振荡,也即是窄带过程的数学模型。

下面建立一个宽带平稳随机过程通过被简化的窄带中放系统这样一个简单的物理模型,来分析发生的物理现象,进一步说明窄带过程可以表示为准正弦振荡这一数学模型的道理。

假设系统输入的是一个功率谱宽远大于系统带宽的宽带噪声,从而可以近似看做白噪声。而这种白噪声又可以看成许多时间上随机出现的、其幅度做随机变化的窄脉冲的集合,如图7.3所示。当这样的随机信号作用在如图7.4所示的一个简化的窄带中放系统上时,单个脉冲瞬时地给系统储进一定的能量,于是在系统中引起自由振荡

$$U_0(t) = U\mathrm{e}^{-\beta t}\sin\omega_0 t \tag{7.1.2}$$

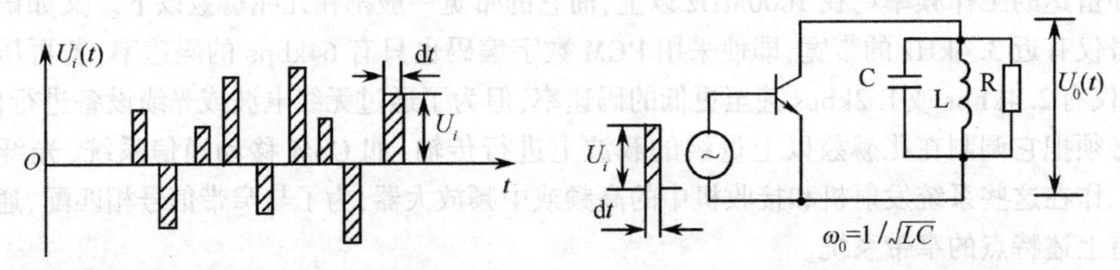

图7.3 理想白噪声示意图

图7.4 简化的窄带中放系统

每一次振荡的频率等于窄带系统本身的谐振频率 ω_0,振荡的振幅是由作用脉冲的面积决定的。由于其面积一般情况下是随机的,因此振荡的起始振幅也将是随机的。此外,系统是有损耗的,因此在这种系统中的自由振荡将是衰减的。这样,窄带系统输出端的总振荡可看成许多不同时刻出现的衰减正弦振荡之和,这些正弦振荡的振幅是随机的,并且振荡频率都等于窄带系统的中心频率 ω_0。将所有振荡叠加,得

$$Z(t) = B(t)\cos[\Psi(t)] \tag{7.1.3}$$

由于得出的合成振荡波形是由许多具有随机振幅的单元正弦衰减振荡叠加而成的,因此这个合成振荡的振幅将是一个随机的时间函数。于是我们可以把窄带系统输出端的随机过程,看成随机调幅的正弦振荡。

在窄带系统的输出端,构成合成振荡的各个单元振荡,都基本上集中在窄带系统的谐振频率附近,因此包线 $B(t)$ 可以看成随机慢变化的时间函数("慢"是相对于随机过程的高频振荡 ω_0 而言的),参见图7.2。

合成振荡的相位是由各随机单元振荡的振幅和相位决定的,在两个正弦振荡相加时,合成振荡的相位经常接近于振幅较大的振荡的相位,如图7.5所示。由于各单元振荡的振幅是随机的,因此在总振荡中将有相位调制,相位调制是服从某一随机规律的,可表示为

$$\Psi(t) = \omega_0 t + \Phi(t) \tag{7.1.4}$$

式中,$\Phi(t)$ 也是一个随机慢变化的时间函数。

将式(7.1.4)代入式(7.1.3),可得窄带系统输出随机过程的数学模型为

$$Z(t) = B(t)\cos[\omega_0 t + \Phi(t)] \tag{7.1.5}$$

由于

$$Z(t) = B(t)\cos\omega_0 t\cos\Phi(t) - B(t)\sin\omega_0 t\sin\Phi(t) \tag{7.1.6}$$

令

$$X(t) = B(t)\cos\Phi(t) - Y(t) = B(t)\sin\Phi(t)$$

这样就得出了窄带随机过程数学模型的又一表示式

$$Z(t) = X(t)\cos\omega_0 t - Y(t)\sin\omega_0 t \tag{7.1.7}$$

$$B(t) = \sqrt{X^2(t) + Y^2(t)} \tag{7.1.8}$$

$$\tan\Phi(t) = \frac{Y(t)}{X(t)} \tag{7.1.9}$$

式(7.1.5)和式(7.1.7)分别是用极坐标和笛卡儿坐标表示的窄带过程的数学模型。

图7.6给出了窄带随机过程表示为准正弦振荡的几何概念，其包络可表示为曲线长度做随机慢变化的矢量$\boldsymbol{B}(t)$。随机函数$X(t)$和$Y(t)$相应于这个矢量的水平分量和垂直分量。相位$\Phi(t)$也是随机变化的时间函数。

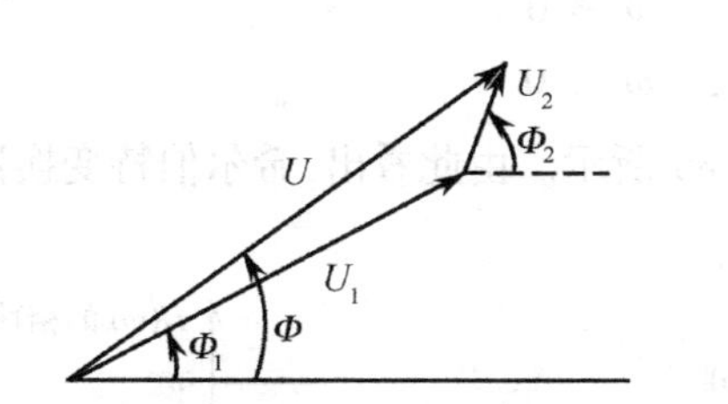

图7.5　窄带系统输出的随机过程相位的确定

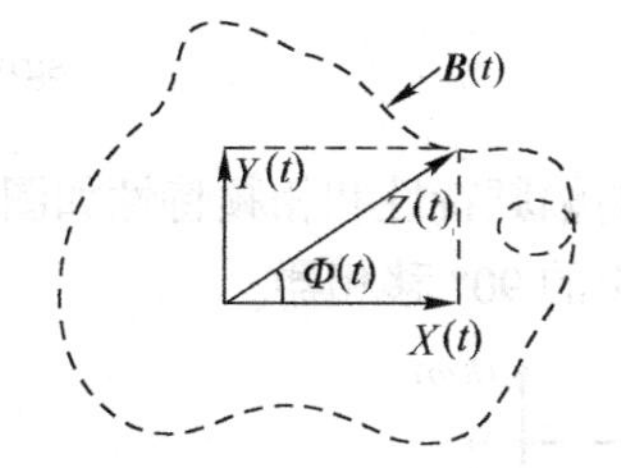

图7.6　窄带过程表示为准正弦振荡的几何概念

窄带系统的通频带越窄(相对于输入随机过程的频带的宽度)，则输出端的随机过程越像振幅和相位按随机规律慢变化的简谐振荡。可以证明，当窄带系统通频带足够窄的情况下，系统输出的随机过程功率谱宽也将同样窄，这样可以使曲线$B(t)$离开等幅正弦波的差异为任意小(在一定的时间范围内)。

顺便指出，就式(7.1.1)本身而言，并不受窄带过程的条件限制，但是只有在窄带情况下，$B(t)$和$\Phi(t)$才是比$\cos\omega_0 t$变化慢的时间函数，包络概念也才有实际意义。

7.2　希尔伯特变换

在通信、信号与系统及信号处理理论的研究中，希尔伯特变换是一个重要工具，在其他科学技术领域希尔伯特变换也有重要应用。用希尔伯特变换可以把一个实信号表示成其频谱仅在正频率域有值的复信号(解析信号)，这不仅使理论分析很方便，而且对研究实信号的瞬时包络、瞬时相位和瞬时频率有重要意义。

7.2.1　希尔伯特变换和解析信号的定义

1. 希尔伯特变换的定义

对实信号$x(t)$，它的希尔伯特变换记为$H[x(t)]$或$\hat{x}(t)$，其定义为

$$\hat{x}(t) = H[x(t)] = \frac{1}{\pi}\int_{-\infty}^{+\infty}\frac{x(\tau)}{t-\tau}\mathrm{d}\tau \tag{7.2.1}$$

反变换为

$$x(t) = H^{-1}[\hat{x}(t)] = -\frac{1}{\pi}\int_{-\infty}^{+\infty}\frac{\hat{x}(\tau)}{t-\tau}\mathrm{d}\tau \tag{7.2.2}$$

经积分变量替换后有

$$\hat{x}(t) = \frac{1}{\pi}\int_{-\infty}^{+\infty}\frac{x(t-\tau)}{\tau}\mathrm{d}\tau = -\frac{1}{\pi}\int_{-\infty}^{+\infty}\frac{x(t+\tau)}{\tau}\mathrm{d}\tau \tag{7.2.3}$$

$$x(t) = -\frac{1}{\pi}\int_{-\infty}^{+\infty}\frac{\hat{x}(t-\tau)}{\tau}\mathrm{d}\tau = \frac{1}{\pi}\int_{-\infty}^{+\infty}\frac{\hat{x}(t+\tau)}{\tau}\mathrm{d}\tau \tag{7.2.4}$$

由定义可知,$x(t)$ 的希尔伯特变换为 $x(t)$ 与 $1/\pi t$ 的卷积。因此,可以把希尔伯特变换看做信号通过一个冲激响应为 $1/\pi t$ 的线性时不变系统的输出。而这个系统冲激响应的傅里叶变换即传输函数为

$$\frac{1}{\pi t} \overset{F}{\leftrightarrow} -\mathrm{j}\ \mathrm{sgn}(\omega) = H(\omega) \tag{7.2.5}$$

$H(\omega)$ 示意图见图 7.7(a)。式(7.2.5) 中 $\mathrm{sgn}(\omega)$ 为符号函数,定义为

$$\mathrm{sgn}(\omega) = \begin{cases} 1, & \omega \geqslant 0 \\ -1, & \omega < 0 \end{cases}$$

这个系统的幅频特性和相频特性如图 7.7(b) 和(c) 所示。由此看出,希尔伯特变换器本质上是一个理想的 90° 移相器。

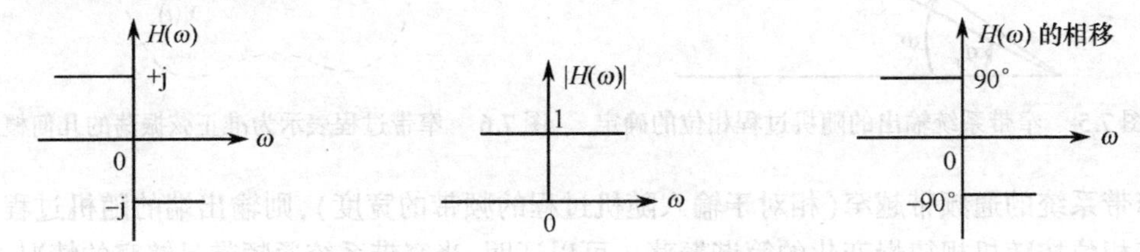

图 7.7　希尔伯特变换器的传输函数

2. 解析信号

由实信号 $x(t)$ 作为实部,$x(t)$ 的希尔伯特变换 $\hat{x}(t)$ 作为虚部,构成的复信号 $j(t)$ 称为 $x(t)$ 的解析信号,即

$$j(t) = x(t) + \mathrm{j}\hat{x}(t) \tag{7.2.6}$$

令实信号 $x(t)$ 的频谱为 $X(\omega)$,由于 $\hat{x}(t)$ 是 $x(t)$ 与 $1/\pi t$ 的卷积,根据卷积定理,由式(7.2.5) 可得 $\hat{x}(t)$ 的频谱为

$$\hat{X}(\omega) = -\mathrm{j}\ \mathrm{sgn}(\omega)X(\omega) \tag{7.2.7}$$

再由式(7.2.6) 可得解析信号 $j(t)$ 的频谱为

$$J(\omega) = \begin{cases} 2X(\omega), & \omega \geqslant 0 \\ 0, & \omega < 0 \end{cases} \tag{7.2.8}$$

由此,可以看出解析信号 $j(t)$ 的实部包含了实信号 $x(t)$ 的全部信息,虚部则与实部有着确定的关系。解析信号仅有单边谱,即仅在正频域有值,且为实信号 $x(t)$ 频谱正频率分量的两倍。

7.2.2　希尔伯特变换的性质

性质 1　$\hat{x}(t)$ 的希尔伯特变换为 $-x(t)$。

证明:由式(7.2.1) 和式(7.2.2)

$$H[\hat{x}(t)] = \frac{1}{\pi}\int_{-\infty}^{+\infty}\frac{\hat{x}(\tau)}{t-\tau}\mathrm{d}\tau = -x(t)$$

可知连续两次希尔伯特变换相当于连续两次 90° 相移,正好 180° 反相。

性质 2　若 $y(t)=h(t)*x(t)$,则 $y(t)$ 的希尔伯特变换为

$$\hat{y}(t)=h(t)*\hat{x}(t)=\hat{h}(t)*x(t) \tag{7.2.9}$$

证明:卷积运算满足结合律和交换律,有

$$\begin{aligned}\hat{y}(t)&=h(t)*x(t)*\frac{1}{\pi t}=h(t)*\left[x(t)*\frac{1}{\pi t}\right]\\&=h(t)*\hat{x}(t)=\left[h(t)*\frac{1}{\pi t}\right]*x(t)\\&=\hat{h}(t)*x(t)\end{aligned}$$

性质 3　$\hat{x}(t)$ 与 $x(t)$ 的能量及平均功率相等,即

$$\int_{-\infty}^{+\infty}x^2(t)\,\mathrm{d}t=\int_{-\infty}^{+\infty}\hat{x}^2(t)\,\mathrm{d}t \tag{7.2.10}$$

$$\lim_{T\to\infty}\frac{1}{2T}\int_{-T}^{T}x^2(t)\,\mathrm{d}t=\lim_{T\to\infty}\frac{1}{2T}\int_{-T}^{T}\hat{x}^2(t)\,\mathrm{d}t \tag{7.2.11}$$

证明:

$$\begin{aligned}\int_{-\infty}^{+\infty}\hat{x}^2(t)\,\mathrm{d}t&=\int_{-\infty}^{+\infty}\hat{x}(t)\frac{1}{2\pi}\int_{-\infty}^{+\infty}\hat{X}(\omega)\mathrm{e}^{\mathrm{j}\omega t}\mathrm{d}\omega\mathrm{d}t\\&=\frac{1}{2\pi}\int_{-\infty}^{+\infty}\hat{X}(\omega)\int_{-\infty}^{+\infty}\hat{x}(t)\mathrm{e}^{\mathrm{j}\omega t}\mathrm{d}t\mathrm{d}\omega\\&=\frac{1}{2\pi}\int_{-\infty}^{+\infty}\hat{X}(t)\hat{X}^*(\omega)\mathrm{d}\omega\\&=\frac{1}{2\pi}\int_{-\infty}^{+\infty}X(\omega)H(\omega)H^*(\omega)X^*(\omega)\mathrm{d}\omega\\&=\int_{-\infty}^{+\infty}x^2(t)\,\mathrm{d}t\end{aligned}$$

式(7.2.10)得证,同理可证式(7.2.11)。

实际上,希尔伯特变换器为一个全通滤波器,信号通过它只改变了信号的相位,不会改变信号的能量和功率。

性质 4　平稳随机过程 $X(t)$ 的希尔伯特变换 $\hat{X}(t)$ 的统计自相关函数 $R_{\hat{X}}(\tau)$ 和时间自相关函数 $\overline{R}_{\hat{X}}(\tau)$ 分别等于 $X(t)$ 自相关函数 $R_X(\tau)$ 和时间自相关函数 $\overline{R}_X(\tau)$,即

$$R_{\hat{X}}(\tau)=R_X(\tau) \tag{7.2.12}$$

$$\overline{R}_{\hat{X}}(\tau)=\overline{R}_X(\tau) \tag{7.2.13}$$

关于时间自相关函数的定义见式(3.1.13)。

证明:平稳随机过程 $X(t)$ 进行希尔伯特变换,可以理解为它的每一个样本函数通过一个冲激响应为 $1/\pi t$ 的线性时不变系统的输出,因而输出仍然是平稳随机过程,则有

$$\begin{aligned}R_{\hat{X}}(\tau)&=E[\hat{X}(t)\hat{X}(t+\tau)]\\&=E\left[\int_{-\infty}^{+\infty}\frac{X(t-\alpha)}{\pi\alpha}\mathrm{d}\alpha\int_{-\infty}^{+\infty}\frac{X(t+\tau-\beta)}{\pi\beta}\mathrm{d}\beta\right]\\&=\int_{-\infty}^{+\infty}\int_{-\infty}^{+\infty}\frac{1}{\pi\alpha}\frac{1}{\pi\beta}E[X(t-\alpha)X(t+\tau-\beta)]\mathrm{d}\alpha\mathrm{d}\beta\end{aligned}$$

$$= \int_{-\infty}^{+\infty} \frac{1}{\pi\alpha} \int_{-\infty}^{+\infty} \frac{R_X(\tau + \alpha - \beta)}{\pi\beta} \mathrm{d}\beta \mathrm{d}\alpha$$

$$= \int_{-\infty}^{+\infty} \frac{\hat{R}_X(\tau + \alpha)}{\pi\alpha} \mathrm{d}\alpha = R_X(\tau)$$

推论：

① 式(7.2.12)中令$\tau = 0$,可得$R_{\hat{X}}(0) = R_X(0)$,即$X(t)$经希尔伯特变换后,平均功率不变。

② $G_{\hat{X}}(\omega) = G_X(\omega)$,即$X(t)$经希尔伯特变换后,功率谱密度不变。将式(7.2.12)两端经傅里叶变换后即得证。

性质5 平稳随机过程$X(t)$与其希尔伯特变换$\hat{X}(t)$的统计互相关函数$R_{X\hat{X}}(\tau)$和时间互相关函数$\overline{R}_{X\hat{X}}(\tau)$,分别等于$X(t)$的统计自相关函数的希尔伯特变换和时间自相关函数的希尔伯特变换,即

$$R_{X\hat{X}}(\tau) = \hat{R}_X(\tau) \tag{7.2.14}$$

$$\overline{R}_{X\hat{X}}(\tau) = \hat{\overline{R}}_X(\tau) \tag{7.2.15}$$

证明：$\hat{X}(t)$可以看做$X(t)$通过一个线性时不变网络的输出过程,所以它与$X(t)$必是平稳相依的,有

$$R_{X\hat{X}}(\tau) = E[X(t)\hat{X}(t+\tau)] = E\left[X(t)\int_{-\infty}^{+\infty} \frac{X(t+\tau-\alpha)}{\pi\alpha}\mathrm{d}\alpha\right]$$

$$= \int_{-\infty}^{+\infty} \frac{E[X(t)X(t+\tau-\alpha)]}{\pi\alpha}\mathrm{d}\alpha = \int_{-\infty}^{+\infty} \frac{R_X(t-\alpha)}{\pi\alpha}\mathrm{d}\alpha = \hat{R}_X(\tau)$$

同理可证
$$R_{\hat{X}X}(\tau) = R_{X\hat{X}}(-\tau) = -\hat{R}_X(\tau) = -R_{X\hat{X}}(\tau) \tag{7.2.16}$$

且有
$$R_{\hat{X}X}(0) = R_{X\hat{X}}(0) = 0 \tag{7.2.17}$$

亦同理可证
$$\overline{R}_{X\hat{X}}(\tau) = \hat{\overline{R}}_X(\tau) \tag{7.2.18}$$

$$\overline{R}_{\hat{X}X}(\tau) = \overline{R}_{X\hat{X}}(-\tau) = -\hat{\overline{R}}_X(\tau) = -\overline{R}_{X\hat{X}}(\tau) \tag{7.2.19}$$

且
$$\overline{R}_{\hat{X}X}(0) = \overline{R}_{X\hat{X}}(0) = 0 \tag{7.2.20}$$

通过上述结果可以看出平稳随机过程$X(t)$与$\hat{X}(t)$在同一时刻是正交的,且它们的统计互相关函数和时间互相关函数都是奇函数。这与任意两个平稳随机过程的互相关函数是不同的。

性质6 设具有有限带宽$\Delta\omega$的信号$a(t)$的傅里叶变换为$A(\omega)$,假定$\omega_0 > \Delta\omega/2$,则有

$$H[a(t)\cos\omega_0 t] = a(t)\sin\omega_0 t \tag{7.2.21}$$

$$H[a(t)\sin\omega_0 t] = -a(t)\cos\omega_0 t \tag{7.2.22}$$

证明：先求$a(t)\cos\omega_0 t$的傅里叶变换,由欧拉公式知

$$x(t) = a(t)\cos\omega_0 t = \frac{1}{2}a(t)\mathrm{e}^{\mathrm{j}\omega_0 t} + \frac{1}{2}a(t)\mathrm{e}^{-\mathrm{j}\omega_0 t}$$

于是
$$X(\omega) = \frac{1}{2}A(\omega - \omega_0) + \frac{1}{2}A(\omega + \omega_0)$$

$A(\omega)$与$X(\omega)$的关系如图7.8所示。

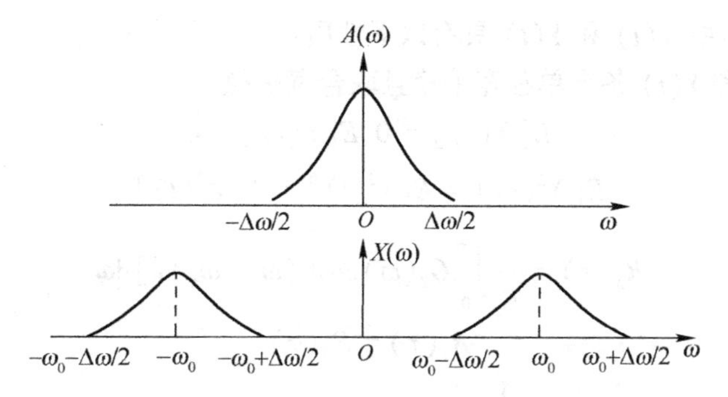

图 7.8　$x(t) = a(t)\cos\omega_0 t$ 的傅里叶变换图解

由图 7.8 可见
$$X(\omega)=\begin{cases}\dfrac{1}{2}A(\omega-\omega_0),\omega\geqslant 0\\ \dfrac{1}{2}A(\omega+\omega_0),\omega<0\end{cases}$$

再由式(7.2.7) 得
$$\hat{X}(\omega)=-\mathrm{j}\ \mathrm{sgn}(\omega)X(\omega)$$
$$=\begin{cases}-\dfrac{\mathrm{j}}{2}A(\omega-\omega_0),\omega\geqslant 0\\ \dfrac{\mathrm{j}}{2}A(\omega+\omega_0),\omega<0\end{cases}\tag{7.2.21}$$

式(7.2.21) 的傅里叶反变换为
$$\hat{x}(t)=\int_{\omega_0-\Delta\omega/2}^{\omega_0+\Delta\omega/2}\frac{-\mathrm{j}}{2}A(\omega-\omega_0)\mathrm{e}^{\mathrm{j}\omega t}\mathrm{d}\omega+\int_{-\omega_0-\Delta\omega/2}^{-\omega_0+\Delta\omega/2}\frac{\mathrm{j}}{2}A(\omega+\omega_0)\mathrm{e}^{\mathrm{j}\omega t}\mathrm{d}\omega$$

令 $\alpha=\omega-\omega_0,\beta=\omega+\omega_0$，则有
$$\hat{x}(t)=-\frac{\mathrm{j}}{2}\mathrm{e}^{\mathrm{j}\omega_0 t}\int_{-\Delta\omega/2}^{\Delta\omega/2}A(\alpha)\mathrm{e}^{\mathrm{j}\alpha t}\mathrm{d}\alpha+\frac{\mathrm{j}}{2}\mathrm{e}^{-\mathrm{j}\omega_0 t}\int_{-\Delta\omega/2}^{\Delta\omega/2}A(\beta)\mathrm{e}^{\mathrm{j}\beta t}\mathrm{d}\beta$$
$$=-\frac{\mathrm{j}}{2}\mathrm{e}^{\mathrm{j}\omega_0 t}a(t)+\frac{\mathrm{j}}{2}\mathrm{e}^{-\mathrm{j}\omega_0 t}a(t)=a(t)\sin\omega_0 t$$

式(7.2.21) 得证。同理可证式(7.2.22)。

7.3　窄带随机过程的性质及其证明

7.3.1　窄带随机过程的性质

这里利用窄带随机过程的表示式(7.1.7)
$$Z(t)=X(t)\cos\omega_0 t-Y(t)\sin\omega_0 t$$

来讨论窄带过程的性质。令 $Z(t)$ 是任意的窄带、宽平稳、实随机过程，它具有零均值且功率谱密度满足
$$\begin{cases}G_Z(\omega)\neq 0, & \omega_0-\Omega<|\omega|<\omega-\Omega+\Delta\omega\\ 0, & 其他\end{cases}$$

式中，Ω 和 $\Delta\omega$ 皆为正实常数，$\omega_0\gg\Delta\omega$（见图 7.9）。

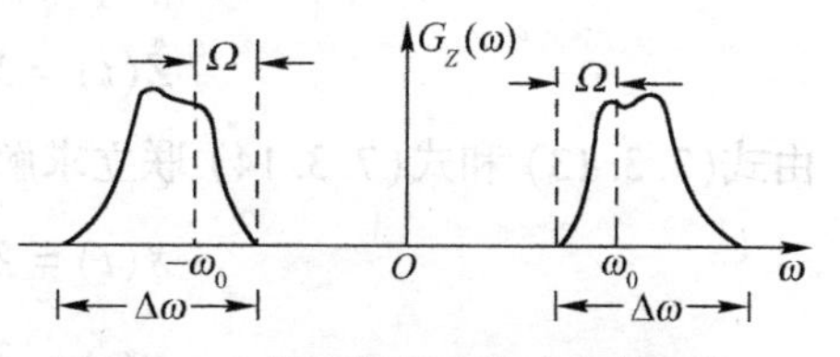

图 7.9　一般窄带过程的功率谱密度

此时式(7.1.7) 中 $X(t)$ 和 $Y(t)$ 具有以下性质：

性质 1　$X(t)$ 和 $Y(t)$ 各自单独宽平稳且联合宽平稳。　(7.3.1)

性质 2
$$E[X(t)]=0, E[Y(t)]=0 \tag{7.3.2}$$

性质 3
$$E[X^2(t)]=E[Y^2(t)]=E[Z^2(t)] \tag{7.3.3}$$

性质 4
$$R_X(\tau)=\frac{1}{\pi}\int_0^{\infty} G_Z(\omega)\cos[(\omega-\omega_0)\tau]\mathrm{d}\omega \tag{7.3.4}$$

性质 5
$$R_Y(\tau)=R_X(\tau) \tag{7.3.5}$$

性质 6
$$R_{XY}(\tau)=\frac{1}{\pi}\int_0^{\infty} G_Z(\omega)\sin[(\omega-\omega_0)\tau]\mathrm{d}\omega \tag{7.3.6}$$

性质 7
$$R_{YX}(\tau)=-R_{XY}(\tau), R_{XY}(\tau)=-R_{XY}(-\tau) \tag{7.3.7}$$

性质 8
$$R_{XY}(0)=E[X(t)Y(t)]=0, R_{YX}(0)=0 \tag{7.3.8}$$

性质 9
$$G_X(\omega)=L_p[G_Z(\omega-\omega_0)+G_Z(\omega+\omega_0)] \tag{7.3.9}$$

性质 10
$$G_Y(\omega)=G_X(\omega) \tag{7.3.10}$$

性质 11
$$G_{XY}(\omega)=\mathrm{j}L_p[G_Z(\omega-\omega_0)+G_Z(\omega+\omega_0)] \tag{7.3.11}$$

性质 12
$$G_{YX}(\omega)=-G_{XY}(\omega) \tag{7.3.12}$$

在上述 12 条性质中，$G_Z(\omega)$ 可以具有任意形状，可以围绕 ω_0 不对称。$R_X(\tau)$，$R_Y(\tau)$，$R_{XY}(\tau)$，$R_{YX}(\tau)$ 分别是 $X(t)$，$Y(t)$ 的自相关与互相关函数；$G_X(\omega)$，$G_Y(\omega)$，$G_{XY}(\omega)$，$G_{YX}(\omega)$ 是相应的功率谱密度。性质 9 和性质 10 中的 $L_p(\cdot)$ 表示取括号中量值的低通部分。

由上可见，对于零均值的平稳窄带过程 $Z(t)$，表示包络的两个直角分量 $X(t)$ 和 $Y(t)$ 也是零均值平稳随机过程，而且两个分量与 $Z(t)$ 具有相同的功率。$X(t)$ 和 $Y(t)$ 有相同的自相关函数，并因此有相同的功率谱密度。式(7.3.8) 则说明，对于随机过程 $X(t)$ 和 $Y(t)$，在任何相同时刻相应的两个随机变量相互正交。

在实际应用中，若窄带过程的功率谱对称于中心频率 ω_0，或者说窄带过程的功率谱密度是以 ω_0 为中心的偶函数，则可以证明 $X(t)$ 和 $Y(t)$ 不仅在同一时刻正交，而且它们彼此为正交过程，即 $R_{XY}(\tau)=R_{YX}(\tau)=0$，因而相应的互谱密度也为零。

下面采用希尔伯特变换，对一般情况下这种满足零均值、平稳条件的窄带随机过程的部分主要性质给出证明。

7.3.2　窄带随机过程性质的证明

假设 $Z(t)$ 为零均值平稳窄带随机过程，重写它的表示式(7.1.7) 如下

$$Z(t)=X(t)\cos\omega_0 t-Y(t)\sin\omega_0 t \tag{7.3.13}$$

等式两端进行希尔伯特变换，利用希尔伯特变换的性质 6，有

$$\hat{Z}(t)=X(t)\sin\omega_0 t+Y(t)\cos\omega_0 t \tag{7.3.14}$$

由式(7.3.13) 和式(7.3.14) 联立求解 $X(t)$ 和 $Y(t)$，得

$$X(t)=Z(t)\cos\omega_0 t+\hat{Z}(t)\sin\omega_0 t \tag{7.3.15}$$

$$Y(t)=\hat{Z}(t)\cos\omega_0 t-Z(t)\sin\omega_0 t \tag{7.3.16}$$

• 性质 1 证明：

可由下面即将证明的性质 2,5,7 的推证直接得到。

• 性质 2 证明：

因为 $Z(t)$ 是零均值随机过程,则由式(7.3.15) 和式(7.3.16) 知

$$E[X(t)] = 0$$

$$E[Y(t)] = 0$$

即 $X(t)$ 和 $Y(t)$ 均是零均值随机过程。

• 性质 5 证明：

$$R_X(\tau) = E[X(t)X(t+\tau)]$$

将式(7.3.15) 代入,得

$$\begin{aligned}R_X(\tau) = {} & E[Z(t)Z(t+\tau)]\cos\omega_0 t\cos\omega_0(t+\tau) + E[\hat{Z}(t)Z(t+\tau)]\sin\omega_0 t\cos\omega_0(t+\tau) + \\ & E[Z(t)\hat{Z}(t+\tau)]\cos\omega_0 t\sin\omega_0(t+\tau) + E[\hat{Z}(t)\hat{Z}(t+\tau)]\sin\omega_0 t\sin\omega_0(t+\tau)\end{aligned}$$

将对应的相关函数代入

$$\begin{aligned}R_X(\tau) = {} & R_Z(\tau)\cos\omega_0 t\cos\omega_0(t+\tau) + R_{\hat{Z}Z}(\tau)\sin\omega_0 t\cos\omega_0(t+\tau) + \\ & R_{Z\hat{Z}}(\tau)\cos\omega_0 t\sin\omega_0(t+\tau) + R_{\hat{Z}Z}(\tau)\sin\omega_0 t\sin\omega_0(t+\tau)\end{aligned}$$

应用式(7.2.12)、式(7.2.14)、式(7.2.16) 得

$$\begin{aligned}R_X(\tau) &= R_Z(\tau)\cos\omega_0 t\cos\omega_0(t+\tau) + \hat{R}_Z(\tau)\sin\omega_0 t\cos\omega_0(t+\tau) - \\ &\quad \hat{R}_Z(\tau)\cos\omega_0 t\sin\omega_0(t+\tau) + R_Z(\tau)\sin\omega_0 t\sin\omega_0(t+\tau) \\ &= R_Z(\tau)\{\cos\omega_0 t\cos\omega_0(t+\tau) + \sin\omega_0 t\sin\omega_0(t+\tau)\} - \\ &\quad \hat{R}_Z(\tau)\{\cos\omega_0 t\sin\omega_0(t+\tau) - \sin\omega_0 t\cos\omega_0(t+\tau)\}\end{aligned}$$

整理,得

$$R_X(\tau) = R_Z(\tau)\cos\omega_0\tau + \hat{R}_Z(\tau)\sin\omega_0\tau \tag{7.3.17}$$

同理可以证明

$$R_Y(\tau) = R_Z(\tau)\cos\omega_0\tau + \hat{R}_Z(\tau)\sin\omega_0\tau \tag{7.3.18}$$

因此

$$R_X(\tau) = R_Y(\tau) \tag{7.3.19}$$

性质 5 得证。

在式(7.3.17) 和式(7.3.18) 中,令 $\tau = 0$,则有

$$R_X(0) = R_Z(0),\ R_Y(0) = R_Z(0)$$

性质 3 得证。由此说明,窄带随机过程 $Z(t)$ 与它的两个直角分量具有相同的功率。

• 性质 7 证明：

由定义知

$$R_{XY}(\tau) = E[X(t)Y(t+\tau)]$$

将式(7.3.15) 和式(7.3.16) 代入

$$\begin{aligned}R_{XY}(\tau) &= E[X(t)Y(t+\tau)] \\ &= E[Z(t)\hat{Z}(t+\tau)]\cos\omega_0 t\cos\omega_0(t+\tau) + \\ &\quad E[\hat{Z}(t)\hat{Z}(t+\tau)]\sin\omega_0 t\cos\omega_0(t+\tau) -\end{aligned}$$

$$E[Z(t)Z(t+\tau)]\cos\omega_0 t\sin\omega_0(t+\tau) -$$
$$E[\hat{Z}(t)Z(t+\tau)]\sin\omega_0 t\sin\omega_0(t+\tau)$$

将对应的相关函数代入

$$R_{XY}(\tau) = R_{Z\hat{Z}}(\tau)\cos\omega_0 t\cos\omega_0(t+\tau) + R_{\hat{Z}}(\tau)\sin\omega_0 t\cos\omega_0(t+\tau) -$$
$$R_Z(\tau)\cos\omega_0 t\sin\omega_0(t+\tau) - R_{\hat{Z}Z}(\tau)\sin\omega_0 t\sin\omega_0(t+\tau)$$

再利用希尔伯特变换性质 4,5 得

$$R_{XY}(\tau) = R_Z(\tau)\{\sin\omega_0 t\cos\omega_0(t+\tau) - \cos\omega_0 t\sin\omega_0(t+\tau)\} -$$
$$\hat{R}_Z(\tau)\{\cos\omega_0 t\cos\omega_0(t+\tau) + \sin\omega_0 t\sin\omega_0(t+\tau)\}$$

整理有
$$R_{XY}(\tau) = R_Z(\tau)\sin\omega_0\tau - \hat{R}_Z(\tau)\cos\omega_0\tau \tag{7.3.20}$$

同理可以证明
$$R_{YX}(\tau) = -R_Z(\tau)\sin\omega_0\tau + \hat{R}_Z(\tau)\cos\omega_0\tau \tag{7.3.21}$$

将式(7.3.20)与式(7.3.21)对比,得

$$R_{XY}(\tau) = -R_{YX}(\tau) \tag{7.3.22}$$

又由于 $X(t)$ 和 $Y(t)$ 是实过程,由式(3.2.11)知 $R_{YX}(\tau) = R_{XY}(-\tau)$,所以

$$R_{XY}(\tau) = -R_{XY}(-\tau) \tag{7.3.23}$$

即 $X(t)$ 和 $Y(t)$ 的互相关函数是奇函数,性质 7 得证。

若 $\tau = 0$,则有 $R_{XY}(0) = 0$,说明 $X(t)$ 和 $Y(t)$ 在同一时刻正交。窄带过程的其他性质,可利用窄带过程的条件与维纳 - 辛钦定理来证明。

7.4 窄带高斯随机过程的包络和相位的概率分布

由 7.1 节窄带过程的物理模型和 5.4 节的相关讨论知道,典型窄带过程的概率密度服从高斯分布,即窄带高斯过程是在通信和电子系统中最常遇到的窄带过程,下面讨论这种典型过程的统计特性。

7.4.1 窄带高斯随机过程包络和相位的一维概率分布

设 $Z(t)$ 为零均值、平稳、窄带高斯过程,其方差为 σ^2。

$$Z(t) = B(t)\cos[\omega_0 t + \Phi(t)]$$
$$= X(t)\cos\omega_0 t - Y(t)\sin\omega_0 t$$

从式(7.3.15)和式(7.3.16)可见,$X(t)$ 和 $Y(t)$ 都可以由高斯过程的线性运算来获得,因此 $X(t)$ 和 $Y(t)$ 均为高斯过程,且具有零均值并与原过程 $Z(t)$ 有相同的方差 σ^2。$Z(t)$ 的包络 $B(t)$ 和相位 $\Phi(t)$ 与 $X(t)$,$Y(t)$ 的关系为

$$B(t) = \sqrt{X^2(t) + Y^2(t)}$$

$$\tan\Phi(t) = \frac{Y(t)}{X(t)}$$

由性质 8 即式(7.3.8)可知,$X(t)$ 和 $Y(t)$ 具有零均值,在任意相同时刻正交,因而是互不相关的。于是对高斯分布而言,任意时刻的两个高斯随机变量也是相互统计独立的。于是可得联

合概率密度函数为

$$p(X_t, Y_t) = \frac{1}{2\pi\sigma^2}\exp\left(-\frac{X_t^2 + Y_t^2}{2\sigma^2}\right) \tag{7.4.1}$$

式中,$X_t = X(t)$,$Y_t = Y(t)$,利用简写符号,将包络和相位与两个正交分量的关系写成

$$B_t = \sqrt{X_t^2 + Y_t^2} \tag{7.4.2a}$$

$$\Phi_t = \arctan \frac{Y_t}{X_t} \tag{7.4.2b}$$

利用1.5节的方法,通过二维随机变量的函数变换可以求得B_t和Φ_t的联合概率密度函数。假设随机变量X, Y与Z_1, Z_2有如下函数变换关系

$$z_1 = f_1(x, y) \qquad z_2 = f_2(x, y)$$

其反函数为

$$x = g_1(z_1, z_2) \qquad y = g_2(z_1, z_2)$$

若已知X, Y的联合概率密度函数$p_{XY}(x, y)$,则可由下式求得Z_1, Z_2的联合概率密度函数

$$p_{z_1 z_2}(z_1, z_2) = |J| p_{XY}[x = q_1(z_1, z_2), y = q_2(z_1, z_2)]$$

式中,$|\boldsymbol{J}|$称为雅可比式,定义为

$$|J| = \begin{vmatrix} \dfrac{\partial g_1(z_1, z_2)}{\partial z_1} & \dfrac{\partial g_2(z_1, z_2)}{\partial z_1} \\ \dfrac{\partial g_1(z_1, z_2)}{\partial z_2} & \dfrac{\partial g_2(z_1, z_2)}{\partial z_2} \end{vmatrix}$$

同理,利用以上方法,由式(7.4.2a)和式(7.4.2b)得反函数

$$X_t = B_t \cos\Phi_t, \quad Y_t = B_t \sin\Phi_t \tag{7.4.3}$$

然后求得变换的雅可比式为$J = B_t$。于是得到

$$p_{B,\Phi}(B_t, \Phi_t) = \begin{cases} \dfrac{B_t}{2\pi\sigma^2}\exp\left(-\dfrac{B_t^2}{2\sigma^2}\right), & B_t \geqslant 0, 0 \leqslant \Phi_t \leqslant 2\pi \\ 0, & \text{其他} \end{cases} \tag{7.4.4}$$

式(7.4.4)为联合概率密度函数。

由式(7.4.4),利用求边缘分布的方法,可分别求得包络$B(t)$和相位$\Phi(t)$的一维概率密度函数为

$$p_B(B_t) = \int_0^{2\pi} p_{B,\Phi}(B_t, \Phi_t)\,\mathrm{d}\Phi_t = \frac{B_t}{\sigma^2}\exp\left(-\frac{B_t^2}{2\sigma^2}\right), \quad B_t \geqslant 0 \tag{7.4.5}$$

$$p_\Phi(\Phi_t) = \int_0^{\infty} p_{B,\Phi}(B_t, \Phi_t)\,\mathrm{d}B_t = \frac{1}{2\pi}, \quad 0 \leqslant \Phi \leqslant 2\pi \tag{7.4.6}$$

由式(7.4.4)、式(7.4.5)和式(7.4.6)可得

$$p_{B,\Phi}(B_t, \Phi_t) = p_B(B_t) p_\Phi(\Phi_t) \tag{7.4.7}$$

于是可得以下结论:

① 式(7.4.5)表明窄带高斯过程包络的一维概率分布为瑞利分布。

② 式(7.4.6)表明窄带高斯过程相位的一维概率分布为均匀分布。

③ 式(7.4.7)表明窄带高斯过程的包络和相位在同一时刻的状态(或取样),是两个统计独立的随机变量。但是这并不等于证明了包络和相位是两个互相统计独立的随机过程,事实

上两个过程并不独立，证明从略。

7.4.2 窄带高斯过程包络平方的概率分布

在电子系统中平方律检波器应用得十分广泛，而平方律检波器输出的是包络的平方。本节简要地讨论一下窄带高斯过程包络平方的概率分布问题。

由式(7.4.2a)可知任意时刻窄带高斯过程的包络为

$$B_t = \sqrt{X_t^2 + Y_t^2}$$

随机变量 B_t 的概率密度函数为式(7.4.5)，即

$$p_B(B_t) = \frac{B_t}{\sigma^2}\exp\left(-\frac{B_t^2}{2\sigma^2}\right), \quad B_t \geqslant 0$$

包络的平方，即平方律检波器的输出可简单地表示为

$$u_t = B_t^2 \qquad B_t, u_t \geqslant 0 \tag{7.4.8}$$

通过随机变量的函数变换，由式 $p_B(B_t)$ 求出 $p_u(u_t)$，由式(7.4.8)知雅可比式为

$$J = \frac{1}{2\sqrt{u_t}}$$

于是得到包络平方的概率密度函数为

$$p_u(u_t) = \frac{1}{2\sigma^2}\exp\left(-\frac{u_t}{2\sigma^2}\right), \quad u_t \geqslant 0 \tag{7.4.9}$$

可见，窄带高斯过程包络平方的一维概率密度函数为指数分布。一个重要的特例是 $\sigma^2 = 1$ 的情况，此时有

$$p_u(u_t) = \frac{1}{2}\exp\left(-\frac{u_t}{2}\right), \quad u_t \geqslant 0 \tag{7.4.10}$$

容易证明，这种情况其均值为 $E[u_t] = 2$，方差为 $D[u_t] = 4$。

7.5 余弦信号与窄带高斯过程之和的概率分布

接收机的中放输出经常会遇到随相余弦信号与窄带噪声叠加在一起(即信号加噪声)通过包络检波器或平方律检波器的问题。这里就来讨论一下，余弦信号与窄带高斯过程之和的统计特性，导出随相余弦信号与窄带高斯过程之和(通过包络检波器)的包络和相位的概率密度函数式，以及和的包络平方概率密度函数式。

7.5.1 余弦信号与窄带高斯过程之和的包络和相位的概率分布

设有随相余弦信号 $\qquad S(t) = a\cos(\omega_0 t + \theta)$

式中，θ 是$(0,2\pi)$上均匀分布的随机变量。

加性噪声为零均值、方差为 σ^2 的平稳窄带高斯过程，可表示为

$$\begin{aligned} Z(t) &= B_N(t)\cos[\omega_0 t + \Phi(t)] \\ &= X_N(t)\cos\omega_0 t - Y_N(t)\sin\omega_0 t \end{aligned}$$

此时信号加噪声成为

$$R(t)=S(t)+Z(t)=a\cos(\omega_0 t+\theta)+X_N(t)\cos\omega_0 t-Y_N(t)\sin\omega_0 t$$
$$=[a\cos\theta+X_N(t)]\cos\omega_0 t-[a\sin\theta+Y_N(t)]\sin\omega_0 t \tag{7.5.1}$$

式中,振幅 a 和频率 ω_0 已知,合成信号 $R(t)$ 的包络为

$$B(t)=\{[a\cos\theta+X_N(t)]^2+[a\sin\theta+Y_N(t)]^2\}^{1/2}$$

令

$$X(t)=a\cos\theta+X_N(t),\ Y(t)=a\sin\theta+Y_N(t) \tag{7.5.2}$$

则包络和相位可分别表示为

$$B_t=\sqrt{X_t^2+Y_t^2},\quad \Phi_t=\arctan\frac{Y_t}{X_t} \tag{7.5.3}$$

由于 $X_N(t)$,$Y_N(t)$ 都是零均值高斯分布的,且相互独立,因而对于给定的 θ 值,$X(t)$ 和 $Y(t)$ 也必然是高斯分布的,而且相互独立,同时有

$$E[X(t)]=a\cos\theta\quad E[Y(t)]=a\sin\theta$$
$$D[X(t)]=D[Y(t)]=\sigma^2$$

由式(7.4.1)可得到,在任意时刻 t 以信号相位 θ 为条件,均值分别为 $a\cos\theta$ 及 $a\sin\theta$,并且方差皆为 σ^2 的随机变量 X_t 和 Y_t 的联合概率密度函数为

$$p(X_t,Y_t\mid\theta)=\frac{1}{2\pi\sigma^2}\exp\left\{-\frac{1}{2\sigma^2}[(X_t-a\cos\theta)^2+(Y_t-a\sin\theta)^2]\right\} \tag{7.5.4}$$

由该式出发,利用式(7.5.3)所给出的 $X(t)$ 和 $Y(t)$ 与包络 $B(t)$ 和相位 $\Phi(t)$ 在同一时刻的关系式

$$B_t=\sqrt{X_t^2+Y_t^2},\qquad B_t\geqslant 0$$
$$\Phi_t=\arctan\frac{Y_t}{X_t}$$

同上,通过二维随机变量的函数变换,求得新随机变量 B_t 和 Φ_t 的联合概率密度函数为

$$p_{B,\Phi}(B_t,\Phi_t\mid\theta)=\frac{B_t}{2\pi\sigma^2}\exp\left\{-\frac{1}{2\sigma^2}[B_t^2+a^2-2aB_t\cos(\theta-\Phi_t)]\right\},\quad B_t\geqslant 0 \tag{7.5.5}$$

变换过程中的雅可比式为 B_t。由该式可求得包络的条件分布为

$$p_B(B_t\mid\theta)=\int_0^{2\pi}p_{B,\Phi}(B_t,\Phi_t\mid\theta)\mathrm{d}\Phi_t$$
$$=\frac{B_t}{2\pi\sigma^2}\exp\left\{-\frac{1}{2\sigma^2}[B_t^2+a^2]\right\}\int_0^{2\pi}\exp\left[-\frac{aB_t}{\sigma^2}\cos(\theta-\Phi_t)\right]\mathrm{d}\Phi_t \tag{7.5.6}$$
$$=\frac{B_t}{\sigma^2}\exp\left[-\frac{1}{2\sigma^2}(B_t^2+a^2)\right]\mathrm{I}_0\left(\frac{aB_t}{\sigma^2}\right),\quad B_t\geqslant 0$$

式中等式右边与 θ 无关,所以式(7.5.6)可直接写成无条件概率密度函数

$$p_B(B_t)=\frac{B_t}{\sigma^2}\exp\left[-\frac{1}{2\sigma^2}(B_t^2+a^2)\right]\mathrm{I}_0\left(\frac{aB_t}{\sigma^2}\right),\qquad B_t\geqslant 0 \tag{7.5.7}$$

式(7.5.7)常称做莱斯(Rician)密度函数或广义瑞利函数,见图7.10。

式中

$$\mathrm{I}_0\left(\frac{aB_t}{\sigma^2}\right)=\frac{1}{2\pi}\int_0^{2\pi}\exp\left[-\frac{aB_t}{\sigma^2}\cos(\theta-\Phi_t)\right]\mathrm{d}\Phi_t \tag{7.5.8}$$

是零阶修正贝塞尔函数。$\mathrm{I}_0(\cdot)$ 还可以表示成无穷级数的形式

$$\mathrm{I}_0(x) = \sum_{n=0}^{\infty} \frac{x^{2n}}{2^{2n}(n!)^2} \tag{7.5.9}$$

(1) 当 $x \ll 1$ 时(式中 $x = B_t/\sigma$)

$$\mathrm{I}_0(x) = 1 + \frac{x^2}{4} + \cdots \approx \mathrm{e}^{x^2/4} \tag{7.5.10}$$

于是,当信噪比很小,即 $r = a/\sigma \to 0$ 时,由式(7.5.7) 可见,该分布趋于瑞利分布。

(2) 当 $x \gg 1$ 时

$$\mathrm{I}_0(x) \approx \frac{\mathrm{e}^x}{\sqrt{2\pi x}} \tag{7.5.11}$$

将式(7.5.11) 代入式(7.5.7),可得大信噪比情况下,包络 B_t 的概率密度函数为

$$p_B(B_t) = \sqrt{\frac{B_t}{2\pi a\sigma^2}} \exp\left[-\frac{1}{2\sigma^2}(B_t - a)^2\right], \quad B_t \geqslant 0 \tag{7.5.12}$$

这个函数在 $B_t = a$ 点上形成一个尖峰,而且随着 B_t 偏离 a 点很快地衰减下来。可以在式(7.4.12) 中将慢变化因子 $\left[\frac{B_t}{2\pi a\sigma^2}\right]^{1/2}$ 中的 B_t 用 a 来代替,于是得到另一个近似的概率密度函数表达式

$$p_B(B_t) = \sqrt{\frac{1}{2\pi\sigma^2}} \exp\left[-\frac{1}{2\sigma^2}(B_t - a)^2\right], \quad B_t \geqslant 0 \tag{7.5.13}$$

可见,在大信噪比情况下,包络 B_t 的概率分布趋于高斯分布(见图 7.10)。

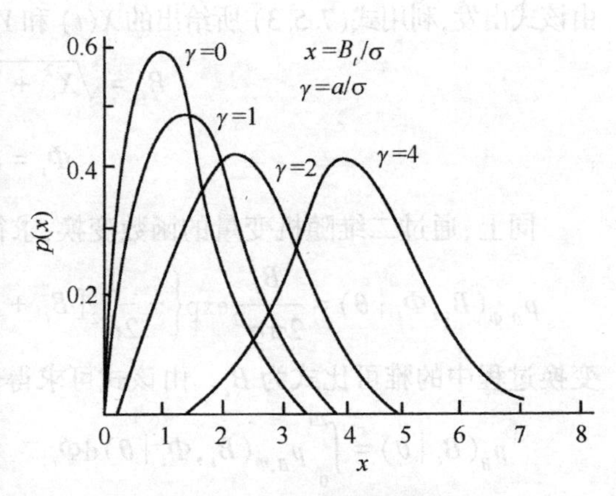

图 7.10　莱斯密度函数

由于 $X_N(t), Y_N(t)$ 均为高斯随机变量,而由式(7.5.2) 可知 X_t 和 Y_t 分别是 $X_N(t)$ 和 $Y_N(t)$ 的线性函数,所以也是高斯随机变量。又由式(7.5.3) 可知,B_t 与 X_t 和 Y_t 为非线性关系。然而由上面的讨论及得到的式(7.5.13) 表明:在信号足够强的大信噪比条件下,式(7.5.3) 的非线性处理对概率密度的影响很小,可以忽略不计。换言之,对随机变量的非线性处理,随着信噪比的增大,最后将趋于线性处理的结果。实际上,这一重要结论,对所有形式的非线性处理都是适用的。

7.5.2　余弦信号与窄带高斯过程之和的包络平方的概率分布

按本节前面给定的条件,由式(7.5.2) 有

$$U(t) = B^2(t) = [a\cos\theta + X_N(t)]^2 + [a\sin\theta + Y_N(t)]^2 \tag{7.5.13}$$

任意时刻 t 的包络平方为 $U_t = B_t^2$。从式(7.5.7) 出发,经过随机变量的函数变换得

$$p_U(U_t) = \frac{1}{2\sigma^2} \exp\left[-\frac{1}{2\sigma^2}(U_t + a^2)\right] \mathrm{I}_0\left(\frac{a\sqrt{U_t}}{\sigma^2}\right), \quad U_t \geqslant 0 \tag{7.5.14}$$

式(7.5.14) 为所求包络平方的一维概率分布。

习　　题

7.1　设 $x(t)$ 为实函数,试证:

(1)$x(t)$ 为 t 的奇函数时,它的希尔伯特变换为 t 的偶函数。

(2)$x(t)$ 为 t 的偶函数时,它的希尔伯特变换为 t 的奇函数。

7.2　设窄带信号　$z(t) = x(t)\cos\omega_0 t - y(t)\sin\omega_0 t$

其中,$x(t)$ 与 $y(t)$ 的带宽远小于 ω_0,设 $X(\omega)$ 和 $Y(\omega)$ 分别为 $x(t)$ 与 $y(t)$ 的傅里叶变换,$G(\omega)$ 为 $g(t)$ 的傅里叶变换,$g(t) = x(t) + j\hat{x}(t)$。试证:

$$X(\omega) = \frac{1}{2}[G(\omega + \omega_0) + G^*(-\omega + \omega_0)]$$

$$Y(\omega) = \frac{1}{2j}[G(\omega + \omega_0) - G^*(-\omega + \omega_0)]$$

7.3　设 $a(t)$, $-\infty < t < +\infty$,是具有频谱 $A(\omega)$ 的已知实函数,假定 $|\omega| > \Delta\omega$ 时,$A(\omega) = 0$,且满足 $\omega_0 \gg \Delta\omega$。求:

(1)$a(t)\cos\omega_0 t$ 和 $(1/2)a(t)\exp(j\omega_0 t)$ 的傅里叶变换以及它们的关系。

(2)$a(t)\sin\omega_0 t$ 和 $(-j/2)a(t)\exp(j\omega_0 t)$ 的傅里叶变换以及它们的关系。

(3)$a(t)\cos\omega_0 t$ 和 $a(t)\sin\omega_0 t$ 的傅里叶变换的关系。

7.4　对于窄带平稳随机过程

$$Z(t) = X(t)\cos\omega_0 t - Y(t)\sin\omega_0 t$$

若已知 $R_Z(\tau) = a(\tau)\cos\omega_0\tau$,求证:

$$R_X(\tau) = R_Y(\tau) = a(\tau)$$

7.5　对于窄带平稳随机过程,按 7.4 题所给条件,求证:

$$E[X(t)Y(t+\tau)] = 0$$

7.6　对于窄带平稳随机过程

$$Z(t) = X(t)\cos\omega_0 t - Y(t)\sin\omega_0 t$$

若其均值为零,功率谱密度为

$$G_Z(\omega) = \begin{cases} W\cos\left[\dfrac{\pi(\omega - \omega_0)}{\Delta\omega}\right], & -\dfrac{\Delta\omega}{2} \leqslant \omega - \omega_0 \leqslant \dfrac{\Delta\omega}{2} \\ W\cos\left[\dfrac{\pi(\omega + \omega_0)}{\Delta\omega}\right], & -\dfrac{\Delta\omega}{2} \leqslant \omega + \omega_0 \leqslant \dfrac{\Delta\omega}{2} \\ 0, & \text{其他} \end{cases}$$

式中,W,$\Delta\omega$ 与 $\omega_0 \gg \Delta\omega$ 都是正实常数。试求:

(1)$Z(t)$ 的平均功率。

(2)$X(t)$ 的功率谱密度 $G_X(\omega)$。

(3) 互相关函数 $R_{XY}(\tau)$。

(4)$X(t)$ 和 $Y(t)$ 是否正交?

7.7　对于窄带平稳高斯过程

$$Z(t) = X(t)\cos\omega_0 t - Y(t)\sin\omega_0 t$$

若假定其均值为零、方差为 σ^2,并具有对载频 ω_0 偶对称的功率谱密度。试借助于已知二维高斯概率密度函数，求出四维概率密度函数 $p(X_{t_1},X_{t_2},Y_{t_1},Y_{t_2})$。

7.8　对于均值为零、方差为 σ^2 的窄带平稳高斯过程

$$Z(t) = B(t)\cos[\omega_0 t + \Phi(t)] = X(t)\cos\omega_0 t - Y(t)\sin\omega_0 t$$

求证：包络在任意时刻所给出的随机变量 B_t，其数学期望值与方差分别为

$$E[B_t] = \sqrt{\frac{\pi}{2}}\sigma,\quad D[B_t] = \left(2 - \frac{\pi}{2}\right)\sigma^2$$

7.9　试证：均值为零、方差为 1 的窄带平稳高斯过程，其任意时刻的包络平方的数学期望为 2，方差为 4。

7.10　已知 $X(t)$ 为信号与窄带高斯噪声之和

$$X(t) = a\cos(\omega_0 t + \theta) + N(t)$$

式中，θ 是 $(0,2\pi)$ 上均匀分布的随机变量，$N(t)$ 为窄带平稳高斯过程，且均值为零，方差为 σ^2，并可表示为

$$N(t) = N_c(t)\cos\omega_0 t - N_s(t)\sin\omega_0 t$$

求证：$X(t)$ 的包络平方的自相关函数为

$$R_X(\tau) = a^4 + 4a^2\sigma^2 + 4\sigma^4 + 4[a^2 R_{N_c}^2(\tau) + R_{N_c}^2(\tau) + R_{N_cN_s}^2(\tau)]$$

7.11　若 7.10 题中噪声功率谱密度关于 ω_0 偶对称，求仅存在噪声时 $X(t)$ 的功率谱密度。

7.12　远方发射台发送一个幅度不变，角频率为 ω_0 的正弦波，通过衰落信道传输后，到达接收端时信号变为具有参数 σ_S^2 的瑞利型包络分布的随机信号。在接收端又有高斯噪声混入，噪声的方差为 σ_N^2。这样信号加噪声同时通过中心频率为 ω_0 的高频窄带系统，假设信号与噪声的功率不变。求证：窄带系统输出的信号与噪声之和的包络也服从瑞利分布，其参数为 $\sigma_S^2 + \sigma_N^2$。

第8章 随机信号通过非线性系统

研究随机信号通过非线性系统的基本任务与在第5章中研究随机信号通过线性系统的基本任务一样,也是已知输入随机信号的统计特性及系统的非线性特性,求输出随机信号的统计特性问题。但这是一个非常困难的问题,或者说是一个至今尚未完全解决的问题。原因之一是:对线性系统而言,要确定输出随机过程的数字特征(均值、自相关函数和功率谱密度等),除了需要知道系统的特性函数外,只要求已知输入随机过程相对应的数字特征就可以了。然而对非线性系统,则除了以上已知条件外,往往还需已知输入过程的二维分布律,甚至高维分布律或高阶矩。原因之二是:对一般非线性系统(动态非线性系统或称有记忆非线性系统)的特性描述,甚至测量都异常困难。但是非线性系统又是自然界和工程技术中客观存在且必须面对的。例如,典型的通信、电子系统(如接收机)通常总是既包含有线性系统,又包含有非线性系统。

本章仅对几种较为成熟的非线性系统分析方法做一些讨论。当动态非线性系统可分时,它可以分为线性系统与无记忆的非线性系统的级联,线性系统的任务在第5章已解决,因而只需研究随机信号通过无记忆的非线性系统即可,8.2节、8.3节将重点研究这一问题。8.4节将讨论分析非线性系统较为一般的方法,即非线性系统的伏特拉(Volterra)级数和多项式的描述方法。

8.1 引 言

8.1.1 无记忆的非线性系统

如果在某一给定时刻,系统的输出 $y(t)$ 只取决于同一时刻的输入 $x(t)$,而与 $x(t)$ 的任何过去或未来值无关,或者说 $y(t)$ 可以表示成同一时刻系统的输入 $x(t)$ 的函数

$$y(t) = T[x(t)] \tag{8.1.1}$$

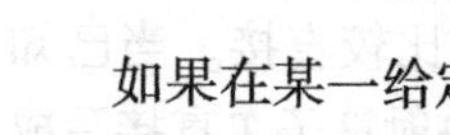

这里 $T[\cdot]$ 表示一种非线性变换,或称非线性映射算子,如图8.1所示。

$x(t)$ → $T[\cdot]$ → $y(t)$

图8.1 算子 T 的映射关系

也有人把式(8.1.1)称为非线性系统传输特性,它的输出仅取决于 $x(t)$ 在时刻 t 的函数值,则这个系统就是无记忆的非线性系统。当作为一种变换时,它被称做无记忆的非线性变换。显然对一般非线性系统而言并不都是这种情况。实际上,凡在一个非线性系统中存在储能元件,就构成有记忆的非线性系统。此时,在给定时刻的输出 $y(t)$,不仅取决于同时刻的输入,而且还和以前所有时间内的输入有关,一般而言,这种非线性系统的动态特性要用非线性微分方程来描述。但是有时也能够把非线性系统中的储能元件,归并到与非线性系统相连的输入及输出的线性系统中去,或者并入前级的输入电路,或者并入后级的输出电路,如图8.2所示。在这种情况下,中间环节可以采用无记忆非线性变换的分析方法,而前级和后级则可用线性系统的分析方法,综合起来解决随机信号通过一般有记忆非线性系统的问题。

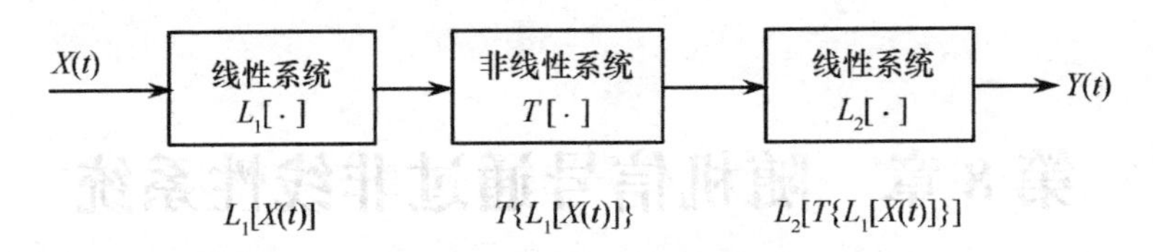

图 8.2　有记忆的非线性系统

对于无记忆非线性系统的非线性传输特性 $T(x)$，就一般情况而言，往往要通过实验的方法获得(例如电子管、半导体器件的伏安特性曲线)，然后采用适当的渐近方法，如用多项式、折线或指数等来逼近，以便分析计算。

对非线性系统的研究，一般来说要比线性系统复杂得多，而有记忆的情况又要比无记忆情况复杂，特别当输入信号是随机过程的情况下，问题就更加复杂了。实际上，直到今天随机信号的非线性系统理论仍没有达到完善的程度。目前比较成熟的还只是随机信号通过无记忆非线性系统问题的分析和研究，其中比较重要的分析方法有直接法、特征函数法以及某些近似分析方法，本章将对这些方法做重点介绍。对于一般有记忆的非线性系统，不能进行上述归并分解的情况，本章只对用多项式和伏特拉级数(Volterra)的表示方法做一般性介绍。

对随机信号通过非线性系统的研究，尽管已有多种途径及分析方法，但是各种方法都有一定的局限性，在使用时只能根据实际情况采用适当的方法，即使是上述几种较为成熟的方法也不例外。具体而言，从系统类型上讲，对简单的无记忆非线性系统，上述方法比较有效，但对复杂一些的系统就会有很大困难。从系统的输出统计特性上讲，主要是确定和研究输出的数学期望，相关函数和功率谱密度；从系统输入统计特性上讲，其他各种方法虽然在理论上没有什么限制，但是实际上在很多情况下，只有高斯过程输入下的问题求解才比较容易。

8.1.2　无记忆的非线性系统输出的概率分布

对于无记忆的非线性系统求输出的概率分布的问题，理论上相对说来比较直接。当已知无记忆非线性系统的传输特性 $y=g(x)$(为方便起见，以后我们把非线性映射算子 T 直接写成函数关系)及输入概率分布特性时，如何确定输出概率分布的问题，从原理上讲，这是一个简单的随机变量函数的变换问题。

根据传输特性 $Y(t_1)=g[X(t_1)]$，输出 $Y(t)$ 的一维概率密度函数 $p_Y(y;t_1)$，可以由输入 $X(t_1)$ 的相应概率密度函数 $p_X(x;t_1)$ 按函数变换分析的方法确定。

类似地，由

$$Y(t_1)=g[X(t_1)],Y(t_2)=g[X(t_2)] \tag{8.1.2}$$

随机变量 $Y(t_1)$，$Y(t_2)$ 的联合概率密度函数 $p_Y(y_1,y_2;t_1,t_2)$，可以由 $p_X(x_1,x_2;t_1,t_2)$ 按 1.5 节给出的二维变量的函数变换方法得到。不过应该注意到，式(8.1.2)是相当特殊简单的变换形式，这里 $Y(t_1)$ 仅取决 $X(t_1)$，而 $Y(t_2)$ 仅取决于 $X(t_2)$。推广到多维情况，通过变换

$$Y(t_1)=g[X(t_1)],\cdots,Y(t_n)=g[X(t_n)]$$

随机变量 $Y(t_1)$，$Y(t_2)$，…，$Y(t_n)$ 的联合概率密度函数 $p_Y(y_1,\cdots,y_n;t_1,\cdots t_n)$，可以由相应的输入随机变量 $X(t_1)$，$X(t_2)$，…，$X(t_n)$ 的联合概率密度函数 $p_X(x_1,\cdots,x_n;t_1,\cdots t_n)$ 按 1.5 节多维情况得到。

现在讨论一下无记忆非线性系统输出的平稳性问题，容易看出，如果系统输入的随机过程

$X(t)$ 是严平稳的,那么输出 $Y(t)$ 也是严平稳的,因为在通过上述变换式求出概率密度函数的过程中,变换式本身没有时间因素的影响,故 $Y_1,Y_2,\cdots,Y_n$ 仅取决 $X(t)$ 各相应时刻的 $X_1,X_2,\cdots,X_n$,这样当输入 $X(t)$ 是严平稳的时,输出 $Y(t)$ 也是严平稳的。

例 8.1 假设非线性系统的传输特性为

$$y = g(x) = x^2$$

求 $Y(t)$ 的一维概率密度函数 $p_Y(y;t_1)$,二维概率密度函数 $p_Y(y_1,y_2;t_1,t_2)$。

解:① 利用 1.5 节概率论中函数变换法的有关公式可得

$$p_Y(y;t) = \begin{cases} \dfrac{1}{2\sqrt{y}}[p_X(\sqrt{y};t) + p_X(-\sqrt{y};t)], & y \geqslant 0 \\ 0, & y < 0 \end{cases}$$

当 $X(t)$ 为高斯分布时,$Y(t)$ 的一维概率密度函数容易求出,详见 1.5 节。这种情况 $y(t)$ 的一维概率密度函数称为 χ^2 分布,见图 8.3。

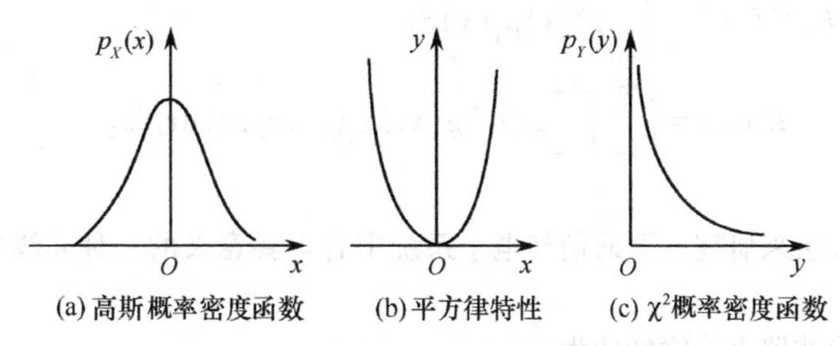

图 8.3 高斯分布与 χ^2 分布

② 对于 $y_1 > 0$, $y_2 > 0$, $y_1 = x_1^2$, $y_2 = x_2^2$ 有四个解,即

$$(\sqrt{y_1},\sqrt{y_2}),(-\sqrt{y_1},\sqrt{y_2}),(\sqrt{y_1},-\sqrt{y_2}),(-\sqrt{y_1},-\sqrt{y_2})$$

可求得雅可比式的绝对值为 $|\boldsymbol{J}| = 1/4\sqrt{y_1y_2}$。于是有

$$p_Y(y_1,y_2;t_1,t_2) = \frac{1}{4\sqrt{y_1y_2}}[p_X(\sqrt{y_1},\sqrt{y_2};t_1,t_2) + p_X(-\sqrt{y_1},\sqrt{y_2};t_1,t_2) + p_X(\sqrt{y_1},-\sqrt{y_2};t_1,t_2) + p_X(-\sqrt{y_1},-\sqrt{y_2};t_1,t_2)]$$

对于 $y_1 < 0$ 或 $y_2 < 0$,则 $p_Y(y_1,y_2;t_1,t_2) = 0$。

对于输出随机信号的数字特征,可以通过对随机变量函数求统计平均的定义直接导出。但定义式中涉及的积分运算,只有当非线性系统的传输特性和输入概率分布特性比较简单时,才能求得闭合解,否则只能得到近似解或改用其他更适合的分析方法。以下两节将通过一些有用的例子对这一问题展开讨论。

8.2 直 接 法

假定非线性系统的传输特性为

$$y = g(x) \tag{8.2.1}$$

按照随机信号的数字特征的定义,有

$$E[Y(t)] = \int_{-\infty}^{+\infty} g(x)p_X(x;t)\mathrm{d}x \tag{8.2.2}$$

$$E[Y^n(t)]=\int_{-\infty}^{+\infty}g^n(x)p_X(x;t)\,\mathrm{d}x \tag{8.2.3}$$

$$R_Y(t_1,t_2)=\int_{-\infty}^{+\infty}\int_{-\infty}^{+\infty}g(x_1)g(x_2)p_X(x_1,x_2;t_1,t_2)\,\mathrm{d}x_1\mathrm{d}x_2 \tag{8.2.4}$$

式中,$x_1=x(t_1)$,$x_2=x(t_2)$,以上三式是在输入输出皆为连续型随机过程情况下的表示式。对于离散情况只需将以上三式中的积分换成求和即可,本章不再单独讨论。所谓直接法就是将非线性系统的传输特性和输入概率分布特性直接代入以上三个求期望算子 $E[\cdot]$ 或积分公式的方法。在许多情况下先利用期望算子 $E[\cdot]$ 的性质求解,而不去计算积分,可以使问题简化。

由以上三式看出,若输入 $X(t)$ 是严平稳的,则输出 $Y(t)$ 至少是宽平稳的。此时式(8.2.2)、式(8.2.3) 和式(8.2.4) 可写成

$$E[Y(t)]=m_Y=\int_{-\infty}^{+\infty}g(x)p_X(x)\,\mathrm{d}x \tag{8.2.5}$$

$$E[Y^n(t)]=\int_{-\infty}^{+\infty}g^n(x)p_X(x)\,\mathrm{d}x \tag{8.2.6}$$

$$R_Y(\tau)=\int_{-\infty}^{+\infty}\int_{-\infty}^{+\infty}g(x_1)g(x_2)p_X(x_1,x_2;\tau)\,\mathrm{d}x_1\mathrm{d}x_2 \tag{8.2.7}$$

式中 $\tau=t_2-t_1$。

下面应用直接法来研究一下通信与电子系统中有重要意义的一种非线性系统 —— 全波平方律检波器。

全波平方律检波器由传输特性为

$$y=bx^2 \tag{8.2.8}$$

的无记忆非线性系统(平方律器件) 和一个低通滤波器组成,其原理图和非线性特性曲线如图 8.4 所示。式(8.2.8) 中 b 是正实常数。故当输入为平稳过程 $X(t)$ 时,平方律器件的输出为 $Y(t)$ 的 n 阶矩和自相关函数可分别写成

$$E[Y^n(t)]=\int_{-\infty}^{+\infty}(bx^2)^n p_X(x)\,\mathrm{d}x=b^nE[X^{2n}] \tag{8.2.9}$$

$$R_Y(\tau)=\int_{-\infty}^{+\infty}\int_{-\infty}^{+\infty}(bx_1^2)(bx_2^2)p_X(x_1,x_2;\tau)\,\mathrm{d}x_1\mathrm{d}x_2=b^2E[X_1^2X_2^2] \tag{8.2.10}$$

为了讨论层次清楚,将对输入平稳过程 $X(t)$ 逐步加以限制,最后得到一些有用的结果。

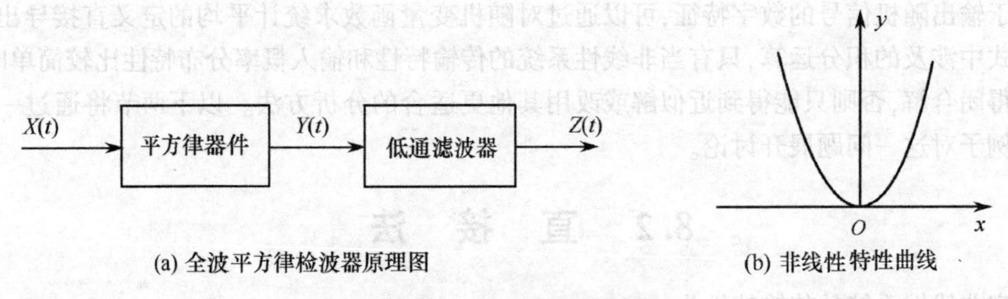

(a) 全波平方律检波器原理图　　(b) 非线性特性曲线

图 8.4　全波平方律检波器

1. 假定输入 $X(t)$ 为零均值、方差为 σ_X^2 的平稳高斯噪声

(1) $Y(t)$ 的均值、方差及自相关函数。首先,由第1章例1.7知输入 $X(t)$ 为高斯变量的各

阶矩为

$$E[X^n]=\begin{cases}(n-1)!!\ \sigma^n, & n\geqslant 2\text{ 的偶数}\\ 0, & n\text{ 是奇数}\end{cases} \tag{8.2.11}$$

代入式(8.2.9)得 $$E[Y^n]=b^n(1\times 3\times 5\times\cdots\times(2n-1)\sigma_X^{2n}) \tag{8.2.12}$$

令 $n=1$ 及 $n=2$,可分别得到

$$\begin{cases}E[Y]=m_Y=b\sigma_X^2\\ E[Y^2]=3b^2\sigma_X^4=3E^2[Y]\end{cases} \tag{8.2.13}$$

于是 $Y(t)$ 的方差为 $$\sigma_Y^2=E[Y^2]-E^2[Y]=2b^2\sigma_X^4 \tag{8.2.14}$$

可得 $$E[X_1^2X_2^2]=\sigma_X^4+2R_X^2(\tau)$$

于是 $Y(t)$ 的自相关函数为

$$R_Y(\tau)=b^2E[X_1^2X_2^2]=b^2\sigma_X^2+2b^2R_X^2(\tau) \tag{8.2.15}$$

(2) $Y(t)$ 的功率谱密度。输出 $Y(t)$ 的功率谱密度可由 $R_Y(\tau)$ 的傅里叶变换得到,即

$$G_Y(f)=b^2\sigma_X^2\delta(f)+2b^2\int_{-\infty}^{+\infty}R_X^2(\tau)\mathrm{e}^{-\mathrm{j}2\pi f\tau}\mathrm{d}\tau$$

$G_Y(f)$ 等式右边的第二项,其积分可化为

$$\begin{aligned}\int_{-\infty}^{+\infty}R_X^2(\tau)\mathrm{e}^{-\mathrm{j}2\pi f\tau}\mathrm{d}\tau&=\int_{-\infty}^{+\infty}R_X(\tau)R_X(\tau)\mathrm{e}^{-\mathrm{j}2\pi f\tau}\mathrm{d}\tau\\ &=\int_{-\infty}^{+\infty}G_X(f')\mathrm{e}^{\mathrm{j}2\pi f'\tau}\mathrm{d}f'\int_{-\infty}^{+\infty}R_X(\tau)\mathrm{e}^{-\mathrm{j}2\pi f\tau}\mathrm{d}\tau\\ &=\int_{-\infty}^{+\infty}G_X(f')\mathrm{d}f'\int_{-\infty}^{+\infty}R_X(\tau)\exp[-\mathrm{j}2\pi(f-f')\tau]\mathrm{d}\tau\\ &=\int_{-\infty}^{+\infty}G_X(f')G_X(f-f')\mathrm{d}f'\end{aligned}$$

于是 $$G_Y(f)=b^2\sigma_X^4\delta(f)+2b^2\int_{-\infty}^{+\infty}G_X(f')G_X(f-f')\mathrm{d}f' \tag{8.2.16}$$

式中,第一项相当于直流部分,可记为 $G_{Y=}(f)$;第二项相当于交流部分,可记为 $G_{Y\sim}(f)$。

(3) 假定输入功率谱密度为

$$G_X(f)=\begin{cases}c_0, & f_0-\dfrac{\Delta f}{2}<|f|<f_0+\dfrac{\Delta f}{2}\\ 0, & \text{其他 } f\end{cases}$$

参看图 8.5(a),此时可得

$$\sigma_X^2=\int_{-\infty}^{+\infty}G_X(f)\mathrm{d}f=2c_0\Delta f \tag{8.2.17}$$

于是输出功率谱密度的直流部分为

$$G_{Y=}(f)=4b^2c_0^2\Delta f^2\delta(f)$$

输出功率谱密度的交流部分为

$$G_{Y\sim}(f)=\begin{cases}4b^2c_0^2(\Delta f-|f|), & 0<|f|<\Delta f\\ 2b^2c_0^2(\Delta f-\big||f|-2f_0\big|), & 2f_0-\Delta f<|f|<2f_0+\Delta f\\ 0, & \text{其他}\end{cases} \tag{8.2.18}$$

由此可得 $G_Y(f) = G_{Y=}(f) + G_{Y\sim}(f)$,其图形示于图 8.5(b)。

以上得到了无记忆非线性系统输出的功率谱密度,再经低通滤波器将高频成分滤除,低通滤波器输出也就是整个全波平方律检波器的输出功率谱密度,如图 8.5(c) 所示。

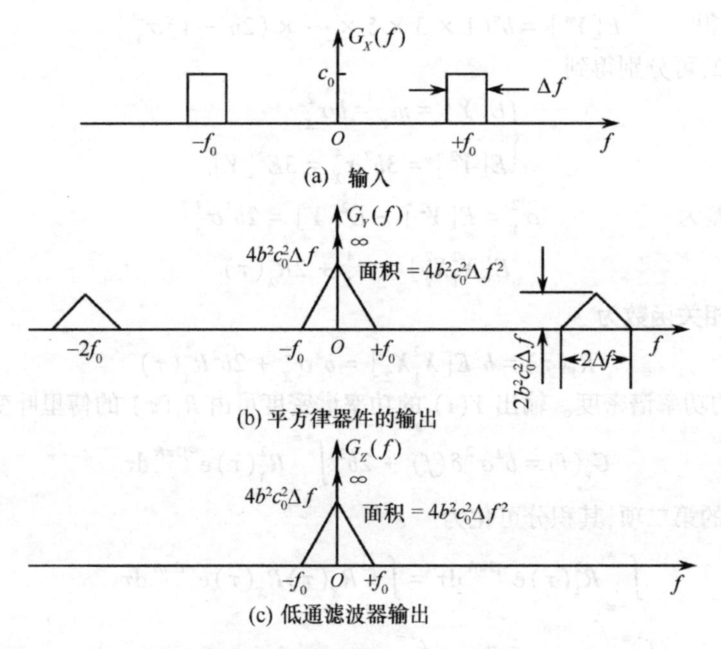

图 8.5 窄带高斯噪声通过平方律检波器的功率谱密度

2.信号和噪声同时作用于平方律检波器

实际的通信接收机不是为了接收噪声,而是接收有用的信号,但是在接收机中噪声是始终都存在的。以下讨论就是基于上述考虑来建立相应的数学模型的。同上,分析过程将对输入平稳过程 $X(t)$ 和信号 $S(t)$ 逐步加以限制,最后得出一些有用的结果。

(1) 假定输入
$$X(t) = S(t) + N(t)$$
式中,$N(t)$ 是零均值平稳随机噪声,$S(t)$ 也为零均值平稳随机信号,信号与噪声互不相关。

① 输出 $Y(t)$ 的自相关函数

$$\begin{aligned}R_Y(t_1,t_2) &= E[Y_1Y_2] = b^2E[(S_1+N_1)^2(S_2+N_2)^2] \\ &= b^2E[S_1^2S_2^2 + 4S_1S_2N_1N_2 + S_1^2N_2^2 + S_2^2N_1^2 + N_1^2N_2^2]\end{aligned}$$

式中,$Y_1 = Y(t_1)$, $Y_2 = Y(t_2)$, $S_1 = S(t_1)$, $S_2 = S(t_2)$, $N_1 = N(t_1)$, $N_2 = N(t_2)$。因输入噪声是平稳过程,并令 $\tau = t_2 - t_1$,则有

$$R_Y(\tau) = b^2[R_{S^2}(\tau) + 4R_S(\tau)R_N(\tau) + 2\sigma_S^2\sigma_N^2 + R_{N^2}(\tau)] \tag{8.2.19}$$

式中,$R_{S^2}(\tau)$ 与 $R_{N^2}(\tau)$ 分别是信号平方和噪声平方的自相关函数。由式(8.2.19) 可知 $Y(t)$ 的自相关函数实际由以下三项构成,即

$$R_Y(\tau) = R_{S\times S}(\tau) + R_{S\times N}(\tau) + R_{N\times N}(\tau) \tag{8.2.20}$$

式中

$$R_{S\times S}(\tau) = b^2R_{S^2}(\tau) \quad \text{(信号本身相互作用引起)} \tag{8.2.21}$$

$$R_{N\times N}(\tau) = b^2R_{N^2}(\tau) \quad \text{(噪声本身相互作用引起)} \tag{8.2.22}$$

$$R_{S\times N}(\tau) = 4b^2R_S(\tau)R_N(\tau) + 2b^2\sigma_S^2\sigma_N^2 \quad \text{(信号与噪声相互作用引起)} \tag{8.2.23}$$

只有 $R_{S\times S}(\tau)$ 与噪声无关，仅与所要求的输出信号有关，而 $R_{S\times N}(\tau)$ 和 $R_{N\times N}(\tau)$ 两项均与噪声有关。

② 输出 $Y(t)$ 的功率谱密度

取 $R_Y(\tau)$ 的傅里叶变换，可得 $Y(t)$ 的功率谱密度为

$$G_Y(f) = G_{S\times S}(f) + G_{N\times N}(f) + G_{S\times N}(f) \tag{8.2.24}$$

式中

$$G_{S\times S}(f) = b^2 \int_{-\infty}^{+\infty} R_{S^2}(\tau)\mathrm{e}^{-\mathrm{j}2\pi f\tau}\mathrm{d}\tau \tag{8.2.25}$$

$$G_{N\times N}(f) = b^2 \int_{-\infty}^{+\infty} R_{N^2}(\tau)\mathrm{e}^{-\mathrm{j}2\pi f\tau}\mathrm{d}\tau \tag{8.2.26}$$

$$\begin{aligned} G_{S\times N}(f) &= 4b^2 \int_{-\infty}^{+\infty} R_S(\tau)R_N(\tau)\mathrm{e}^{-\mathrm{j}2\pi f\tau}\mathrm{d}\tau + 2b^2\sigma_S^2\sigma_N^2\delta(f) \\ &= 4b^2 \int_{-\infty}^{+\infty} G_N(f')G_S(f-f')\mathrm{d}f' + 2b^2\sigma_S^2\sigma_N^2\delta(f) \end{aligned} \tag{8.2.27}$$

式中，$G_S(f)$ 和 $G_N(f)$ 分别是输入信号和噪声的功率谱密度。$G_{S\times N}(f)$ 项的存在，表明由于输入信号的出现，使得输出噪声增大，但是在另外一些情况下，却又可把它归并到信号中去，对此在本章的最后还将进一步说明。以下对信号与噪声进行适当的、进一步的假设，将上面的讨论具体化。

（2）假定输入为随相余弦信号与平稳高斯噪声之和。设输入信号

$$S(t) = a\cos(\omega_0 t + \theta)$$

式中，a 为正实常数，θ 为 $(0,2\pi)$ 上均匀分布的随机变量。$S(t)$ 与零均值平稳高斯噪声 $N(t)$ 互不相关。显然，$S(t)$，$N(t)$ 满足假定（1）对 $S(t)$ 和 $N(t)$ 的基本要求。因而可以引用上面的结果。

①$S(t)$ 输出的自相关函数及其平方的自相关函数分别为

$$\begin{aligned} R_S(t_1,t_2) &= E[a\cos(\omega_0 t_1 + \theta)a\cos(\omega_0 t_2 + \theta)] \\ &= \frac{a^2}{2}\cos[\omega_0(t_2 - t_1)] + \frac{a^2}{2}\frac{1}{2\pi}\int_0^{2\pi}\cos[\omega_0(t_1 + t_2) + 2\theta]\mathrm{d}\theta \\ &= \frac{a^2}{2}\cos\omega_0\tau \end{aligned} \tag{8.2.28}$$

$$\begin{aligned} R_{S^2}(\tau) &= E[S_1^2 S_2^2] = a^2 E[\cos^2(\omega_0 t_1 + \theta)\cos^2(\omega_0 t_2 + \theta)] \\ &= \frac{a^4}{4} + \frac{a^4}{8}\cos 2\omega_0\tau \end{aligned} \tag{8.2.29}$$

上两式中，$\tau = t_2 - t_1$。在式(8.2.28)中，若令 $\tau = 0$，则有

$$R_S(0) = \sigma_S^2 = \frac{a^2}{2} \tag{8.2.30}$$

将以上结果代入式(8.2.21)和式(8.2.23)，并考虑输出自相关函数的 $R_{N\times N}(\tau)$ 部分，即为前面得到的式(8.2.15)，于是有

$$R_{N\times N}(\tau) = b^2\sigma_N^4 + 2b^2R_N^2(\tau) \tag{8.2.31}$$

$$R_{S\times S}(\tau) = \frac{b^2a^2}{4} + \frac{b^2a^2}{8}\cos 2\omega_0\tau \tag{8.2.32}$$

$$R_{S\times N}(\tau) = 2b^2a^2R_N(\tau)\cos\omega_0\tau + b^2a^2\sigma_N^2 \tag{8.2.33}$$

② 输出 $Y(t)$ 的功率谱密度。用傅里叶变换可得

$$G_{N\times N}(f) = b^2\sigma_N^4\delta(f) + 2b^2\int_{-\infty}^{+\infty} G_N(f')G_N(f-f')\mathrm{d}f' \tag{8.2.34}$$

$$G_{S\times S}(f) = \frac{b^2a^4}{4}\delta(f) + \frac{b^2a^4}{16}[\delta(f-2f_0) + \delta(f+2f_0)] \tag{8.2.35}$$

$$\begin{aligned} G_{S\times N}(f) &= 4b^2\int_{-\infty}^{+\infty} G_N(f')G_S(f-f')\mathrm{d}f' + b^2a^2\sigma_N^2\delta(f) \\ &= 4b^2\int_{-\infty}^{+\infty} G_N(f')\frac{a^2}{4}[\delta(f-f'-f_0) + \delta(f-f'+f_0)\mathrm{d}f' + b^2a^2\sigma_N^2\delta(f) \\ &= b^2a^2[G_N(f-f_0) + G_N(f+f_0)] + b^2a^2\sigma_N^2\delta(f) \end{aligned} \tag{8.2.36}$$

式中利用了由式(8.2.28)取傅里叶变换得到的公式

$$G_S(f) = \frac{a^2}{4}[\delta(f-f_0) + \delta(f+f_0)]$$

最后得到输出 $Y(t)$ 的自相关函数及功率谱密度分别为

$$R_Y(\tau) = b^2\left(\frac{a^2}{2} + \sigma_N^2\right)^2 + 2b^2R_N^2(\tau) + 2b^2a^2R_N(\tau)\cos\omega_0\tau + \frac{b^2a^4}{8}\cos 2\omega_0\tau \tag{8.2.37}$$

$$G_Y(f) = b^2\left(\frac{a^2}{2} + \sigma_N^2\right)\delta(f) + 2b^2\int_{-\infty}^{+\infty} G_N(f')G_N(f-f')\mathrm{d}f' + b^2a^2[G_N(f-f_0) + G_N(f+f_0)] + \frac{b^2a^4}{16}[\delta(f-2f_0) + \delta(f+2f_0)] \tag{8.2.38}$$

同时,还可得到输出 $Y(t)$ 的均值与方差。由于式(8.2.37)等号右边的第一项即为 m_Y^2,则

$$m_Y = E[Y(t)] = b\left(\frac{a^2}{2} + \sigma_N^2\right) \tag{8.2.39}$$

当式(8.2.37)中 $\tau = 0$ 时,得 $Y(t)$ 的均方值

$$E[Y^2(f)] = R_Y(0) = 3b^2\left(\frac{a^4}{8} + a^2\sigma_N^2 + \sigma_N^4\right) \tag{8.2.40}$$

所以 $Y(t)$ 的方差为

$$\sigma_Y^2 = 2b^2\left(\frac{a^4}{16} + a^2\sigma_N^2 + \sigma_N^4\right) \tag{8.2.41}$$

(3) 假定输入为理想中放的输出。假定平方律检波器输入的噪声功率谱密度均匀分布在以频率 f_0 为中心的窄带宽 Δf 上,且满足 $f_0 \gg \Delta f$,则平方律检波器输入 $X(t)$ 的功率谱密度为

$$G_X(f) = \frac{a^2}{4}[\delta(f-f_0) + \delta(f+f_0)] + \begin{cases} c_0, & f_0 - \dfrac{\Delta f}{2} < |f| < f_0 + \dfrac{\Delta f}{2} \\ 0, & \text{其他} \end{cases} \tag{8.2.42}$$

如图 8.6(a) 所示,此时有

$$\sigma_N^2 = \int_{-\infty}^{+\infty} G_N(f)\mathrm{d}f = 2c_0\Delta f$$

下面给出此条件下输出功率谱密度的各组成项

$$G_{N\times N}(f) = 4b^2c_0^2\Delta f^2\delta(f) + \begin{cases} 4b^2c_0^2(\Delta f - |f|), & 0 < |f| < \Delta f \\ 2b^2c_0^2(\Delta f - ||f| - 2f_0|), & 2f_0 - \Delta f < |f| < 2f_0 + \Delta f \\ 0, & \text{其他} f \end{cases} \tag{8.2.43}$$

$$G_{S\times S}(f)=\frac{b^2a^4}{4}\delta(f)+\frac{b^2a^4}{16}[\delta(f-2f_0)+\delta(f+2f_0)] \tag{8.2.44}$$

$$G_{S\times N}(f)=b^2a^2[G_N(f-f_0)+G_N(f+f_0)+b^2a^2\sigma_N^2\delta(f)$$

$$=2b^2a^2c_0\Delta f\delta(f)+\begin{cases}2b^2a^2c_0, & 0<|f|<\dfrac{\Delta f}{2}\\ b^2a^2c_0, & 2f_0-\dfrac{\Delta f}{2}<|f|<2f_0+\dfrac{\Delta f}{2}\\ 0, & 其他 f\end{cases} \tag{8.2.45}$$

上述 $G_{N\times N}(f)$ 项是和平方律检波器输入仅为噪声时所产生的输出功率谱密度完全相同的。图 8.6(b)、(c)、(d) 分别是各组成项的功率谱密度图形。

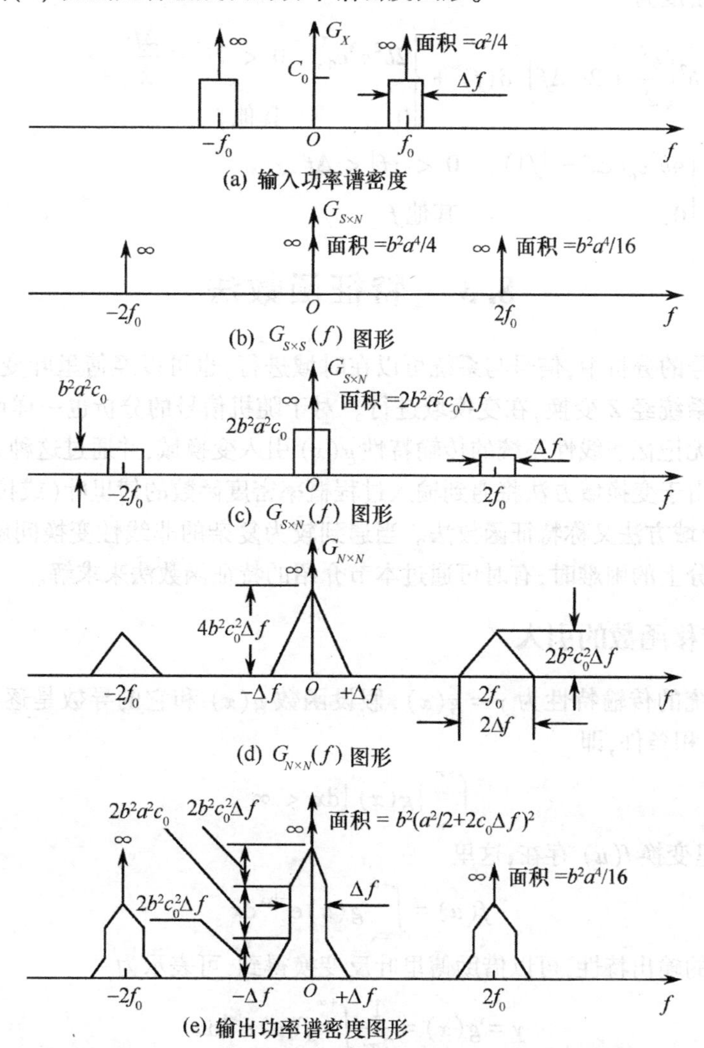

图 8.6　平方律设备的输入为余弦信号加平稳高斯噪声时输入输出的功率谱密度图形

现在,从物理意义上来解释为什么图 8.6(d) 为三角形,而图 8.6(c) 是矩形。可以把噪声分量看成许多均匀分布在以 f_0 为中心,以 Δf 为带宽不同频率的正弦分量叠加的结果。平方过程是一个非线性过程,噪声中各频率分量在这个过程中相互相乘(差拍) 而形成许多和频与差频分量。我们已假定输入噪声的频谱在频带内是均匀分布的,差频越小则参加相乘的分量越多,因而能量就越大;反之,差频越大,参加相乘的分量就越少,因而能量就小。这就是说,能量与差频呈线性递减的规律。由于正、负差频的对称性,于是便出现了以差频等于零时为顶点(即有最大功率)的一个三角形,这便是图 8.6(d) 产生三角形图形的原因。图 8.6(c) 是通过平方律设备过程中,由信号与噪声各分量差拍而形成的,由于信号位于 Δf 的中心频率 f_0 上,所以它和噪声的最大差频便是 $\Delta f/2$。由于占据在频带 Δf 内的所有噪声,都要和信号进行差频,因此就等于是将频带内的每一噪声分量都加或减同一信号频率分量,于是在 $f=0$ 和 $f=2f_0$ 处形成和图 8.6(a) 相似的功率谱密度图形。

最后,平方律器件输出 $Y(t)$ 通过后面的低通滤波器将高频成分滤除,即可得平方律检波器输出的功率谱密度为

$$G_Z(f)=b^2\left(\frac{a^2}{2}+2c_0\Delta f\right)^2\delta(f)+\begin{cases}2b^2a^2c_0, & 0<|f|<\dfrac{\Delta f}{2}\\ 0, & \text{其他} f\end{cases}+\begin{cases}4b^2c_0^2(\Delta f-|f|), & 0<|f|<\Delta f\\ 0, & \text{其他} f\end{cases} \tag{8.2.46}$$

8.3 特征函数法

在对确定信号的分析中,信号与系统可以在时域进行,也可以经傅里叶变换、拉普拉斯变换或离散信号与系统经 Z 变换,在变换域进行。对于随机信号的分析也一样可以在变换域进行研究。本节将无记忆非线性系统的传输特性 $g(x)$ 引入变换域,并通过这种方式来讨论其输出的统计特性。由于变换域方法将遇到输入过程概率密度函数的傅里叶(或拉氏)变换,即特征函数,所以变换域方法又称特征函数法。当遇到较为复杂的非线性变换问题和采用直接法求解出现运算积分上的困难时,有时可通过本节介绍的特征函数法来求解。

8.3.1 转移函数的引入

若非线性系统的传输特性为 $y=g(x)$,假设函数 $g(x)$ 和它的导数是逐段连续的,并且 $g(x)$ 满足绝对可积条件,即

$$\int_{-\infty}^{+\infty}|g(x)|\mathrm{d}x<\infty \tag{8.3.1}$$

那么 $g(x)$ 的傅里变换 $f(u)$ 存在,这里

$$f(u)=\int_{-\infty}^{+\infty}g(x)\mathrm{e}^{-\mathrm{j}ux}\mathrm{d}x \tag{8.3.2}$$

于是非线性设备的输出特性,可以借助傅里叶反变换得到,可表示为

$$y=g(x)=\frac{1}{2\pi}\int_{-\infty}^{+\infty}f(u)\mathrm{e}^{\mathrm{j}ux}\mathrm{d}u \tag{8.3.3}$$

我们称 $f(u)$ 为非线性系统的转移函数。

在许多重要情况中(例如半波检波非线性设备),其传输特性不是绝对可积的,因而它的傅里叶变换不存在,则可以采用拉普拉斯变换。具体方法是将 $g(x)$ 乘以 $\mathrm{e}^{-\lambda x}$,由于当 $x<0$ 时,$g(x)=0$,则可以选适当的正数 λ,使 $g(x)\ \mathrm{e}^{-\lambda x}$ 满足绝对可积条件,则 $g(x)\ \mathrm{e}^{-\lambda x}$ 可以进行傅里叶变换,有

$$\int_{0}^{+\infty} g(x)\mathrm{e}^{-\lambda x}\mathrm{e}^{-\mathrm{j}ux}\mathrm{d}x \tag{8.3.4}$$

令复变量 $s=\lambda+\mathrm{j}u$，得

$$f(s)=\int_{0}^{+\infty} g(x)\mathrm{e}^{-sx}\mathrm{d}x \tag{8.3.5}$$

这就是拉普拉斯正变换，由傅里叶反变换公式得

$$g(x)\mathrm{e}^{-\lambda x}=\frac{1}{2\pi}\int_{-\infty}^{+\infty} f(s)\mathrm{e}^{\mathrm{j}ux}\mathrm{d}u \tag{8.3.6}$$

该式两端乘以 $\mathrm{e}^{\lambda x}$，得拉普拉斯反变换公式

$$g(x)=\frac{1}{2\pi}\int_{-\infty}^{+\infty} f(s)\mathrm{e}^{(\lambda+\mathrm{j}u)}\mathrm{d}u \tag{8.3.7}$$

积分号下用 s 代替 u，则有 $\mathrm{d}s=\mathrm{j}\mathrm{d}u$，做积分变量替换，得

$$g(x)=\frac{1}{2\pi\mathrm{j}}\int_{\lambda-\mathrm{j}\omega}^{\lambda+\mathrm{j}\omega} f(s)\mathrm{e}^{sx}\mathrm{d}s=\frac{1}{2\pi\mathrm{j}}\oint_{D} f(s)\mathrm{e}^{sx}\mathrm{d}s \tag{8.3.8}$$

此外，在实际中还存在一些情况，其传输特性在负半无限区间也不为零，这时式(8.3.5)就不能采用了。此时可以引入双边拉普拉斯变换，即将式(8.3.5)改写为

$$f(s)=\int_{-\infty}^{+\infty} g(x)\mathrm{e}^{-sx}\mathrm{d}x \tag{8.3.9}$$

这种情况下，$s=\lambda+\mathrm{j}u$ 中 λ 的选择必须保证 $g(x)\mathrm{e}^{-\lambda x}$ 既在正半轴绝对可积，也在负半轴绝对可积。即在 s 平面存在一个平行于虚轴的收敛域。有关拉普拉斯变换可以参看《信号与系统》的相关教材。

8.3.2 随机过程非线性变换的特征函数法

将式(8.3.3)引入自相关函数表示式有

$$\begin{aligned}R_Y(\tau)&=E\left[\frac{1}{2\pi}\int_{-\infty}^{+\infty} f(u)\mathrm{e}^{\mathrm{j}ux(t)}\mathrm{d}u\,\frac{1}{2\pi}\int_{-\infty}^{+\infty} f(\nu)\mathrm{e}^{\mathrm{j}\nu x(t+\tau)}\mathrm{d}\nu\right]\\&=\frac{1}{4\pi^2}\int_{-\infty}^{+\infty} f(u)\int_{-\infty}^{+\infty} f(\nu)E\left[\mathrm{e}^{\mathrm{j}ux(t)+\mathrm{j}\nu x(t+\tau)}\right]\mathrm{d}\nu\mathrm{d}u\end{aligned} \tag{8.3.10}$$

式中，$E[\mathrm{e}^{\mathrm{j}ux(t)+\mathrm{j}\nu x(t+\tau)}]=\Phi_X(u,v,\tau)$ 正是随机过程 $X(t)$ 的二维特征函数，所以 $R_Y(\tau)$ 又可写成

$$R_Y(\tau)=\frac{1}{4\pi^2}\int_{-\infty}^{+\infty} f(u)\int_{-\infty}^{+\infty} f(\nu)\Phi_X(u,\nu;\tau)\mathrm{d}\nu\mathrm{d}u \tag{8.3.11}$$

式(8.3.11)中的转移函数是用傅里叶变换定义的。若用拉普拉斯变换定义，则

$$R_Y(\tau)=\frac{1}{(4\pi\mathrm{j})^2}\oint_{D} f(s_1)\oint_{D} f(s_2)\Phi_X(s_1,s_2;\tau)\mathrm{d}s_2\mathrm{d}s_1 \tag{8.3.12}$$

式中，s_1,s_2 是复变量，D 代表复平面上积分路线的选取方法。采用式(8.3.11)和式(8.3.12)分析随机过程非线性变换的方法，常被称做特征函数法。这是因为在这些表示式中，出现了输入随机过程的二维特征函数，有时这种方法又被称为变换法。这是因为在表示式中，出现了由非线性系统传输特性变换来的转移函数。这两种名称在有关书籍和文献中均有所见。

下面讨论采用特征函数法求非线性系统输出随机过程的相关函数。

1. 当输入为高斯噪声时非线性系统输出的自相关函数

设输入为零均值平稳高斯噪声，它的二维特征函数是

$$\Phi_N(s_1,s_2;\tau)=\exp\left\{\frac{1}{2}[s_1^2+s_2^2+2s_1s_2R_N(\tau)]\right\} \tag{8.3.13}$$

式中,$R_N(\tau)=E[N(t)N(t+\tau)]$,并满足$E[N^2(t)]=1$。将式(8.3.13)代入式(8.3.12)得

$$R_Y(\tau)=\frac{1}{(2\pi j)^2}\oint_D f(s_1)\oint_D f(s_2)\exp\left\{\frac{1}{2}[s_1^2+s_2^2+2s_1s_2R_N(\tau)]\right\}ds_1ds_2 \tag{8.3.14}$$

令$x=s_1s_2R_N(\tau)$,并将$\exp(x)$展成级数,有

$$\exp(x)=\sum_{k=0}^{\infty}\frac{x^k}{k!}=\sum_{k=0}^{\infty}\frac{R_N^k(\tau)}{k!}(s_1s_2)^k \tag{8.3.15}$$

因此当输入是高斯噪声时,输出自相关函数可写成

$$R_Y(\tau)=\sum_{k=0}^{\infty}\frac{R_N^k(\tau)}{k!\ (2\pi j)^2}\oint_D f(s_1)s_1^k e^{s_1^2/2}ds_1\oint_D f(s_2)s_2^k e^{s_2^2/2}ds_2 \tag{8.3.16}$$

2. 当输入为余弦信号加高斯噪声时,非线性系统输出的自相关函数

设系统输入为

$$X(t)=S(t)+N(t)$$

其中

$$S(t)=a(t)\cos[\omega_0t+\theta]$$

式中,$a(t)$是余弦波的调制部分,ω_0为载频,相位θ为$(0,2\pi)$上均匀分布的随机变量。

噪声$N(t)$是零均值平稳窄带高斯过程,噪声与信号互不相关。

信号与噪声的联合特征函数为

$$\Phi_X(s_1,s_2;\tau)=\Phi_S(s_1,s_2;\tau)\Phi_N(s_1,s_2;\tau) \tag{8.3.17}$$

式中,$\Phi_N(s_1,s_2;\tau)$是噪声的二维特征函数,$\Phi_S(s_1,s_2;\tau)$是信号的二维特征函数

$$\Phi_S(s_1,s_2;\tau)=E[\exp\{s_1S_1+s_2S_2\}] \tag{8.3.18}$$

式中,$S_1=S(t_1)=a(t_1)\cos(\omega_0t_1+\theta)$; $S_2=S(t_2)=a(t_2)\cos(\omega_0t_2+\theta)$;$\tau=t_2-t_1$。

利用雅可比-安格尔(Anger)公式

$$\exp[z\cos\theta]=\sum_{m=0}^{\infty}\varepsilon_m I_m(z)\cos m\theta \tag{8.3.19}$$

式中,ε_m是诺伊曼(Neumann)因数,其中$\varepsilon_0=1$,而$\varepsilon_m=2\ (m=1,2,3,\cdots)$;$I_m(z)$是第一类$m$阶修正贝塞尔函数。将式(8.3.19)代入式(8.3.18),则有

$$\Phi_S(s_1,s_2;\tau)=\sum_{m=0}^{\infty}\sum_{n=0}^{\infty}\varepsilon_m\varepsilon_n E[I_m(a_1s_1)I_n(a_2s_2)]\cdot E[\cos m(\omega_0t_1+\theta)\cos n(\omega_0t_2+\theta)] \tag{8.3.20}$$

式中,$a_1=a(t_1)$,$a_2=a(t_2)$。由于

$$E[\cos m(\omega_0t_1+\theta)\cos n(\omega_0t_2+\theta)]=\begin{cases}0, & m\neq n\\ \dfrac{1}{\varepsilon_m}\cos m\omega_0\tau, & m=n\end{cases} \tag{8.3.21}$$

式中$\tau=t_2-t_1$,于是

$$\Phi_S(s_1,s_2;\tau)=\sum_{m=0}^{\infty}\varepsilon_m E[I_m(a_1s_1)I_m(a_2s_2)]\cos m\omega_0\tau \tag{8.3.22}$$

将式(8.3.22)代入式(8.3.17),然后将所得$\Phi_X(s_1,s_2;\tau)$代入式(8.3.12),得到非线性系统输出的自相关函数为

$$R_Y(\tau)=\frac{1}{(2\pi j)^2}\oint_D f(s_1)ds_1\oint f(s_2)ds_2\sum_{k=0}^{\infty}\frac{R_N^k(\tau)}{k!}(s_1s_2)^k e^{S_1^2/2}e^{S_2^2/2}\cdot$$

$$\sum_{m=0}^{\infty}\varepsilon_m E[\mathrm{I}_m(a_1s_1)\mathrm{I}_m(a_2s_2)]\cos m\omega_0\tau \tag{8.3.23}$$

下面定义一个函数

$$h_{mk}(t_i)=\frac{1}{2\pi \mathrm{j}}\oint_D f(s)s^k\mathrm{I}_m(a_is)\mathrm{e}^{s^2/2}\mathrm{d}s \tag{8.3.24}$$

式中，$a_i=a(t_i)$。再定义 $h_{mk}(t_i)$ 的自相关函数为

$$R_{mk}(\tau)=E[h_{mk}(t_1)\ h_{mk}(t_2)] \tag{8.3.25}$$

于是我们可把 $R_Y(\tau)$ 写成如下比较简洁的形式

$$R_Y(\tau)=\sum_{m=0}^{\infty}\sum_{k=0}^{\infty}\frac{\varepsilon_m}{k!}R_{mk}(\tau)R_N^k(\tau)\cos m\omega_0\tau \tag{8.3.26}$$

若输入信号是一个未调制的余弦波，那么 $a(t)=a$ 是一个常数，于是 $h_{mk}(t_1)=h_{mk}(t_2)$ 也是常数。此时得到的自相关函数为

$$R_Y(\tau)=\sum_{m=0}^{\infty}\sum_{k=0}^{\infty}\frac{\varepsilon_m h_{mk}^2}{k!}R_N^k(\tau)\cos m\omega_0\tau \tag{8.3.27}$$

分析式(8.3.26)可见，由于信号和噪声在非线性系统中作用的结果，各种分量的拍频将组合成各种各样的分量，这里 m 代表信号的各种分量，k 代表噪声的各种分量。

虽然构成输出自相关函数的分量很多，但总可以把它们按其性质划分成三种类型的组合分量，即

$$R_Y(\tau)=R_{S\times S}(\tau)+R_{N\times N}(\tau)+R_{S\times N}(\tau) \tag{8.3.28}$$

式中

$$R_{S\times S}(\tau)=\sum_{m=0}^{\infty}\varepsilon_m R_{m0}(\tau)\cos m\omega_0\tau \tag{8.3.29}$$

$$R_{N\times N}(\tau)=\sum_{k=1}^{\infty}\frac{1}{k!}R_{0k}(\tau)R_N^k(\tau) \tag{8.3.30}$$

$$R_{S\times N}(\tau)=2\sum_{m=1}^{\infty}\sum_{k=1}^{\infty}\frac{1}{k!}R_{mk}(\tau)R_N^k(\tau)\cos m\omega_0\tau \tag{8.3.31}$$

若令 $k=0,m=0$，则式(8.3.26)对应于非线性系统输出的直流分量。

当 $k=0$ 时，对应的全体周期性分量，主要是由于输入信号本身相互作用引起的，总体可用式(8.3.29)表示，这个式子中，输出信号选取哪些项，完全取决于非线性设备本身的用途。例如非线性系统是一个检波器时，希望输出的信号集中在零频率附近，这时输出的自相关函数信号部分将是

$$R_{S\times S}(\tau)=R_{00}(\tau) \tag{8.3.32}$$

因为 $\varepsilon_0=1$，$\cos m\omega_0\tau=1$（当 $m=0$ 时）。

又如非线性系统的输出信号集中在载频 ω_0 附近的非线性放大器时，因 $\varepsilon_1=2$，有

$$R_{S\times S}(\tau)=2R_{10}(\tau)\cos\omega_0\tau$$

对于 $m=0,k\geqslant 1$ 的那些项，由输入噪声本身的相互作用所引起，可由式(8.3.30)表示。

对于 $m\geqslant 1,k\geqslant 1$ 的各项，由输入信号和输入噪声之间的相互作用所引起，由式(8.3.31)表示。

3.非线性系统输出的功率谱密度

对式(8.3.28)所给出的输出自相关函数取傅里叶变换，即可得到相应的输出功率谱密度为

$$G_Y(f) = G_{S\times S}(f) + G_{N\times N}(f) + G_{S\times N}(f) \tag{8.3.33}$$

我们定义 $G_{mk}(f)$ 是函数 $h_{mk}(t)$ 的自相关函数的傅里叶变换

$$G_{mk}(f) = \int_{-\infty}^{+\infty} R_{mk}(\tau)\,\mathrm{e}^{-\mathrm{j}2\pi f\tau}\,\mathrm{d}\tau \tag{8.3.34}$$

定义${}_kG_N(f)$ 为 $R_N^k(\tau)$ 的傅里叶变换

$$_kG_N(f) = \int_{-\infty}^{+\infty} R_N^k(\tau)\,\mathrm{e}^{-\mathrm{j}2\pi f\tau}\,\mathrm{d}\tau \tag{8.3.35}$$

于是输出功率谱密度的各组成部分可表示为

$$G_{S\times S}(f) = \sum_{m=0}^{\infty} \frac{\varepsilon_m}{2}[G_{m0}(f+mf_0) + G_{m0}(f-mf_0)] \tag{8.3.36}$$

$$G_{N\times N}(f) = \sum_{k=1}^{\infty} \frac{1}{k!}\int_{-\infty}^{+\infty} G_{0k}(f')\,{}_kG_N(f-f')\,\mathrm{d}f' \tag{8.3.37}$$

$$G_{S\times N}(f) = \sum_{m=1}^{+\infty}\sum_{k=1}^{+\infty} \frac{1}{k!}\int_{-\infty}^{+\infty} G_{mk}(f')[{}_kG_N(f+mf_0-f') + {}_kG_N(f-mf_0-f')]\,\mathrm{d}f' \tag{8.3.38}$$

式(8.3.38)表明，$G_{S\times N}(f)$ 是由 $G_{mk}(f)$ 与${}_kG_N(f)$ 的卷积积分构成的。

下面说明一下${}_kG_N(f)$ 与 $G_N(f)$ 的关系。

当 $k=1$ 时，由式(8.3.35)可得

$$_1G_N(f) = G_N(f)$$

又，当 $k \geqslant 2$ 时，$R_N^k(\tau)$ 可分解因子写成

$$_kG_N(f) = \int_{-\infty}^{+\infty} R_N^{k-1}(\tau) R_N(\tau)\,\mathrm{e}^{-\mathrm{j}2\pi f\tau}\,\mathrm{d}\tau$$

于是${}_kG_N(f)$ 可以表示成${}_{k-1}G_N(f)$ 和 $G_N(f)$ 的卷积，即

$$_kG_N(f) = \int_{-\infty}^{+\infty} {}_{k-1}G_N(f')\,G_N(f-f')\,\mathrm{d}f'$$

重复运用这个递推公式，可得

$$_kG_N(f) = \int_{-\infty}^{+\infty}\cdots\int_{-\infty}^{+\infty} G_N(f_{k-1})\,G_N(f_{k-2}-f_{k-1})\cdots G_N(f-f_1)\,\mathrm{d}f_{k-1}\cdots\mathrm{d}f_1 \tag{8.3.39}$$

该式表明，功率谱密度${}_kG_N(f)$ 可以表示为输入噪声功率谱密度与其本身的 $(k-1)$ 重卷积积分。

前面已导出了求非线性系统输出端随机过程的自相关函数和功率谱密度的一般公式，有了这些公式便可根据不同的信号类型与不同的非线性系统传输特性，求出它们的自相关函数与功率谱密度。

8.3.3 普赖斯定理

普赖斯(Price)运用特征函数法，在输入随机过程是高斯分布的特定条件下，把输入自相关函数与输出自相关函数联系起来，提出了普赖斯定理。有了这个定理，可以使有些问题的求解过程大大简化。普赖斯定理是用随机过程 n 维分布律的一般形式来证明的。由于在大多数的实际情况下，仅用到二维分布，为了简化，在这里对于普赖斯定理的叙述，只限于讨论二维分布的情况。

设 $X(t)$ 为零均值、单位方差的平稳高斯随机信号。它的二维概率密度函数和特征函数分别为

$$p_X(x_1,x_2;\tau)=\frac{1}{2\pi\sqrt{1-\rho^2(\tau)}}\exp\left[-\frac{x_1^2+x_2^2-2x_1x_2\rho(\tau)}{2[1-\rho^2(\tau)]}\right] \tag{8.3.40}$$

$$\Phi_X(u,\nu;\tau)=\exp\left\{-\frac{1}{2}[u^2+\nu^2+2u\nu\rho(\tau)]\right\} \tag{8.3.41}$$

对式(8.3.41)求各阶导数$\frac{\partial\Phi_X}{\partial\rho},\frac{\partial^2\Phi_X}{\partial\rho^2},\cdots,\frac{\partial^k\Phi_X}{\partial\rho^k}$(式中$\rho=\rho(\tau)$,为了书写简便,本节下面的公式都将采用这种写法),得

$$\frac{\partial^k\Phi_X}{\partial\rho^k}=(-1)^k(u\nu)^k\Phi_X(u,\nu;\tau) \tag{8.3.42}$$

将式(8.3.11)两边对$\rho(\tau)$求导数,得

$$\frac{\partial^k R_Y(\tau)}{\partial\rho^k}=\frac{1}{4\pi^2}\int_{-\infty}^{+\infty}f(u)\int_{-\infty}^{+\infty}f(\nu)\frac{\partial^k\Phi_X}{\partial\rho^k}\mathrm{d}u\mathrm{d}\nu$$

将式(8.3.42)代入,得

$$\frac{\partial^k R_Y(\tau)}{\partial\rho^k}=\frac{1}{4\pi^2}\int_{-\infty}^{+\infty}f(u)\int_{-\infty}^{\infty}f(\nu)(-1)^k(u\nu)^k\Phi_X(u,\nu;\tau)\mathrm{d}u\mathrm{d}\nu$$

但

$$\Phi_X(u,\nu;\tau)=E[\exp\{\mathrm{j}uX(t)+\mathrm{j}\nu X(t+\tau)\}]$$

于是有

$$\frac{\partial^k R_Y(\tau)}{\partial\rho^k}=\frac{1}{4\pi^2}E\left[\int_{-\infty}^{+\infty}(\mathrm{j}u)^kf(u)\mathrm{e}^{\mathrm{j}uX(t)}\mathrm{d}u\int_{-\infty}^{+\infty}(\mathrm{j}\nu)^kf(\nu)\mathrm{e}^{\mathrm{j}\nu X(t+\tau)}\mathrm{d}\nu\right] \tag{8.3.43}$$

由于

$$g(X)=\frac{1}{2\pi}\int_{-\infty}^{+\infty}f(u)\mathrm{e}^{\mathrm{j}uX}\mathrm{d}(u)$$

可得对X的k阶导数

$$g^{(k)}(X_1)=\frac{\partial^k g(X_1)}{\partial X_1^k}=\frac{1}{2\pi}\int_{-\infty}^{+\infty}(\mathrm{j}u)^kf(u)\mathrm{e}^{\mathrm{j}uX_1}\mathrm{d}u$$

$$g^{(k)}(X_2)=\frac{\partial^k g(X_2)}{\partial X_2^k}=\frac{1}{2\pi}\int_{-\infty}^{+\infty}(\mathrm{j}\nu)^kf(\nu)\mathrm{e}^{\mathrm{j}\nu X_2}\mathrm{d}\nu$$

式中,$X_1=X(t_1)$,$X_2=X(t_2)$,$\tau=t_2-t_1$。将$g^{(k)}(X_1)$和$g^{(k)}(X_2)$代入式(8.3.43),得

$$\begin{aligned}\frac{\partial^k R_Y(\tau)}{\partial\rho^k}&=E[g^{(k)}(X_1)g^{(k)}(X_2)]\\&=\int_{-\infty}^{+\infty}\int_{-\infty}^{+\infty}g^{(k)}(x_1)g^{(k)}(x_2)p_X(x_1,x_2;\tau)\mathrm{d}x_1\mathrm{d}x_2\end{aligned} \tag{8.3.44}$$

式中,$g^{(k)}(x)$为$g(x)$的k阶导数。将式(8.3.40)代入式(8.3.44),得

$$\frac{\partial^k R_Y(\tau)}{\partial\rho^k}=\int_{-\infty}^{+\infty}\int_{-\infty}^{+\infty}\frac{g^{(k)}(x_1)g^{(k)}(x_2)}{2\pi\sqrt{1-\rho^2}}\exp\left[-\frac{x_1^2+x_2^2-2x_1x_2\rho}{2(1-\rho^2)}\right]\mathrm{d}x_1\mathrm{d}x_2 \tag{8.3.45}$$

式(8.4.45)即为普赖斯定理的表达式。它把输入随机过程的统计特性,非线性系统的传输特性,输出随机这程的统计特性三者联系起来。如果遇到的$g(x)$求导若干次后,能形成δ函数,那么这种情况下的积分可以大大简化,因为δ函数在积分上有一个重要的性质,即对任意函数$f(x)$,若在x_0点连续,则有下列筛选特性存在

$$\int_{-\infty}^{+\infty}f(x)\delta(x-x_0)\mathrm{d}x=f(x_0) \tag{8.3.46}$$

因此，若式(8.3.45)能用到式(8.3.46)的性质，就会使问题的求解变得十分简便。这是普赖斯方法的优越性。

例 8.2 有图 8.7 所示传输特性的理想硬限幅器，其输入为零均值平稳高斯过程，试用普赖斯方法求出输出自相关函数 $R_Y(\tau)$。

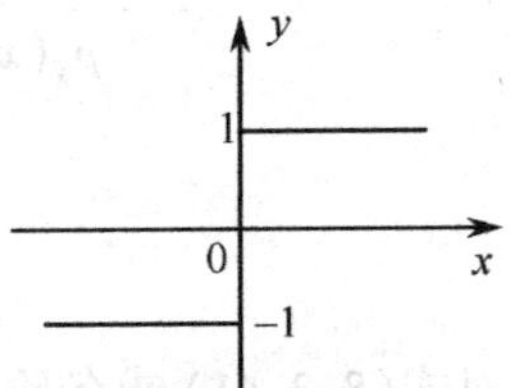

图 8.7 理想硬限幅器的传输特性

解：由图 8.7 可知 $g(x)=\begin{cases}1, & x\geqslant 0\\ -1, & x<0\end{cases}$

可得 $\dot{g}(x_1)=2\delta(x_1)$，$\dot{g}(x_2)=2\delta(x_2)$。于是

$$\frac{\partial R_Y(\tau)}{\partial\rho}=\int_{-\infty}^{+\infty}\int_{-\infty}^{+\infty}\frac{4\delta(x_1)\delta(x_2)}{2\pi\sqrt{1-\rho^2}}\exp\left[-\frac{x_1^2+x_2^2-2x_1x_2\rho}{2(1-\rho^2)}\right]\mathrm{d}x_1\mathrm{d}x_2$$

$$=\frac{2}{\pi\sqrt{1-\rho^2}}$$

边界条件

$$R_Y(\tau)\Big|_{\rho=0}=\int_{-\infty}^{+\infty}\int_{-\infty}^{+\infty}\frac{g(x_1)g(x_2)}{2\pi\sqrt{1-\rho^2}}\exp\left[-\frac{x_1^2+x_2^2-2x_1x_2\rho}{2(1-\rho^2)}\right]\mathrm{d}x_1\mathrm{d}x_2\Bigg|_{\rho=0}$$

$$=\left[\int_{-\infty}^{+\infty}\frac{g(x)}{\sqrt{2\pi}}\exp\left(-\frac{x^2}{2}\right)\mathrm{d}x\right]^2$$

$$=\left[\int_{-\infty}^{0}\frac{-1}{\sqrt{2\pi}}\exp\left(-\frac{x^2}{2}\right)\mathrm{d}x+\int_{0}^{\infty}\frac{1}{\sqrt{2\pi}}\exp\left(-\frac{x^2}{2}\right)\mathrm{d}x\right]^2=0$$

于是对 $\dfrac{\partial R_Y(\tau)}{\partial\rho}$ 求积分，即可得到

$$R_Y(\tau)=\frac{2}{\pi}\int_0^{\rho}\frac{\mathrm{d}\rho}{\sqrt{1-\rho^2}}=\frac{2}{\pi}\arcsin\rho$$

该例若采用特征函数方法进行计算，则其过程将是相当烦锁的。这个结果对于研究随机过程的零交叉点问题很有用处。

普赖斯方法在解决某些问题上的优越性是明显的。但这种方法的局限性也是较大的，它要求输入必须是高斯随机过程，而且一般情况下，只有非线性系统的传输特性 $g(X)$ 多次求导后能得到 δ 函数时，这种方法才特别有效。

8.4 非线性系统的 Voterra 级数

8.4.1 Voterra 级数的导出

以上讨论均把一般非线性系统分解成无记忆非线性系统与线性系统的级联。在求解其输出统计特性(主要是相关函数和功率谱)时，首先求出无记忆非线性系统输出的统计特性，再利用线性系统的传递函数就可求出整个非线性系统输出的统计特性。但是在某些情况下则无法明显地区分开无记忆非线性系统与一般线性系统。特别是未知非线性系统辨识或逆辨识情况，往往需要一种将一般非线性系统输入和输出直接联系起来的描述方法，这就是本节要介绍的 Voterra 级数表示法。

我们知道，线性系统满足叠加原理，如图 8.8 所示。对于时不变线性系统，在 τ_1 时刻的冲激$\delta(t-\tau_1)$产生的响应为$h(t-\tau_1)$，在τ_2时刻的冲激$\delta(t-\tau_2)$产生的响应为$h(t-\tau_2)$，则当$\delta(t-\tau_1)+\delta(t-\tau_2)$作用时产生的响应必为$h(t-\tau_1)+h(t-\tau_2)$。

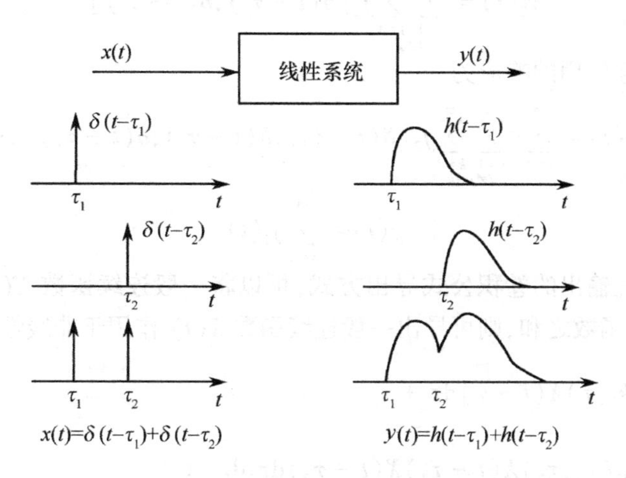

图 8.8　线性系统的叠加原理

但是，对非线性系统叠加原理就不能用，如图 8.9 所示。如果发生在τ_1、τ_2时刻的冲激产生的输出响应为$k(t-\tau_1)$和$k(t-\tau_2)$，则$x(t)=\delta(t-\tau_1)+\delta(t-\tau_2)$产生的响应并不是$k(t-\tau_1)+k(t-\tau_2)$，而是

$$y(t)=k(t-\tau_1)+k(t-\tau_2)+f_2[\delta(t-\tau_1),\delta(t-\tau_2)] \tag{8.4.1}$$

式中，$f_2[\delta(t-\tau_1)、\delta(t-\tau_2)]$是非线性系统输出与一般线性系统输出$k(t-\tau_1)$和$k(t-\tau_2)$之差，如图 8.9 所示，这一项正是非线性系统本质特征所决定的，它表示了系统非线性所引起的两个冲激函数相互作用在系统输出引起的响应。显然，它具有以下特性

$$f_2[\delta(t-\tau_1),\ \delta(t-\tau_2)]=0,\ \text{当}\ t<\max(\tau_1,\tau_2)\ \text{时} \tag{8.4.2}$$

将这个表示式加以推广，当m个发生在$\tau_1,\tau_2,\cdots,\tau_n$的冲激作用于非线性系统时，则可能产生多种相互作用的交叉项，其总输出应包含下列各项之和。

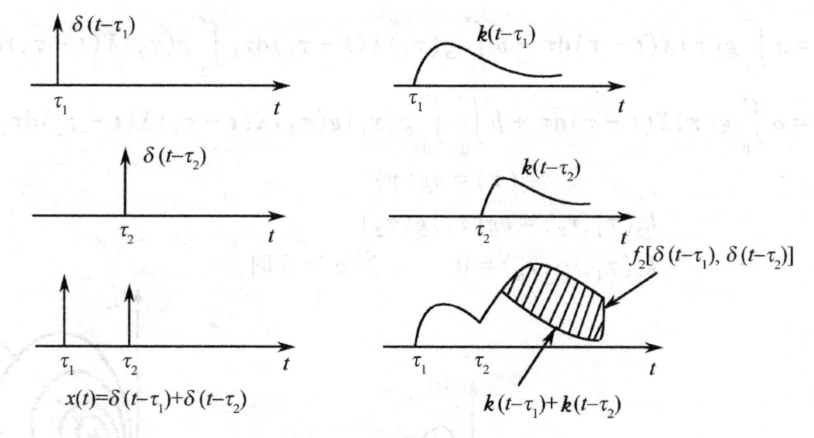

图 8.9　非线性系统响应

各个冲激各自产生的响应之和（线性系统仅有此项）

$$y_1(t)=\sum_{i=1}^{m}f_1[\delta(t-\tau_i)]=\sum_{i=1}^{m}k(t-\tau_i) \tag{8.4.3}$$

每两个冲激相互作用的响应为

$$y_2(t) = \sum_{i=1}^{m} \sum_{\substack{j=1 \\ i \neq j}}^{m} f_2[\delta(t-\tau_i), \delta(t-\tau_j)] \tag{8.4.4}$$

每三个冲激相互作用的响应为

$$y_3(t) = \sum_{i=1}^{m} \sum_{\substack{j=1 \\ i \neq j \neq k}}^{m} \sum_{k=1}^{m} f_3[\delta(t-\tau_i), \delta(t-\tau_j), \delta(t-\tau_k)], \cdots \tag{8.4.5}$$

总响应为

$$y(t) = \sum_{i=1}^{m} y_i(t) \tag{8.4.6}$$

类似于线性系统输出的卷积公式导出方式,可以将一般连续函数 $X(t)$ 看成若干不同时刻、不同强度的冲激函数之和,则可导出一般连续函数 $X(t)$ 作用于非线性系统的输出表达式

$$\begin{aligned}
Y(t) &= k_0 + \int_0^\infty k_1(\tau)X(t-\tau)\mathrm{d}\tau + \\
&\int_0^\infty \int_0^\infty k_2(\tau_1,\tau_2)X(t-\tau_1)X(t-\tau_2)\mathrm{d}\tau_1\mathrm{d}\tau_2 + \\
&\int_0^\infty \int_0^\infty \int_0^\infty k_3(\tau_1,\tau_2,\tau_3)X(t-\tau_1)X(t-\tau_2)X(t-\tau_3)\mathrm{d}\tau_1\mathrm{d}\tau_2\mathrm{d}\tau_3 + \cdots \\
&= \sum_{n=0}^{\infty} \int_0^\infty \cdots \int_0^\infty k_n(\tau_1,\tau_2,\cdots,\tau_n)X(t-\tau_1)\cdots X(t-\tau_n)\mathrm{d}\tau_1\mathrm{d}\tau_2\cdots\mathrm{d}\tau_n
\end{aligned} \tag{8.4.7}$$

此式即为一般非线性系统输出的 Voterra 级数表示。式中 k_0, $k_1(\tau), k_2(\tau_1,\tau_2),\cdots$ 称为 Volterra 核函数。$k_n(\tau_1,\tau_2,\cdots,\tau_n)$ 具有以下性质:

① 因果律,当任一 $\tau_i < 0$ 时,$k_n(\tau_1,\tau_2,\cdots,\tau_n)=0$。

② 自变量 $\tau_1,\tau_2,\cdots,\tau_n$ 可以相互交换,如 $k_2(\tau_1,\tau_2)=k_2(\tau_2,\tau_1)$。

例 8.3 如图 8.10(a) 所示非线性系统由冲激响应为 $g(t)$ 的线性系统与无惯性非线性系统 $z = ay + by^2$ 组成,则有

$$W(t) = \int_0^\infty g(\tau)X(t-\tau)\mathrm{d}\tau$$

$$\begin{aligned}
Y(t) &= a\int_0^\infty g(\tau)X(t-\tau)\mathrm{d}\tau + b\int_0^\infty g(\tau_1)X(t-\tau_1)\mathrm{d}\tau_1 \int_0^\infty g(\tau_2)X(t-\tau_2)\mathrm{d}\tau_2 \\
&= a\int_0^\infty g(\tau)X(t-\tau)\mathrm{d}\tau + b\int_0^\infty \int_0^\infty g(\tau_1)g(\tau_2)X(t-\tau_1)X(t-\tau_2)\mathrm{d}\tau_1\mathrm{d}\tau_2
\end{aligned}$$

即有

$$k_1(\tau) = ag(\tau)$$

$$k_2(\tau_1,\tau_2) = bg(\tau_1)g(\tau_2)$$

$$k_n(\tau_1,\cdots,\tau_n) = 0, \qquad 当\ n \geqslant 3\ 时$$

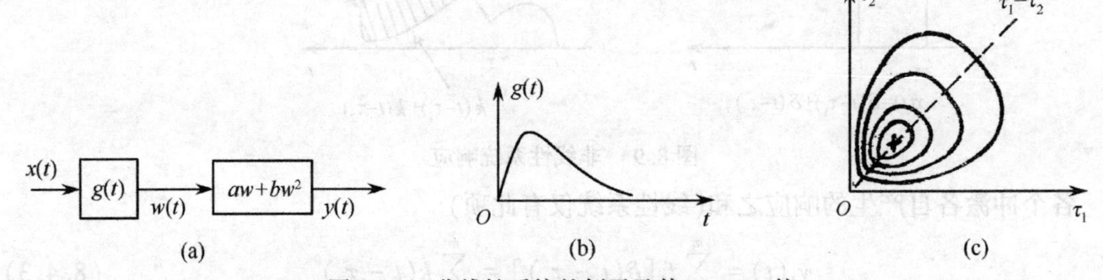

图 8.10 非线性系统的例子及其 Volterra 核

假设$g(\tau)$如图8.10(b)所示,则$k_2(\tau_1,\tau_2)$在τ_1,τ_2平面上的等高线如图8.10(c)所示。Voterra级数既可用于确定性信号输入也适用于随机信号输入。但是直接由Voterra级数导出无记忆非线性系统的统计特性是非常烦琐的。其主要困难在于求输出二阶矩(如相关函数,功率谱密度等)时会出现大量的交叉项,即式(8.4.7)中不同n值对应的积分之间的交叉乘积项的期望运算。下面仅对存在式(8.4.7)中某一项的所谓齐次非线性系统加以讨论。

8.4.2 齐次非线性系统

假设时不变非线性系统的输入输出满足下式

$$y(t)=\int_{-\infty}^{+\infty}\cdots\int_{-\infty}^{+\infty}k_n(\tau_1,\cdots,\tau_n)x(t-\tau_1)\cdots x(t-\tau_n)\mathrm{d}\tau_1\cdots\mathrm{d}\tau_n \tag{8.4.8}$$

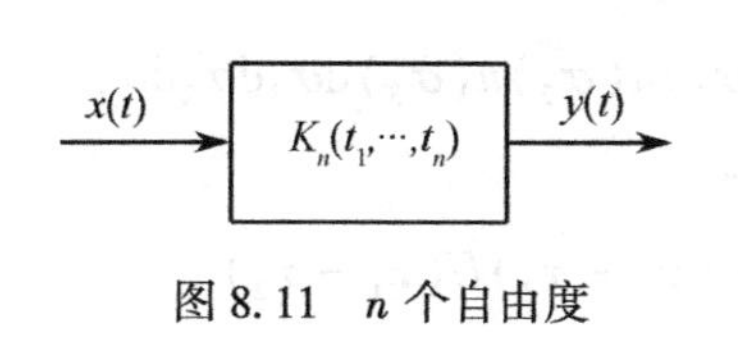

图8.11 n个自由度的齐次系统

这样的系统称为n个自由度的齐次系统,然后再推广到具有有限项和无限项的情况,如图8.11所示。其主要特征为,对于任意标量a,若$ax(t)$为输入,则输出为$a^n y(t)$。显然,若$n=1$,则还原为线性系统。

为了简化而不混淆,将式(8.4.8)的多重积分用单重积分来表示

$$y(t)=\int_{-\infty}^{+\infty}k_n(\tau_1,\cdots,\tau_n)x(t-\tau_1)\cdots x(t-\tau_n)\mathrm{d}\tau_1\cdots\mathrm{d}\tau_n \tag{8.4.9}$$

在工程应用中遇到的一些实际的非线性系统,往往可以用一些线性子系统通过简单的非线性运算,如乘法交叉连接而成。这种情况下齐次系统模型非常有用。

例8.4 考察图8.12用乘法器连接起来的三个线性子系统,线性子系统描述为

$$y_i(t)=\int_{-\infty}^{+\infty}h_i(\sigma)u(t-\sigma)\mathrm{d}\sigma,\quad i=1,2,3$$

由图8.11直接看出,整个非线性系统可描述为

$$\begin{aligned}y(t)&=y_1(t)y_2(t)y_3(t)\\&=\int_{-\infty}^{+\infty}h_1(\sigma)u(t-\sigma)\mathrm{d}\sigma\int_{-\infty}^{+\infty}h_2(\sigma)u(t-\sigma)\mathrm{d}\sigma\int_{-\infty}^{+\infty}h_3(\sigma)u(t-\sigma)\mathrm{d}\sigma\\&=\int_{-\infty}^{+\infty}h_1(\sigma_1)h_2(\sigma_2)h_3(\sigma_3)u(t-\sigma_1)u(t-\sigma_2)u(t-\sigma_3)\mathrm{d}\sigma_1\mathrm{d}\sigma_2\mathrm{d}\sigma_3\end{aligned}$$

显然,这是一个三个自由度的齐次系统,其核函数为

$$k(\tau_1,\tau_2,\tau_3)=h_1(\tau_1)h_2(\tau_2)h_3(\tau_3)$$

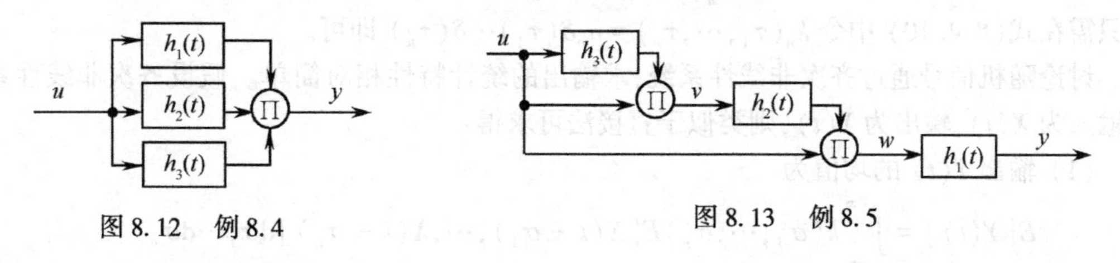

图8.12 例8.4　　图8.13 例8.5

下面再举一个稍微复杂一点的例子。

例8.5 考察图8.13所示由三个因果线性系统交叉连接起来的非线性系统,求它的核函数。

解: 按照图上标出的信号,容易导出下列表示式

$$\nu(t)=\int_{-\infty}^{t}h_3(t-\sigma_3)u(\sigma_3)\mathrm{d}\sigma_3 u(t)$$

类似地有 $$w(t)=\int_{-\infty}^{t}h_2(t-\sigma_2)\nu(\sigma_2)\mathrm{d}\sigma_2 u(t)$$

$$=\int_{-\infty}^{t}h_2(t-\sigma_2)\int_{-\infty}^{\sigma_2}h_3(\sigma_2-\sigma_3)u(\sigma_3)\mathrm{d}\sigma_3 u(\sigma_2)\mathrm{d}\sigma_2 u(t)$$

$$=\int_{-\infty}^{t}\int_{-\infty}^{\sigma_2}h_2(t-\sigma_2)h_3(\sigma_2-\sigma_3)u(\sigma_3)u(\sigma_2)\mathrm{d}\sigma_3\mathrm{d}\sigma_2 u(t)$$

最后的输出信号为

$$y(t)=\int_{-\infty}^{t}h_1(t-\sigma_1)w(\sigma_1)\mathrm{d}\sigma_1$$

$$=\int_{-\infty}^{t}\int_{-\infty}^{\sigma_1}\int_{-\infty}^{\sigma_2}h_1(t-\sigma_1)h_2(\sigma_1-\sigma_2)h_3(\sigma_2-\sigma_3)u(\sigma_1)u(\sigma_2)u(\sigma_3)\mathrm{d}\sigma_3\mathrm{d}\sigma_2\mathrm{d}\sigma_1$$

因此,它的核函数为

$$k(t,\tau_1,\tau_2,\tau_3)=h_1(t-\tau_1)h_2(\tau_1-\tau_2)h_3(\tau_2-\tau_3)U(\tau_2-\tau_3)U(\tau_1-\tau_2)$$

式中 $U(t)$ 为步函数,即它定义为

$$U(t)=\begin{cases}0, & t<0\\ 1, & t\geqslant 0\end{cases}$$

如果随时注意到有关系统因果性的假设,式中的步函数也可以不写入。

8.4.3 多项式系统和 Volterra 系统

对于一个有限项齐次系统方程,如

$$Y(t)=\sum_{n=1}^{N}\int_{-\infty}^{\infty}k_n(\sigma_1,\cdots,\sigma_n)u(t-\sigma_1)\cdots u(t-\sigma_n)\mathrm{d}\sigma_1\cdots\mathrm{d}\sigma_n \tag{8.4.10}$$

式中,$k_N(\tau_1,\cdots,\tau_N)\neq 0$。

式(8.4.10) 所描述的系统称为 N 个自由度的多项式系统。如果一个系统需要用无穷项齐次系统方程来描述,则称为 Volterra 系统,即需用式(8.4.7) 的 Volterra 级数描述。

式(8.4.10) 的一种特殊情况是,前面讨论的无记忆非线性系统可由一个输入的多项式或幂级数来表示

$$Y(t)=a_1x(t)+a_2x^2(t)+\cdots+a_nx^n(t)$$

$$Y(t)=\sum_{n=1}^{\infty}a_nx^n(t) \tag{8.4.11}$$

即只需在式(8.4.10) 中令 $k_n(\tau_1,\cdots,\tau_n)=a_n\delta(\tau_1)\cdots\delta(\tau_n)$ 即可。

讨论随机信号通过齐次非线性系统,求输出的统计特性相对简单。假设齐次非线性系统的输入为 $X(t)$,输出为 $Y(t)$,则类似于直接法可求得:

(1) 输出 $Y(t)$ 的均值为

$$E[Y(t)]=\int_{-\infty}^{+\infty}k(\sigma_1,\cdots,\sigma_n)E[X(t-\sigma_1),\cdots,X(t-\sigma_n)]\mathrm{d}\sigma_1\cdots\mathrm{d}\sigma_n$$

$$=\int_{-\infty}^{+\infty}k(\sigma_1,\cdots,\sigma_n)R_X^{(n)}(t-\sigma_1,\cdots,t-\sigma_n)\mathrm{d}\sigma_1\cdots\mathrm{d}\sigma_n \tag{8.4.12}$$

式中,$R_Z^{(n)}(t_1,\cdots,t_n)$ 称为 $X(t)$ 的 n 阶自相关函数,实际上是 $X(t)$ 的 n 阶原点矩,即

$$R_X^{(n)}(t_1,\cdots,t_n)=E[X(t_1),\cdots,X(t_n)]$$

(2) 输入输出的互相关函数和输出 $Y(t)$ 的自相关函数分别为

$$R_{YX}(t_1,t_2)=\int_{-\infty}^{+\infty}k(\sigma_1,\cdots,\sigma_n)R_X^{(n+1)}(t_1-\sigma_1,\cdots,t_1-\sigma_n,t_2)\mathrm{d}\sigma_1,\cdots,\mathrm{d}\sigma_n$$

$$R_Y(t_1,t_2)=\int_{-\infty}^{+\infty}k(\sigma_1,\cdots,\sigma_n)k(\sigma_{n+1},\cdots,\sigma_{2n})\cdot$$
$$R_X^{(2n)}(t_1-\sigma_1,\cdots,t_1-\sigma_n,t_2-\sigma_{n+1},\cdots,t_2-\sigma_{2n})\mathrm{d}\sigma_1,\cdots,\mathrm{d}\sigma_n \tag{8.4.13}$$

若 $n=1$，则以上三式还原为线性系统输出的相应公式，即(5.2.3)、式(5.2.9) 和式(5.2.5)，系统输出的均值、自相关函数仅与系统输入的均值、自相关函数有关。若 $n>1$，则系统输出的均值、自相关函数与系统输入的高阶统计量有关。而且随着 n 的增大，为了求输出的统计特性，则需要更多的有关输入的统计信息。

另外由以上三式还可看出，若系统输出为宽平稳随机过程，则一般来说系统输入为严平稳随机过程。

以上仅讨论了随机信号通过齐次非线性系统。对于随机信号通过多项式系统和 Volterra 系统原则上可以采用同样的方法。但在实际应用中尚存在某些困难，主要表现在具体计算输出二阶矩时，除了按式(8.4.12) 和式(8.4.13) 计算不同 n 值的齐次非线性系统输出的自相关函数，还得计算式(8.4.7) 中大量的不同 n 值对应积分之间的交叉乘积项的数学期望。若将输入的过程限制为高斯白噪声，则可以将 Volterra 级数变成各项相互正交的展开形式，这就是 Wiener 级数，它在一定程度上可以缓解上述困难，这里不再详述，有兴趣的读可参看文献[5]。

作为一般动态非线性系统的 Voterra 级数的表示也存在两个问题，一是该方法对某些非线性系统会出现 Volterra 级数不收敛(不存在) 的情况，另一个困难就是一般情况 Voterra 核的测量比较困难。尽管如此，Voterra 级数在未知非线性系统辨识、非线性滤波等方面仍有重要的理论和实际应用价值。

8.5 非线性变换后信噪比的计算

前面已经指出，一个电子系统往往包含着许多环节，这些环节基本上由线性系统和非线性系统所组成，因此要定量地计算一个电子系统输出的信噪比，只要解决了线性系统输出端和非线性系统输出端信噪比的计算问题即可。

关于线性系统输出端信噪比的计算，比较容易。因为线性系统满足叠加原理。例如在线性系统输入端，加入一个确定的随相信号与平稳高斯噪声的混合波形时，若信号和噪声相互统计独立，则通过线性系统后，其输出端仍然是信号和噪声之和。由 $G_X(\omega)=|H(\omega)|^2G_Y(\omega)$ 可分别计算出信号与噪声通过线性系统后的功率。最后，再算出系统输出端的信噪比。关于非线性系统输出端信噪比的计算要复杂一些。由式(8.2.24) 可知，信号和噪声同时作用于非线性系统的输入端，其输出端的功率谱由三部分组成：

· $G_{S\times S}$ —— 信号各分量间差拍形成的功率谱；

· $G_{N\times N}$ —— 噪声各分量间差拍形成的功率谱；

· $G_{S\times N}$ —— 信号与噪声各分量间差拍形成的功率谱。

一般在非线性系统中，由于各种频率分量的差拍，形成许多组合频率，所以在非线性系统后总要接一个滤波器或调谐放大器，以选择所需要的频率分量。例如，检波器后接一个低通滤波器，以滤除高频分量。现假设在非线性系统后接一个频率特性为 $H(\omega)$ 的线性系统，于是在

这个线性系统输出端的单边功率谱为

$$F(\omega)=|H(\omega)|^2[F_{S\times S}(\omega)+F_{N\times N}(\omega)+F_{S\times N}(\omega)] \tag{8.5.1}$$

在计算其输出端的信噪比时,要特别注意式(8.5.1)中的$|H(\omega)|^2F_{S\times N}(\omega)$项的处理,因为这一项既包含噪声也包含有用信号的信息,于是把这部分当做有用信号还是当做噪声,需要根据使用场合的不同来决定。由于有时可以把它作为有用信号来处理,这样就产生了两种不同的功率估价抗干扰性能的准则。

第一种准则用来估价模拟通信系统的抗干扰性能较合适。在这种系统中S/N应理解为,无干扰情况下非线性系统后的滤波器通频带内的有用信号功率与信号、干扰同时存在的相同频带内干扰功率之比,此时的信噪比按下式计算

$$\frac{S_o}{N_o}=\frac{\int_0^{\infty}|H(\omega)|^2F_{S\times S}(\omega)\mathrm{d}\omega}{\int_0^{\infty}|H(\omega)|^2[F_{N\times N}(\omega)+F_{S\times N}(\omega)]\mathrm{d}\omega}=\frac{\int_0^{\infty}F_{S_o}(\omega)\mathrm{d}\omega}{\int_0^{\infty}F_{N_o}(\omega)\mathrm{d}\omega} \tag{8.5.2}$$

式中,S_o/N_o表示输出端的信噪比,$F_{S_o}(\omega)$表示有用输出信号单边功率谱密度,$F_{N_o}(\omega)$表示输出干扰单边功率谱密度。

第二种准则用来估价雷达以及OOK数字通信系统的抗干扰性能较为合适。例如用雷达搜索隐蔽干扰中的微弱信号,由于信号与噪声之间差拍成分的存在,会有助于发现信号。此时信噪比可按下式计算

$$\frac{S_o}{N_o}=\frac{\int_0^{\infty}|H(\omega)|^2[F_{S\times S}(\omega)+F_{S\times N}(\omega)]\mathrm{d}\omega}{\int_0^{\infty}|H(\omega)|^2F_{N\times N}(\omega)\mathrm{d}\omega} \tag{8.5.3}$$

下面仅以前面讲过的平方律检波器为例,按照第一种准则讨论平方律检波器输入和输出信噪比之间的关系。

设平方律检波器输入端,作用有信号和噪声。信号为$S(t)=a\cos(\omega_0t+\theta)$,其幅度$a$为常数,相位$\theta$是$(0,2\pi)$上均匀分布的随机变量,噪声为平稳高斯过程,并在以频率f_0为中心的窄带Δf上具有均匀的功率谱密度c_0,因此平方律检波器输入端的信噪比S_i/N_i为

$$\frac{S_i}{N_i}=\frac{\frac{1}{2}a^2}{2c_0\Delta f} \tag{8.5.4}$$

又设平方律检波器之后,所接低通滤波器的频率特性在一个窄的通带内$|H(\omega)|=1$,通带外为无穷大衰减,于是根据式(8.2.32),平方律检波器的输出经低通滤波器后,有用信号功率是$b^2a^4/4$;信号和噪声差拍而形成的功率根据式(8.2.33)为$2b^2a^2c_0\Delta f$;根据式(8.2.31),噪声功率是$4b^2c_0^2\Delta f^2$。将以上各项代入式(8.5.2),可得输出信噪比为

$$\frac{S_o}{N_o}=\frac{\frac{b^2a^4}{4}}{2b^2a^2c_0\Delta f+4b^2c_0^2\Delta f^2}=\frac{\frac{b^2a^4}{4}}{4b^2c_0^2\Delta f^2\left(1+2\frac{S_i}{N_i}\right)}$$

$$=\frac{\left(\frac{a^2}{2}\right)^2}{(2c_0\Delta f)^2}\cdot\frac{1}{\left(1+2\frac{S_i}{N_i}\right)}=\frac{\left(\frac{S_i}{N_i}\right)^2}{\left(1+2\frac{S_i}{N_i}\right)} \tag{8.5.5}$$

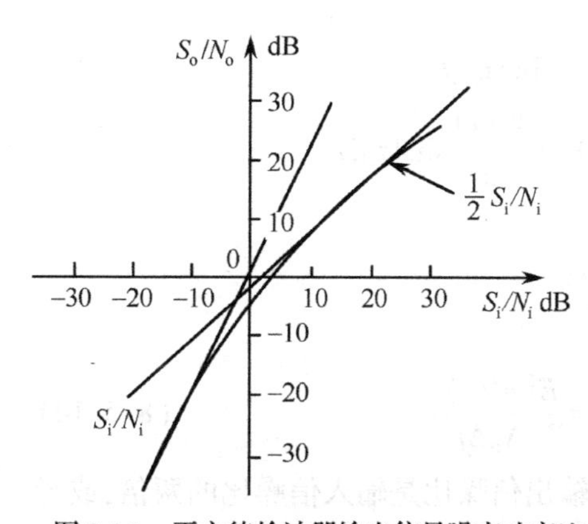

图 8.14　平方律检波器输出信号噪声功率比与输入信号噪声功率比的关系

由式(8.5.5)可见，当 $S_i/N_i \gg 1$ 时，有

$$\frac{S_o}{N_o} \approx \frac{1}{2}\frac{S_i}{N_i} \tag{8.5.6}$$

而当 $S_i/N_i \ll 1$ 时，有

$$\frac{S_o}{N_o} \approx \left(\frac{S_i}{N_i}\right)^2 \tag{8.5.7}$$

即输入信噪比足够大时，输出信噪比与输入信噪比成正比；输入信噪比足够小时，输出信噪比与输入信噪比的平方成正比(见图 8.14)。这一结果表明了非线性系统对弱信号的抑制效应，这个效应亦称为门限效应，即加入到检波器输入端的信噪比不应低于某一门限，否则输出端信噪比将严重恶化，接收机不能正常接收到有用信号。

另外一种无门限效应的检波方式称为同步检波器，现加以讨论。同步检波器如图 8.15 所示。一般检波器前为窄带中放，设它具有理想的归一化频率特性如图 8.16 所示。

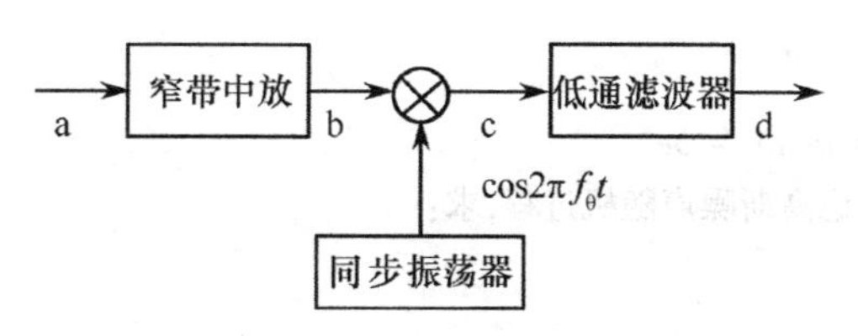

图 8.15　同步检波器

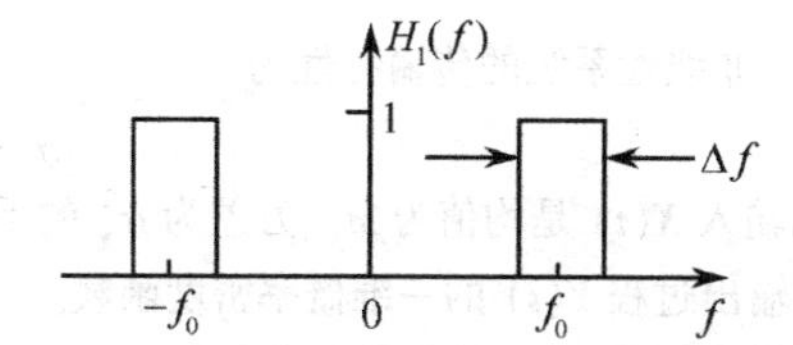

图 8.16　中放的归一化频率特性

在输入端 b 加入信号

$$x(t) = s(t) + n(t) \tag{8.5.8}$$

$s(t)$ 是中心频率为 ω_0 的调幅波

$$s(t) = a(t)\cos 2\pi f_0 t$$

其平均功率为

$$S_i = E[s^2(t)] = \frac{1}{2}E[a^2(t)]$$

$n(t)$ 为窄带噪声。设在窄带中放输入端 a 加入的是白噪声，功率谱密度为 $N_0/2$，则 $n(t)$ 的平均功率为

$$N_i = E[n^2(t)] = \int_{-\infty}^{+\infty} \frac{N_0}{2}|H_I(f)|^2 \mathrm{d}f = N_0 \Delta f$$

因而输入端 b 的信噪比为

$$\frac{S_i}{N_i} = \frac{1}{2}\frac{E[a^2(t)]}{N_0 \Delta f} \tag{8.5.9}$$

在检波器的 c 点总输出为

$$\begin{aligned} Y(t) &= [s(t) + n(t)]\cos 2\pi f_0 t \\ &= \frac{a(t)}{2}(1 + \cos 4\pi f_0 t) + n(t)\cos 2\pi f_0 t \end{aligned}$$

现将窄带过程表示成正交分量的形式,即

$$n(t) = X_n(t)\cos 2\pi f_0 t - Y_n(t)\sin 2\pi f_0 t$$

则有
$$Y(t) = \frac{a(t)}{2} + \frac{X_n(t)}{2}(1 + \cos 4\pi f_0 t) - \frac{Y_n(t)}{2}\sin 4\pi f_0 t$$

经低通滤波器滤掉二倍中频项,其输出为

$$Z(t) = \frac{a(t)}{2} + \frac{X_n(t)}{2}$$

则输出信噪比为
$$\frac{S_o}{N_o} = \frac{E[a^2(t)]}{E[X_n^2(t)]} = \frac{E[a^2(t)]}{E[n^2(t)]} = \frac{E[a^2(t)]}{N_0 \Delta f} \tag{8.5.10}$$

这是因为$R_n(0)=R_{X_n}(0)$的原因,与式(8.5.9)对比,即输出信噪比是输入信噪比的两倍,或者说3dB的信噪比增益,而无门限效应。这主要是利用了同步振荡信号与输入信号相关的性质,信号是幅度相加,而同步本振与噪声不相关,从而不存在交叉项;而且噪声是按功率相加的,因而得此信噪比增益。同步检波在微弱信号接收时非常有用。

习　题

8.1　非线性系统的传输特性为

$$y = g(x) = be^x$$

已知输入$X(t)$是均值为m_X、方差为σ_X^2的平稳高斯噪声随机过程,求:

(1) 输出过程$Y(t)$的一维概率密度函数。

(2) 输出过程$Y(t)$的均值和方差。

8.2　题8.1中,设$b=2$,且输入端作用的$X(t)$是均值为零、方差为σ_X^2的平稳高斯噪声,试采用直接法求出输出随机过程的自相关函数。

8.3　非线性系统的传输特性为

$$Y = g(X) = \begin{cases} 2e^X, & X > 0 \\ 0, & X < 0 \end{cases}$$

已知输入$X(t)$是均值为零、方差为1的平稳高斯噪声,试采用特征函数法求出输出随机过程的自相关函数。

8.4　将均值为零、方差为1的平稳高斯噪声$X(t)$输入到半波线性设备,已知该设备的传输特性为

$$Y = g(X) = \begin{cases} 2X, & X \geqslant 0 \\ 0, & X < 0 \end{cases}$$

试用普赖斯方法求出输出随机过程的自相关函数。

8.5　对称限幅器的传输特性如题8.5图所示。

(1) 导出用输入概率密度函数表示的限幅器输出概率密度函数表达式。

(2) 当输入为零均值平稳高斯噪声时,求该系统的输出随机过程概率密度函数。

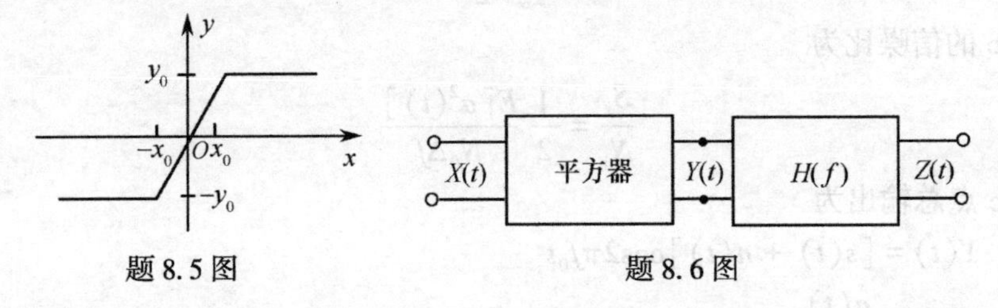

题8.5图　　　　题8.6图

8.6　设非线性系统如题8.6图所示。该系统输入端的$X(t)$为零均值平稳高斯噪声,求证:

(1) $G_Y(f) = \left[\int_{-\infty}^{+\infty} G_X(f)\,\mathrm{d}f\right]^2 \delta(f) + 2G_X(f) * G_X(f)$。

(2) $G_Z(f) = G_Y(f)\,|H(f)|^2$。

(3) $D[Z(t)] = 2\int_{-\infty}^{\infty} [G_X(f) * G_X(f)]\,|H(f)|^2 \mathrm{d}f$。

8.7　设非线性系统如题8.7图所示，输入随机过程 $X(t)$ 为高斯白噪声，其功率谱密度为 $G_{X_1}(\omega) = N_0/2$。若电路本身的热噪声可以忽略不计，试求：输出随机过程 $Y(t)$ 的自相关函数和功率谱密度。

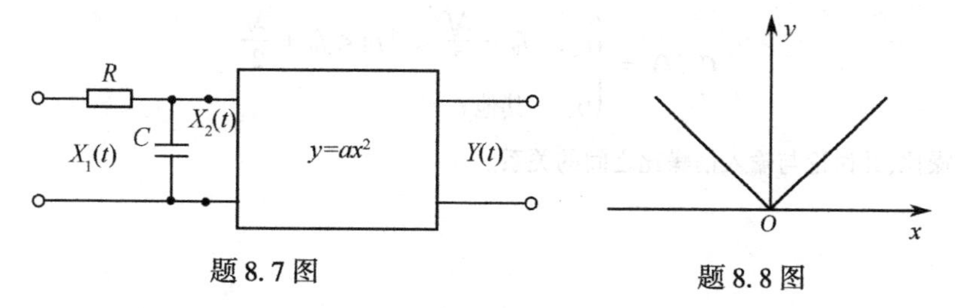

题8.7图　　　　题8.8图

8.8　整流设备的传输特性为 $y = g(x) = |x|$，输入随机过程 $X(t)$ 是均值为零、方差为"1"的平稳高斯噪声，其二维概率密度函数为

$$p_X(t_1, t_2; \tau) = \frac{1}{2\pi[1-\rho^2(\tau)]}\exp\left\{-\frac{x_1^2 + x_2^2 - 2\rho(\tau)x_1x_2}{2[1-\rho^2(\tau)]}\right\}$$

试用直接法求输出随机过程 $Y(t)$ 的自相关函数。

（提示：可利用公式

$$\int_0^{\infty}\mathrm{d}x\int_0^{\infty} xy\exp[-x^2 - y^2 - 2xy\cos\varphi]\,\mathrm{d}y = \frac{1}{4}\csc^2\varphi(1 - \varphi\mathrm{ctg}\varphi)$$，并令 $\rho = -\cos\varphi$）

8.9　设理想限幅器的传输特性为 $y = g(x) = \mathrm{sgn}(x)$，输入随机过程 $X(t)$ 是均值为零、方差为"1"的平稳高斯噪声，其二维特征函数为

$$\Phi_X(s_1, s_2; \tau) = \exp\left[\frac{1}{2}(s_1^2 + s_2^2 + 2\rho(\tau)s_1s_2)\right]$$

试用特征函数法求输出随机过程 $Y(t)$ 的自相关函数。

8.10　设非线性设备的输入是 $X(t) = S(t) + N(t)$，式中 $S(t)$ 和 $N(t)$ 分别是均值为零、方差为 $\sigma_{S_t}^2$ 和 $\sigma_{N_t}^2$ 的独立高斯过程，证明输出随机过程 $Y(t)$ 的自相关函数 $R_Y(t_1, t_2)$ 可表示为

$$R_Y(t_1, t_2) = \sum_{k=0}^{\infty}\sum_{m=0}^{\infty}\frac{h_{km}(t_1)h_{km}(t_2)}{k!\;m!}R_S^m(t_1, t_2)R_N^k(t_1, t_2)$$

式中

$$h_{km}(t_i) = \frac{1}{2\pi\mathrm{j}}\oint_D f(s)s^{k+m}\exp(\sigma_{S_i}^2 + \sigma_{N_i}^2)\,\mathrm{d}s$$

这里，$f(s)$ 是非线性设备的转移函数，$\sigma_{S_i}^2 = \sigma_{S_{ti}}^2$，$\sigma_{N_i}^2 = \sigma_{N_{ti}}^2$。

8.11　假设 $X(t)$ 是严平稳的随机过程，将其输入到一个时不变、n 个自由度的齐次非线性系统中。证明若输入在 $t = -\infty$ 时加入，则输出过程为宽平稳的随机过程。

8.12　设某通信系统中的全波平方律设备的输入为

$$X(t) = b(1 + m\cos\omega_m t)\cos\omega_0 t + N(t)$$

式中，b 和 m 是常数，且 $0 < m < 1$，$\omega_m \ll \omega_0$，$N(t)$ 是均值为零的平稳高斯噪声，噪声的功率谱密度为

$$G(\omega) = \begin{cases} c_0, & \omega_0 - 2\omega_m < |\omega| < \omega_0 + 2\omega_m \\ 0, & \text{其他}\ \omega \end{cases}$$

求：(1) 输出随机过程 $Y(t)$ 的功率谱密度。

(2) 系统输出的信噪比。

8.13　某雷达系统的全波平方律设备的输入为

$$X(t) = a\cos(\omega_o t + \Phi) + N(t)$$

式中，幅度 a 为常数，相位 Φ 是在 $(0,2\pi)$ 上均匀分布的随机变量，$N(t)$ 是均值为零的平稳高斯噪声，其功率谱密度为

$$G_N(f) = \begin{cases} c_0, & f_0 - \dfrac{\Delta f}{2} < |f| < f_0 + \dfrac{\Delta f}{2} \\ 0, & \text{其他} f \end{cases}$$

求输出信噪比，并讨论与输入信噪比之间的关系。

第9章　马尔可夫过程

马尔可夫过程是一类重要的随机过程。在实际应用中,它是许多工程问题和物理现象的数学模型,因而广泛应用在物理学、生物学、通信、信息和信号处理、语音处理以及自动控制等领域。

9.1　马尔可夫过程

9.1.1　马尔可夫过程的定义及其分类

随机过程$\{X(t),t\in T\}$的值域(状态)可以连续取值,也可以离散取值,如果它的条件概率满足下列关系

$$P[X(t_{n+1})\leqslant x_{n+1}\mid X(t_n)=x_n,X(t_{n-1})=x_{n-1},\cdots,X(t_0)=x_0]$$
$$=P[X(t_{n+1})\leqslant x_{n+1}\mid X(t_n)=x_n] \tag{9.1.1}$$

式中,$t_0\leqslant t_1\leqslant\cdots\leqslant t_n\leqslant t_{n+1}$,则称$X(t)$为马尔可夫过程。式(9.1.1)指马尔可夫过程是这样一个过程,假设在现时刻t_n的状态是X_n[即$X(t_n)=X_n$],而在将来某时刻t_{n+1}的状态X_{n+1}仅仅与现在的状态X_n有关,而与过去时刻的状态X_{n-1}, $X_{n-2},\cdots,X_1$和X_0无关。马尔可夫过程也称无后效过程。

类似于一般的确定信号和随机过程,马尔可夫过程也可按自变量t和状态$\{X\}$的取值是连续的还是离散的分为以下4类。

(1) 离散马尔可夫链:时间t离散取值,即$t=0,\pm1,\pm2,\cdots$; 状态$\{X\}$也离散取值为$0,\pm1,\pm2,\cdots$。

(2) 连续马尔可夫链:时间t离散取值; 状态$\{X\}$连续取值。

(3) 离散马尔可夫过程:时间t连续取值;状态$\{X\}$离散取值。

(4) 连续马尔可夫过程:时间t连续取值;状态$\{X\}$也连续取值。

下面首先讨论时间t离散取值的马尔可夫链。

9.1.2　马尔可夫链

对时间离散取值的马尔可夫链,其无后效性可表述为

$$P[X_{n+1}=x_{n+1}\mid X_n=x_n,X_{n-1}=x_{n-1},\cdots,X_0=x_0]$$
$$=P[X_{n+1}=x_{n+1}\mid X_n=x_n]$$

其联合概率为

$$P[X_{n+1}=x_{n+1},X_n=x_n,\cdots,X_0=x_0]$$
$$=P[X_{n+1}=x_{n+1}\mid X_n=x_n]P[X_n=x_n\mid X_{n-1}=x_{n-1}]\cdots$$
$$P[X_1=x_1\mid X_0=x_0]P[X_0=x_0]$$

$$= P[X_0 = x_0] \prod_{k=1}^{n+1} P[X_k = x_k \mid X_{k-1} = x_{k-1}] \tag{9.1.2}$$

因而,其联合概率完全由条件概率和初始概率($P[X_0 = x_0]$)确定。当$\{X\}$也离散取值,即$X_{n+1} = j,\ j = 0,1,2,\cdots,\quad X_n = i,\ i = 0,1,2,\cdots,n = 0,1,2,\cdots$时,有

$$P[X_{n+1} = x_{n+1} \mid X_n = x_n] = P[X_{n+1} = j \mid X_n = i] \stackrel{\Delta}{=} \tau_n(i,j) \tag{9.1.3}$$

这种情况下的条件概率$\tau_n(i,j)$称为转移概率。这样的马尔可夫链称为离散马尔可夫链,其联合概率为

$$P[X_{n+1} = i_{n+1}, X_n = i_n, \cdots, X_0 = i_0] = P[X_0 = i_0] \prod_{k=1}^{n} \tau_k(i_{k-1}, i_k)$$

$$i_k = 0,1,\cdots;\quad k = 0,1,2,\cdots,n+1$$

如果转移概率满足下列关系

$$\begin{aligned}\tau_n(i,j) &= P(X_{n+1} = j \mid X_n = i) = P(X_1 = j \mid X_0 = i)\\ &= \tau(i,j) \qquad (\text{对所有 } n,i,j)\end{aligned}$$

则称该离散马尔可夫链是时间齐次的,或简称齐次的,也可叫平稳的。假定一个马尔可夫链现在处于状态i,下一时刻,它可能到达任一状态j,$j = 0,1,2,\cdots$。显然,对于齐次马尔可夫链,有

$$\sum_{j=0}^{\infty} P[X_1 = j \mid X_0 = i] = \sum_{j=0}^{\infty} \tau(i,j) = 1 \quad (\text{对任一个 } i) \tag{9.1.4}$$

如果某个离散马尔可夫链的状态仅取有限个值,或说仅有有限个状态,即$i = 0,1,\cdots,N-1$,$j = 0,1,\cdots,N-1$,则它所有的转移概率可以组成一个矩阵,称为转移概率矩阵:

$$\mathscr{T} = \begin{bmatrix} \tau_{00} & \tau_{01} & \tau_{02} & \cdots & \tau_{0,N-1} \\ \tau_{10} & \tau_{11} & \tau_{12} & \cdots & \tau_{1,N-1} \\ \vdots & \vdots & \vdots & \ddots & \vdots \\ \tau_{N-1,0} & \tau_{N-1,1} & \tau_{N-1,2} & \cdots & \tau_{N-1,N-1} \end{bmatrix}$$

通常也可以将有限个状态的马尔可夫链形象地用状态图来表示。现用一个例子来加以说明。

例 9.1　假设某个数字通信系统,消息被量化为两个比特(四个状态),即$N = 4$,X_n取值为0,1,2,3,其转移概率矩阵为

$$\mathscr{T} = \begin{bmatrix} 1/3 & 0 & 2/3 & 0 \\ 1/4 & 1/4 & 1/4 & 1/4 \\ 1/5 & 2/5 & 0 & 2/5 \\ 1/2 & 1/2 & 0 & 0 \end{bmatrix}$$

注意,矩阵中每一行的元素之和恒等于1。本例马尔可夫链的状态图如图9.1所示。

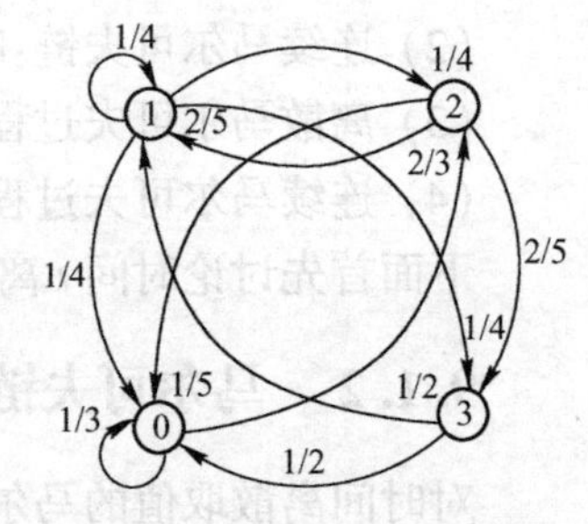

图 9.1　马尔可夫链的状态图

对于有限个状态的齐次马尔可夫链,过程在$t = n+1$时刻处于$X_{n+1} = j$状态的无条件概率为

$$\begin{aligned}P[X_{n+1} = j] &= \sum_{i=0}^{n-1} P[X_{n+1} = j \mid X_n = i] P[X_n = i]\\ &= \sum_{i=0}^{n-1} P[X_1 = j \mid X_0 = i] P[X_0 = i]\\ &= \sum_{i=0}^{n-1} \tau_n(i,j) \pi_i,\quad n = 0,1,2,\cdots; j = 0,1,\cdots,N-1 \end{aligned} \tag{9.1.5}$$

式中，$\pi_i = P[X_0 = i], i = 0, \cdots, N-1$ 是过程在初始状态处于 i 的概率。

例 9.2 考虑一个齐次马尔可夫链信道，有以下转移概率矩阵

$$\mathscr{T} = \begin{bmatrix} 1/3 & 2/3 \\ 1/4 & 3/4 \end{bmatrix}$$

和初始状态概率 $\pi_0 = P[X_0 = 0] = 1/5 \quad \pi_1 = P[X_0 = 1] = 4/5$

求过程在时刻 $t = n, n = 0, 1, 2, \cdots$ 的无条件概率。

解：

$$P[X_{n+1} = j] = \sum_{i=0}^{1} \tau_n(i,j)\pi_i, \quad j = 0,1; n = 0,1,2,\cdots$$

当 $j = 0$ 时

$$P[X_{n+1} = 0] = \tau_n(0,0)\pi_0 + \tau_n(0,1)\pi_1$$

$$\tau_n(0,0) = P[X_1 = 0 \mid X_0 = 0] = 1/3$$

$$\tau_n(1,0) = P[X_1 = 0 \mid X_0 = 1] = 1/4$$

$$P[X_{n+1} = 0] = P[X_1 = 0 \mid X_0 = 0]P[X_0 = 0] + P[X_1 = 0 \mid X_0 = 1]P[X_0 = 1]$$

$$P[X_{n+1} = 0] = \frac{1}{3} \times \frac{1}{5} + \frac{1}{4} \times \frac{4}{5} = \frac{4}{15}, \quad n = 0,1,\cdots$$

类似地有 $P[X_{n+1} = 1] = \tau_n(0,1)\pi_0 + \tau_n(1,1)\pi_1$

$$= \frac{2}{3} \times \frac{1}{5} + \frac{3}{4} \times \frac{4}{5} = \frac{2}{15} + \frac{3}{5} = \frac{11}{15}, \quad n = 0,1,2,\cdots$$

注意到对所有的 $n = 0,1,2,\cdots$，有

$$P[X_{n+1} = 0] + P[X_{n+1} = 1] = 1$$

9.1.3 k 步转移概率

马尔可夫链从状态 i 经 k 步转移到状态 j 的概率称为 k 步转移概率。显然一步转移概率为

$$P[X_{n+1} = j \mid X_n = i] \stackrel{\Delta}{=} \tau_n^{(1)}(i,j) \stackrel{\Delta}{=} \tau_n(i,j)$$

二步转移概率为 $P[X_{n+2} = j \mid X_n = i] \stackrel{\Delta}{=} \tau_n^{(2)}(i,j) = \dfrac{P[X_{n+2} = j, X_n = i]}{P[X_n = i]}$

式中假设 $P(X_n = i) \neq 0$。在 $t = n+1$，其状态为 $r, r = 0,1,\cdots$；在 $t = n+2$，其状态为 $j, j = 0,1,\cdots$。因而

$$\begin{aligned} \tau_n^{(2)}(i,j) &= \frac{\sum_r P[X_{n+2} = j, X_{n+1} = r, X_n = i]}{P[X_n = i]} \\ &= \frac{\sum_r \{P[X_{n+2} = j \mid X_{n+1} = r, X_n = i]P[X_{n+1} = r, X_n = i]\}}{P[X_n = i]} \\ &= \sum_r \{P[X_{n+2} = j \mid X_{n+1} = r, X_n = i]P[X_{n+1} = r \mid X_n = i]\} \end{aligned} \tag{9.1.6}$$

因为 $\dfrac{P[X_{n+1} = r, X_n = i]}{P(X_n = i)} = P[X_{n+1} = r \mid X_n = i]$

再由马尔可夫过程的无后效性

$$P[X_{n+2}=j \mid X_{n+1}=r, X_n=i]=P[X_{n+2}=j \mid X_{n+1}=r] \tag{9.1.7}$$

由式(9.1.6) 和式(9.1.7),得

$$\begin{aligned}
\tau_n^{(2)}(i,j) &= \sum_r \{P[X_{n+2}=j \mid X_{n+1}=r]P[X_{n+1}=r \mid X_n=i]\} \\
&= \sum_r \tau_{n+1}(r,j)\tau_n^{(1)}(i,r) \\
&= \sum_r \tau_{n+1}^{(1)}(i,r)\tau_n(r,j) \quad n=0,1,\cdots
\end{aligned} \tag{9.1.8}$$

类似地,三步转移概率可以写成

$$\tau_n^{(3)}(i,j)=\sum_r \tau_n^{(2)}(i,r)\tau_n(r,j)$$

以此类推,k 步转移概率为

$$\tau_n^{(k)}(i,j)=\sum_r \tau_n^{(k-1)}(i,r)\tau_n(r,j) \tag{9.1.9}$$

采用矩阵符号$\mathscr{T}=\{\tau_n(i,j)\}$, $\mathscr{T}^{(1)}=\mathscr{T}$, $\mathscr{T}^{(k)}=\{\tau_n^{(k)}(i,j)\}$, $k=1,2,\cdots$

则有

$$\mathscr{T}^{(k)}=\mathscr{T}^k, \quad k=1,2,\cdots \tag{9.1.10}$$

即k步转移概率矩阵$\mathscr{T}^{(k)}$是一步转移概率矩阵$\mathscr{T}$的k次方。式(9.1.9) 也称切普曼-柯尔莫哥夫(Chapman-Kolmogorov) 方程。注意到转移的每一步其转移概率矩阵的行元素之和为1。在第 k 步转移后,状态的无条件概率为

$$\begin{aligned}
P[X_{n+k}=j] &= \sum_i P[X_{n+k}=j \mid X_n=i]P[X_n=i] \\
&= \sum_i \tau_n^{(k)}(i,j)\pi_n(i), \quad n=0,1,2,\cdots
\end{aligned} \tag{9.1.11}$$

对于有限个状态的齐次马尔可夫链,即$i=0,1,\cdots,N-1$;$n=0,1,\cdots$,式(9.1.11) 改写为

$$P[X_{n+k}=j]=\sum_{i=0}^{N-1}\tau_n^{(k)}(i,j)\pi_n(i) \quad i=0,1,\cdots,N-1 \tag{9.1.12}$$

采用以下定义的矩阵符号

$$\boldsymbol{\pi}_n=\begin{bmatrix}\pi_n(0)\\ \vdots \\ \pi_n(N-1)\end{bmatrix}, \quad \boldsymbol{P}_{n+k}=\begin{bmatrix}P[X_{n+k}=0]\\ \vdots \\ P[X_{n+k}=N-1]\end{bmatrix}$$

式(9.1.12) 改写为

$$\boldsymbol{P}_{n+k}=(\mathscr{T}^k)'\boldsymbol{\pi}_n \tag{9.1.13}$$

式中,$(\mathscr{T}^k)'$ 表示$\mathscr{T}^k$ 的转置。当 $k\to\infty$ 时,若对某个 s 有$\mathscr{T}^k\to\mathscr{T}^s$,则

$$\lim_{k\to\infty}\boldsymbol{P}_{n+k}=(\mathscr{T}^s)'\boldsymbol{\pi}_n, \quad n=0,1,\cdots \tag{9.1.14}$$

对于平稳马尔可夫链

$$\boldsymbol{P}=\lim_{k\to\infty}\boldsymbol{P}_k=(\mathscr{T}^s)'\boldsymbol{\pi}_0 \tag{9.1.15}$$

$\boldsymbol{P}$ 被称为平衡或稳态的概率矩阵。

例 9.3 对于二进制通信系统,消息由两个符号 0,1 传输。齐次转移矩阵为

$$\mathscr{T}=\begin{bmatrix}1-\alpha & \alpha \\ \beta & 1-\beta\end{bmatrix}$$

式中,$0<\alpha<1$, $0<\beta<1$, 而初值为$\pi(0)=p$,$\pi(1)=1-p$。求k步转移概率矩阵和稳态概率矩阵。

解: k 步转移概率矩阵为

$$\mathscr{T}^{(k)} = \mathscr{T}^k = \begin{bmatrix} 1-\alpha & \alpha \\ \beta & 1-\beta \end{bmatrix}^k = \frac{1}{\alpha+\beta}\begin{bmatrix} \beta+\alpha(1-\alpha-\beta)^k & \alpha-(1-\alpha-\beta)^k \\ \beta-\beta(1-\alpha-\beta)^k & \alpha+\beta(1-\alpha-\beta)^k \end{bmatrix}$$

$$\mathscr{T}^{k'} = \frac{1}{\alpha+\beta}\begin{bmatrix} \beta+\alpha(1-\alpha-\beta)^k & \beta-\beta(1-\alpha-\beta)^k \\ \alpha-(1-\alpha-\beta)^k & \alpha+\beta(1-\alpha-\beta)^k \end{bmatrix}$$

当 $k\to\infty$ 时，$(1-\alpha-\beta)^k\to 0$

$$\lim_{k\to\infty} \mathscr{T}^{(k)'} = \lim_{k\to\infty}(\mathscr{T}^k)' = \frac{1}{\alpha+\beta}\begin{bmatrix} \beta & \beta \\ \alpha & \alpha \end{bmatrix}$$

则稳态概率矩阵为

$$\boldsymbol{P} = \frac{1}{\alpha+\beta}\begin{bmatrix} \beta & \beta \\ \alpha & \alpha \end{bmatrix}\begin{bmatrix} P \\ 1-P \end{bmatrix} = \frac{1}{\alpha+\beta}\begin{bmatrix} \beta \\ \alpha \end{bmatrix} = \begin{bmatrix} \dfrac{\beta}{\alpha+\beta} \\ \dfrac{\alpha}{\alpha+\beta} \end{bmatrix}$$

显然，在这种情况下稳态概率矩阵与初值无关。本例的状态图如图 9.2 所示。

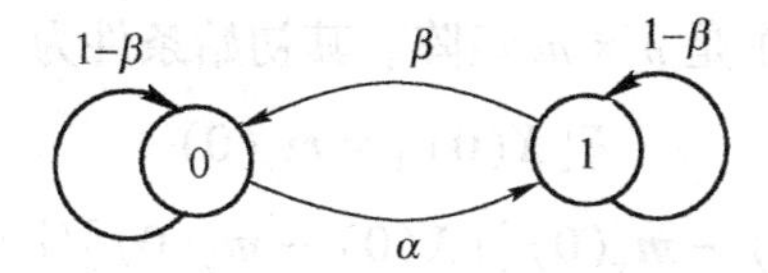

图 9.2　两状态马尔可夫链的状态图

9.1.4　高斯马尔可夫序列

对随机序列 $N(k)$，若条件概率满足下列关系

$$P[N(k+1)\mid N(k)] = P[N(k+1)]$$

并对所有的 k 成立，则称 $\{N(k)\}$ 为纯随机序列。

现假设 $X(k)$ 为另一个由下列差分方程产生的随机序列

$$X(k+1) = a(k)X(k) + N(k)$$

式中，$a(k)$ 为已知的确定性时间序列，$N(k)$ 为纯随机序列，则此序列的条件概率密度函数为

$$p[X(k+1)\mid X(k), X(k-1), \cdots, X(0)] = p[X(k+1)\mid X(k)]$$

换言之，过程 $X(k)$ 将来的状态 $X(k+1)$ 仅取决于它现在的状态和随机序列 $N(k)$，因此过程 $X(k)$ 为马尔可夫序列，也称马尔可夫链。假定 $X(k+1)$ 由一个与现在和过去的状态均有关的二阶差分方程

$$X(k+1) = a_1(k)X(k) + a_2(k)X(k-1) + N(k)$$

$$X(0) = c_1 \quad X(1) = c_2$$

所产生，式中 $a_1(k)$ 和 $a_2(k)$ 为已知的确定性时间序列，$N(k)$ 为纯随机序列。改换符号表示为

$$X_1(k) = X(k) \quad X_2(k) = X(k-1) \quad \boldsymbol{X}(k) = \begin{bmatrix} X_1(k) \\ X_2(k) \end{bmatrix}$$

此时上面的差分方程可以表示成矩阵向量形式

$$\boldsymbol{X}(k+1) = \begin{bmatrix} a_1(k) & a_2(k) \\ 0 & 0 \end{bmatrix}\boldsymbol{X}(k) + \begin{bmatrix} 1 \\ 0 \end{bmatrix}\boldsymbol{N}(k)$$

则 $\boldsymbol{X}(k)$ 是一个二维的马尔可夫序列。在这种情况下，一个 n 阶差分方程可以简化为一个 n 维矩阵向量方程。因而一个由 n 阶线性差分方程产生的时间序列在向量意义下也是一个马尔可夫序列，即在数字信号处理中经常遇到的抽头延迟线、横向滤波器及其他线性滤波器将产生马尔可夫向量序列。特别要注意，这里指的是向量序列，向量的元素组成的序列并不是马尔可夫序列。

如果 $p(\boldsymbol{X}(k))$ 和 $p(\boldsymbol{X}(k)/\boldsymbol{X}(k+1))$ 对所有的 k 均是高斯概率密度函数，则称此马尔可夫序列为高斯马尔可夫序列。熟知，高斯概率密度函数仅由它的均值和协方差函数完全确定。

考察下列矩阵向量方程

$$\boldsymbol{X}(k+1)=\boldsymbol{A}(k)\boldsymbol{X}(k)+\boldsymbol{B}(k)\boldsymbol{N}(k)$$

$$\boldsymbol{X}(0)=\boldsymbol{X}_0$$

式中，$\boldsymbol{X}(k)$ 是 m 维随机向量，$\boldsymbol{N}(k)$ 是 m 维随机高斯向量，且有

$$E[\boldsymbol{N}(k)]=\boldsymbol{m}_N(k)$$

$$E\{[\boldsymbol{N}(k)-\boldsymbol{m}_N(l)][\boldsymbol{N}(k)-\boldsymbol{m}_N(l)]'\}=\begin{cases}\boldsymbol{C}_N(k), & k=l\\ 0, & k\neq l\end{cases}$$

以及 $\boldsymbol{A}(k)$ 是 $n\times n$ 矩阵，$\boldsymbol{B}(k)$ 是 $n\times m$ 矩阵。其初始条件为

$$E[X(0)]=\boldsymbol{m}_Z(0)$$

$$E\{[X(0)-\boldsymbol{m}_X(0)][X(0)-\boldsymbol{m}_X(0)]'\}=C_X(0)$$

$$E\{[X(0)-\boldsymbol{m}_X(0)][N(k)-\boldsymbol{m}_N(k)]'\}=0$$

初始状态向量 $\boldsymbol{X}(0)$ 是均值为 $\boldsymbol{m}_X(0)$、协方差为 $\boldsymbol{C}_X(0)$ 的高斯随机向量，并与 $\boldsymbol{N}(k)$ 不相关。很多物理现象可用上述高斯马尔可夫过程作为其数学模型。这个过程可由图 9.3 所示的方框图来表示。

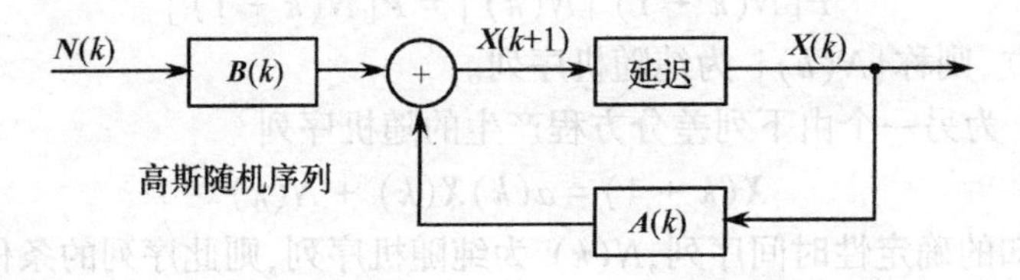

图 9.3　高斯马尔可夫过程的方框图

9.1.5　连续参数马尔可夫过程

一个连续参数随机过程 $\{X(t),t\in T\}$，如果它的条件分布函数满足下列关系

$$F[X(t_n)\mid X(t_{n-1}),X(t_{n-2}),\cdots,X(t_0)]=F[X(t_n)\mid X(t_{n-1})]$$

式中，$t_0\leqslant t_1\leqslant t_2\leqslant t_3\leqslant\cdots<t_n$，则称 $X(t)$ 为连续参数马尔可夫过程。相应地，其概率密度函数必须满足

$$p[X(t_n)\mid X(t_{n-1}),X(t_{n-2}),\cdots,X(t_0)]=p[X(t_n)\mid X(t_{n-1})]$$

上式可改写为　$p[X(t)\mid X(\tau),\tau\leqslant s]=p[X(t)\mid X(s)],\quad t,\tau,s\in T$

此式表明，过程的条件概率密度函数仅与前一时刻的状态有关。其联合概率密度函数由下式给出

$$p[X_n,X_{n-1},\cdots,X_0]=p[X_0]p[X_1\mid X_0]\cdots p[X_n\mid X_{n-1}]$$

式中，$X_n = X(t_n)$，$n = 0,1,\cdots$，$t_0 \leqslant t_1 \leqslant t_2 \leqslant t_3 \leqslant \cdots \leqslant t_n \in T$。与马尔可夫链一样，连续参数马尔可夫过程的联合概率密度可由其转移概率密度函数 $p(X_i \mid X_{i-1})$，$i = 1,2,3\cdots$ 和初始边缘概率密度函数 $p(X_0)$ 完全确定。

显然，一个独立的随机序列是马尔可夫过程，因为

$$p[X_n \mid X_{n-1},\cdots,X_0] = p[X_n] = p[X_n \mid X_{n-1}]$$

9.2 独立增量过程

定义 若随机过程 $\{X(t), t \geqslant 0\}$ 满足以下条件

① $P[X(t_0) = 0] = 1$；

② 对任意时刻 $0 < t_0 < t_1 < \cdots < t_n$，过程的增量 $X(t_1) - X(t_0), X(t_2) - X(t_1), \cdots, X(t_n) - X(t_{n-1})$ 是相互独立的随机变量，则称 $X(t)$ 为独立增量过程（或可加过程）。

可见这类随机过程的特点在于：它在任一个时间间隔上过程状态的改变，不影响未来的任意时间间隔上的状态改变。

下面首先讨论两个重要问题，然后介绍一个最重要的独立增量过程——泊松过程。

(1) 独立增量过程 $X(t)$ 是一种特殊的马尔可夫过程。

证：设增量以 $Y(t_i)$ 表示，$Y(t_i) = X(t_i) - X(t_{i-1})$，$i = 1,2,\cdots,n$。由于 $X(t)$ 为独立增量过程，故 $Y(t_1) = X(t_1)$，$Y(t_2) = X(t_2) - X(t_1)$，$\cdots$，$Y(t_n) = X(t_n) - X(t_{n-1})$ 为独立随机变量，所以有

$$p_Y(y_1, y_2, \cdots, y_n; t_1, t_2, \cdots, t_n) = p_1(y_1; t_1) p_2(y_2; t_2) \cdots p_n(y_n; t_n)$$

利用多维随机变量的函数变换（参见第 1 章），得

$$\begin{aligned} & p_X(x_1, x_2, \cdots, x_n; t_1, t_2, \cdots, t_n) \\ &= p_Y(y_1, y_2, \cdots, y_n; t_1, t_2, \cdots, t_n) \\ &= p_1(x_1; t_1) p_2(x_2 - x_1; t_2, t_1) \cdots p_n(x_n - x_{n-1}; t_n, t_{n-1}) \end{aligned}$$

可推得

$$\begin{aligned} & p_X(x_n; t_n \mid x_{n-1}, \cdots, x_1; t_{n-1}, \cdots, t_1) \\ &= \frac{p_X(x_1, \cdots, x_n; t_1, \cdots, t_n)}{p_X(x_1, \cdots, x_{n-1}; t_1, \cdots, t_{n-1})} \\ &= \frac{p_1(x_1; t_1) p_2(x_2 - x_1; t_2, t_1), \cdots, p_n(x_n - x_{n-1}; t_n, t_{n-1})}{p_1(x_1; t_1) p_2(x_2 - x_1; t_2, t_1), \cdots, p_n(x_{n-1} - x_{n-2}; t_{n-1}, t_{n-2})} \\ &= p_n(x_n - x_{n-1}; t_n, t_{n-1}) \end{aligned}$$

可见，条件概率密度与 $x_{n-2}, \cdots, x_1$ 无关，因此过程 $X(t)$ 是马尔可夫过程。

(2) 独立增量过程的有限维分布可由它的初始概率分布和所有增量的概率分布唯一确定。

设 $Y(t_i) = X(t_i) - X(t_{i-1})$，$i = 1,2,\cdots,n$，增量 $Y(t_i)$ 的概率分布可写成 $F_y(y_i; t_i, t_{i-1})$，若其导数存在，则其概率密度为 $p_Y(y_i; t_i, t_{i-1})$。

考虑到定义中的条件①

$$X(t_1)=X(t_1)-X(t_0)=Y(t_1)$$

$$X(t_2)=X(t_2)-X(t_0)=[X(t_2)-X(t_1)]+[X(t_1)-X(t_0)]$$

$$=Y(t_1)+Y(t_2)$$

$$\vdots$$

$$X(t_n)=X(t_n)-X(t_0)$$

$$=[X(t_n)-X(t_{n-1})]+[X(t_{n-1})-X(t_{n-2})]+\cdots+[X(t_1)-X(t_0)]$$

$$=Y(t_1)+Y(t_2)+\cdots+Y(t_n)=\sum_{i=1}^{n}Y(t_i)$$

可见,$X(t_1)$ 与 $Y(t_1)$ 具有相同的概率分布,$X(t_n)$ 与 $\sum_{i=1}^{n}Y(t_n)$ 具有相同的概率分布。而根据定义中的条件②,即增量的独立性可得,$X(t_n)$ 的概率分布是 n 个增量概率分布 $F_Y(y_i;t_i,t_{i-1})$ $(i=1,2,\cdots,n)$ 的卷积,于是独立增量过程 $X(t)$ 的 n 维概率分布可表示为

$$F_X(x_1,x_2,\cdots,x_n;t_1,t_2,\cdots,t_n)$$

$$=P[X(t_1)\leqslant x_1,X(t_2)\leqslant x_2,\cdots,X(t_n)\leqslant x_n]$$

$$=P[Y(t_1)\leqslant x_1,Y(t_2)+Y(t_1)\leqslant x_2,\cdots,\sum_{i=1}^{n}Y(t_i)\leqslant x_n]$$

$$=\int_{-\infty}^{x_1}\mathrm{d}F_Y(y_1;t_1,t_0)\int_{-\infty}^{x_2-y_1}\mathrm{d}F_Y(y_2;t_2,t_1)\cdots\int_{-\infty}^{x_n-\sum_{i=1}^{n-1}y_i}\mathrm{d}F_Y(y_n;t_n,t_{n-1})$$

$$=\int_{-\infty}^{x_1}p_Y(y_1;t_1,t_0)\mathrm{d}y_1\int_{-\infty}^{x_2-y_1}p_Y(y_2;t_2,t_1)\mathrm{d}y_2\cdots\int_{-\infty}^{x_n-\sum_{i=1}^{n-1}y_i}p_Y(y_n;t_n,t_{n-1})\mathrm{d}y_n$$

这就说明,用一维增量概率分布就可充分描述一个独立增量过程的统计特性。

此外还应指出,若增量 $X(t_2)-X(t_1)$ 的分布只与 t_2-t_1 有关而与 t_2,t_1 本身无关,则称该过程为齐次的。

在电子系统应用中往往需要研究这样一类问题:在一定的时间间隔 $[0,t]$ 内某个事件出现次数的统计规律,例如对散弹噪声和脉冲噪声的研究。实际上这类问题也在其他技术领域中存在。例如在时间间隔 $[0,t]$ 内,电话交换台的呼叫次数、船舶甲板“上浪”的次数、通过交叉路口的汽车数等,所有这些我们都可用泊松过程来模拟。泊松过程属于具有可列个阶跃的阶跃型马尔可夫过程(或称为纯不连续马尔可夫过程)。同时它也是一个独立增量过程。

1. 泊松过程的定义及条件

若独立增量过程 $X(t)$,其增量的概率分布服从泊松分布,即

$$P[X(t_2)-X(t_1)=K]=\frac{[\lambda(t_2-t_1)]^K}{K!}\exp[-\lambda(t_2-t_1)],\quad 0<t_1<t_2 \tag{9.2.1}$$

则称 $X(t)$ 为泊松过程。

泊松过程 $X(t)$ 满足下列条件:

① 对于任意时刻 $0\leqslant t_1<t_2<\cdots<t_n$,事件出现次数 $X(t_i,t_{i+1})=X(t_{i+1})-X(t_i)$ $(i=1,2,\cdots,n-1)$ 是相互独立的。

② 对于充分小的 Δt，事件出现一次的概率为

$$P_1(t,t+\Delta t)=P[X(t,t+\Delta t)=1]=\lambda\Delta t+o(\Delta t) \tag{9.2.2}$$

式中，$o(\Delta t)$ 是当 $\Delta t\to 0$ 时，关于 Δt 的高阶无穷小量，常数 $\lambda>0$。

③ 对于充分小的 Δt，有

$$\sum_{j=2}^{\infty}P_j(t,t+\Delta t)=\sum_{j=2}^{\infty}P[X(t,t+\Delta t)=j]=o(\Delta t) \tag{9.2.3}$$

即在 $[t,t+\Delta t]$ 内事件出现两次及两次以上的概率，与出现一次的概率式(9.2.2)相比，可忽略不计。

将式(9.2.2)与式(9.2.3)结合起来可以得到

$$\begin{aligned}P_0(t,t+\Delta t)&=1-P_1(t,t+\Delta t)-\sum_{j=2}^{\infty}P_j(t,t+\Delta t)\\&=1-\lambda\Delta t-o(\Delta t)\end{aligned} \tag{9.2.4}$$

换言之，若随机过程 $X(t)$ 满足以上三个条件，则 $X(t)$ 为泊松过程。这可以通过计算概率 $P_K(t_0,t)$，$0\leqslant t_0<t$，$K=0,1,2\cdots$ 加以证明。

证：首先确定 $P_0(t_0,t)$。为此，对充分小的 $\Delta t>0$，考虑

$$P_0(t_0,t+\Delta t)=P[X(t_0,t+\Delta t)=0]$$

因为

$$\begin{aligned}X(t_0,t+\Delta t)&=X(t+\Delta t)-X(t_0)=X(t+\Delta t)-X(t)+X(t)-X(t_0)\\&=X(t,t+\Delta t)+X(t_0,t)\end{aligned}$$

故

$$\begin{aligned}P_0(t_0,t+\Delta t)&=P\{[X(t_0,t)+X(t,t+\Delta t)]=0\}\\&=P\{X(t_0,t)=0,X(t,t+\Delta t)=0\}\end{aligned}$$

由条件①可写成

$$\begin{aligned}P_0(t_0,t+\Delta t)&=P\{X(t_0,t)=0\}P\{X(t,t+\Delta t)=0\}\\&=P_0(t_0,t)P_0(t,t+\Delta t)\\&=P_0(t_0,t)[1-\lambda\Delta t-o(\Delta t)]\end{aligned}$$

$$P_0(t_0,t+\Delta t)-P_0(t_0,t)=P_0(t_0,t)[-\lambda\Delta t-o(\Delta t)]$$

上式除以 Δt，并令 $\Delta t\to 0$，得微分方程

$$\frac{\mathrm{d}P_0(t_0,t)}{\mathrm{d}t}=-\lambda P_0(t_0,t) \tag{9.2.5}$$

因为 $P_0(t_0,t_0)=1$，把它作为初始条件，即可求出式(9.2.5)的解为

$$P_0(t_0,t)=\mathrm{e}^{-\lambda(t-t_0)},\quad t>t_0 \tag{9.2.6}$$

用同样的方法可以确定 $P_1(t_0,t)$。

$$\begin{aligned}P_1(t_0,t+\Delta t)&=P\{X(t_0,t+\Delta t)=1\}\\&=P\{[X(t_0,t)+X(t,t+\Delta t)]=1\}\\&=P\{X(t_0,t)=1,X(t,t+\Delta t)=0\}+P\{X(t_0,t)=0,X(t,t+\Delta t)=1\}\\&=P_1(t_0,t)P_0(t,t+\Delta t)+P_0(t_0,t)P_1(t,t+\Delta t)\end{aligned} \tag{9.2.7}$$

将式(9.2.2)、式(9.2.4)和式(9.2.6)代入式(9.2.7)，经整理后两边除以 Δt，并令 $\Delta t\to 0$，得到微分方程

$$\frac{\mathrm{d}P_1(t_0,t)}{\mathrm{d}t} = -\lambda P_1(t_0,t) + \lambda \mathrm{e}^{-\lambda(t-t_0)} \tag{9.2.8}$$

由于 $P_1(t_0,t_0)=0$,把它看做初始条件,可求出式(9.2.8)的解为

$$P_1(t_0,t)=\lambda(t-t_0)\mathrm{e}^{-\lambda(t-t_0)},\quad t>t_0$$

以此类推,可求得在$[t_0,t]$内事件出现K次的概率为

$$P_K(t_0,t)=\frac{[\lambda(t-t_0)]^K}{K!}\exp[-\lambda(t-t_0)],\quad t>t_0,K=0,1,2,\cdots \tag{9.2.9}$$

得证。

显然当取 $t_0=0$ 时,有

$$P_K(0,t)=\frac{(\lambda t)^K}{K!}\mathrm{e}^{-\lambda t},\quad t>0,K=0,1,2,\cdots \tag{9.2.10}$$

该式表明,泊松过程对固定的t,相应的随机变量$X(t)$服从参数为λ的泊松分布,而λt也就是在$(0,t)$内事件出现次数的数学期望,λ是单位时间内事件出现次数的数学期望。

图9.4给出了泊松过程的波形图,由图可见,这种过程的每个实现是一个阶梯形函数,它在每个随机点t_i上产生单位为1的阶跃,对于给定的t,$X(t)$等于在间隔$(0,t)$内随机点的个数。若用计数器记录一个电子随机发射的过程,就可得到这样的波形,计数器在时刻t的指示即为$X(t)$。

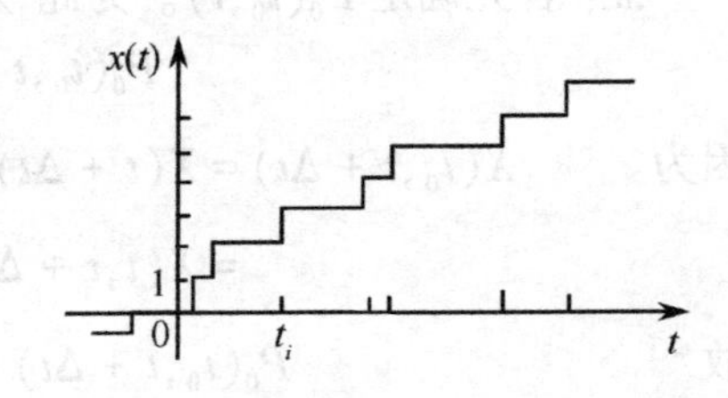

图9.4　泊松过程某个实现的波形图

下面举两个例子。

某电子系统受到雷电(或脉冲)干扰,在$[0,t]$时间内记录的雷电(或脉冲)次数为$X(t)$,则$\{X(t),t>0\}$是一个泊松过程。

某电话交换台在$(0,t)$时间内所受到的呼叫次数记为$X(t)$,则$\{X(t),t>0\}$是一个泊松过程。

2. 泊松过程的统计特性

下面由式(9.2.1)出发来讨论泊松过程的数学期望及相关函数。

给定时刻t_a,t_b,且$t_a>t_b$,则有

$$P\{X(t_a)-X(t_b)=K\}=\frac{[\lambda(t_a-t_b)]^K}{K!}\exp[-\lambda(t_a-t_b)]$$

(1) 数学期望

令$\lambda(t_a-t_b)=m$,于是

$$E[X(t_a)-X(t_b)]=\sum_{K=0}^{\infty}K\cdot\frac{m^K}{K!}\mathrm{e}^{-m}=m\mathrm{e}^{-m}\sum_{K=1}^{\infty}\frac{m^{K-1}}{(K-1)!}$$

$$=m\mathrm{e}^{-m}\mathrm{e}^{m}=m=\lambda(t_a-t_b) \tag{9.2.11}$$

(2) 均方值及方差

仍令$\lambda(t_a-t_b)=m$,则

$$E\{[X(t_a)-X(t_b)]^2\}=\sum_{K=0}^{\infty}K^2\frac{m^K}{K!}\mathrm{e}^{-m}=\sum_{K=0}^{\infty}K(K-1)\frac{m^K}{K!}\mathrm{e}^{-m}+\sum_{K=0}^{\infty}K\frac{m^K}{K!}\mathrm{e}^{-m}$$

$$= m^2 \sum_{K=2}^{\infty} \frac{m^{K-2}}{(K-2)!} e^{-m} + m = m^2 + m$$

$$= \lambda^2 (t_a - t_b)^2 + \lambda (t_a - t_b) \tag{9.2.12}$$

$$\begin{aligned} D[X(t_a) - X(t_b)] &= E\{[X(t_a) - X(t_b)]^2\} - \{E[X(t_a) - X(t_b)]\}^2 \\ &= \lambda^2 (t_a - t_b)^2 + \lambda (t_a - t_b) - \lambda^2 (t_a - t_b)^2 \\ &= \lambda (t_a - t_b) \end{aligned} \tag{9.2.13}$$

(3) 相关函数

① 若$t_a > t_b > t_c > t_d$(见图9.5(a)),则时间间隔$(t_a - t_b)$与$(t_c - t_d)$互不重叠,于是随机变量$[X(t_a) - X(t_b)]$与$[X(t_c) - X(t_d)]$相互独立,故有

$$E\{[X(t_a) - X(t_b)][X(t_c) - X(t_d)]\} = \lambda^2 (t_a - t_b)(t_c - t_d) \tag{9.2.14}$$

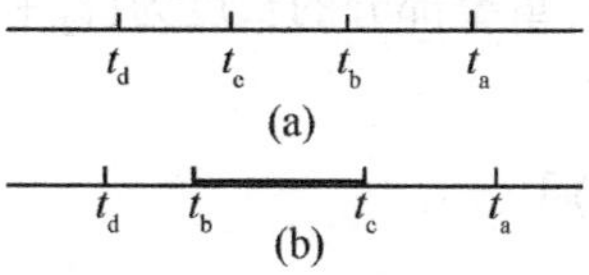

t_d t_c t_b t_a

(a)

t_d t_b t_c t_a

(b)

图9.5　时间位置图

② 若$t_a > t_c > t_b > t_d$(见图9.5(b)),则这时$(t_a - t_b)$与$(t_c - t_d)$有重叠。式(9.2.14)不再成立,但可将随机变量写成

$$X(t_a) - X(t_b) = [X(t_a) - X(t_c)] + [X(t_c) - X(t_b)]$$

$$X(t_c) - X(t_d) = [X(t_c) - X(t_b)] + [X(t_b) - X(t_d)]$$

利用式(9.2.12)及式(9.2.14),经过简单运算后可得

$$E\{[X(t_a) - X(t_b)][X(t_c) - X(t_d)]\} = \lambda^2 (t_a - t_b)(t_c - t_d) + \lambda (t_c - t_b) \tag{9.2.15}$$

式中,$t_c - t_b$是间隔$(t_a - t_b)$与$(t_c - t_d)$重叠部分的长度。

最后,由以上所得结果,我们可以推导出泊松过程$X(t)$的数学期望和相关函数。

令式(9.2.11)中$t_b = 0, t_a = t$,即得到$X(t)$的数学期望为

$$E[X(t)] = \lambda t \tag{9.2.16}$$

令式(9.2.15)中$t_b = t_d = 0, t_a = t_1, t_c = t_2$,可得$X(t)$的相关函数为

$$R_X(t_1, t_2) = E[X(t_1)X(t_2)] = \begin{cases} \lambda^2 t_1 t_2 + \lambda t_2, & t_1 \geqslant t_2 \\ \lambda^2 t_1 t_2 + \lambda t_1, & t_1 \leqslant t_2 \end{cases} \tag{9.2.17}$$

3. 泊松冲激序列

泊松过程对时间求导,可以得到与随机点t_i相对应的冲激序列,称为泊松冲激序列,它是一个白噪声过程,表示式为

$$Z(t) = \frac{dX(t)}{dt} = \sum_i \delta(t - t_i) \tag{9.2.18}$$

下面首先研究一下泊松增量,然后讨论泊松冲激序列的统计特性。

(1) 泊松增量

由泊松过程$X(t)$在时间间隔$\Delta t > 0$内的增量与Δt之比,构成一个新的随机过程,即

$$Y(t) = \frac{X(t + \Delta t) - X(t)}{\Delta t} \tag{9.2.19}$$

称为泊松增量。显然，$Y(t)$ 等于 $K/\Delta t$，这里 K 是间隔 $(t,\ t+\Delta t)$ 内的随机点数（即随机事件出现的次数）。因此

$$P\left[Y(t)=\frac{K}{\Delta t}\right]=\mathrm{e}^{-\lambda\Delta t}\,\frac{(\lambda\Delta t)^{K}}{K!} \tag{9.2.20}$$

由式(9.2.16) 得到 $$E[Y(t)]=\frac{1}{\Delta t}E[X(t+\Delta t)]-\frac{1}{\Delta t}E[X(t)]=\lambda \tag{9.2.21}$$

为了确定 $Y(t)$ 的自相关函数 $R_Y(t_1,t_2)$，考虑下面两种情况。

① 当 $t_1>t_2+\Delta t$ 时，间隔 $(t_1,t_1+\Delta t)$ 与 $(t_2,t_2+\Delta t)$ 是不重叠的，于是由式(9.2.14) 得

$$E[\Delta t^2 Y(t_1)Y(t_2)]=\lambda^2\Delta t^2 \tag{9.2.22}$$

或 $$E[Y(t_1)Y(t_2)]=\lambda^2$$

② 当 $t_2<t_1<t_2+\Delta t$ 时，间隔 $(t_1,t_1+\Delta t)$ 与 $(t_2,t_2+\Delta t)$ 有重叠，重叠部分的长度为 $(t_2+\Delta t-t_1)$（见图 9.6）。于是由式(9.2.15) 得

$$E[\Delta t^2 Y(t_1)Y(t_2)]=\lambda^2\Delta t^2+\lambda[\Delta t-(t_1-t_2)]$$

或 $$E[Y(t_1)Y(t_2)]=\lambda^2+\frac{\lambda}{\Delta t}-\frac{t_1-t_2}{(\Delta t)^2}\lambda$$

对于 $t_1<t_2$ 的情况，可以得到和上式类似的结果，于是

$$R_Y(t_1,t_2)=E[Y(t_1)Y(t_2)]=\begin{cases}\lambda^2, & |t_1-t_2|>\Delta t\text{（无重叠时）}\\ \lambda^2+\dfrac{\lambda}{\Delta t}-\dfrac{\lambda|t_1-t_2|}{\Delta t^2}, & |t_1-t_2|<\Delta t\text{（有重叠时）}\end{cases} \tag{9.2.23}$$

图 9.7 示出了 $R_Y(t_1,t_2)$ 的曲线，这个函数是常数 λ^2 与面积等于 λ 的三角形之和，当 $\Delta t\to 0$ 时，这个三角形趋于一个冲激函数 $\lambda\delta(t_1-t_2)$。

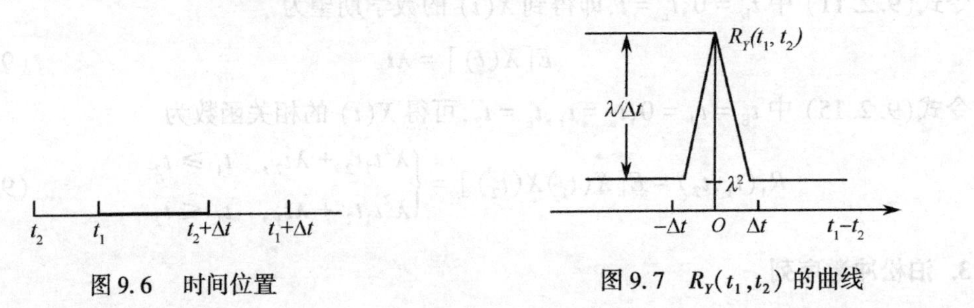

图 9.6 时间位置　　图 9.7 $R_Y(t_1,t_2)$ 的曲线

（2）泊松冲激序列的统计特性

由于泊松冲激序列实际是

$$Z(t)=\lim_{\Delta t\to 0}Y(t)=\frac{\mathrm{d}X(t)}{\mathrm{d}t}$$

所以其数学期望和相关函数可别分由式(9.2.21) 及式(9.2.22) 取 $\Delta t\to 0$ 时的极限得到，即

$$E[Z(t)]=\lambda \tag{9.2.24}$$

对 $|t_1-t_2|<\Delta t$，有 $$R_Z(t_1,t_2)=\lambda^2+\lambda\delta(t_1-t_2) \tag{9.2.25}$$

对 $|t_1-t_2|>\Delta t$，有 $$R_Z(t_1,t_2)=\lambda^2 \tag{9.2.26}$$

4. 电报信号

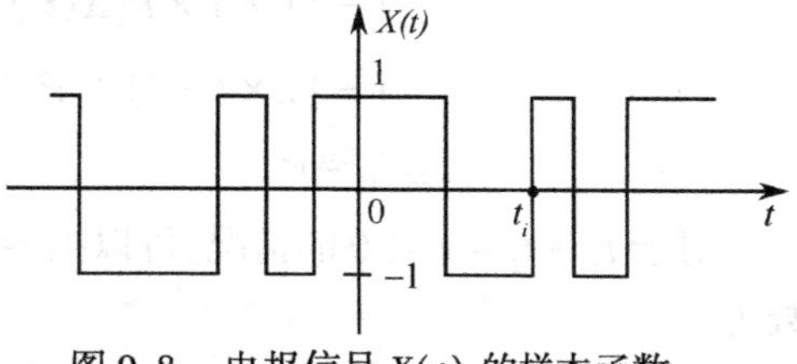

图 9.8　电报信号 $X(t)$ 的样本函数

作为泊松过程的应用实例,下面讨论电报信号的统计特性。

设电报信号 $X(t)$ 由只取 $+1$ 或 -1 的电流信号给出,图 9.8 示出了它的一条样本函数曲线。假设 $X(0)=+1$,如果在时间间隔 $(0,t)$ 内偶数次变号,则 $X(t)=+1$;如果奇数次变号,则 $X(t)=-1$。

在 $(0,t)$ 内出现 K 个变号点的概率为

$$P_K(0,t)=\frac{(\lambda t)^K}{K!}\mathrm{e}^{-\lambda t}$$

由于事件序列{在 $(0,t)$ 内出现 K 点,$K=0,1,\cdots$}是彼此互不相容的,所以在 $(0,t)$ 内变号点的总数为偶数的概率为

$$P_0(0,t)+P_2(0,t)+\cdots=\mathrm{e}^{-\lambda t}\left[1+\frac{(\lambda t)^2}{2!}+\cdots\right]=\mathrm{e}^{-\lambda t}\cosh(\lambda t)$$

类似地可得到在 $(0,t)$ 内变号点数为奇数的概率为

$$P_1(0,t)+P_3(0,t)+\cdots=\mathrm{e}^{-\lambda t}\left[\lambda t+\frac{(\lambda t)^3}{3!}+\cdots\right]=\mathrm{e}^{-\lambda t}\sinh(\lambda t)$$

因此

$$P[X(t)=1]=\mathrm{e}^{-\lambda t}\cosh(\lambda t)$$

$$P[X(t)=-1]=\mathrm{e}^{-\lambda t}\sinh(\lambda t)$$

于是

$$E[X(t)]=(1)\cdot\mathrm{e}^{-\lambda t}\cosh(\lambda t)+(-1)\cdot\mathrm{e}^{-\lambda t}\sinh(\lambda t)$$

$$=\mathrm{e}^{-\lambda t}[\cosh(\lambda t)-\sinh(\lambda t)]=\mathrm{e}^{-2\lambda t}$$

下面来求 $X(t)$ 的自相关函数,为此需要先找出随机变量 $X(t_1)$ 和 $X(t_2)$ 的联合概率。

假设 $t_1-t_2=\tau>0$,在此情况下,如果 $X(t_2)=1$,并且在间隔 (t_2,t_1) 内变号点的数量为偶数,则 $X(t_1)=1$,因此

$$P[X(t_1)=1\mid X(t_2)=1]=\mathrm{e}^{-\lambda\tau}\cosh(\lambda\tau)$$

$$P[X(t_1)=1,X(t_2)=1]=P[X(t_1)=1\mid X(t_2)=1]P[X(t_2)=1]$$

$$=\mathrm{e}^{-\lambda\tau}\cosh(\lambda\tau)\cdot\mathrm{e}^{-\lambda t_2}\cosh(\lambda t_2)$$

类似地可得　$P[X(t_1)=-1,X(t_2)=-1]=\mathrm{e}^{-\lambda\tau}\cosh(\lambda\tau)\cdot\mathrm{e}^{-\lambda t_2}\sinh(\lambda t_2)$

同理,还可以得到

$$P[X(t_1)=1\mid X(t_2)=-1]=\mathrm{e}^{-\lambda\tau}\sinh(\lambda\tau)$$

$$P[X(t_1)=-1\mid X(t_2)=1]=\mathrm{e}^{-\lambda\tau}\sinh(\lambda\tau)$$

以及

$$P[X(t_1)=1,X(t_2)=-1]=\mathrm{e}^{-\lambda\tau}\sinh(\lambda\tau)\cdot\mathrm{e}^{-\lambda t_2}\sinh(\lambda t_2)$$

$$P[X(t_1)=-1,X(t_2)=1]=\mathrm{e}^{-\lambda\tau}\sinh(\lambda\tau)\cdot\mathrm{e}^{\lambda t_2}\cosh(\lambda t_2)$$

于是有

$$R_X(t_1,t_2)=\sum_{\substack{x(t_1)=\pm1\\x(t_2)=\pm1}}X(t_1)X(t_2)\times P[X(t_1),X(t_2)]$$

$$=1\times1\times P[X(t_1)=1,X(t_2)=1]+1\times(-1)\times P[X(t_1)=1,X(t_2)=-1]+$$

$$(-1)\times 1\times P[X(t_1)=-1,X(t_2)=1]+$$

$$(-1)\times(-1)\times P[X(t_1)=-1,X(t_2)=-1]$$

$$=\mathrm{e}^{-2\lambda|\tau|} \tag{9.2.27}$$

对于 $t_1-t_2=\tau<0$ 的情况，可以推导出与上式完全相同的表达式，所以 $X(t)$ 的自相关函数为

$$R_X(t_1,t_2)=R_X(\tau)=\mathrm{e}^{-2\lambda|t_1-t_2|}=\mathrm{e}^{-2\lambda|\tau|} \tag{9.2.28}$$

图 9.9 示出了电报信号的自相关函数。

由式(9.2.27)可见，电报信号的自相关函数只与时间差 τ 有关，而与时间点 t_1,t_2 本身无关，即为平稳过程。

由自相关函数可推导出电报信号的功率谱密度为

$$G_X(\omega)=\frac{4\lambda}{4\lambda^2+\omega^2} \tag{9.2.29}$$

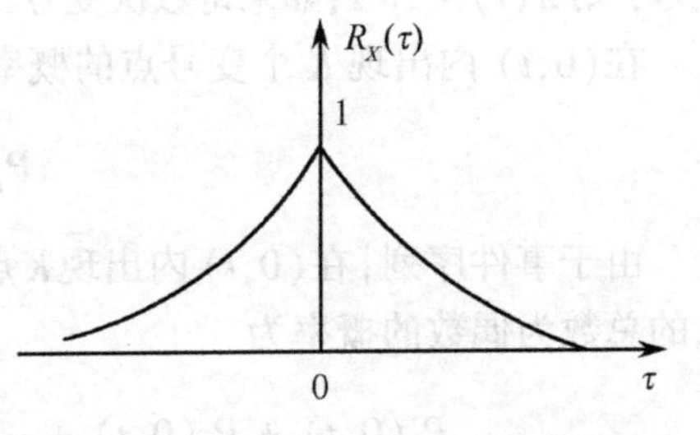

图 9.9　电报信号的自相关函数

5. 散弹噪声

散弹噪声是这样的随机过程

$$X(t)=\sum_i h(t-t_i) \tag{9.2.30}$$

这里 $h(t)$ 是一个给定的时间函数，t_i 是泊松冲激序列随机出现的时刻点，$h(t)$ 可以看成某个线性时不变系统的冲激响应，于是，散弹噪声可以看成泊松冲激序列作用于该系统时的输出，即图 9.10 可以作为散弹噪声的物理模型。由图 9.10 可见

$$\begin{cases}Z(t)=\sum_i \delta(t-t_i)\\ X(t)=Z(t)*h(t)\end{cases} \tag{9.2.31}$$

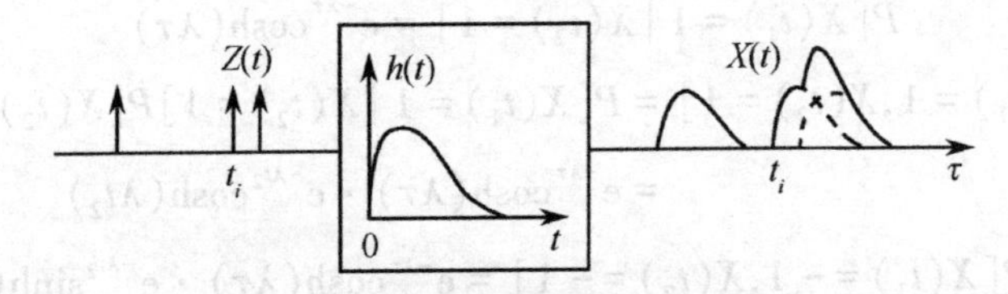

图 9.10　散弹噪声的物理模型

由式(9.2.24)和式(9.2.25)有

$$E[Z(t)]=\lambda,R_Z(\tau)=\lambda^2+\lambda\delta(\tau)$$

因此可得

$$G_Z(\omega)=\int_{-\infty}^{+\infty}R_Z(\tau)\mathrm{e}^{-\mathrm{j}\omega\tau}\mathrm{d}\tau=2\pi\lambda^2\delta(\omega)+\lambda \tag{9.2.32}$$

下面求散弹噪声的数学期望、相关函数与功率谱密度。

$$E[X(t)]=E[Z(t)*h(t)]=E\left[\int_{-\infty}^{+\infty}Z(t-\tau)h(\tau)\mathrm{d}\tau\right]$$

$$=\lambda\int_{-\infty}^{+\infty}h(\tau)\mathrm{d}\tau=\lambda H(0) \tag{9.2.33}$$

功率谱密度为

$$\begin{aligned} G_X(\omega) &= |H(\omega)|^2 G_Z(\omega) \\ &= 2\pi\lambda^2\delta(\omega)|H(\omega)|^2 + \lambda|H(\omega)|^2 \\ &= 2\pi\lambda^2\delta(\omega)H^2(0) + \lambda|H(\omega)|^2 \end{aligned} \tag{9.2.34}$$

式中，$|H(\omega)|^2\delta(\omega) = |H(0)|^2\delta(\omega)$。

于是可求得

$$\begin{aligned} R_X(\tau) &= \frac{1}{2\pi}\int_{-\infty}^{+\infty} G_X(\omega)e^{j\omega\tau}d\omega \\ &= \lambda^2H^2(0) + \frac{\lambda}{2\pi}\int_{-\infty}^{+\infty}|H(\omega)|^2e^{j\omega\tau}d\omega \end{aligned}$$

由于

$$\begin{aligned} |H(\omega)|^2 = H(\omega)H(-\omega) &\overset{\mathcal{L}}{\longleftrightarrow} h(t) * h(-t) \\ &= \int_{-\infty}^{+\infty} h(t-\beta)h(-\beta)d\beta \\ &= \int_{-\infty}^{+\infty} h(t+\alpha)h(\alpha)d\alpha \end{aligned}$$

即

$$\frac{1}{2\pi}\int_{-\infty}^{+\infty}|H(\omega)|^2e^{j\omega\tau}d\omega = \int_{-\infty}^{+\infty}h(\tau+\alpha)h(\alpha)d\alpha$$

所以

$$\begin{aligned} R_X(\tau) &= \lambda^2H^2(0) + \lambda\int_{-\infty}^{+\infty}h(\tau+\alpha)h(\alpha)d\alpha \\ &= \lambda^2\left[\int_{-\infty}^{+\infty}h(t)dt\right]^2 + \lambda\int_{-\infty}^{+\infty}h(\tau+\alpha)h(\alpha)d\alpha \end{aligned} \tag{9.2.35}$$

于是中心化自相关函数为

$$C_X(\tau) = R_X(\tau) - \{E[X(t)]\}^2 = \lambda\int_{-\infty}^{+\infty}h(\tau+\alpha)h(\alpha)d\alpha \tag{9.2.36}$$

方差为

$$\sigma_X^2 = C_X(0) = \lambda\int_{-\infty}^{+\infty}h^2(\alpha)d\alpha = \lambda\int_{-\infty}^{+\infty}h^2(t)dt \tag{9.2.37}$$

图 9.11 示出了泊松冲激序列及散弹噪声的自相关函数与功率谱密度曲线。

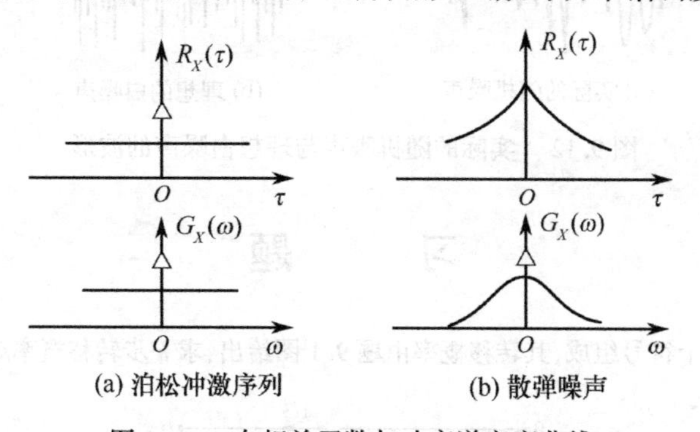

图 9.11　自相关函数与功率谱密度曲线

9.3　独立随机过程

本节简要介绍独立随机过程，这是一种比较特殊的、理想化的随机过程。它的特点是：过程在任一时刻的状态和任何其他时刻的状态之间互不影响。

定义　若随机过程$\{X(t),t\in T\}$,它在任意n个时刻$t_1,t_2,\cdots,t_n$,相应的随机变量$X(t_1)$,$X(t_2)$,$\cdots$,$X(t_n)$是相互独立的,或者说$X(t)$的n维分布函数可表示成

$$F_X(x_1,x_2,\cdots,x_n;t_1,t_2,\cdots,t_n)=\prod_{k=1}^{n}F_X(x_k;t_k),\quad n=2,3,\cdots \tag{9.3.1}$$

则称$X(t)$为独立随机过程。可见,独立随机过程的一维分布函数包含了整个过程的全部统计信息。

按照时间参数是连续的还是离散的,独立随机过程可分为两种情况:

① 当T为可列集时,独立随机过程就成为独立随机变量序列。例如,在时刻$t_1,t_2,\cdots,t_n$,独立和重复地投掷硬币,以正面对应"1",反面对应"0",若以X_n表示t_n点的投掷结果,则X_1,X_2,$\cdots$,X_n即为独立随机变量序列。这样的随机变量序列是完全不可预测的,可以作为理想的数字加密序列。

② 当T为不可列集时,过程的样本函数极不规则,它可能处处不连续。

实际上,这种连续参数的独立随机过程从物理观点上来看是不存在的。因为,对于$t_2>t_1$的两个时刻,当t_2,t_1充分接近时完全有理由断言,状态$X(t_2)$将依赖于$X(t_1)$的统计信息,所以连续参数(不可列)的独立随机过程,被认为是一种理想化的随机过程。由于它在数学处理上简单方便,所以在理论分析中常有应用。

独立随机过程的重要应用,就是放宽一点条件的理想白噪声,它只需满足条件

$$R_X(t_1,t_2)=\delta(t_2-t_1)$$

它常被用以模拟通信电子系统应用中各种常见的随机噪声。若用$X(t)$表示白噪声,则相应于时刻t和$t+\Delta t$的任意两个随机变量$X(t)$和$X(t+\Delta t)$总是不相关的(对高斯白噪声,则是统计独立的),在任何一个有限区间内,总包含有无限多个不相关的随机变量。换言之,白噪声可认为是大量的、振幅和出现时间随机变化的无限窄脉冲(详见第4章白噪声一节)。图9.12为实际的随机噪声与理想白噪声的波形。

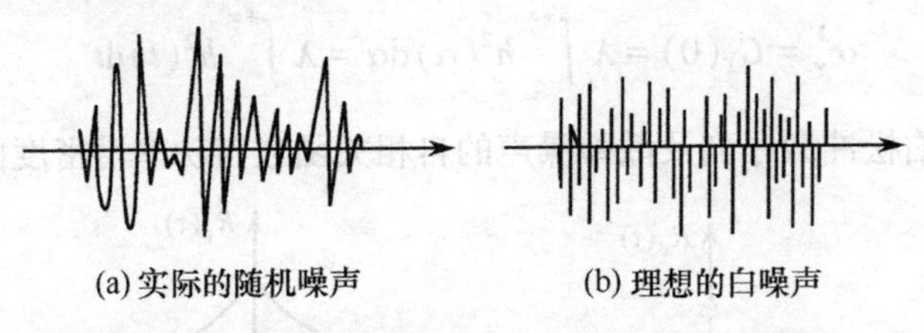

图9.12　实际的随机噪声与理想白噪声的波形

习　　题

9.1　一个消息由三个符号组成,其转移概率由题9.1图给出,求k步转移概率矩阵。

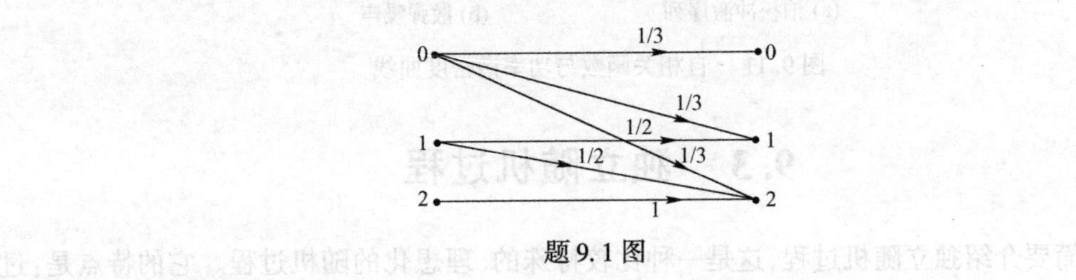

题9.1图

9.2　写出下列集合的马尔可夫链的转移概率矩阵。

①$I_1 = \{0,1,2,\cdots,n\}, n \geqslant 2$,是有限个正整数集合,若$\tau_{00} = 1, \tau_{nn} = 1, p + q = 1$,且

$$\boldsymbol{\tau}_{ij} = \begin{cases} p, & j = i + 1 \\ q, & j = i - 1 \\ 0, & 其他 \end{cases}$$

②$I_2 = \{\cdots, -2, -1, 0, 1, 2, \cdots\}$,是全体整数的集合,且

$$\boldsymbol{\tau}_{ij} = \begin{cases} p, & j = i + 1 \\ q, & j = i - 1 \\ 0, & 其他 \end{cases}$$

9.3　对二进制对称信道,转移概率矩阵为$\mathscr{T} = \begin{bmatrix} 1/3 & 2/3 \\ 1/2 & 1/2 \end{bmatrix}$,假设$P[X_0 = 0] = 1/5, P[X_0 = 1] = 4/5$,求二步和三步转移概率矩阵及$P[X_1 = 1], P[X_2 = 1], P[X_3 = 1]$。

9.4　设齐次马尔可夫链的转移概率矩阵为

$$\mathscr{T} = \begin{bmatrix} 1/2 & 1/3 & 1/6 \\ 1/3 & 1/3 & 1/3 \\ 1/3 & 1/2 & 1/6 \end{bmatrix}$$

试问此链共有几个状态?求二步转移概率矩阵,此链是否遍历?求极限分布的各个概率。

9.5　齐次马尔可夫链的转移概率矩阵$\mathscr{T} = \begin{bmatrix} 2/3 & 1/3 \\ 1/3 & 2/3 \end{bmatrix}$,求证:

$$\mathscr{T}^{(k)} = \mathscr{T}^k \xrightarrow[k \to \infty]{} \begin{bmatrix} 1/2 & 1/2 \\ 1/2 & 1/2 \end{bmatrix} \qquad (提示:利用遍历性)$$

9.6　给定一个随机过程$X(t)$,有

$$X_1 = X(t_1), X_2 = X(t_2), \cdots, X_n = X(t_n), \cdots$$

为独立随机变量序列,其概率密度为

$$p_{X_n}(x_n; t_n) = p_n(x_n; t_n)$$

现在构造一个新随机变量序列

$$Y_1 = Y(t_1) = X_1,\ Y_2 = X_1 + X_2,\ \cdots, Y_n = X_1 + X_2 + \cdots + X_n, \cdots$$

求证:$Y(t)$为马尔可夫过程。

9.7　给定一个随机过程$X(t)$,有

$$X_1 = X(t_1), X_2 = X(t_2), \cdots, X_n = X(t_n), \cdots$$

为独立随机变量序列,构造一个新随机变量序列为

$$Y_1 = Y(t_1) = X_1, Y_n + cY_{n-1} = X_n, n \geqslant 2$$

求证:$Y(t)$是马尔可夫过程。

9.8　随机过程$Y(t) = aX(t)$,其中$X(t)$为电报信号,其自相关函数为

$$R_X(\tau) = \exp[-2\lambda \,|\, t_1 - t_2 \,|\,]$$

a为仅能以等概率取$+1$和-1的随机变量,即$P[a = 1] = P[a = -1] = 1/2$,且$a$与任意时刻$t$时的随机变量$X(t)$相互独立。求$Y(t)$的自相关函数。

9.9　若$h(t) = \mathrm{e}^{-at}U(t)$,$U(t)$为单位阶跃函数,求散弹噪声的功率谱、相关函数、均值、方差。

第 10 章　基于假设检验的信号检测

信号的统计检测是随机信号分析与处理的重要内容，在数字通信、雷达、图像处理和模式识别中具有广泛的应用。例如，数字通信发射机，在某一时隙从几个可能的信号波形选出一个发送给接收机。由于从发射机到接收机的传输媒质（信道）不理想，如存在振幅和相位畸变，以及来自其他辐射源的干扰和噪声等，将引起信号变形。另外，接收机本身的噪声也不可避免地附加到信号上，引起信号进一步畸变，从而使接收机处的观察者不能准确地判断所接收信号究竟是发射机可能发射的信号中的哪一个。

雷达也有类似情况，它向空间发射了一个已知信号，接收机准备接收空间目标反射回来的信号。同样，接收到的信号可能受到了畸变和混入了噪声而面目全非。因此，即使信号实际上全部返回了，我们也会怀疑这样的信号是否真是照射到目标而反射回来的回波。还有一种情形，接收机单独用做被动收听设备，这时信号源所发的信号本身就不可能是确知的。跟前面的情况一样，这种形式未知的信号也混入了接收机噪声，因而更增加了信号存在的不确定性。在图像处理和模式识别中同样将涉及在背景噪声中区分目标和噪声，或对不同特征的模式做出判断的问题。

上述讨论涉及了做出判决的不确定性。随机信号处理还存在另一方面的内容，即信号参量的估值。典型参量有振幅、相位、频率和到达时间（TOA）、到达方向（DOA）等。信号的随机性以及伴随这个信号的噪声使我们只可能把这些参量的数值确定到一定的精确程度。所有这些情况中，不管信号是确定性的还是非确定性的，都受到了别的随机过程污染。因此，最后观察到的信号本身就是一个随机过程。于是，应用统计方法来导出判决和估值的步骤，肯定是合乎情理的。

本章主要介绍基于统计假设检验的信号检测的基本理论，以及已知二元信号检测的基本方法。有关多元或未知信号的检测和信号参量估值的问题，本书不再讨论，留做相关的后续课程学习。

10.1　假设检验

10.1.1　最大后验概率准则与似然比检验

假设检验是进行判决的极其重要的统计工具之一。假设即是所考虑可能判决的陈述。例如雷达检测问题，可以选用两个假设，即目标存在或者目标不存在。对应每一假设都存在可能结果的一种概率描述，判决即是实验结果的样本空间的划分，将它们在平均意义上与要满足的“最佳”准则或者标准联系起来，这种划分即代表了从属于所用最佳准则的最优（最佳）判决规则。

以一个简单而有用的例子来加以说明。假定二元通信系统在时间间隔 T 内，或者发射一个单位振幅的脉冲 $s(t)$（代表“1”），或者不发射信号（代表“0”）。在接收机处，噪声 $n(t)$ 不可避免地加到信号上。问题在于要根据对 $r(t)=s(t)+n(t)$ 的一次采样来判断信号究竟是“1”还是“0”。图 10.1 描述了这种情形。如果我们在间隔 (a,b) 内选取的样本不止一个，则判

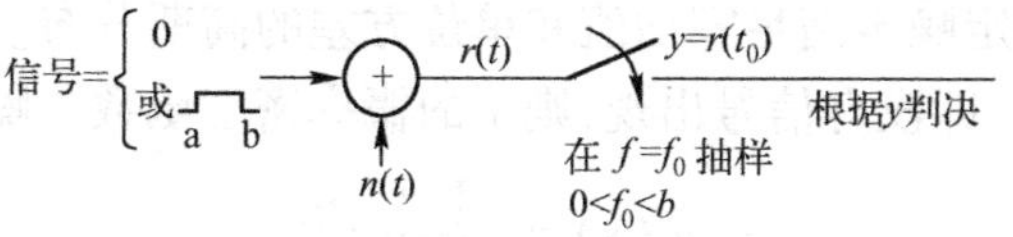

图 10.1　一次观测接收机

断会更加可靠,这将在稍后考虑。我们称零假设(Hypotheses)(H_0) 为没有信号的事件,另一个假设(H_1) 为出现了一个 1 V 信号的事件,以符号表示为

$$H_0\text{:没有信号存在}[r(t)=n(t)] \qquad H_1\text{:有信号存在}[r(t)=1+n(t)]$$

依据一次观测结果 $y = r(t_0)$,我们必须选择其中的一个假设。首先需要选取一个做出判决依据的准则。一个最自然、合理的准则是,根据一次观测值,选择最有可能出现的那个假设。也就是说,给定一个抽样值 y 以后,问哪个假设最有可能是真的。把这个论述中的两个条件概率表示为 $P(H_0 \mid y)$ 和 $P(H_1 \mid y)$,即给定 $r(t_0)=y$ 时,H_0 为真的概率,以及给定 $r(t_0)=y$ 时,H_1 为真的概率,这些概率称为**后验概率**,所以上述原则叫做**最大后验概率准则**。判决规则是:

如果 $P(H_0 \mid y) > P(H_1 \mid y)$,或者 $\dfrac{P(H_0 \mid y)}{P(H_1 \mid y)} > 1$,则选择 H_0,否则选择 H_1。

判决规则也可用概率密度函数表示,而且往往更为方便。要做到达一点,可将判决规则表示为:

如果 $$P(H_0 \mid y \leqslant Y \leqslant y+\mathrm{d}y) > P(H_1 \mid y \leqslant Y \leqslant y+\mathrm{d}y)$$

则选择 H_0,否则选择 H_1。利用条件概率的定义

$$P(H_0 \mid y \leqslant Y \leqslant y+\mathrm{d}y) = \frac{P(y \leqslant Y \leqslant y+\mathrm{d}y \mid H_0)P(H_0)}{P(y \leqslant Y \leqslant y+\mathrm{d}y)}$$

式中,$P(H_0)$ 是 H_0 为真的概率,而 H_1 为真的概率 $P(H_1)$ 等于 $1-P(H_0)$,它们都称做**先验概率**。将随机变量 Y 的概率密度函数定义为 $p(y)$,于是,$P(y \leqslant Y \leqslant y+\mathrm{d}y) = p(y)\mathrm{d}y$。同样,$P(y \leqslant Y \leqslant y+\mathrm{d}y \mid H_0)$ 也可用 $p_0(y)\mathrm{d}y$ 代替,由于后者是以 H_0 为真作为条件的,所以使用了下标。因此

$$P(H_0 \mid y \leqslant Y \leqslant y+\mathrm{d}y) = \frac{p_0(y)\mathrm{d}yP(H_0)}{p(y)\mathrm{d}y}$$

在 $\mathrm{d}y$ 任意小的极限情况下

$$P(H_0 \mid y) = \frac{p_0(y)P(H_0)}{p(y)}$$

同样 $$P(H_1 \mid y) = \frac{p_0(y)P(H_1)}{p(y)}$$

判决规则便可改写为:如果 $\dfrac{p_0(y)P(H_0)}{p_1(y)[1-P(H_0)]} > 1$,或者 $\dfrac{p_0(y)}{p_1(y)} > \dfrac{1-P(H_0)}{P(H_0)}$,则选择 H_0。

判决规则也可叙述为:

如果 $$\frac{p_1(y)}{p_0(y)} > \frac{P(H_0)}{1-P(H_0)} \tag{10.1.1}$$

则选择 H_1,否则选择 H_0。比值 $p_1(y)/p_0(y)$ 相当重要,命名为**似然比**,以这一比值为依据的检验称为**似然比检验**。函数 $p_1(y)$ 及 $p_0(y)$ 统称**似然函数**。以后会见到,我们有兴趣使用的其他"最佳"准则,其判决方法也将包含这个比值,只是不等式右边的量改变了而已。

对于上面的例子，假定噪声满足零均值和单位方差的高斯分布。有了这个根据，就足以计算似然比了。若 H_0 为真，即没有信号出现，则 y 的概率密度函数与噪声相同，也就是说

$$p_0(y) = \frac{1}{\sqrt{2\pi}} e^{-y^2/2}$$

另一方面，若 H_1 为真，假设存在一个 1 V 的信号，y 仍为高斯分布，但是均值为 1，则有

$$p_1(y) = \frac{1}{\sqrt{2\pi}} e^{-(y-1)^2/2}$$

似然比表示为 $$\lambda(y) = \frac{p_1(y)}{p_0(y)} = \frac{e^{-(y-1)^2/2}}{e^{-y^2/2}} = e^{y-1/2}$$

因而判决规则即为：若 $e^{y-1/2} \geqslant \frac{P(H_0)}{1-P(H_1)}$，则选择 H_1。

定义一个**对数似然比**往往会带来方便，它是似然函数的自然对数。由于 $\ln x$ 是 x 的单调上升函数，两端取对数后不等式仍然成立。应用对数似然比之后，如果

$$y - \frac{1}{2} \geqslant \ln\left[\frac{P(H_0)}{1-P(H_0)}\right], \qquad 即\ y \geqslant \ln\left[\frac{P(H_0)}{1-P(H_0)}\right] + \frac{1}{2}$$

则选择 H_1。这一事例中，样本 y 称为**检验统计量**。因此，接收机在最大后验概率意义上是最佳的。而且非常简单，只需对信号抽样，并使之同门限比较，若样本大于 $\ln\left[\frac{P(H_0)}{1-P(H_0)}\right] + \frac{1}{2}$，便判定发送的是“1”，否则是“0”。

由于 y 可在 $(-\infty, \infty)$ 范围内任意取值，所以样本空间为整个实数轴。上述结果意味着以 $\ln\left[\frac{P(H_0)}{1-P(H_0)}\right] + \frac{1}{2}$ 作为分界点，把实数轴分为两部分，如图 10.2 所示。信号检测问题可以直观地看成样本空间的划分问题。样点落入区域 R_0 的则选择 H_0，样点落入区域 R_1 的则选择 H_1。为了得到简明的表示方法，我们把假设 H_0 和 H_1 的选择（即判决）分别记为 D_0 和 D_1，这样就可以定量地求出接收机的性能。

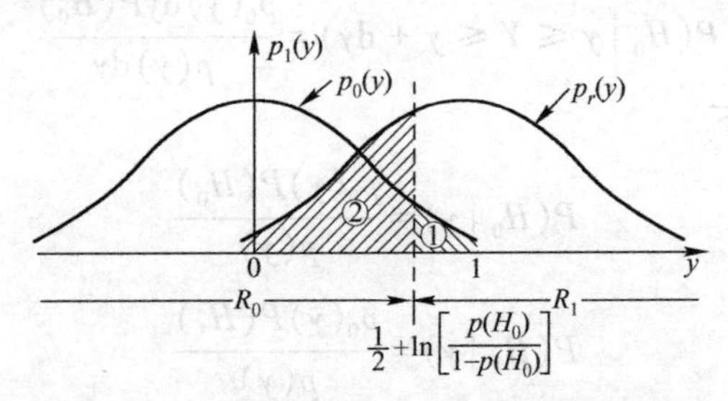

图 10.2　条件概率密度函数及样本空间的划分

任何一种选择可能造成的错误有两类。

一是如果选择了信号存在，而实际上并不存在，则造成**第一类错误**。即给出 H_0 为真，却选择了 H_1 这个错误，这个概率记为 $P(D_1 \mid H_0)$，以图 10.2 中的面积 ① 代表，雷达术语称为**虚警概率**，相当于把没有目标说成了有目标存在。

另一方面，如果实际上 H_1 是真的，却选择了 H_0，则造成**第二类错误**。其概率记为 $P(D_0 \mid H_1)$，以图 10.2 中的面积 ② 代表，一般称为漏报概率。我们经常用到正确判决概率 $P(D_1 \mid H_1)$，即 H_1 为真又选择了 H_1 的概率，它等于 $1 - P(D_0 \mid H_1)$。对应的雷达术语称为**检测**

概率,即正确判定目标存在的概率。在统计学术语中,虚警概率称为检验的**尺度**,检测概率称为检验的**势**。

借助于图10.2,很容易确定错误概率。虚警概率是 H_0 为真而 $y > \ln\left[\frac{P(H_0)}{1-P(H_0)}\right] + \frac{1}{2}$ 的概率,应用概率密度函数 $p_0(y)$ 得到

$$P(D_1 \mid H_0) = \int_{R_1} p_0(y)\,\mathrm{d}y = \frac{1}{\sqrt{2\pi}}\int_{Y_T}^{\infty} \mathrm{e}^{-y^2/2}\mathrm{d}y$$

式中

$$Y_T = \ln\left[\frac{P(H_0)}{1-P(H_0)}\right] + \frac{1}{2}$$

与此相仿,当 H_1 为真时,漏报概率为

$$P(D_0 \mid H_1) = \int_{R_0} p_1(y)\,\mathrm{d}y = \frac{1}{\sqrt{2\pi}}\int_{-\infty}^{Y_T} \mathrm{e}^{-(y-1)^2/2}\mathrm{d}y$$

最后,平均错误概率为

$$P_\mathrm{e} = P(D_1 \mid H_0)P(H_0) + P(D_0 \mid H_1)[1 - P(H_0)]$$

通信问题常常假定"0""1"等概率发送,即 $P(H_1) = 1 - P(H_0) = 1/2$。因此,上例中 R_1 便是实数轴上大于1/2的区域。对于此例,则有

$$P_\mathrm{e} = P(D_1 \mid H_0) = P(D_0 \mid H_1)$$

10.1.2　贝叶斯准则

前面的例子采用了最大后验概率准则,其中两类错误没有特殊加权。这样做或多或少地假定了各类错误是同样危险的。在实际应用中,各类错误的后果并非同等严重。以雷达系统为例,把实际上目标不存在说成目标存在,与把目标存在说成目标不存在,其后果大不相同。为了反映它们的差别,可给各类错误定出一个代价。

虽然在这里提到了代价,但是实际上,即使它们可能存在,但却难以得到。例如上述雷达问题中,各类错误定量的代价是多少,就属这种情形。然而理论研究却导出了一些有用的结果。对于代价不可能求出的那些事例,则可采用别的准则。

定义 C_{ij} 为实际上假设 H_j 是真,却选择了假设 H_i 的代价。一般来说,正确判断也可定出代价(正的代价表示损失)。通常假定 C_{00} 和 C_{11} 为零,并不丧失普遍性。无论何种情况,都假定造成错误的代价大于正确判断的代价,即 $C_{10} - C_{00} > 0$ 及 $C_{01} - C_{11} > 0$。

现在来确定平均代价或平均风险。假定:只要实验结果处在区域 R_0,就选择假设 H_0;处在区域 R_1,则选择假设 H_1。设 H_0 和 H_1 的先验概率各为 $P(H_0)$ 和 $1 - P(H_0)$。这种判决处理的平均风险或者平均代价为

$$\begin{aligned}\overline{C} = {} & P(H_0)[P(D_0 \mid H_0)C_{00} + P(D_1 \mid H_0)C_{10}] + \\ & [1 - P(H_0)][P(D_0 \mid H_1)C_{01} + P(D_1 \mid H_1)C_{11}]\end{aligned} \tag{10.1.2}$$

一个合理的准则是使平均代价最小,即选择 R_0 和 R_1 的范围使得 $\overline{C}$ 最小。将

$$P(D_1 \mid H_1) = 1 - P(D_0 \mid H_1),\ P(D_1 \mid H_0) = 1 - P(D_0 \mid H_0)$$

代入式(10.1.2),得到

$$\begin{aligned}\overline{C} = {} & P(H_0)C_{10} + [1 - P(H_0)]C_{11} - P(H_0)(C_{10} - C_{00})P(D_0 \mid H_0) + \\ & [1 - P(H_0)](C_{01} - C_{11})P(D_0 \mid H_1)\end{aligned} \tag{10.1.3}$$

以似然函数表示 $P(D_0 \mid H_0)=\int_{R_0} p_0(y)\mathrm{d}y,\ P(D_0 \mid H_1)=\int_{R_0} p_1(y)\mathrm{d}y$

则平均代价为

$$\begin{aligned}\overline{C}=&P(H_0)C_{10}+[1-P(H_0)]C_{11}+\int_{R_0}\{[1-P(H_0)](C_{01}-C_{11})p_1(y)-\\&P(H_0)(C_{10}-C_{00})p_0(y)\}\mathrm{d}y\end{aligned} \tag{10.1.4}$$

式中，唯一可变的量是区域 R_0。式中头两项为常数，因而只剩积分项必须选择 R_0 使 $\overline{C}$ 最小。这点容易做到，只要把被积函数为负值的那部分 y 域取为 R_0 即可。因此选择 H_0 的区域 R_0 就是满足下式的区域

$$P(H_0)(C_{10}-C_{00})p_0(y)\geqslant[1-P(H_0)](C_{01}-C_{11})p_1(y) \tag{10.1.5}$$

用似然函数表示，判决规则是：

若
$$\frac{p_1(y)}{p_0(y)}<\frac{P(H_0)(C_{10}-C_{00})}{[1-P(H_0)](C_{01}-C_{11})}$$

则选择 H_0。以假设 H_1 来说，判决规则是：

若
$$\lambda(y)\triangleq\frac{p_1(y)}{p_0(y)}\geqslant\frac{P(H_0)(C_{10}-C_{00})}{[1-P(H_0)](C_{01}-C_{11})}\triangleq\lambda_0 \tag{10.1.6}$$

则选择 H_1。

已经求得使式(10.1.2) 给出的平均代价为最小的区域 R_1，得到的最小代价称为贝叶斯(Bayes) 风险，而这个准则就叫贝叶斯准则。当 $C_{10}-C_{00}=C_{01}-C_{11}$ 时，比较式(10.1.6) 和式(10.1.1) 可以看出，最大后验概率准则就是贝叶斯准则的特殊情况。

10.1.3 最小错误概率准则

数字通信系统通常使平均错误概率最小。正确判决不付出代价，各类错误的代价相等。因此假定

$$C_{10}=C_{00}=0 \qquad C_{01}=C_{11}=1 \tag{10.1.7}$$

用到这些代价，则式(10.1.2) 的平均代价为

$$\overline{C}=P(H_0)P(D_1 \mid H_0)+[1-P(H_0)]P(D_0 \mid H_1) \tag{10.1.8}$$

于是，按式(10.1.7) 的假定，平均代价即是平均错误概率 P_e。使平均错误概率最小就相当于贝叶斯风险最小。判决规则成为：

如果
$$\frac{p_1(y)}{p_0(y)}\geqslant\frac{P(H_0)}{1-P(H_0)} \tag{10.1.9}$$

则选择 H_1。注意这一检验和式(10.1.1) 最大后验概率准则的检验规则相同，它也属于理想观测者检验。

10.1.4 纽曼 - 皮尔孙准则

先验概率已知，并认为各类错误同等重要的通信系统，大多数采用最小错误概率准则。然而在雷达系统中，确定先验概率和各类错误的代价却是困难的。对这种情况，有另一个准则可用，它既不包含先验概率，也不需要估计代价，这就是纽曼 - 皮尔孙(Neyman-Pearson) 准则。用雷达术语说，其目的在于给定虚警概率的条件下，使检测概率最大。应用似然比检验可以达到这一目的。具体地说，即存在某一非负的数 η，使得当

$$\lambda(y)=\frac{p_1(y)}{p_0(y)}\geqslant\eta \tag{10.1.10}$$

时选择假设 H_1,否则选择假设 H_0。这样一来,对于 $P(D_1|H_0)$ 小于某个预定常数这个约束下的所有检验而言,这个规则产生最大的 $P(D_1|H_1)$。可用贝叶斯准则来加以证明。

我们希望在 $P(D_1|H_0)=\alpha$ 的约束条件之下,使 $P(D_1|H_1)$ 最大。采用优化理论中的拉格朗日乘子法可求解。具体方法是:由于 $P(D_1|H_1)=1-P(D_0|H_1)$,所以这等效于使 $P(D_0|H_1)$ 最小。而 $P(D_1|H_0)$ 为常数,加到 $P(D_0|H_1)$ 上不影响极小化。结果,使 $P(D_1|H_1)$ 最大相当于使下式最小:

$$Q=P(D_0|H_1)+\mu P(D_1|H_0) \tag{10.1.11}$$

式中,μ 称为拉格朗日乘子,为任意常数。将 $C_{00}=C_{11}=0$, $[1-P(H_0)C_{01}=1$ 及 $P(H_0)C_{10}=\mu$ 代入式(10.1.2),则平均代价为

$$\overline{C}=P(D_0|H_1)+\mu P(D_1|H_0) \tag{10.1.12}$$

与式(10.1.11)相同,而且是最小量。因此,纽曼-皮尔孙准则是贝叶斯准则的特殊情况。已经确定,只要满足式(10.1.6)就选择假设 H_1,则 $\overline{C}$ 是最小值。将 C_{00}、C_{01}、C_{11}、C_{10} 的假定值代入式(10.1.6),产生的规则是:

当
$$\lambda(y)=\frac{p_1(y)}{p_0(y)}\geqslant\mu$$
时,选择 H_1。这样,对于给定的 $P(D_1|H_0)$,似然比检验使得 $P(D_1|H_1)$ 最大。

例 10.1 定义随机变量 $y=s+n$,这里 n 是均值为零、方差为 $\sigma^2=2$ 的高斯随机变量,s 是等于 0 或者 1 的常数。根据单个样本 y,限制 $P(D_1|H_0)=0.1$,应用纽曼-皮尔孙准则确定最佳判决规则,以便对如下两个假设做出选择:

$$H_0:\quad s=0,\qquad H_1:\quad s=1$$

由于 n 为高斯变量,所以似然函数 $p_0(y)$ 和 $p_1(y)$ 是高斯概率密度函数,即

$$p_0(y)=\frac{1}{\sqrt{4\pi}}\mathrm{e}^{-y^2/4}\qquad p_1(y)=\frac{1}{\sqrt{4\pi}}\mathrm{e}^{-(y-1)^2/4}$$

似然比
$$\lambda(y)=p_1(y)/p_0(y)=\mathrm{e}^{y/2-1/4}$$

纽曼-皮尔孙检验是:若 $\mathrm{e}^{y/2-1/4}\geqslant\lambda_0$,则选择 H_1。门限 λ_0 应满足虚警概率的约束条件。由于指数项随 y 单调上升,故等效的检验是:若 $y>\gamma$,则选择 H_1。

为了确定门限,写出虚警概率:

$$P(D_1|H_0)=\int_{R_1}p_0(y)\mathrm{d}y=\int_{\gamma}^{\infty}p_0(y)\mathrm{d}y=\frac{1}{\sqrt{4\pi}}\mathrm{e}^{-y^2/4}\mathrm{d}y=0.1$$

做变量代换($x=y/\sqrt{2}$),上式成为

$$P(D_1|H_0)=0.1=\int_{\gamma/\sqrt{2}}^{\infty}\frac{1}{\sqrt{2\pi}}\mathrm{e}^{-x^2/2}\mathrm{d}x$$

查概率函数表可得 $\gamma=1.8$。判决规则为:若 $y>1.8$,则选择 H_1,否则选择 H_0。基于一次观测 y 的检测概率为

$$P(D_1|H_1)=\int_{R_1}p_1(y)\mathrm{d}y=\int_{1.8}^{\infty}\frac{1}{\sqrt{4\pi}}\mathrm{e}^{-(y-1)^2/4}\mathrm{d}y=0.285$$

为了用似然比 $\lambda(y)$ 和 λ_0 表示判决规则,注意到 $\lambda(\gamma)=\lambda_0$。由于 $\gamma=1.8$,因此

$$\lambda(y)=\frac{p_1(y)}{p_0(y)}=\frac{(1/\sqrt{4\pi})\mathrm{e}^{-(0.8)^2/4}}{(1/\sqrt{4\pi})\mathrm{e}^{-(0.8)^2/4}}=\lambda_0\approx1.9$$

于是,判决规则为:若 $\lambda(y) > 1.9$,则选择 H_1,否则选择 H_0。

例 10.2 仍用前例,但是给信号"s" 假定一个先验概率,这样,它就类似于二元通信问题,准则应为错误概率最小。假定 $P(H_0)=1/2$, 则由式(10.1.9)得 $\lambda_0=1$。所以判决规则为:若 $\lambda(y)=\dfrac{p_1(y)}{p_0(y)}\geqslant 1$,则选择 H_1, 否则选择 H_0。代入似然函数的具体形式,得到:

若
$$\lambda(y)=\frac{p_1(y)}{p_0(y)}=\frac{(1/\sqrt{4\pi})\,\mathrm{e}^{-(y-1)^2/4}}{(1/\sqrt{4\pi})\,\mathrm{e}^{-y^2/4}}\geqslant 1$$

则选择 H_1。可以证明判决规则为:若 $y > 1/2$, 则选择 H_1,否则选择 H_0。虚警概率为

$$P(D_1\mid H_0)=\int_{R_1}p_0(y)\,\mathrm{d}y=\int_{1/2}^{\infty}\frac{1}{\sqrt{4\pi}}\mathrm{e}^{-y^2/4}\mathrm{d}y=0.362$$

同样可以证明 $P(D_0/H_1)=P(D_1/H_0)=0.362$, 所以 $P(D_1/H_1)=0.638$。注意检测概率高于前例,但虚警概率也大于前例限制的0.1。

10.2 已知信号的检测

上节讨论了信号统计检测所需要的大部分基础知识。概括地讲,所谓统计检测,是指利用概率与统计工具来设计"接收机",这些接收机或者仅仅从噪声中鉴别出被噪声污染的信号,或者在噪声存在的情况下区分不同的信号。在这里,一个**接收机**只是对受噪声干扰信号的处理做数学描述。

我们的主要意图是设计最佳接收机,但是通常需要给"最佳" 这个词加上引号,其原因在于,一个最佳接收机是同假设条件和最佳准则紧密相联的。我们说的**最佳接收机,即是在一组给定的假设条件下,能够最好地满足所给准则的接收机**。只要准则或假设条件有一个变了,一般就没有理由认为最佳接收机的形式还会维持不变。如果分析用的假设与所给环境条件不一致,那么理论上的最佳接收机就可能性能很差。但是无论如何,最佳的结果总可以作为一个标准,用来同其他结果做比较。

可以应用的最佳准则很多。对于通信系统,我们首先感兴趣的是最小错误概率准则,而对于雷达和声呐系统则是纽曼 - 皮尔孙准则。由于这些准则都是贝叶斯准则的特殊情况,故假设检验和似然比显然是很重要的。本节讨论将上节的基本理论具体化到雷达和二元通信系统时的一些重要问题。

本节主要讨论加进了噪声的已知信号的检测问题。即,如果一个信号出现了,那么它的幅度、频率、相位、到达时间等都是确知的。与这样一种信号相联系的将是简单假设。虽然这是一种理想情况,但却正好可以作为检测理论应用的入门。而且,相当多的实际系统也确实接近这种理想情况。此外,理想系统的性能还可以作为非理想系统的比较标准。具有未知参量的信号将不在这里讨论。

作为起步,首先假定噪声是加性白色高斯噪声(AWG)。对白噪声来说,在所有频率上它的功率谱密度是常数($N_0/2$),相应的自相关函数是 δ 函数($\left(\dfrac{N_0}{2}\right)\delta(\tau)$),这种随机过程的功率从理论上说是无限的。实际上,噪声无论如何只可能在一个宽的、但仍然是有限的带宽范围内具有常数功率谱密度。如果相对于所关心的信号频带而言,只要在一个足够宽的频带上噪声功率谱是"平坦的",则白噪声的假设就可以认为是合理的。

10.2.1　二元通信系统

考虑在时间间隔$(0,T)$内接收两个信号$s_0(t)$和$s_1(t)$之一的二元通信系统模型。在接收机处,均值为零、功率谱密度为$N_0/2$的高斯白噪声不可避免地要加在信号上,故观察到的信号是以下两种形式之一:

$$r(t)=\begin{cases}s_0(t)\\s_1(t)\end{cases}+n(t) \tag{10.2.1}$$

我们的目的是要设计一个接收机来对$r(t)$进行计算处理,并在两个假设

$$H_0:r(t)=s_0(t)+n(t) \qquad H_1:r(t)=s_1(t)+n(t)$$

中选择其中的一个。对于上节讨论的那些准则说来,最佳判决规则将似然比同某一门限相比较。这里暂时还用不着指定具体的准则,因为它只涉及门限λ_0的变化。

为了获得连续信号的概率描述,我们先假设接收信号有m个时间离散的采样值可以利用,然后再取$m\to\infty$时的极限。信号在时刻t_k的样本是

$$r(t_k)=s_i(t_k)+n(t_k)$$

下标$i=0,1$取决于哪一个假设是真实的。为方便起见,这些样本表示为r_k,s_{ik}及n_k,故

$$r_k=s_{ik}+n_k, \qquad 1\leqslant k\leqslant m \tag{10.2.2}$$

对于有限维样本向量,如果

$$\lambda(r)=\frac{p_1(r_1,r_2,\cdots,r_m)}{p_0(r_1,r_2,\cdots,r_m)}\geqslant\lambda_0$$

则判决规则选择H_1。式中分式的分子和分母分别是H_1或H_0为真时m维样本向量的联合概率密度。最佳接收机如图10.2.1所示。

暂时假定噪声是有限带宽白噪声,其功率谱密度为

$$S(\omega)=\begin{cases}N_0/2, & |\omega|<\Omega\\0, & 其他\end{cases} \tag{10.2.3}$$

自相关函数是

$$R(\tau)=\frac{N_0\Omega}{2\pi}\frac{\sin\Omega\tau}{\Omega\tau} \tag{10.2.4}$$

自相关函数在$\Omega\tau=k\pi(k=\pm1,\ \pm2,\cdots)$处为零,如图10.2.2所示。$\Omega\to\infty$的极限情况在以后考虑。

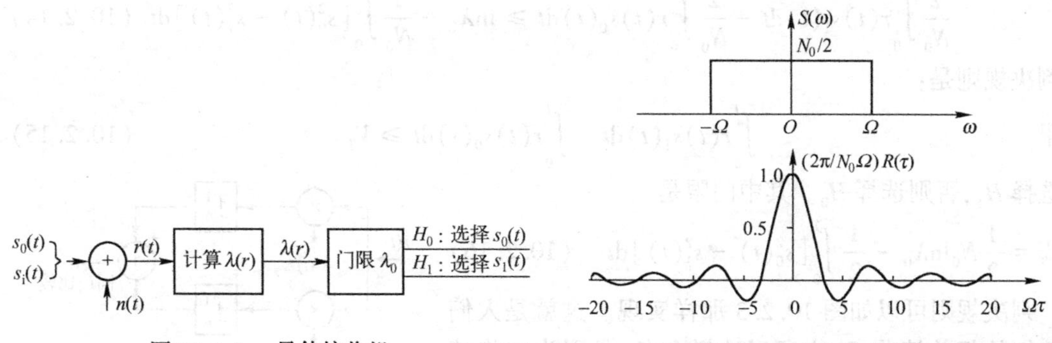

图10.2.1　最佳接收机

图10.2.2　有限带宽白噪声的功率谱和自相关函数

$R(\tau)$的第一个零点出现在$\tau=\pi/\Omega$处。因此,如果接收信号是在$\Delta t=\pi/\Omega$的间隔上抽样

的，则各样本不相关。由于是高斯分布的，所以它们统计独立。在$(0,T)$间隔内，我们可以取得$m=T/\Delta t=\Omega T/\pi$个独立的样本。为了明确地写出似然函数，我们必须确定样本r_k的均值及方差。因为噪声均值为零，故

$$E[r_k]=E[s_{ik}+n_k]=s_{ik} \tag{10.2.5}$$

r_k的方差为

$$E[(r_k-E[r_k])^2]=E[n_k^2] \tag{10.2.6}$$

这正是噪声的方差，记为σ_n^2，它等于$R(0)$，即

$$\sigma_n^2=N_0\Omega/2\pi \tag{10.2.7}$$

所以似然函数是

$$p_0(r)=\left(\frac{1}{2\pi\sigma_n^2}\right)^{m/2}\exp\left[-\sum_{k=1}^{m}\frac{(r_k-s_{0k})^2}{2\sigma_n^2}\right] \tag{10.2.8}$$

和

$$p_1(r)=\left(\frac{1}{2\pi\sigma_n^2}\right)^{m/2}\exp\left[-\sum_{k=1}^{m}\frac{(r_k-s_{1k})^2}{2\sigma_n^2}\right] \tag{10.2.9}$$

似然比

$$\lambda(r)=\frac{p_1(r)}{p_0(r)}=\frac{\exp\left[-\sum_{k=1}^{m}\frac{(r_k-s_{1k})^2}{2\sigma_n^2}\right]}{\exp\left[-\sum_{k=1}^{m}\frac{(r_k-s_{0k})^2}{2\sigma_n^2}\right]} \tag{10.2.10}$$

整理后，有

$$\lambda(r)=\exp\left\{-\frac{1}{2}\sum_{k=1}^{m}\left[\frac{2r_ks_{0k}}{\sigma_n^2}-\frac{2r_ks_{1k}}{\sigma_n^2}-\frac{(s_{0k}^2-s_{1k}^2)}{\sigma_n^2}\right]\right\} \tag{10.2.11}$$

判决规则是：若$\lambda(r)\geqslant\lambda_0$，则选择$H_1$。或用对数似然比，若

$$-\sum_{k=1}^{m}\frac{r_ks_{0k}}{\sigma_n^2}+\sum_{k=1}^{m}\frac{r_ks_{1k}}{\sigma_n^2}\geqslant\ln\lambda_0-\frac{1}{2}\sum_{k=1}^{m}\frac{(s_{0k}^2-s_{1k}^2)}{\sigma_n^2} \tag{10.2.12}$$

则选择H_1。

为得到用连线函数表示的判决规则，我们在$m\Delta t=T$保持为常数的情况下，使采样间隔Δt趋于零及m（从而使Ω）趋于无穷大。因为$\Omega=\pi/\Delta t$，故噪声的方差σ_n^2等于$N_0/(2\Delta t)$，代入式(10.2.12)，并考查$\Omega\to\infty$的极限

$$\lim_{\substack{\Delta t\to 0\\ m\to\infty\\ m\Delta t=T}}\left[-\sum_{k=1}^{m}\frac{2r_ks_{0k}\Delta t}{N_0}+\sum_{k=1}^{m}\frac{2r_ks_{1k}\Delta t}{N_0}\geqslant\ln\lambda_0-\sum_{k=1}^{m}\frac{(s_{0k}^2-s_{1k}^2)\Delta t}{N_0}\right] \tag{10.2.13}$$

极限情况下，假设级数收敛，则求和变为积分，并有

$$\frac{2}{N_0}\int_0^T r(t)s_1(t)\,\mathrm{d}t-\frac{2}{N_0}\int_0^T r(t)s_0(t)\,\mathrm{d}t\geqslant\ln\lambda_0-\frac{1}{N_0}\int_0^T[s_0^2(t)-s_1^2(t)]\,\mathrm{d}t \tag{10.2.14}$$

故判决规则是：

如果

$$\int_0^T r(t)s_1(t)\,\mathrm{d}t-\int_0^T r(t)s_0(t)\,\mathrm{d}t\geqslant V_{\mathrm{T}} \tag{10.2.15}$$

则选择H_1，否则选择H_0。其中门限是

$$V_{\mathrm{T}}=\frac{1}{2}N_0\ln\lambda_0-\frac{1}{2}\int_0^T[s_0^2(t)-s_1^2(t)]\,\mathrm{d}t \tag{10.2.16}$$

判决规则可以如图10.2.3那样实现。这就是人们所熟知的**相关接收机**，之所以这样命名，是因为它将接收到的输入信号$r(t)$与本地产生的信号$s_1(t)$和$s_0(t)$分别进行互相关运算。

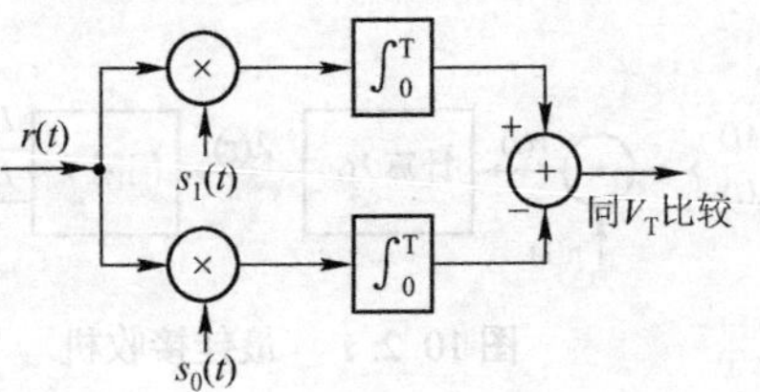

图10.2.3　二元信号的相关接收机

对于纽曼－皮尔孙准则，选择门限 V_T，要满足虚警概率的约束。对于最小错误准则，λ_0 是预先知道的，故 V_T 可以由式(10.2.16)确定。

1. 通信接收机的性能

为了确定用于通信的相关接收机性能，假定 H_0 和 H_1 的先验概率分别为 1/2，并且每一种错误代价相等。采用最小错误概率准则。在这些假设条件下，$\lambda_0 = 1$，判决规则可以表述为：

如果
$$G = \int_0^T r(t)s_1(t)\mathrm{d}t - \int_0^T r(t)s_0(t)\mathrm{d}t + \frac{1}{2}\int_0^T [s_0^2(t) - s_1^2(t)]\mathrm{d}t \geqslant 0 \tag{10.2.17}$$

则选择 H_1。为方便起见，我们把积分项表示记为 G。计算错误概率时，需要用到以 H_0 和 H_1 为条件的 G 的概率密度函数，把这些概率密度函数分别记为 $p_0(G)$ 和 $p_1(G)$，则错误概率为

$$\begin{aligned} P_e &= P(D_1 | H_0)P(H_0) + P(D_0 | H_1)P(H_1) \\ &= \frac{1}{2}\int_0^{\infty} p_0(G)\mathrm{d}G + \frac{1}{2}\int_0^{\infty} p_1(G)\mathrm{d}G \end{aligned} \tag{10.2.18}$$

式(10.2.17)的头两项是高斯过程的积分，故 G 是高斯随机变量，因而只需要用其均值及方差就可以确定它的概率密度函数。用 $E_0[G]$ 表示给定 H_0 时 G 的均值。在 H_0 的条件下

$$E_0[G] = E\left[\int_0^T [s_0(t) + n(t)]s_1(t)\mathrm{d}t - \int_0^T [s_0(t) + n(t)]s_0(t)\mathrm{d}t + \frac{1}{2}\int_0^T [s_0^2(t) - s_1^2(t)]\mathrm{d}t\right] \tag{10.2.19}$$

因为 $n(t)$ 的均值为零，所以

$$\begin{aligned} E_0[G] &= \int_0^T s_0(t)s_1(t)\mathrm{d}t - \int_0^T s_0^2(t)\mathrm{d}t + \frac{1}{2}\int_0^T [s_0(t) - s_1(t)]^2\mathrm{d}t \\ &= -\frac{1}{2}\int_0^T [s_0(t) - s_1(t)]^2\mathrm{d}t \end{aligned} \tag{10.2.20}$$

故
$$G - E_0[G] = \int_0^T n(t)[s_1(t) - s_0(t)]\mathrm{d}t$$

而以 $V_0(G) = E[(G - E_0[G])^2]$ 表示的方差是

$$\begin{aligned} V_0[G] &= E\left[\int_0^T\int_0^T n(t)n(\tau)[s_1(t) - s_0(t)][s_1(\tau) - s_0(\tau)]\mathrm{d}t\mathrm{d}\tau\right] \\ &= \int_0^T\int_0^T E[n(t)n(\tau)][s_1(t) - s_0(t)][s_1(\tau) - s_0(\tau)]\mathrm{d}t\mathrm{d}\tau \end{aligned}$$

假设噪声是功率谱密度为 $N_0/2$ 的平稳高斯白噪声，则

$$E[n(t)n(\tau)] = \frac{N_0}{2}\delta(t - \tau)$$

故给定 H_0 时 G 的方差是

$$V_0(G) = \frac{N_0}{2}\int_0^T [s_1(t) - s_0(t)]^2\mathrm{d}t \tag{10.2.21}$$

可以同样证明，如果 H_1 为真，则

$$E_1[G] = \frac{1}{2}\int_0^T [s_1(t) - s_0(t)]^2\mathrm{d}t \tag{10.2.22}$$

而方差
$$V_1(G) = V_0(G) = \frac{N_0}{2}\int_0^T [s_1(t) - s_0(t)]^2\mathrm{d}t \tag{10.2.23}$$

定义
$$E=\frac{1}{2}\int_0^T[s_0^2(t)+s_1^2(t)]\mathrm{d}t \tag{10.2.24}$$

以及
$$\rho=\frac{1}{E}\int_0^T s_0(t)s_1(t)\mathrm{d}t \tag{10.2.25}$$

因此 E 是两个信号的平均能量，ρ 是时间互相关系数。我们将证明 $|\rho|\leqslant 1$。因为下式中的被积函数总是大于等于零，所以

$$\int_0^T[s_0(t)\pm s_1(t)]^2\mathrm{d}t\geqslant 0$$

展开被积函数，得到

$$\int_0^T[s_0^2(t)+s_1^2(t)]\mathrm{d}t\pm 2\int_0^T s_0(t)s_1(t)\mathrm{d}t\geqslant 0$$

利用式(10.2.24)及式(10.2.25)，上式改写为

$$2E\pm 2\rho E\geqslant 0,\ 或\ 1\pm\rho\geqslant 0$$

由此可得，$|\rho|\leqslant 1$。

利用式(10.2.24)和式(10.2.25)，可以证明

$$E_0[G]=-E(1-\rho) \tag{10.2.26}$$

及
$$E_1[G]=E(1-\rho) \tag{10.2.27}$$

各假设下的方差相等并由下式给出：

$$V[G]=N_0E(1-\rho) \tag{10.2.28}$$

若已知均值和方差以及 G 为高斯随机变量，则可写出概率密度函数

$$p_0(G)=\left[\frac{1}{2\pi N_0E(1-\rho)}\right]^{1/2}\exp\left\{-\frac{[G+E(1-\rho)]^2}{2N_0E(1-\rho)}\right\} \tag{10.2.29}$$

$$p_1(G)=\left[\frac{1}{2\pi N_0E(1-\rho)}\right]^{1/2}\exp\left\{-\frac{[G-E(1-\rho)]^2}{2N_0E(1-\rho)}\right\} \tag{10.2.30}$$

利用式(10.2.29)不难证明

$$P(D_1|H_0)=\int_{[(1-\rho)E/N_0]^{1/2}}^{\infty}\frac{1}{\sqrt{2\pi}}\exp\{-z^2/2\}\mathrm{d}z \tag{10.2.31}$$

容易证明 $P(D_0|H_1)=P(D_1|H_0)$。应用上式到式(10.2.18)，错误概率成为

$$P_{\mathrm{e}}=\int_{[(1-\rho)E/N_0]^{1/2}}^{\infty}\frac{1}{\sqrt{2\pi}}\exp\{-z^2/2\}\mathrm{d}z \tag{10.2.32}$$

这一重要结论说明了从相加的高斯白噪声中检测已知信号的相关接收机性能，也称接收机的误码性能。它仅取决于以下三个参量：① 平均信号能量；② 噪声谱密度电平；③ 信号之间的时间互相关。而与所用信号的波形无关。

当 $(1-\rho)E/N_0$ 增大的时候，错误概率随之减小。对固定的 E/N_0，最佳系统是相关系数 $\rho=-1$ 的系统。这只有当 $s_0(t)=-s_1(t)$ 时才能达到。这就是所谓最佳或**理想二元通信系统**。

下面应用式(10.2.32)的结论，确定三种有实用价值的二元通信系统的误码性能。

(1) 相干相移键控(CPSK)

在这种系统中，二元信号是相位相差 180° 的正弦波。就是说，一个信号是另一个信号的负值。例如，在间隔 $(0,T)$ 上

$$s_0(t)=A\sin\omega_0t,\ s_1(t)=A\sin(\omega_0t+\pi)=-A\sin\omega_0t$$

这是理想二元系统($\rho = -1$) 的一个例子。因为各信号有相等的能量 $E = \int_0^T s_1^2(t)\,dt$,所以接收机可以按图 10.2.3 来实现。在这种情况下,式(10.2.16) 定义的门限 V_T 等于零。稍加思索就会看出,最佳接收机正好可用一个相关器来实现,其输出同零比较。

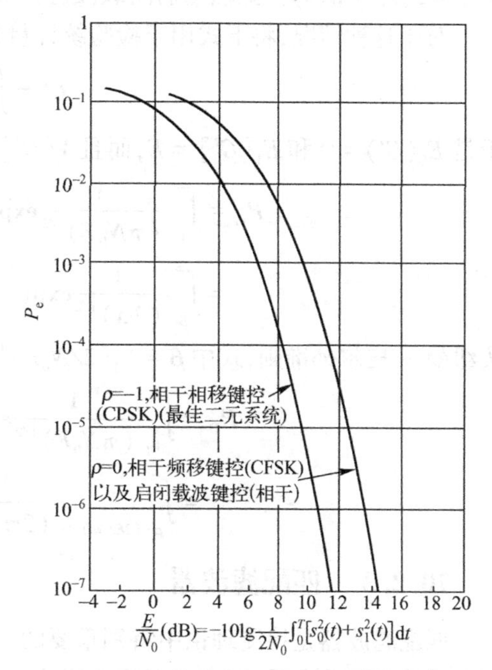

图 10.2.4　二元通信系统的误码性能

错误概率由下式给出:

$$P_e = \int_{[2E/N_0]^{1/2}}^{\infty} \frac{1}{\sqrt{2\pi}} \exp\{-z^2/2\}\,dz \qquad (10.2.33)$$

把它作为 E/N_0 的函数,如图 10.2.4 所示。

(2) *相干频移键控(CFSK)*

在间隔$(0,T)$ 上,二元信号由下式给出:

$$s_0(t) = A\sin\omega_0 t,\ 0 \leqslant t \leqslant T;$$

$$s_1(t) = A\sin\omega_1 t,\ 0 \leqslant t \leqslant T$$

若选择频率使得

$$\omega_1 - \omega_0 = n\pi/T,\ \omega_1 + \omega_0 = m\pi/T$$

式中,m 和 n 是整数,则 $\rho = 0$(若选 $\omega_1 - \omega_0 \approx 1.4\pi/T$,将得到较低的错误概率,参看习题 10.6)。信号的能量相等,而且 $E = \int_0^T s_1^2(t)\,dt$,错误概率为

$$P_e = \int_{[E/N_0]^{1/2}}^{\infty} \frac{1}{\sqrt{2\pi}} \exp\{-z^2/2\}\,dz \qquad (10.2.34)$$

并示于图 10.2.4。这种系统性能比最佳系统差 3dB,因为 $1-\rho$ 的值差了 2 倍。

(3) *启闭载波键控系统(OOK)*

二元信号是　$s_0(t) = 0,\ 0 \leqslant t \leqslant T;\ s_1(t) = A\cos\omega_0 t,\ 0 \leqslant t \leqslant T$

显然,图 10.2.3 所示相关接收机只需要一个相关器。在这种情况下 $\rho = 0$。但信号的能量不相等,而且

$$E = \frac{1}{2}\int_0^T s_1^2(t)\,dt = E_1/2$$

式中,E_1 代表 $s_1(t)$ 的能量。由式(10.2.16),这种情况的门限是由信号决定的:

$$V_T = \frac{1}{2}\int_0^T s_1^2(t)\,dt = E_1/2$$

错误概率是

$$P_e = \int_{[E/2N_0]^{1/2}}^{\infty} \frac{1}{\sqrt{2\pi}} \exp\{-z^2/2\}\,dz \qquad (10.2.35)$$

因此,按**平均**信号能量 E 来说(与图 10.2.4 的横坐标有关),其性能和相干频移键控系统相同,也比最佳二元系统(相干相移键控) 差 3dB。但若限制信号 $s_1(t)$ 的振幅(峰值) 不高于相干频移键控信号的幅度,则启闭载波键控系统的性能要比相应的相干频移键控系统差。

2. 应用到雷达方面

启闭载波键控系统考虑的那些信号也是相干雷达(指相位而言) 用到的典型信号,因此值

得在这里讨论一下它们的应用。H_0 表示没有目标出现，故 $r(t)=n(t)$。H_1 表示出现了目标，$r(t)=s(t)+n(t)$。显然与启闭载波键控类似。

对于这种情况，将下式用于检验统计量是方便的：

$$G'=\int_0^T r(t)s(t)\mathrm{d}t$$

于是 $E_0(G')=0$ 和 $E_1[G']=E$，而且 $V[G']=N_0E/2$，所以得出虚警概率

$$\begin{aligned}P_{\mathrm{fa}}&=\int_{V_{\mathrm{T}}}^{\infty}\frac{1}{(\pi N_0E)^{1/2}}\exp(-x^2/N_0E)\mathrm{d}x\\&=\int_{\beta}^{\infty}\frac{1}{(2\pi)^{1/2}}\exp(-z^2/2)\mathrm{d}z\end{aligned}\tag{10.2.36}$$

按纽曼－皮尔孙准则，式中 $\beta=V_{\mathrm{T}}(2/N_0E)^{1/2}$，由给定的虚警概率决定。检测概率为

$$\begin{aligned}P_{\mathrm{D}}&=\int_{V_{\mathrm{T}}}^{\infty}\frac{1}{(\pi N_0E)^{1/2}}\exp[-(x-E)^2/N_0E]\mathrm{d}x\\&=\int_{\beta-(2E/N_0)^{1/2}}^{\infty}\frac{1}{(2\pi)^{1/2}}\exp(-z^2/2)\mathrm{d}z\end{aligned}\tag{10.2.37}$$

10.2.3 匹配滤波器

匹配滤波器是检测理论中特别重要的一个论题。我们考虑两种情况，即白噪声背景下的匹配滤波器和非白噪声（也就是有色噪声）背景下的广义匹配滤波器。我们将引入一个新的最佳准则，即信噪比准则，而且还要指出它是相关接收机的等效形式。

1. 白噪声背景下的匹配滤波器

考虑图 10.2.3 中接收机上面一个支路的相关器，现把它重新画于图 10.2.5 中。在 $t=T$ 时相关器的输出是

$$e_1(T)=\int_0^T r(t)s_1(t)\mathrm{d}t\tag{10.2.38}$$

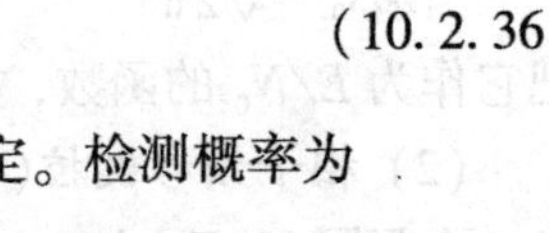

图 10.2.5　相关器

我们现在要问，能否用线性滤波器代替相乘器和积分器来获得 $e_1(T)$？假设这样的滤波器存在，其加权函数（冲激响应）为 $h_1(t)$，则滤波器对输入 $r(t)$ 产生的输出响应是

$$e_1(t)=\int_0^t h_1(\tau)r(t-\tau)\mathrm{d}\tau$$

特别在 $t=T$ 时，滤波器的输出由下式给出

$$e_1(t)=\int_0^T h_1(\tau)r(T-\tau)\mathrm{d}\tau\tag{10.2.39}$$

如果选择

$$h_1(t)=s_1(T-t),\qquad 0\leqslant t\leqslant T\tag{10.2.40}$$

代入式(10.2.39)得

$$e_1(T)=\int_0^T s_1(T-\tau)r(T-\tau)\mathrm{d}\tau=\int_0^T s_1(t)r(t)\mathrm{d}t\tag{10.2.41}$$

注意到式(10.2.41)与式(10.2.38)是一样的，因此 T 时刻的相关器输出与 T 时刻的滤波器输出相同。式(10.2.40)所定义的滤波器称为**匹配滤波器**，它的冲激响应函数除了在时间上反转，与信号有同样的形式。例如，一个信号和对应的匹配滤波器如图 10.2.6 所示。

上面的结果适用于信号 $s_1(t)$。对 $s_0(t)$ 的匹配滤波器是

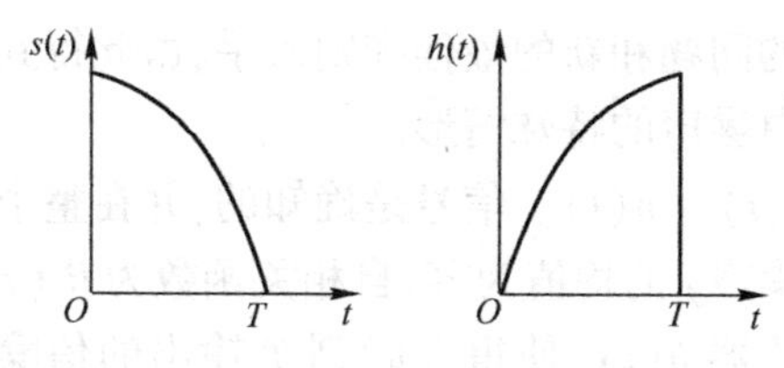

图 10.2.6　信号及与之对应的匹配滤波器

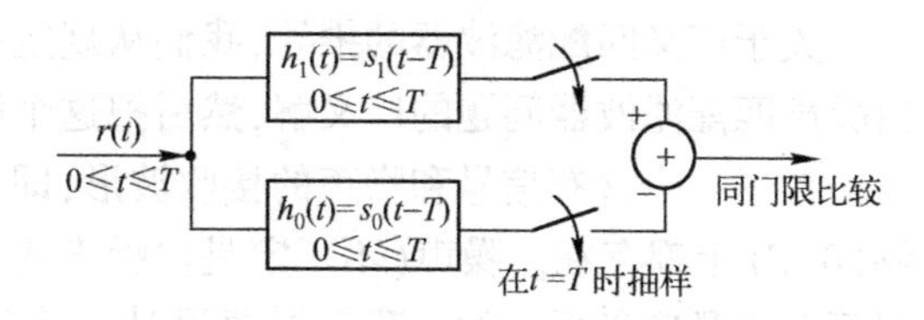

图 10.2.7　匹配滤波器的接收机

$$h_0(t) = s_0(T - t), \qquad 0 \geqslant t \geqslant T \tag{10.2.42}$$

这些滤波器可以用来实现如图 10.2.3 所示的相关接收机。图 10.2.7 则是用匹配滤波器代替相关接收机得到的等效形式。

这里着重指出,相关器的输出与匹配滤波器的输出只有在时刻 T 才相同。对于一个宽度为 T 的方波调制正弦波输入,相关器的输出(用 t 来替换 T) 在 $0 \leqslant t \leqslant T$ 时是近似于线性增长的。另一方面,匹配滤波器的输出在 $0 \leqslant t \leqslant T$ 时近似为幅度线性增长的正弦波。即相关器的输出是匹配滤波器的输出的包络。这些输出如图 10.2.8 所示。

在频域内比较信号和它的匹配滤波器是有意义的。假定信号的傅里叶变换是

$$S(\mathrm{j}\omega) = \int_0^T s(t)\,\mathrm{e}^{-\mathrm{j}\omega t}\mathrm{d}t \tag{10.2.43}$$

滤波器的传输函数为

$$H(\mathrm{j}\omega) = \int_{-\infty}^{\infty} h(t)\,\mathrm{e}^{-\mathrm{j}\omega t}\mathrm{d}t \tag{10.2.44}$$

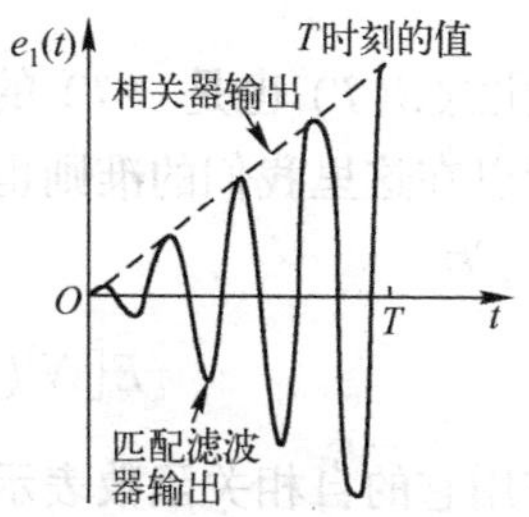

代入匹配滤波器条件(式(10.2.40))

$$h(t) = \begin{cases} s(T - t), & 0 \leqslant t \leqslant T \\ 0, & \text{其他} \end{cases}$$

图 10.2.8　正弦波输入时相关器与匹配滤波器的输出

得

$$H(\mathrm{j}\omega) = \int_0^T s(T - t)\,\mathrm{e}^{-\mathrm{j}\omega t}\mathrm{d}t$$

用变量替换($z = T - t$) 后得到

$$H(\mathrm{j}\omega) = \int_0^T s(z)\,\mathrm{e}^{-\mathrm{j}\omega(T-z)}\,\mathrm{d}z$$

即

$$H(\mathrm{j}\omega) = \mathrm{e}^{-\mathrm{j}\omega T}\int_0^T s(z)\,\mathrm{e}^{\mathrm{j}\omega z}\mathrm{d}z \tag{10.2.45}$$

若 $s(z)$ 是实函数,则积分为 $S^*(\mathrm{j}\omega)$。所以在频域内匹配滤波器与信号的关系为

$$H(\mathrm{j}\omega) = \mathrm{e}^{-\mathrm{j}\omega T}S^*(\mathrm{j}\omega) \tag{10.2.46}$$

由式(10.2.40) 和式(10.2.46) 可看出匹配滤波器的含义。

2. 色噪声背景下的广义匹配滤波器

下面讨论称为**信噪比**的标准工程参数。通常,它是指信号功率与噪声功率之比。在许多情况下,可把它定义为随机变量均值的平方与这个随机变量的方差之比。即将证明,对白噪声情形,前面所定义的匹配滤波器使这个比值最大。后面还要作为非白噪声(色噪声) 背景下的广义匹配滤波器的一个特殊情况来推导这个结果。这里所指的“白”与“色”是从光谱分析借鉴过来的术语。

关于广义匹配滤波器的推导,我们从规定一个新的问题和新的最佳准则入手,由此得到非白噪声匹配滤波器问题的广义解,然后把这个解用于白噪声的特殊情形。

考虑一个含有信号和噪声的接收波形,即 $r(t)=s(t)+n(t)$。信号是确知的,并在整个间隔 $(0,T)$ 上都存在。噪声(不一定是白噪声或者高斯噪声)的均值为零,自相关函数为 $R_n(\tau)$,因而至少是广义平稳的。我们想要设计一个线性滤波器 $h(t)$,使得在时刻 T 输出的信噪比最大。

滤波器在时刻 T 的输出是

$$e(T)=\int_0^T h(\tau)r(T-\tau)\mathrm{d}\tau$$

$$=\int_0^T h(\tau)s(T-\tau)\mathrm{d}\tau+\int_0^T h(\tau)n(T-\tau)\mathrm{d}\tau \tag{10.2.47}$$

信号和噪声成分为

$$S(T)=\int_0^T h(\tau)s(T-\tau)\mathrm{d}\tau \tag{10.2.48}$$

和

$$N(T)=\int_0^T h(\tau)n(T-\tau)\mathrm{d}\tau \tag{10.2.49}$$

(注意 $S(T)$ 也是 $e(T)$ 的均值。在统计学中随机变量的标准离差与均值之比称为变异系数,所以在这里我们的准则也可以表示为使变异系数最小。)噪声成分的均值为零,方差即是功率,为

$$E[N^2(T)]=E\left[\int_0^T\int_0^T h(\tau)h(z)n(T-\tau)N(T-z)\mathrm{d}\tau\mathrm{d}z\right]$$

或用它的自相关函数表示为

$$E[N^2(T)]=\int_0^T\int_0^T h(\tau)h(z)R_n(z-\tau)\mathrm{d}z\mathrm{d}\tau \tag{10.2.50}$$

所以信号与噪声均方根值之比是 $S(T)/\{E[N^2(T)]\}^{1/2}$。一个有意义的解是,在 $S(T)$ 为常数这一约束条件下使比值最大。既然要使比值最大,就必须使得 $E[N^2(T)]$ 最小。约束条件是以 $\mu S(T)$ 加到 $E[N^2(T)]$ 上的方式来引用的,其中 μ 是拉格朗日乘子。故

$$Q=E[N^2(T)]-\mu S(T) \tag{10.2.51}$$

需要求滤波器加权函数 $h(t)$,使上式的值最小。Q 的详细表示式为

$$Q=\int_0^T\int_0^T h(\tau)h(z)R_n(z-\tau)\mathrm{d}z\mathrm{d}\tau-\mu\int_0^T h(\tau)s(T-\tau)\mathrm{d}\tau \tag{10.2.52}$$

为了达到最小化的目的,我们可利用变分法求解。假设 $h_0(x)$ 是最佳线性滤波器

$$h(x)=h_0(x)+\alpha\varepsilon(x) \tag{10.2.53}$$

式中,$\varepsilon(x)$ 是定义于$(0,\ T)$ 上的任意函数,α 为一任意乘子。若将此式代入式(10.2.52),则对于任何给定的 $\varepsilon(x)$,Q 就成为 α 的函数。进而,根据式(10.2.53)得出,Q 在 $\alpha=0$ 处最小。故

$$\left.\frac{\partial Q(\alpha)}{\partial\alpha}\right|_{\alpha=0}=0 \tag{10.2.54}$$

这个方程的解必定是 $h_0(x)$,因为已经假定它是使 Q 最小的函数。把式(10.2.53)代入式(10.2.52),得到

$$Q(\alpha)=\int_0^T\int_0^T[h_0(\tau)+\alpha\varepsilon(\tau)][h_0(z)+\alpha\varepsilon(z)]R(z-\tau)\mathrm{d}z\mathrm{d}\tau-$$

$$\mu\int_0^T [h_0(\tau)+\alpha\varepsilon(\tau)]s(T-\tau)\,\mathrm{d}\tau$$

故
$$\frac{\partial Q(\alpha)}{\partial\alpha}=\int_0^T\int_0^T[\varepsilon(\tau)h_0(z)+\varepsilon(z)h_0(\tau)+2\alpha\varepsilon(\tau)\varepsilon(z)]R_n(z-\tau)\,\mathrm{d}z\mathrm{d}\tau-\mu\int_0^T\varepsilon(\tau)s(T-\tau)\,\mathrm{d}\tau \tag{10.2.55}$$

二阶导数是
$$\frac{\partial^2 Q(\alpha)}{\partial^2\alpha}=\int_0^T\int_0^T 2\varepsilon(\tau)\varepsilon(z)R_n(z-\tau)\,\mathrm{d}z\mathrm{d}\tau$$

对正定的自相关函数 $R_n(z)$（参阅第3章）和任意非零函数 $\varepsilon(x)$ 来说，上述积分都大于零。所以我们求出的解确实是使得 $Q(\alpha)$ 最小的解。

在 $\alpha=0$ 处求式(10.2.55)的解

$$\left.\frac{\partial Q(\alpha)}{\partial\alpha}\right|_{\alpha=0}=\int_0^T\int_0^T[\varepsilon(\tau)h_0(z)+\varepsilon(z)h_0(\tau)]R_n(z-\tau)\,\mathrm{d}z\mathrm{d}\tau-\mu\int_0^T\varepsilon(\tau)s(T-\tau)\,\mathrm{d}\tau=0 \tag{10.2.56}$$

双重积分中的第一项和第二项相等，可按下式来证明

$$\begin{aligned}\int_0^T\int_0^T\varepsilon(\tau)h_0(z)R_n(z-\tau)\,\mathrm{d}z\mathrm{d}\tau&=\int_0^T\int_0^T\varepsilon(z)h_0(\tau)R_n(\tau-z)\,\mathrm{d}\tau\mathrm{d}z\\&=\int_0^T\int_0^T\varepsilon(\tau)h_0(z)R_n(z-\tau)\,\mathrm{d}\tau\mathrm{d}z\end{aligned}$$

这一运算中互换了变量 z 和 τ，并用到了 $R_n(\tau-z)$ 和 $R_n(z-\tau)$，于是式(10.2.56)变为

$$\int_0^T\int_0^T 2\varepsilon(\tau)h_0(z)R_n(z-\tau)\,\mathrm{d}z\mathrm{d}\tau-\mu\int_0^T\varepsilon(\tau)s(T-\tau)\,\mathrm{d}\tau=0$$

合并积分后，即得

$$\int_0^T\mathrm{d}\tau\varepsilon(\tau)\left[\int_0^T 2h_0(z)R_n(\tau-z)\,\mathrm{d}z-\mu s(T-\tau)\right]=0 \tag{10.2.57}$$

由于 $\varepsilon(\tau)$ 除宗量范围规定在 $(0,T)$ 外，它是任意的，而要使上式为零，就必须使方括号内的项恒等于零。即

$$\int_0^T h_0(z)R_n(z-\tau)\,\mathrm{d}z=(\mu/2)s(T-\tau),\qquad 0\leqslant\tau\leqslant T \tag{10.2.58}$$

常数乘子 $\mu/2$ 只改变滤波器的增益，而且对信号和噪声的影响相同，它的值并不改变信噪比，因此我们可以令它为1。于是，式(10.2.58)变为积分方程

$$\int_0^T h_0(z)R_n(z-\tau)\,\mathrm{d}z=s(T-\tau),\qquad 0\leqslant\tau\leqslant T \tag{10.2.59}$$

这就是广义匹配滤波器的普遍表示式。对于在自相关函数为 $R_n(z)$ 的噪声中的已知信号，满足这一关系式的滤波器 $h_0(z)$ 使信噪比达到最大。注意以上讨论我们并未用到高斯假设。

此外，假设滤波器的记忆（超过此记忆的冲激响应为零）限制为 T_0，且 $T_0\leqslant T$，因此滤波器的记忆时间小于信号的持续时间。我们希望在某一时刻 $T_m(T_0\leqslant T_m\leqslant T)$ 使信噪比最大。容易证明，最佳线性滤波器是下面方程的解：

$$\int_0^{T_0} h_0(z)R_n(z-\tau)\,\mathrm{d}z=s(T_m-\tau)\qquad 0\leqslant\tau\leqslant T_0 \tag{10.2.60}$$

现在来计算式(10.2.59)所确定滤波器的最大信噪比的值。为此我们使用功率信噪比 $(S/N)_p\triangleq S^2(T)/E[N^2(T)]$。由式(10.2.48)及式(10.2.50)，并且用到最佳滤波器 $h_0(\tau)$ 之

后,最大信噪比为

$$\left(\frac{S}{N}\right)_p=\frac{\int_0^T\int_0^T h_0(\tau)h_0(z)s(T-\tau)s(T-z)\,\mathrm{d}\tau\,\mathrm{d}z}{\int_0^T\int_0^T h_0(\tau)h_0(z)R_n(z-\tau)\,\mathrm{d}z\,\mathrm{d}\tau} \tag{10.2.61}$$

重新组合各项得到

$$\left(\frac{S}{N}\right)_p=\frac{\left[\int_0^T h_0(\tau)s(T-\tau)\,\mathrm{d}\tau\right]\left[\int_0^T h_0(z)s(T-z)\,\mathrm{d}z\right]}{\int_0^T \mathrm{d}\tau h_0(\tau)\int_0^T h_0(z)R_n(z-\tau)\,\mathrm{d}z}$$

根据式(10.2.59),上式分母中内积分等于 $s(T-\tau)$,故

$$\left(\frac{S}{N}\right)_p=\frac{\left[\int_0^T h_0(\tau)s(T-\tau)\,\mathrm{d}\tau\right]\left[\int_0^T h_0(z)s(T-z)\,\mathrm{d}z\right]}{\int_0^T h_0(\tau)s(T-\tau)\,\mathrm{d}\tau} \tag{10.2.62}$$

分母中的积分与分子的第一个积分相消,故最大信噪比是

$$\left(\frac{S}{N}\right)_p=\int_0^T h_0(z)s(T-z)\,\mathrm{d}z \tag{10.2.63}$$

现在将这些解用到白噪声的特殊情况,即噪声功率谱密度为常数$N_0/2$,自相关函数是$\frac{N_0}{2}\delta(\tau)$。

最佳线性滤波器由式(10.2.59)给出,代入白噪声的自相关函数得到

$$\frac{N_0}{2}\int_0^T h_0(z)\delta(\tau-z)\,\mathrm{d}z=s(T-\tau)$$

故

$$h_0(\tau)=\frac{2}{N_0}s(T-\tau) \tag{10.2.64}$$

这就是前面对白噪声情况讨论到的匹配滤波器(乘数$2/N_0$不影响信噪比)。

对白噪声而言,把式(10.2.64)代入式(10.2.63)即可求得最大信噪比,即

$$\left(\frac{S}{N}\right)_p=\frac{2}{N_0}\int_0^T s^2(T-z)\,\mathrm{d}z=\frac{2}{N_0}\int_0^T s^2(t)\,\mathrm{d}t \tag{10.2.65}$$

信号能量为

$$E=\int_0^T s^2(t)\,\mathrm{d}t$$

故最大信噪比为

$$(S/N)_p=2E/N_0 \tag{10.2.66}$$

我们看到,对于白噪声情况的匹配滤波器来说,信噪比只与信号能量和噪声功率谱密度有关,而与信号波形无关。当然,这是要以滤波器与信号匹配为条件的。而诸如峰值功率、持续时间、带宽之类的信号特征,则并不直接出现在推算S/N的过程中。在实际工程应用中不能只考虑S/N一个指标,波形的选择还是很重要的。

3. 匹配滤波器的近似解法

广义匹配滤波器的方程式(10.2.59)是一个积分方程(具体地说它是第一类 Fredholm 积分方程),上述积分方程的一般解法见参考文献[9]。而目前只考虑如何近似求出最佳解。我们的做法是,先不管式(10.2.59)的限制条件,即$0\leqslant\tau\leqslant T$,而让积分限为$(-\infty,\infty)$,于是方程可作为一个卷积运算来求解。所以有可能得到的解既是准最佳的又是非物理可实现的(实际上,这个解只是全解的一部分)。

如果不必用实时方式处理信号,则非物理可实现的问题就无关紧要。实际应用当中有时是

根据记录数据进行分析的,而且这种分析是以非实时方式来完成的,所以我们不仅可以使用信号的“过去历史”,同时还可以使用它的“未来”。对于这样的非实时分析,我们可以做出能利用全部数据的滤波器。当然,在实时信号处理中这显然是办不到的,因为物理可实现滤波器不能在信号出现之前就对它产生响应。“未来”数据可利用的数据量受记录数据与分析数据之间的延迟限制,如果这一延迟时间足够长,那么为了数学上的方便,可以认为用到了无限多个未来数据。

由于讨论的是近似解,所以我们用 $w_0(z)$ 表示匹配滤波器,而求出的滤波器应当在某一时刻,比如说 T_0,使信噪比最大。因此,这种滤波器是如下方程的解

$$\int_{-\infty}^{\infty} w_0(z) R_n(\tau - z)\,\mathrm{d}z = s(T_0 - \tau),\ -\infty < \tau < \infty \tag{10.2.67}$$

上式左边表示卷积运算,其傅里叶变换是各变换之积。把 $w_0(z)$、$R_n(z)$ 及 $s(z)$ 的变换分别记为 $W_0(\mathrm{j}\omega)$、$S_n(\omega)$ 及 $S(\mathrm{j}\omega)$,得到

$$W_0(\mathrm{j}\omega) S_n(\omega) = S^*(\mathrm{j}\omega)\mathrm{e}^{-\mathrm{j}\omega T_0}$$

即

$$W_0(\mathrm{j}\omega) = \frac{S^*(\mathrm{j}\omega)\mathrm{e}^{-\mathrm{j}\omega T_0}}{S_n(\omega)} \tag{10.2.68}$$

这个传输函数应该理解为白噪声情况的匹配滤波器传输函数除以噪声的实际功率谱密度。下面我们将用另一种方法导出同样的结果。

4. 白化滤波器

对于通信和雷达系统中遇到的非白噪声,通常习惯于先把它白色化,即使噪声强的功率谱区域减弱,而使噪声弱的那些区域的功率谱增强。许多情况下,预白化就是最佳解的组成部分,其他情况下也能得到与最佳解足够接近的结果。实际中的大量功率谱都能够用物理可实现滤波器来近似地实现预白化。

考虑图 10.2.9 所示的运算。输入信号由 $s(t)$ 和具有非白色功率谱密度 $S_n(\omega)$ 的加性噪声组成。滤波器 $K(\mathrm{j}\omega)$ 用来使噪声变白,因此它的输出是具有白色功率谱的噪声与已知信号 $f(t) = k(t) * s(t)$ 相加。注意,如果信号 $s(t)$ 在时间上有限,则不一定非要求变换后的信号 $f(t)$ 也是时间上有限的。事实上 $f(t)$ 的持续时间应为 $s(t)$ 的持续时间与 $k(t)$ 的记忆时间之和,而后者与 $S_n(\omega)$ 的零点有关。

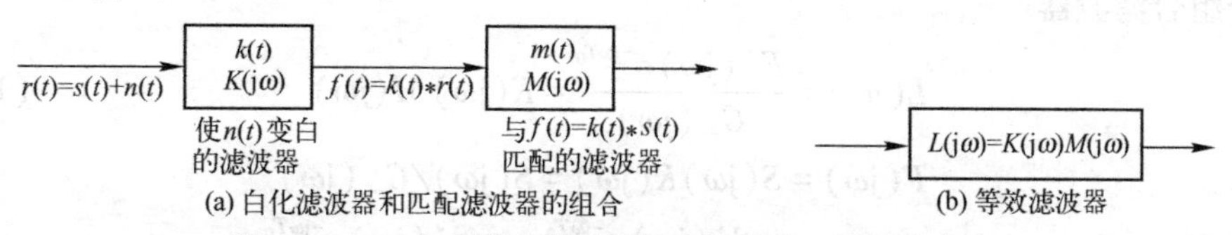

图 10.2.9　非白噪声背景匹配滤波器的一种解决方案

将预白化后的信号加至滤波器 $m(t)$,选择 $m(t)$ 使信噪比在某一时刻 T_0 最大。因为在它的输入端加性噪声是白噪声,所以选取的最佳滤波器为匹配滤波器。

$$M(\mathrm{j}\omega) = F^*(\mathrm{j}\omega)\mathrm{e}^{-\mathrm{j}\omega T_0} \tag{10.2.69}$$

式中,$F(\mathrm{j}\omega)$ 是 $f(t) = k(t) * s(t)$ 的傅里叶变换。这个滤波器可以不是物理可实现的,认识到这点很重要。事实上,如果 $f(t)$ 具有无限的持续时间,滤波器就不是物理可实现的,这从图 10.2.10 的讨论容易看得出来,图中表明信号 $f(t)$ 有无限的持续时间。如果信噪比在 $t = T_0$ 点成为最大,则 $t > T_0$ 的那部分信号便属于“未来”,而且超出了物理可实现

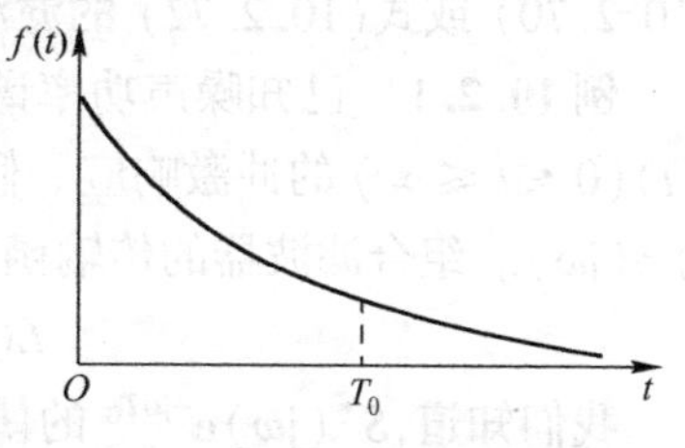

图 10.2.10　持续时间无限的信号

滤波器的存取时间。为了说明这一点，我们将式(10.2.69)改为

$$M_{T_0}(\mathrm{j}\omega)=F_{T_0}^{*}(\mathrm{j}\omega)\mathrm{e}^{-\mathrm{j}\omega T_0} \tag{10.2.70}$$

式中，$F_{T_0}(\mathrm{j}\omega)$ 是函数

$$f_{T_0}(t)=\begin{cases}f(t), & 0\leqslant t\leqslant T_0\\ 0, & \text{其他}\end{cases} \tag{10.2.71}$$

的傅里叶变换。这样的滤波器是物理可实现的。但是必须看到它只是一个近似的最佳系统。

如果以非实时方式进行处理，并且允许延迟 Δ 获得 T_0 点的信噪比，则相应的滤波器变为

$$M_{T_1}(\mathrm{j}\omega)=F_{T_1}^{*}(\mathrm{j}\omega)\mathrm{e}^{-\mathrm{j}\omega T_0} \tag{10.2.72}$$

式中，$T_1=T_0+\Delta$，$F_{T_1}(\mathrm{j}\omega)$ 为函数

$$f_{T}(t)=\begin{cases}f(t), & 0\leqslant t\leqslant T_1\\ 0, & \text{其他}\end{cases} \tag{10.2.73}$$

的傅里叶变换。随着 Δ 的增大，滤波器最终趋近于式(10.2.69)所给的形式。

现在考虑白化滤波器。如果功率谱密度 $S_n(\omega)$ 满足 Paley-Wiener 准则

$$\int_{-\infty}^{\infty}\frac{|\ln S_n(\omega)|}{1+\omega^2}\mathrm{d}\omega<\infty$$

则可以将其分解为两项之积，一项只包含右半部分"p 平面"的极点和零点；而另一项只包含"p 平面"左半部分的极点和零点，即功率谱密度可表示为

$$S_n(\mathrm{j}\omega)=G_{+}(\mathrm{j}\omega)G_{-}(\mathrm{j}\omega) \tag{10.2.74}$$

式中，$G_{+}(\mathrm{j}\omega)$ 在 p 平面右边没有极点或零点，$G_{-}(\mathrm{j}\omega)$ 则正好相反。故可以得出，$G_{+}(\mathrm{j}\omega)$ 的逆傅里叶变换对 $t<0$ 为零。同理，$G_{-}(\mathrm{j}\omega)$ 的变换对 $t>0$ 为零，而且 $G_{+}^{*}(\mathrm{j}\omega)=G_{-}(\mathrm{j}\omega)$。所以 $S_n(\omega)=|G_{+}(\mathrm{j}\omega)|^2$。选取

$$K(\mathrm{j}\omega)=1/G_{+}(\mathrm{j}\omega) \tag{10.2.75}$$

作为物理可实现的白化滤波器。从而得出，白化滤波器与式(10.2.69)的匹配滤波器的组合产生一个组合滤波器

$$L(\mathrm{j}\omega)=\frac{F^{*}(\mathrm{j}\omega)\mathrm{e}^{-\mathrm{j}\omega T_0}}{G_{+}(\mathrm{j}\omega)}=K(\mathrm{j}\omega)M(j\omega) \tag{10.2.76}$$

而

$$F(\mathrm{j}\omega)=S(\mathrm{j}\omega)K(\mathrm{j}\omega)=S(\mathrm{j}\omega)/G_{+}(\mathrm{j}\omega)$$

故

$$L(\mathrm{j}\omega)=\frac{S^{*}(\mathrm{j}\omega)\mathrm{e}^{-\mathrm{j}\omega T_0}}{G_{+}(\mathrm{j}\omega)G_{+}^{*}(\mathrm{j}\omega)}=\frac{S^{*}(\mathrm{j}\omega)\mathrm{e}^{-\mathrm{j}\omega T_0}}{S_n(\mathrm{j}\omega)} \tag{10.2.77}$$

这与式(10.2.68)的有可能是非物理可实现的滤波器是一致的。注意，式(10.2.76)用式(10.2.70)或式(10.2.72)的滤波器可能更适合一些。

例 10.2.1 已知噪声功率谱密度 $S_n(\omega)=1/(\omega^2+\omega_0^2)$，求白化－匹配滤波器组合对信号 $s(t)(0\leqslant t\leqslant\infty)$ 的冲激响应。假设匹配滤波器不一定是物理可实现的，$s(t)$ 的傅里叶变换记为 $S(\mathrm{j}\omega)$。组合滤波器的传输函数

$$L(\mathrm{j}\omega)=S^{*}(\mathrm{j}\omega)\mathrm{e}^{-\mathrm{j}\omega T_0}(\omega^2+\omega_0^2)$$

我们知道，$S^{*}(\mathrm{j}\omega)\mathrm{e}^{-\mathrm{j}\omega T_0}$ 的傅里叶反变换是 $s(T_0-t)$，$\omega^2 S^{*}(\mathrm{j}\omega)\mathrm{e}^{-\mathrm{j}\omega T_0}$ 的傅里叶反变换等于 $-\mathrm{d}^2 s(T_0-t)/\mathrm{d}t^2$，故冲激响应是

$$l(t) = \omega_0^2 s(T_0 - t) - \frac{d^2}{dt^2}s(T_0 - t) \quad (10.2.78)$$

这样的近似解是完整最佳解的一部分,一般来说,要完全满足匹配滤波器的积分方程,这个解还必须包括端点的 δ 函数。

习　题

10.1　只用一次观测来对下面两个假设做选择的似然比接收机的形式如何? H_0 是样本均值为零、方差为 σ_0^2 的高斯随机变量,H_1 是样本均值为零、方差为 σ_1^2 的高斯随机变量($\sigma_1^2 > \sigma_0^2$)。

(1) 根据观测结果,判决区域 R_0 和 R_1 是怎样的。

(2) H_0 为真而选择了 H_1 的概率如何?

10.2　设计一个似然比检验,对下面两个假设做选择。

$$H_1: p_1(y) = \frac{1}{\sqrt{2\pi\sigma^2}}\exp\left(\frac{y^2}{2\sigma^2}\right), -\infty < y < \infty; \quad H_0: p_0(y) = \begin{cases} 1/2, & -1 \leqslant y \leqslant 1 \\ 0, & \text{其他} \end{cases}$$

(1) 假定 $\lambda_0 = 1$。作为 σ^2 的函数,通过 y 来表示的判决区域如何?

(2) 应用 Neyman-Pearson 准则,设 $P(D_1/H_0) = \alpha$,判决区域如何?求相应的检测概率 P_D。

10.3　在某个信号检测问题中,已知信号 $s(t) = 1$,噪声概率密度函数如题 10.3 图所示。

(1) 用一次观测,假设 $P(H_0) = 0.5, C_{00} = C_{11} = 0, C_{01} = C_{10} = 1$。按最小错误概率准则,求:① 门限值 λ_0;(以 y 作为检验统计量的判决区);② 求平均错误概率 P_e。

(2) 用一次观测,假设虚警概率 $P_f = 1/32$,按照 Neyman-Pearson 准则,求:① 门限值 η(以 y 作为检验统计量的门限);② 求相应的检测概率 P_D。

10.4　利用最小错误概率准则设计一台接收机对如下两个假设做出选择:

$$H_1: r(t) = s_1 + n(t) \qquad H_0: r(t) = s_0(t) + n(t)$$

信号 $s_1(t)$ 和 $s_0(t)$ 示于题 10.4 图,相加的噪声是功率谱密度为 $N_0/2$ 的高斯白噪声,设先验概率相等。求 $E/N_0 = 2$ 时的错误概率。

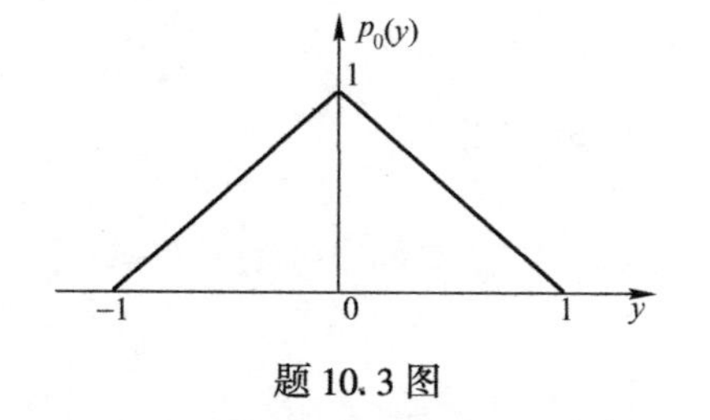

题 10.3 图

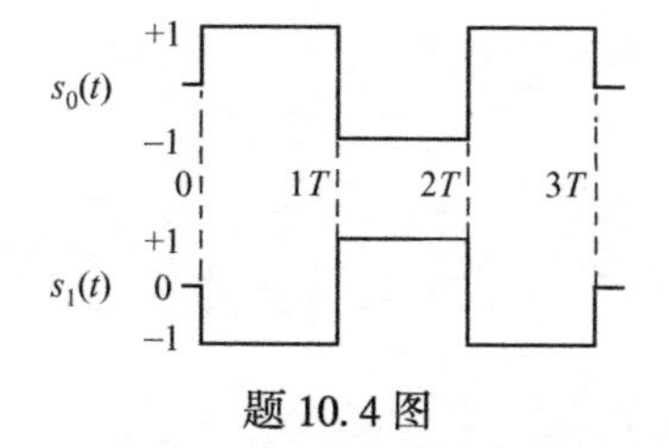

题 10.4 图

10.5　上题讨论的信号,每一个都是一个"字",而且每一个字有 3 比特。假定一次一个地来检测每一比特,只要出的错不多于 1 比特,就照样能正确译出字来。

(1) 各个比特的错误概率是多少?

(2) 如果能"校正"1 个比特错误,那么错译 1 个字的概率是多少?

(3) 同上题的结果做比较。

10.6　考虑信号为

$$s_1(t) = \sin\omega_1 t, \quad 0 \leqslant t \leqslant T; \qquad s_0(t) = \sin\omega_0 t, \quad 0 \leqslant t \leqslant T$$

的相干频移键控系统。采用高斯白噪声背景下的最佳接收机,令 $\omega_d = \omega_1 - \omega_0$。

(1) 证明当选择频率差时,若使 $\omega_d/2\pi \approx 0.7/T$,则错误概率最小。假设 $(\omega_1 + \omega_0)T = k\pi$,$k$ 为整数,或者 $\omega_1 + \omega_0 \gg 0$。

(2) 从需要的信号能量来看,这种系统比 $\rho = 0$ 的系统有多大改善?

10.7　考虑一个匹配滤波器,信号为

$$s(t) = \begin{cases} A, & 0 \leqslant t \leqslant T \\ 0, & \text{其他} \end{cases}$$

在高斯白噪声中:

(1) 输出峰值信噪比是多少?

(2) 如果不用匹配滤波器,而用滤波器

$$h(t) = \begin{cases} e^{-\alpha t}, & 0 \leqslant t \leqslant T \\ 0, & \text{其他} \end{cases}$$

则输出峰值信噪比是多少?你认为 α 的最佳值应该是多少?

(3) 如果采用滤波器 $h(t) = e^{-\alpha t}, t > 0$,输出峰值信噪比是多少?证明这种情况的信噪比总小于等于(2)的结果。

10.8　对于上题的问题,考虑一个高斯滤波器

$$h(\tau) = \frac{1}{\alpha}\exp\left[\frac{(\tau - \tau_0)^2}{2\alpha^2}\right], \qquad -\infty < \tau < \infty, \tau_0 > 0$$

(注意,若 $\tau_0 \gg \alpha$,则可用物理可实现滤波器来对此做近似。)

(1) 什么时刻输出信噪比最大?

(2) 推导输出信噪比的表达式。

10.9　考虑信号 $s(t) = 1 - \cos\omega_0 t, 1 \leqslant t \leqslant 2\pi/\omega_0$ 及 RC 过滤后的噪声,这种噪声的功率谱密度是$S_n(\omega) = \dfrac{\omega_1^2}{\omega^2 + \omega_1^2}$。

(1) 通过令 $T_0 = 2\pi/\omega_0$,用式(10.2.77)求此题的广义匹配滤波器。证明结果是

$$W(t) = 1 - \frac{\omega_0^2 + \omega_1^2}{\omega_1^2}\cos\omega_0 t, \quad 0 \leqslant t \leqslant 2\pi/\omega_0$$

(2) 得到的最大输出信噪比是多少?

部分习题解答

第2章

2.2 （1）过程是确定性的。

（2）
$$p_X(x;t) = 0.6\delta(x-1) + 0.3\delta(x-2) + 0.1\delta(x-3)$$

2.3 根据概率论理论，对于一维高斯分布，只要均值与方差确定了，则其概率密度函数也随之确定。X 是归一化高斯变量，即 $X \sim N(0,1)$，因此

$$E[X(t)] = E[X\cos\omega_0 t] = E[X]\cos\omega_0 t = 0$$

$$D[X(t)] = D[X\cos\omega_0 t] = D[X]\cos^2\omega_0 t = \cos^2\omega_0 t$$

于是 $X(t)$ 的一维概率密度函数为

$$p_X(x;t) = \frac{1}{\sqrt{2\pi}\,|\cos\omega_0 t|}\exp\left\{-\frac{x^2}{2\cos^2\omega_0 t}\right\},\quad t \in (-\infty, +\infty)$$

2.7 $X(t)$ 的三条样本函数曲线（三个实现）以等概率出现，则各实现出现的概率为

$$P(\xi_1) = P(\xi_2) = P(\xi_3) = 1/3$$

所以

$$E[X(t)] = P(\xi_1)X(t,\xi_1) + P(\xi_2)X(t,\xi_2) + P(\xi_3)X(t,\xi_3)$$

$$= \frac{1}{3}(1 + \sin t + \cos t)$$

$$R_X(t_1,t_2) = E[X(t_1)X(t_2)] = \sum\sum x_1 x_2 P(x_1,x_2)$$

$$= \frac{1}{3}(1 + \sin t_1 \sin t_2 + \cos t_1 \cos t_2)$$

2.8 由 $Y(t) = X(t) + f(t)$，则

$$m_Y(t) = E[Y(t)] = E[X(t) + f(t)] = E[X(t)] + E[f(t)] = m_X(t) + f(t)$$

$$C_Y(t_1,t_2) = E\{[Y(t_1) - m_Y(t_1)][Y(t_2) - m_Y(t_2)]\}$$

$$= E\{[X(t_1) + f(t_1) - m_X(t_1) - f(t_1)][X(t_2) + f(t_2) - m_X(t_2) - f(t_2)]\}$$

$$= E\{[X(t_1) - m_X(t_1)][X(t_2) - m_X(t_2)]\}$$

$$= C_X(t_1,t_2)$$

2.9 由条件知 $A \sim N(0,\sigma^2)$，$B \sim N(0,\sigma^2)$，于是

$$E[X(t)] = E[A\cos\omega_0 t + B\sin\omega_0 t] = E[A\cos\omega_0 t] + E[B\sin\omega_0 t] = 0$$

$$R_X(t_1,t_2) = E[X(t_1)X(t_2)]$$

$$= E\{[A\cos\omega_0 t_1 + B\sin\omega_0 t_1][A\cos\omega_0 t_2 + B\sin\omega_0 t_2]\}$$

$$= E[A^2\cos\omega_0 t_1\cos\omega_0 t_0 + B^2\sin\omega_0 t_1\sin\omega_0 t_2]$$

$$= \sigma^2[\cos\omega_0 t_1\cos\omega_0 t_2 + \sin\omega_0 t_1\sin\omega_0 t_2]$$

$$= \sigma^2\cos\omega_0(t_1 - t_2)$$

2.11 因为 A 和 Φ 统计独立，所以

$$E[X(t)] = E[A\cos(\omega_0 t + \Phi)] = E[A]E[\cos(\omega_0 t + \Phi)]$$

$$= \int_0^1 \alpha\,d\alpha \int_0^{2\pi}\cos(\omega_0 t + \varphi)\frac{1}{2\pi}d\varphi = 0$$

$$E[X(t_1)X(t_2)] = E[A^2\cos(\omega_0 t_1 + \Phi)\cos(\omega_0 t_2 + \Phi)]$$

$$= E[A^2]E[\cos(\omega_0 t_1 + \Phi)\cos(\omega_0 t_2 + \Phi)]$$

而 $$E[A^2]=\int_0^1 \alpha^2 d\alpha = 1/3$$

$$E[\cos(\omega_0 t_1+\varphi)\cos(\omega_0 t_2+\varphi)]=\frac{1}{2}\cos\omega_0(t_1-t_2)=\frac{1}{2}\cos\omega_2\tau$$

$$R_X(\tau)=\frac{1}{6}\cos\omega_0\tau$$

第3章

3.1 此题可用导数的定义来证明，这里利用期望算符 E 的性质来证明。令 $X(t)$ 的导数为 $Y(t)=\frac{dX(t)}{dt}$。

(1) $$R_Y(t_1,t_2)=E[Y(t_1)Y(t_2)]=E\left[\frac{dX(t_1)}{dt_1}\frac{dX(t_2)}{dt_2}\right]$$

$$=\frac{\partial^2}{\partial t_1\partial t_2}E[X(t_1)X(t_2)]=\frac{\partial^2}{\partial t_1\partial t_2}R_X(\tau)$$

式中，$\tau=t_2-t_1$，则 $R_Y(t_1,t_2)=\frac{\partial^2}{\partial\tau^2}\left[\frac{\partial\tau}{\partial t_1}\frac{\partial\tau}{\partial t_2}R_X(\tau)\right]=-\frac{d^2R_X(\tau)}{d\tau^2}$。

(2) $$E\left[X(t)\frac{dX(t+\tau)}{dt}\right]=E\left\{X(t)\left[\lim_{\Delta t\to 0}\frac{X(t+\Delta t+\tau)-X(t+\tau)}{\Delta t}\right]\right\}$$

$$=\lim_{\Delta t\to 0}E\left[\frac{X(t)X(t+\Delta t+\tau)-X(t)X(t+\tau)}{\Delta t}\right]$$

$$=\lim_{\Delta t\to 0}\frac{R_X(\tau+\Delta t)-R_X(\tau)}{\Delta t}=\frac{dR_X(\tau)}{d\tau}$$

3.3 (1) 平稳性。由 Φ 在 $(0,T)$ 上均匀分布可得 Φ 的概率密度函数

$$p_\Phi(\varphi)=\begin{cases}\frac{1}{T},0<\varphi<T\\0,\text{其他}\end{cases}$$

于是 $$E[X(t)]=\int_0^T S(t+\varphi)\cdot\frac{1}{T}d\varphi=\frac{1}{T}\int_t^{t+T}S(\theta)d\theta$$

由 $S(t)$ 的周期性，知 $S(\theta)$ 在一个周期内的积分

$$\frac{1}{T}\int_t^{t+T}S(\theta)d\theta=\text{常数}$$

自相关函数 $$R_X(t_1,t_2)=E[X(t_1)X(t_2)]=\int_0^T S(t_1+\varphi)S(t_2+\varphi)\cdot\frac{1}{T}d\varphi$$

令 $\tau=t_2-t_1$，则有 $$R_X(t_1,t_2)=\frac{1}{T}\int_0^T S(t_1+\varphi)S(\tau+t_1+\varphi)d\varphi$$

做积分变量替换 $\theta=t_1+\varphi$，则

$$R_X(t_1,t_2)=\frac{1}{T}\int_{t_1}^{t_1+T}S(\tau+\theta)S(\theta)d\theta$$

由 $S(\tau+\theta)S(\theta)$ 的周期性知其在一个周期内的积分值仅与时间差 $\tau=t_2-t_1$ 有关，与 t_1 无关。所以

$$R_X(t_1,t_2)=R_X(\tau)$$

而 $$E[X^2(t)]=\int_0^T S^2(t+\varphi)\cdot\frac{1}{T}d\varphi=\frac{1}{T}\int_t^{t+T}S^2(\theta)d\theta<\infty$$

所以，随相周期过程是宽平稳的。

(2) 在宽平稳的基础上讨论历经性。

时间均值 $$\overline{X(t)}=\lim_{T\to\infty}\frac{1}{2T}\int_{-T}^{T}x(t)dt=\lim_{T\to\infty}\frac{1}{2T}\int_{-T}^{T}s(t+\varphi)dt$$

因为对于周期函数在整个时间轴上的时间平均,可以取其一个周期内的时间平均来代替,所以有

$$\lim_{T\to\infty}\frac{1}{2T}\int_{-T}^{T}s(t+\varphi)\mathrm{d}t=\frac{1}{T}\int_{0}^{T}s(t+\varphi)\mathrm{d}t=\frac{1}{T}\int_{0}^{T}s(\theta)\mathrm{d}\theta=E[X(t)]$$

则 $X(t)$ 的均值具有各态历经性。

时间相关函数

$$\begin{aligned}\overline{X(t)X(t+\tau)}&=\lim_{T\to\infty}\frac{1}{2T}\int_{-T}^{T}x(t)x(t+\tau)\mathrm{d}t\\&=\lim_{T\to\infty}\frac{1}{2T}\int_{-T}^{T}s(t+\varphi)s(t+\tau+\varphi)\mathrm{d}t\\&=\frac{1}{T}\int_{0}^{T}s(t+\varphi)s(t+\tau+\varphi)\mathrm{d}t\\&=\frac{1}{T}\int_{0}^{T}s(\theta)s(\theta+\tau)\mathrm{d}\theta=R_X(t)\end{aligned}$$

所以,$X(t)$ 的自相关函数具有各态历经性和宽各态历经性。

3.10 因为 $$R_X(\tau)=4\mathrm{e}^{-|\tau|}\cos\pi\tau+\cos3\pi\tau=R_{X_1}(\tau)+R_{X_2}(\tau)$$

其中 $R_{X_2}(\tau)$ 为随相正弦波分量的相关函数,该分量均值为零。

非周期分量 $$R_{X_1}(\infty)=0=m_{X_1}^2$$

(1) $$E[X^2(t)]=R_X(0)=5$$

$$\sigma_X^2=R_X(0)-R_X(\infty)=R_X(0)-m_X^2=5$$

(2) 均方值 $E[X^2(t)]=R_X(0)$,即为信号的总平均功率。

信号分量 $$P_S=R_{X_2}(0)=1$$

噪声分量 $$P_N=R_{X_1}(0)=4$$

则功率信噪比 SNR = 1/4 = - 6dB。

3.12 (1) 讨论平稳性。

$$E[X(t)]=E[A\cos(\omega t+\Phi)]=E[A]E[\cos(\omega t+\Phi)]=0$$

$$\begin{aligned}E[X(t_1)X(t_2)]&=E[A^2\cos(\omega_1 t+\Phi)\cos(\omega t_2+\Phi)]\\&=E[A^2]E[\cos(\omega_1 t+\Phi)\cos(\omega t_2+\Phi)]\\&=8\times\frac{1}{2}E\{\cos[\omega(t_1+t_2)+2\Phi]+\cos\omega(t_2-t_1)\}\\&=4\int_{-5}^{5}\frac{1}{10}\cdot\cos\omega(t_2-t_1)\mathrm{d}\omega=\frac{4\sin5\tau}{5\tau}\end{aligned}$$

$$E[X^2(t)]=R_X(0)=4<\infty$$

由此可知 $X(t)$ 是宽平稳的。

(2) 讨论各态历经性。

$$\overline{X(t)}=\lim_{T\to\infty}\frac{1}{2T}\int_{-T}^{T}X(t)\mathrm{d}t=\lim_{T\to\infty}\frac{1}{2T}\int_{-T}^{T}A\cos(\omega t+\varphi)\mathrm{d}t=\lim_{T\to\infty}\frac{A\cos\varphi\sin\omega T}{\omega T}=0=E[X(t)]$$

则均值具有各态历经性。

$$\begin{aligned}\overline{X(t)X(t+\tau)}&=\lim_{T\to\infty}\frac{1}{2T}\int_{-T}^{T}A^2\cos(\omega t+\varphi)\cos[\omega(t+\tau)+\varphi]\mathrm{d}t\\&=\frac{A^2}{2}\cos\omega\tau\neq R_X(\tau)\end{aligned}$$

则自相关函数不具有各态历经性,所以 $X(t)$ 不具有宽各态历经性。

(3) 自相关函数如前所求为 $R_X(\tau)=\dfrac{4\sin5\tau}{5\tau}$。

3.15 $$\begin{aligned}R_{XY}(\tau)&=E[X(t)Y(t+\tau)]=E\{ab\cos(\omega_0 t+\varphi)\sin[\omega_0(t+\tau)+\varphi]\}\\&=\frac{ab}{2}E\{\sin[\omega_0(2t+\tau)+2\varphi]+\sin\omega_0\tau\}=\frac{ab}{2}\sin\omega_0\tau\end{aligned}$$

$$R_{YX}(\tau) = E[Y(t)X(t+\tau)] = E\{ab\sin(\omega_0 t+\varphi)\cos[\omega_0(t+\tau)+\varphi]\}$$
$$= \frac{ab}{2}E\{\sin[\omega_0(2t+\tau)+2\varphi]+\sin\omega_0(-\tau)\}$$
$$= \frac{ab}{2}\sin\omega_0(-\tau) = R_{XY}(-\tau)$$

显然 $R_{XY}(0) = R_{YX}(0) = 0$,说明在同一时刻,$X(t)$,$Y(t)$ 两个过程是正交的。(局部正交,局部不相关。在不同时刻,两个过程不一定正交。)

3.16 $$E[Z(t)] = E[X(t)+Y(t)] = E[X(t)]+E[Y(t)]$$
$$= E[A(t)\cos t]+E[B(t)\sin t] = E[A(t)]\cos t+E[B(t)]\sin t = 0$$

$$R_Z(t,t+\tau) = E[Z(t)Z(t+\tau)]$$
$$= E\{[X(t)+Y(t)][X(t+\tau)+Y(t+\tau)]\}$$
$$= E[X(t)X(t+\tau)]+E[X(t)Y(t+\tau)]+E[Y(t)X(t+\tau)]+E[Y(t)Y(t+\tau)]$$

而 $$E[X(t)X(t+\tau)] = E[A(t)\cos t\cdot A(t+\tau)\cos(t+\tau)] = R_A(\tau)\cos t\cos(t+\tau)$$
$$E[X(t)Y(t+\tau)] = E[A(t)\cos t\cdot B(t+\tau)\sin(t+\tau)] = 0$$
$$E[Y(t)X(t+\tau)] = E[B(t)\sin t\cdot A(t+\tau)\cos(t+\tau)] = 0$$
$$E[Y(t)Y(t+\tau)] = E[B(t)\sin t\cdot B(t+\tau)\sin(t+\tau)] = R_B(\tau)\sin t\sin(t+\tau)$$

因为 $$R_A(\tau) = R_B(\tau) = R(\tau)$$

所以 $$R_Z(t,t+\tau) = R(\tau)[\cos t\cos(t+\tau)+\sin t\sin(t+\tau)] = R(t)\cos\tau$$

又因为 $A(t)$,$B(t)$ 平稳,所以
$$R(0) = E[A^2(t)] = E[B^2(t)] < \infty$$

则 $$R_Z(0) = E[Z^2(t)] = R(0) < \infty$$

于是随机过程 $Z(t)$ 宽平稳。

第4章

4.3 显然 $X(t)$ 是平稳信号。
$$R_X(\tau) = E[X(t)X(t+\tau)] = \frac{1}{2}\cos\omega_0\tau$$

利用维纳 - 辛钦定理可得
$$G_X(\omega) = \frac{\pi}{2}[\delta(\omega+\omega_0)+\delta(\omega-\omega_0)]$$

4.4 可以判断 $Y(t)$ 是平稳过程,其自相关函数
$$R_Y(t,t+\tau) = E[Y(t)Y(t+\tau)]$$
$$= E\{X(t)\cos(\omega_0 t+\varphi)X(t+\tau)\cos[\omega_0(t+\tau)+\varphi]\}$$
$$= R_X(\tau)\cdot\frac{1}{2}E[\cos\omega_0\tau+\cos(2\omega_0 t+\omega_0\tau+2\varphi)]$$
$$= \frac{1}{2}R_X(\tau)\cos\omega_0\tau$$

则 $$G_Y(\omega) = F\left[\frac{1}{2}R_X(\tau)\cos\omega_0\tau\right] = \frac{1}{2}\times\frac{1}{2\pi}G_X(\omega)*\pi[\delta(\omega+\omega_0)+\delta(\omega-\omega_0)]$$
$$= \frac{1}{4}[G_X(\omega+\omega_0)+G_X(\omega-\omega_0)]$$

4.8 利用微分性质求出 $R_X(\tau)$ 的傅里叶变换
$$R''_X(\tau)\leftrightarrow\frac{1}{T}(e^{-j\omega T}+e^{j\omega T})-\frac{2}{T} = -\frac{4}{T}\sin^2\frac{1}{2}\omega T$$

$$R_X(\tau)\leftrightarrow G_X(\omega) = \frac{-\dfrac{4}{T}\sin^2\dfrac{1}{2}\omega T}{(\mathrm{j}\omega)^2} = T\mathrm{sinc}^2\left(\frac{1}{2}\omega T\right)$$

图形如下：

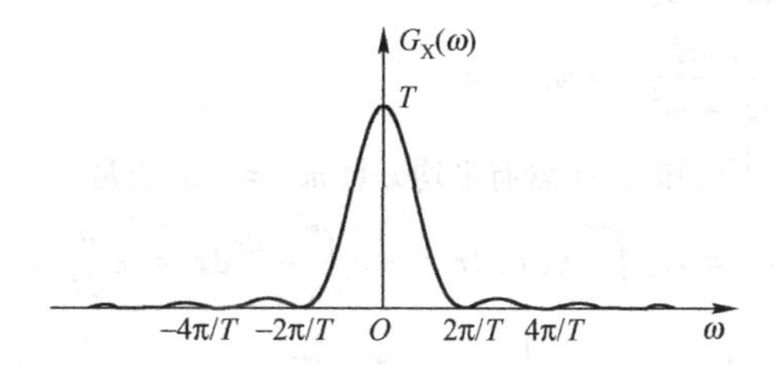

4.14 输出自相关函数为

$$\begin{aligned} R_Y(\tau') &= E[Y(t)Y(t+\tau')] \\ &= E\{[X(t)+X(t-\tau)][X(t+\tau')+X(t+\tau'-\tau)]\} \\ &= 2R_X(\tau')+R_X(\tau'-\tau)+R_X(\tau'+\tau) \end{aligned}$$

利用时移性质得其功率谱密度为

$$\begin{aligned} G_Y(\omega) &= 2G_X(\omega)+G_X(\omega)\mathrm{e}^{-\mathrm{j}\omega\tau}+G_X(\omega)\mathrm{e}^{\mathrm{j}\omega\tau} \\ &= 2G_X(\omega)\left[1+\frac{\mathrm{e}^{-\mathrm{j}\omega\tau}+\mathrm{e}^{\mathrm{j}\omega\tau}}{2}\right] = 2G_X(\omega)(1+\cos\omega\tau) \end{aligned}$$

4.15 随机过程 $X(t)$ 的自相关函数为

$$\begin{aligned} R_X(t,t+\tau) &= E[X(t)X(t+\tau)] \\ &= E\{a^2\cos(\omega t+\Phi)\cos[\omega(t+\tau)+\Phi]\} \\ &= \frac{a^2}{2}E[\cos\omega\tau+\cos(2\omega t+\omega\tau+2\Phi)] \\ &= \frac{a^2}{2}E(\cos\omega\tau) = \frac{a^2}{2}\int_{-\infty}^{+\infty}\cos\omega\tau\cdot p(\omega)\mathrm{d}\omega \end{aligned}$$

因为 $\cos\omega\tau = \dfrac{\mathrm{e}^{-\mathrm{j}\omega\tau}+\mathrm{e}^{\mathrm{j}\omega\tau}}{2}$，所以

$$\begin{aligned} R_X(t,t+\tau) &= \frac{a^2}{4}\int_{-\infty}^{+\infty}(\mathrm{e}^{-\mathrm{j}\omega\tau}+\mathrm{e}^{\mathrm{j}\omega\tau})p(\omega)\mathrm{d}\omega \\ &= \frac{a^2}{4}\left[\int_{-\infty}^{+\infty}\mathrm{e}^{-\mathrm{j}\omega\tau}p(\omega)\mathrm{d}\omega+\int_{-\infty}^{+\infty}\mathrm{e}^{\mathrm{j}\omega\tau}p(\omega)\mathrm{d}\omega\right] \\ &= 2\pi\times\frac{a^2}{4}\times\frac{2}{2\pi}\int_{-\infty}^{+\infty}p(\omega)\mathrm{e}^{-\mathrm{j}\omega\tau}\mathrm{d}\omega \end{aligned}$$

由维纳－辛钦定理知 $\quad G_X(\omega) = 2\pi\times\dfrac{a^2}{4}\times 2p(\omega) = a^2\pi p(\omega)$

第5章

5.7 题5.1所示网络的冲激响应(低通滤波器)为

$$h(t) = K\Omega U(t)\mathrm{e}^{-\Omega t}$$

K,Ω 皆为正实常数，$U(t)$ 是单位阶跃函数。显然系统是稳定因果系统，$X(t)$ 平稳有界。由式(5.2.2)得

$$Y(t) = \int_{-\infty}^{+\infty}h(\tau)X(t-\tau)\mathrm{d}\tau$$

网络输出过程为 $\quad Y(t) = \displaystyle\int_0^{\infty}K\Omega\mathrm{e}^{-\Omega\tau}\cdot a\cos[\omega_0(t-\tau)+\varphi]\mathrm{d}\tau = \frac{aK\Omega}{2}\left[\frac{\mathrm{e}^{\mathrm{j}(\omega_0 t+\varphi)}}{\Omega+\mathrm{j}\omega_0}+\frac{\mathrm{e}^{-\mathrm{j}(\omega_0 t+\varphi)}}{\Omega-\mathrm{j}\omega_0}\right]$

$$= \frac{aK\Omega}{2(\Omega^2 + \omega_0^2)}[(\Omega - j\omega_0)e^{j(\omega_0 t+\varphi)} + (\Omega + j\omega_0)e^{-j(\omega_0 t+\varphi)}]$$

$$= \frac{aK\Omega}{\Omega^2 + \omega_0^2}[\Omega\cos(\omega_0 t + \varphi) + \omega_0\sin(\omega_0 t + \varphi)]$$

$$= \frac{aK\Omega}{\Omega^2 + \omega_0^2}\cos(\omega_0 t + \varphi - \theta)$$

5.8 由 $R_X(\tau) = a^2 + be^{-|\tau|}$,知 $X(t)$ 含有平均分量 $m_X = \pm a$,于是

$$E[Y(t)] = m_X\int_{-\infty}^{+\infty}h(\tau)d\tau = \pm a\int_0^{\infty}e^{-\Omega\tau}d\tau = \pm\frac{a}{\Omega} = m_Y(t)$$

5.9 已知系统传输函数为 $H(\omega) = \frac{1}{1 + j\omega RC}$,冲激响应为 $h(t) = \frac{1}{RC}e^{-\frac{t}{RC}}, t > 0$。

(1)
$$G_Y(\omega) = G_X(\omega)|H(\omega)|^2 = \frac{N_0}{2}\cdot\frac{1}{1 + \omega^2R^2C^2}$$

(2)
$$R_Y(\tau) = F^{-1}[G_Y(\omega)] = \frac{N_0}{4RC}e^{-\frac{|\tau|}{RC}}$$

(3)
$$R_Y(t_3 - t_1) = \frac{N_0}{4RC}e^{-\frac{|t_3-t_1|}{RC}}$$

因为 $t_3 > t_1$,所以
$$R_Y(t_3 - t_1) = \frac{N_0}{4RC}e^{-\frac{t_3-t_1}{RC}}$$

取 $t_3 > t_2 > t_1$,有
$$R_Y(t_3 - t_1) = \frac{N_0}{4RC}e^{-\frac{t_3-t_2+t_2-t_1}{RC}} = \frac{N_0}{4RC}e^{-\frac{t_3-t_2}{RC}}\cdot e^{-\frac{t_2-t_1}{RC}}$$

$$= \frac{N_0}{4RC}e^{-\frac{|t_3-t_2|}{RC}}\cdot\frac{N_0}{4RC}e^{-\frac{|t_2-t_1|}{RC}}\Big/\frac{N_0}{4RC}$$

又因为
$$R_Y(0) = \frac{N_0}{4RC}$$

所以
$$R_Y(t_3 - t_1) = \frac{R_Y(t_3 - t_2)R_Y(t_2 - t_1)}{R_Y(0)}$$

5.16 (1)
$$h(t) = \int_{-\infty}^{+\infty}[\delta(t) - \delta(t - T)]dt = u(t) - u(t - T)$$

$$H(\omega) = \int_{-\infty}^{+\infty}h(t)\exp(-j\omega t))dt = T\frac{\sin(\omega T/2)}{\omega T/2}\exp(-j\omega T/2)$$

$$|H(\omega)|^2 = \frac{\sin^2(\omega T/2)}{(\omega T/2)^2}T^2$$

(2)
$$R_Y(0) = \int_{-\infty}^{+\infty}|H(\omega)|^2G(\omega)d\omega = \frac{N_0}{4\pi}\int_{-\infty}^{+\infty}\frac{\sin^2(\omega T/2)}{(\omega T/2)^2}T^2d\omega = \frac{N_0T}{4}$$

5.25
$$R_{XY}(\tau) = \int_{-\infty}^{+\infty}R_X(\alpha)h(\tau - \alpha)d\alpha = \int_{-\infty}^{+\infty}\delta(\alpha)h(\tau - \alpha)d\alpha = h(\tau)$$

要求 $R_{XY}(0) = 0$,即必须 $h(0) = 0$。

5.30 已知 X_n 在 $[-1,1]$ 上均匀分布,则 $\sigma_X^2 = 1/3$。

(1) $W_n = X_n - X_{n-1}$。这是一阶 MA 过程,由

$$R_W(k) = \begin{cases}\sigma_X^2\sum_{j=0}^{q-k}b_jb_{j+k}, & k = 0,1,\cdots,q\\ 0, & k > q\end{cases}$$

此处 $q = 1$,利用 $R_W(-k) = R_W(k)$,得

$$G_W(\omega) = F[R_W(k)] = \sum_{k=-\infty}^{+\infty}R_W(k)e^{-j\omega k} = \frac{2}{3} - \frac{1}{3}(e^{-j\omega} + e^{j\omega}) = \frac{4}{3}\text{sinc}^2\frac{\omega}{2}$$

(2) $Z_n = X_n + 2X_{n-1} + X_{n-2}$。这是二阶 MA 过程,此处 $q = 2$,同上可得

$$R_Z(k) = \begin{cases} \frac{1}{3}(1+4+1) = 2, & k = 0 \\ \frac{1}{3}(2+2) = \frac{4}{3}, & |k| = 1 \\ \frac{1}{3}\cdot 1 = \frac{1}{3}, & |k| = 2 \\ 0, & |k| > 2 \end{cases}$$

$$G_W(\omega) = F[R_W(k)] = \sum_{k=-\infty}^{\infty} R_W(k)\mathrm{e}^{-\mathrm{j}\omega k} = 2 + \frac{4}{3}(\mathrm{e}^{-\mathrm{j}\omega} + \mathrm{e}^{\mathrm{j}\omega}) + \frac{1}{3}(\mathrm{e}^{-\mathrm{j}2\omega} + \mathrm{e}^{\mathrm{j}2\omega})$$

$$= \frac{2}{3}(3 + 4\cos\omega + \cos 2\omega)$$

(3) $Y_n = -\frac{1}{2}Y_{n-1} + X_n$。这是一阶 AR 过程,其自相关函数是无限的,由 Yule-Walker 方程

$$R_Y(k) = \begin{cases} \sum_{i=1}^{P} a_i R_Y(k-i), k > 0 \\ \sum_{i=1}^{P} a_i R_Y(i) + \sigma_X^2, k = 0 \end{cases}$$

得

$$\begin{bmatrix} R_Y(0) & R_Y(1) \\ R_Y(1) & R_Y(0) \end{bmatrix} \begin{bmatrix} 1 \\ 1/2 \end{bmatrix} = \begin{bmatrix} 1/3 \\ 0 \end{bmatrix}$$

解出 $R_Y(0) = 4/9, R_Y(1) = -2/9$。

当 $k > 0$ 时,由 Yule-Walker 方程的递推关系得

$$R_Y(k) = -\frac{1}{2}R_Y(k-1) = \left(-\frac{1}{2}\right)^2 R_Y(k-2) = \cdots = \left(-\frac{1}{2}\right)^k R_Y(0) = \left(-\frac{1}{2}\right)^k \cdot \frac{4}{9}$$

由 $R_Y(-k) = R_Y(k)$,得此过程的自相关函数为

$$R_Y(k) = \left(-\frac{1}{2}\right)^{|k|} \cdot \frac{4}{9}$$

功率谱密度函数为

$$G_Y(\omega) = F[R_Y(k)] = \sum_{k=-\infty}^{\infty} R_Y(k)\mathrm{e}^{-\mathrm{j}\omega k} = \sum_{k=-\infty}^{\infty}\left(-\frac{1}{2}\right)^{|k|}\cdot\frac{4}{9}\cdot\mathrm{e}^{-\mathrm{j}\omega k}$$

$$= \frac{4}{9}\left[\sum_{k=0}^{+\infty}\left(-\frac{1}{2}\right)^k\cdot\mathrm{e}^{\mathrm{j}\omega k} + \sum_{k=0}^{+\infty}\left(-\frac{1}{2}\right)^k\cdot\mathrm{e}^{-\mathrm{j}\omega k} - 1\right] = \frac{4}{15 + 12\cos\omega}$$

第7章

7.8 由 $p_B(B_t) = \frac{B_t}{\sigma^2}\exp\left(-\frac{B_t^2}{2\sigma^2}\right), B_t \geqslant 0$,得

$$E[B_t] = \int_{-\infty}^{+\infty} B_t p_B(B_t)\mathrm{d}B_t = \int_0^{\infty}\frac{B_t^2}{\sigma^2}\exp\left(-\frac{B_t^2}{2\sigma^2}\right)\mathrm{d}B_t$$

利用 Γ 积分可求出

$$E[B_t] = \sqrt{\frac{\pi}{2}}\sigma$$

又因为

$$D[B_t] = E[B_t^2] - E^2[B_t]$$

而

$$E[B_t^2] = \int_0^{\infty}\frac{B_t^3}{\sigma^2}\exp\left(-\frac{B_t^2}{2\sigma^2}\right)\mathrm{d}B_t = 2\sigma^2\int_0^{\infty} t\mathrm{e}^{-t}\mathrm{d}t = 2\sigma^2$$

所以有

$$D[B_t] = 2\sigma^2 - \frac{\pi}{2}\sigma^2 = \left(2 - \frac{\pi}{2}\right)\sigma^2$$

7.9 均值为 0、方差为 1 的窄带平稳高斯过程包络平方的概率密度函数为

$$p_u(u_t) = \frac{1}{2}\exp\left(-\frac{u_t}{2}\right),\ u_t \geqslant 0$$

因为 $$E[u_t] = \int_0^\infty \frac{u_t}{2}e^{-\frac{u_t}{2}}du_t = 2\int_0^\infty te^{-t}dt = 2$$

而 $$D[u_t] = E[u_t^2] - E^2[u_t] \quad E[u_t^2] = \int_0^\infty \frac{u_t^2}{2}e^{-\frac{u_t}{2}}du_t = 8$$

所以有 $$D[u_t] = 8 - 4 = 4$$

7.10 将 $N(t)$ 表示成 $$N(t) = N_c(t)\cos\omega_0 t - N_s(t)\sin\omega_0 t$$

则 $$X(t) = [a\cos\theta + N_c(t)]\cos\omega_0 t - [a\sin\theta + N_s(t)]\sin\omega_0 t$$

包络平方为
$$\begin{aligned} B(t) &= [a\cos\theta + N_c(t)]^2 + [a\sin\theta + N_s(t)]^2 \\ &= a^2 + N_c^2(t) + N_s^2(t) + 2a\cos\theta N_c(t) + 2a\cos\theta N_s(t) \end{aligned}$$

自相关函数为
$$\begin{aligned} R_B(\tau) = E\{&[a^2 + N_c^2(t) + N_s^2(t) + 2a\cos\theta N_c(t) + 2a\cos\theta N_s(t)]\cdot \\ &[a^2 + N_c^2(t+\tau) + N_s^2(t+\tau) + 2a\cos\theta N_c(t+\tau) + 2a\cos\theta N_s(t+\tau)]\} \end{aligned}$$

式中求期望不为零的项为

$$\begin{aligned} R_B(\tau) = E[&a^4 + a^2N_c^2(t+\tau) + a^2N_s^2(t+\tau) + a^2N_c^2(t) + N_c^2(t)N_c^2(t+\tau) + \\ &N_c^2(t)N_s^2(t+\tau) + a^2N_s^2(t) + N_s^2(t)N_c^2(t+\tau) + N_s^2(t)N_s^2(t+\tau) + \\ &4a^2\cos^2\theta N_c(t)N_c(t+\tau) + 4a^2\sin^2\theta N_s(t)N_s(t+\tau)] \end{aligned}$$

注意到，由于高斯随机变量有以下重要关系：

$$E[X_1X_2X_3X_4] = E[X_1X_2]E[X_3X_4] + E[X_1X_3]E[X_2X_4] + E[X_1X_4]E[X_2X_3]$$

则有
$$E[N_c^2(t)N_c^2(t+\tau)] = \sigma^4 + 2R_{N_c}^2(\tau)$$
$$E[N(t)_s^2N_s^2(t+\tau)] = \sigma^4 + 2R_{N_s}^2(\tau)$$
$$E[N_c^2(t)N_s^2(t+\tau)] = \sigma^4 + 2R_{N_cN_s}^2(\tau)$$
$$E[N_s^2(t)N_c^2(t+\tau)] = \sigma^4 + 2R_{N_sN_c}^2(\tau)$$

再由窄带过程的性质 $$R_{N_c}(\tau) = R_{N_s}(\tau);R_{N_cN_s}(\tau) = -R_{N_sN_c}(\tau)$$

整理得 $$R_X(\tau) = a^4 + 4a^2\sigma^2 + 4\sigma^4 + 4[a^2R_{N_c}^2(\tau) + R_{N_c}^2(\tau) + R_{N_cN_s}^2(\tau)]$$

第10章

10.2 (1) $\lambda(y) = \dfrac{p_1(y)}{p_0(y)} \geqslant 1$

R_1：应满足 $p_1(y) \geqslant p_0(y)$，即$\dfrac{1}{\sqrt{2\pi\sigma^2}}\exp\left(-\dfrac{y^2}{2\sigma^2}\right) \geqslant p_0(y)$。

分两种情况：

① $p_{1\max}(y) < 0.5$，即当 $\sigma > 1/(0.5\sqrt{2\pi})$ 时，$R_1: y > 1$ 或 $y < -1$；

② $p_{1\max}(y) > 0.5$，即当 $\sigma < 1/(0.5\sqrt{2\pi})$ 时，$R_1: y > 1$ 或 $y < -1$；或者 $-\sqrt{-2\ln(0.5\sigma\sqrt{2\pi})}\sigma < y < +\sqrt{-2\ln(0.5\sigma\sqrt{2\pi})}\sigma$。

(2) 当要求 $P_f = \alpha$ 时，判决区 $R_1: y < -1+\alpha$，或 $y > 1-\alpha$。则检测概率为

$$\begin{aligned} P_D &= \int_{-\infty}^{-1+\alpha} p_1(y)dy + \int_{1-\alpha}^{\infty} p_1(y)dy \\ &= \int_{-\infty}^{-1+\alpha} \frac{1}{\sqrt{2\pi\sigma^2}}\exp\left(-\frac{y^2}{2\sigma^2}\right)dy + \int_{1-\alpha}^{\infty} \frac{1}{\sqrt{2\pi\sigma^2}}\exp\left(-\frac{y^2}{2\sigma^2}\right)dy \\ &= 2\int_{1-\alpha}^{\infty} \frac{1}{\sqrt{2\pi\sigma^2}}\exp\left(-\frac{y^2}{2\sigma^2}\right)dy \end{aligned}$$

附录A　随机序列收敛的几种定义

在微积分中讨论极限的时候,需要引入序列收敛的概念。

序列 x_n 收敛的定义为:

对任意的正数 ε,总存在正整数 N,当 $n > N$ 时,有 $|x_n - a| < \varepsilon$,则称序列 x_n 以 a 为极限,或说序列 x_n 收敛于 a ,记为

$$\lim_{n\to\infty} x_n = a \tag{A.1}$$

随机序列是随机实验的结果,当随机实验样本空间的所有样本序列都收敛于某一随机变量,则称随机序列处处收敛。即

$$\lim_{n\to\infty} X_n = X \tag{A.2}$$

一般情况 X 是一个随机变量。这样定义的收敛有很大的局限性,实际上很难满足,使其应用受到限制,因此人们寻求较弱意义下的收敛。

下面介绍几种常用的收敛定义。

(1) 以概率1收敛(准处处收敛或 almost-everywhere,简称 a.e 收敛,又称强收敛)

若随机序列 X_n 满足 $\lim_{n\to\infty} X_n(\xi) = X(\xi)$ 的概率为1,则称序列 X_n 以概率1收敛于 X, 记为

$$P(\lim_{n\to\infty} X_n = X) = 1 \tag{A.3}$$

(2) 均方收敛(mean-square 或 m.s 收敛,又称平均意义下收敛)

如果对所有的 n, $E[|X_n^2|] < \infty$, $E[|X^2|] < \infty$ 且

$$\lim_{n\to\infty} E[|X_n - X|^2] = 0 \tag{A.4}$$

则称随机变量序列均方收敛于 X。均方收敛也可以表示为

$$\underset{n\to\infty}{\mathrm{l.i.m}} X_n = X \tag{A.5}$$

式中,l. i. m 表示均方意义下(limit in mean)的极限。有时也用 k 阶收敛的概念,如果随机变量序列 X_n 满足

$$\lim_{n\to\infty} E[|X_n - X|^k] = 0$$

那么该序列 k 阶收敛于 X。当 $k = 2$ 时,k 阶收敛即为均方收敛。

(3) 依概率收敛(Probability 或 p 收敛,又称随机收敛)

如果对于任意给定的正数 $\varepsilon > 0$,随机变量序列 X_n 满足

$$\lim_{n\to\infty} P[|X_n - X| < \varepsilon] = 1$$

则称随机变量序列 X_n 依概率收敛于 X。

(4) 分布收敛(Distribution 或 d 收敛,又称弱收敛)

若 X_n 的概率分布函数在 X 的每一连续点收敛于 X 的概率分布函数,则称随机变量序列 X_n 分布收敛于随机变量 X,记为

$$\lim_{n\to\infty} F_n(x) = F(x)$$

各种收敛之间的关系示于图 A.1 中。在通信和信号、信息处理中用得较多的是均方(m.s) 收敛。

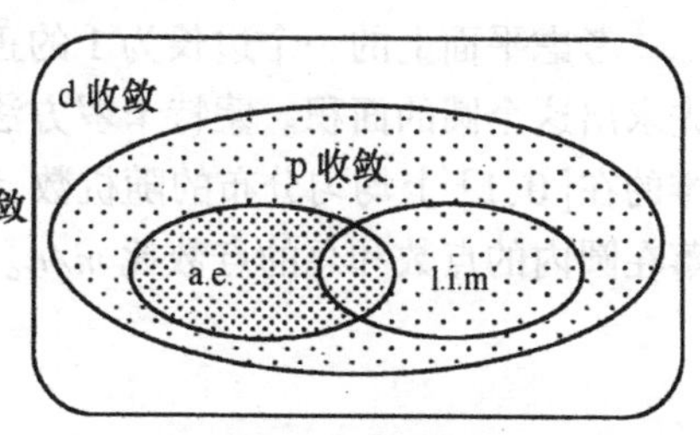

图 A.1　各种收敛之间的关系

附录 B　蒙特卡罗模拟方法

蒙特卡罗(Monte Carlo)方法是一种基于"随机数"的计算方法。这一方法源于美国在第一次世界大战研制原子弹的"曼哈顿计划"。该计划的主持人之一、数学家冯·诺伊曼用驰名世界的赌城——摩纳哥的 Monte Carlo 来命名这种方法,为它蒙上了一层神秘色彩。

蒙特卡罗方法,又称随机抽样或统计实验方法,属于计算数学的一个分支。蒙特卡罗方法的基本思想是:当所要求解的问题是某种事件出现的概率,或者是某个随机变量的期望值时,它们可以通过某种"实验"的方法,得到这种事件出现的频率,或者这个随机变量的平均值,并用它们作为问题的解。

蒙特卡罗方法通过抓住事物运动的几何数量和几何特征,利用数学方法来加以模拟,即进行一种数字模拟实验。它以一个概率模型为基础,按照这个模型所描绘的过程,通过模拟实验的结果,作为问题的近似解。可以把蒙特卡罗方法归结为三个主要步骤:构造或描述概率过程;实现从已知概率分布的抽样;通过实验求各种估计量。

其实,蒙特卡罗方法的基本思想很早以前就被人们所发现和利用。早在 17 世纪,人们就知道用事件发生的"频率"来决定事件的"概率"。19 世纪法国科学家 Buffon 用投针实验的方法来决定圆周率 π。20 世纪 40 年代电子计算机的出现,特别是近年来高速电子计算机的出现,现在已很少有人再采用人手随机投针的方法来进行随机模拟实验,而采用编程方法在计算机上大量、快速地进行模拟实验来求解。

与传统的数学方法相比,蒙特卡罗方法能处理一些其他方法所不能处理的复杂问题,并且容易在计算机上模拟实际概率过程,然后加以统计处理。在计算机上用蒙特卡罗方法可以求解很多理论和应用科学的问题,并在很大程度上可以代替许多大型的、难以实现的复杂实验。

可用民意测验来做一个不严格的比喻。民意测验的人不是征询每一个登记选民的意见,而是通过对选民进行小规模的抽样调查来确定可能的优胜者。蒙特卡罗方法与其基本思想是一样的。

B.1　在计算机上用蒙特卡罗方法求圆周率

考虑平面上的一个边长为 1 的正方形及其内部的一个内切圆,见图 B.1。为求圆周率,首先求出这个圆的面积。蒙特卡罗方法是这样一种"随机化"的方法:向该正方形内投掷 n 个二维的在[0,1]上均匀分布的随机数,计算落于内切圆内随机数的点数 m,则圆的面积 s 近似为落在圆内的点数和总的点数比 m/n。利用下列公式很容易计算出圆周率:

$$s = \pi r^2 = m/n$$

$$\pi = m/(nr^2) = 4m/n$$

采用这种方法可求任意形状不规则闭合曲线的面积或任意闭合体的体积,甚至高维空间任意闭合体的容积。通常情况下采用更多的随机数可得到更高的精度。

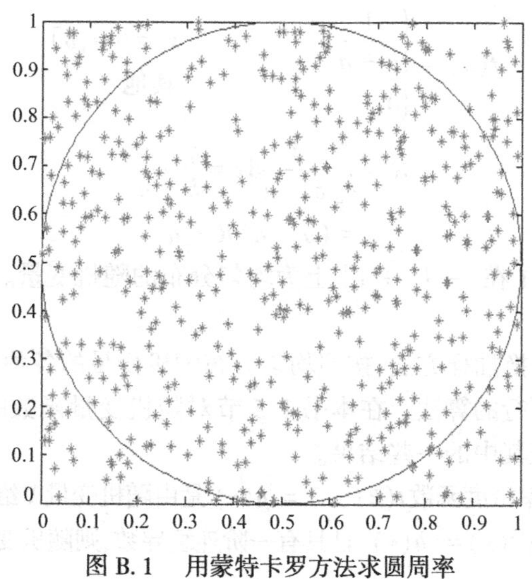

图 B.1 用蒙特卡罗方法求圆周率

B.2 任意分布随机数的产生方法

通常在计算机上得到在[0,1]上均匀分布的随机数 r 后,必须给出模拟概率统计模型中需要的各种不同分布的随机变量 q。利用对随机数 r 进行抽样的方法,才能在数字计算机上进行蒙特卡罗模拟。下面讨论几种常用的随机变量的抽样方法。更多的抽样方法见参考文献[22]。

设随机变量 q 具有分布函数 $F(x)$ 和概率密度函数 $f(x)$。下面给出随机变量常用的几种抽样方法。

(1) 直接抽样

基本定理:如果随机变量 q 的分布函数 $F(x)$ 连续,则

$$R = F(q) \tag{B.1}$$

它是在[0,1]上均匀分布的随机变量。

因为分布函数 $F(x)$ 是在[0,1]上取值单调递增的连续函数,所以当 q 在 $(-\infty,x]$ 上取值时,随机变量 R 在 $[0,F(x)]$ 上取值,且对应于[0,1]上的一个值,至少有一个满足

$$R = F(x) = P\{q < x\}$$

用 $F_1(r)$ 表示随机变量 r 的分布函数,有

$$F_1(r) = P\{R < r\} = P\{F(q) < r\}$$
$$= \begin{cases} 0, & r \leqslant 0 \\ P\{q < F^{-1}(r)\} = r, & 0 < r \leqslant 1 \\ 1, & r > 1 \end{cases}$$

故知 R 均匀分布在[0,1]上。

上述基本定理给出了任意随机变量 q 和均匀分布随机变量 R 之间的关系,是由随机数 R 对随机变量 q 进行直接抽样的理论基础。根据基本定理进行直接抽样,直观意义可由图 B.2 给出。

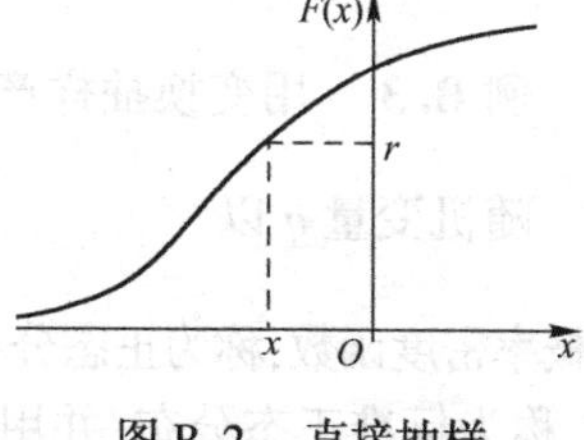

图 B.2 直接抽样

例 B.1 产生在 $[a,b]$ 上均匀分布的随机变量 q。

解: 在区间 $[a,b]$ 上均匀分布的随机变量 q 的概率密度函数为

$$f(x)=\begin{cases}\dfrac{1}{b-a}, & x\in[a,b]\\ 0, & \text{其他}\end{cases}$$

根据式(B.1)有
$$R=\int_a^q \frac{1}{b-a}\mathrm{d}x=\frac{q-a}{b-a}$$

则有抽样公式
$$q=(b-a)R+a$$

一个重要的例子是,$2R-1$ 在$[-1,+1]$上为均匀分布的随机变量。

(2) 变换抽样

产生随机变量 q 的变换抽样方法,按照均匀分布随机变量的各种不同函数的分布,为随机变量抽样提供一些简单可行的算法。在本书 1.5 节对随机变量函数的分布进行过讨论,下面采用稍许不同的符号引证其中的一些结果。

设随机变量X具有概率密度函数$f(x)$。$Y=g(x)$是由随机变量X给出的一个变换。假设$Y=g(x)$的反函数存在,记为$g^{-1}(x)=h(y)$,且具有一阶连续导数,则随机变量$Y=g(X)$的概率密度函数为

$$f^*(y)=f[h(y)]\,|h'(y)| \tag{B.2}$$

例 B.2 表 B.1 列出了标准均匀分布随机变量 R 的一些简单函数的分布。

表 B.1 一些简单函数的分布

变换函数 $g(R)$	概率密度函数 $f^*(y)$	$q=g(R)$ 的取值区间
$aR+b$	$\dfrac{1}{\lvert a\rvert}$	$[b,b+a]\,(a>0)$ $[b+a,b]\,(a<0)$
R^n	$\dfrac{1}{n}y^{\frac{1}{n}-1}$	$[0,1]$
$R^{\frac{1}{n}}$	ny^{n-1}	$[0,1]$
$-\dfrac{1}{\lambda}\ln R$	$\lambda \mathrm{e}^{-\lambda y},\ \lambda>0$	$[0,\infty]$
λ^R	$\dfrac{1}{y\ln\lambda},\ \lambda>1$	$[1,\lambda]$
$\sin\pi R$	$\dfrac{2}{\pi\sqrt{1-y^2}}$	$[0,1]$
$\tan\pi\left(R-\dfrac{1}{2}\right)$	$\dfrac{1}{\pi(1+y^2)}$	$(-\infty,+\infty)$
$\arcsin R$	$\cos y$	$[0,\pi/2]$

根据例 B.1,R和$1-R$都是$[0,1]$上均匀分布的随机变量。

设随机间量(X,Y)具有二维联合概率密度函数$f(x,y)$,对随机变量X,Y进行函数变换

$$\begin{cases}u_1=y_1(x,y)\\ u_2=g_2(x,y)\end{cases}$$

这里,函数g_1,g_2的逆变换存在,记为

$$\begin{cases}x=h_1(u_1,u_2)\\ y=h_2(u_1,u_2)\end{cases}$$

它存在一阶连续偏导数。用$|\boldsymbol{J}|$表示函数变换的 Jacobi 行列式

$$|\boldsymbol{J}|=\begin{vmatrix}\dfrac{\partial x}{\partial u_1} & \dfrac{\partial x}{\partial u_2}\\ \dfrac{\partial y}{\partial u_1} & \dfrac{\partial y}{\partial u_2}\end{vmatrix}$$

其取值不为零,则随机变量U_1,U_2的二维联合概率密度函数为

$$f[h_1(u_1,u_2),h_2(u_1,u_2)]\,|\boldsymbol{J}| \tag{B.3}$$

例 B.3 用变换抽样产生标准正态分布的随机变量 U。

随机变量 q 以
$$f(x)=\frac{1}{\sqrt{2\pi}\sigma}\exp\left[-\frac{(x-\mu)^2}{2\sigma^2}\right]$$
为概率密度函数,称为正态分布,简记为$q\sim N(\mu,\sigma^2)$。特别是,当参数$E[q]=0,D[q]=\sigma^2=1$时,称为标准正态分布,并用U表示,即$U\sim N(0,1)$。

取$[0,1]$上均匀分布的随机数r_1,r_2,则

$$u_1=\sqrt{-2\ln r_1}\,\cos 2\pi r_2 \qquad u_2=\sqrt{-2\ln r_1}\,\sin 2\pi r_2$$

相互独立、服从 $N(0,1)$ 分布。

证明：解上面的两个方程，得到反变换公式

$$r_1 = \exp\left[-\frac{1}{2}(u_1^2 + u_2^2)\right] \qquad r_2 = \frac{1}{2\pi}\arctan\frac{u_2}{u_1}$$

根据式(B.3)，随机变量 u_1, u_2 的概率密度函数为

$$g(x,y) = f(r_1, r_2)\ |\boldsymbol{J}| = \frac{1}{2\pi}\exp\left[-\frac{1}{2}(x^2 + y^2)\right] = \frac{1}{\sqrt{2\pi}}\mathrm{e}^{-\frac{x^2}{2}} \cdot \frac{1}{\sqrt{2\pi}}\mathrm{e}^{-\frac{y^2}{2}}$$

下面给出几种特殊二维函数变换的结果。

a. 随机变量和 $Z = X + Y$ 的概率密度函数

$$g_1(z) = \int_{-\infty}^{\infty} f(x, z - x)\,\mathrm{d}x$$

b. 随机变量积 $Z = X \cdot Y$ 的概率密度函数

$$g_2(z) = \int_{-\infty}^{\infty} f(x, z/x)\,\frac{1}{|x|}\mathrm{d}x$$

c. 随机变量商 $Z = X/Y$ 的概率密度函数

$$g_3(z) = \int_{-\infty}^{\infty} f(x, xz)\ |x|\,\mathrm{d}x$$

(3) 舍选抽样法

产生特定分布随机变量的舍选抽样方法是，对满足一定的检验条件的均匀分布随机数进行舍选，加以补偿而得到所需随机变量的抽样值。由于舍选抽样方法灵活、计算简单、使用方便而得到了较为广泛的应用。下面介绍一种简单、常用的舍选抽样方法，并用实例说明它的应用，最后给出它们的一般性证明。

设随机变量 q 在有限区间 $[a,b]$ 上取值，且概率密度函数 $f(x)$ 在 $[a,b]$ 上取有限值，记

$$f_0 = \sup_{a \leqslant x \leqslant b} f(x)$$

取 $[0,1]$ 上均匀分布的随机变量 r_1, r_2，若

$$f_0 r_2 < f[(b-a)r_1 + a]$$

成立，则随机变量

$$q = (b-a)r_1 + a$$

以 $f(x)$ 为概率密度函数。

舍选抽样方法的直观意义可用图 B.3 说明。在边长为 f_0 和 $(b-a)$ 的矩形内任投一点 P。若随机点 P(如 P_1)位于曲线 $f(x)$ 的下面，则以该点的横坐标作为随机变量 q 的一个抽样值；否则(如 P_2)拒绝该点再产生新的随机数 R，重新进行实验，这时，随机点 P 位于曲线 $f(x)$ 下面的概率为

$$P = P\{f_0 R_2 < f[(b-a)R_1 + a]\} = \frac{1}{(b-a)f_0}$$

称为该舍选抽样方法的效率。舍选抽样效率的倒数，即

$$\frac{1}{P} = (b-a)f_0$$

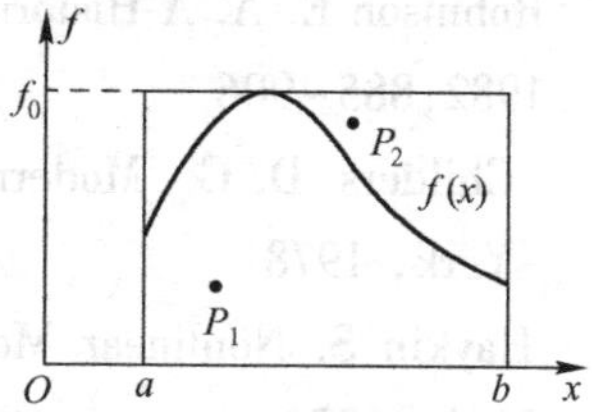

图 B.3　舍选抽样

是得到随机变量 q 一个抽样值的平均实验次数。这些参数经常用来比较产生同一个随机变量的两种不同舍选抽样方法的好坏。还有其他舍选抽样方法，这里不再赘述，有兴趣的读者见参考文献[22]。

参考文献

1 Davenport W B, J R, W L Root. An Introduction to The Theory of Random Signals and Noise. McGraw-Hill Book Company. Inc, 1958

2 Nirode Mohanty. Random Signal Estimation and Identification: Analysis and Applications. Van Nostrand Reinhold Company Inc, 1986

3 Orfanidis S J.Optimum Signal Processing, An Introduction.MacMillan Publishing Company, 1985

4 Peebles P Z. Robabity, Random Variables, and Random Signal Principles. McGraw-Hill Book Company, 1987

5 Rugh W J. Nonlinear System Theory—the Volterra/Wiener Approach. The Johns Hopkins University Press, 1981

6 吴祈耀.随机过程.北京:国防工业出版社,1984

7 许华兹.信号处理——离散频谱分析、检测与估计. 茅于海,译. 北京:科学出版社,1982

8 杨福生.随机信号分析.北京:清华大学出版社,1990

9 惠伦.噪声中信号的检测.北京:科学出版社,1977

10 帕普力斯.概率、随机变量与随机过程.谢国瑞,译.北京:高等教育出版社,1983

11 梁泰基.统计无线电理论.长沙:国防科技大学出版社,1984

12 王永德.AR 噪声参数估值误差对自适应检测器性能的影响. 四川大学学报(自然科学版),1988 (3)

13 Mendel J M.Tutorial on Higher-Order statistics (Spectra) in Signal Processing and System Theory, Theoretical Results and Some Applications.Proc. of IEEE, 1991, 79(3): 278~305

14 Gardner W A.The Spectral Correlation Theory of Cyclostationary Time Series.Signal Processing, 1986, 11(1): 13~36

15 Gardner W A. Statistical Spectral Analysis: A Non-probability Theory. New Jersey: Prentice-Hall, 1988

16 Kay S M, Marple S L.Spectrum Analysis-A Modern Perspective.PIEEE, 1981, 69(11): 1380~1419

17 Candy J V.Signal Processing The Modern Approach.McGraw-Hill.Inc, 1988

18 Robinson E. A. A Historical Perspective of Spectrum Estimation. PIEEE, Vol. 70, No.9, Sep. 1982, 885~906

19 Childers D. G. Modern spectrum Analysis. IEEE Press selected Reprint Series, New York, 1978

20 Haykin S. Nonlinear Methods of Spectral Analysis. Springer-Verlag Berlin Heidelberb New York, 1979

21 Kay S.M. Modern Spectral Estimation: Theory and Application.Prentice Hall, Englewood Cliffs, New Jersey, 1988

22 中国科学院计算中心概率统计组.概率统计计算.北京:科学出版社,1979

23 赵淑清,郑薇. 随机信号分析. 哈尔滨:哈尔滨工业大学出版社,1999